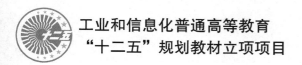

工业和信息化普通高等教育
"十二五"规划教材立项项目

史健芳 陈惠英 李凤莲 等 编著

（第2版）

电路分析基础

21世纪高等院校信息与通信工程规划教材

21st Century University Planned Textbooks of Information and Communication Engineering

Basis of Circuit Analysis (2nd Edition)

人民邮电出版社
北京

高校系列

图书在版编目（C I P）数据

电路分析基础 / 史健芳等编著. -- 2版. -- 北京：
人民邮电出版社，2013.2
21世纪高等院校电气工程与自动化规划教材
ISBN 978-7-115-29402-9

Ⅰ. ①电… Ⅱ. ①史… Ⅲ. ①电路分析－高等学校－
教材 Ⅳ. ①TM133

中国版本图书馆CIP数据核字(2012)第222179号

内 容 提 要

本书以电路理论的经典内容为核心，以提高学生的电路理论水平和分析解决问题的能力为出发点，以培养"厚基础、宽口径、会设计、可操作、能发展"，具有创新精神和实践能力人才为目的。

全书较全面地阐述了电路的基本理论，并适当引入电路新技术。内容遵从先易后难，由浅入深，循序渐进的原则。主要包括电路的基本概念及基本元件、等效变换、基本分析方法、基本定理、动态电路分析、非直流动态电路的分析、正弦稳态电路分析、三相电路、频率响应、耦合电感的电路分析、双口网络、拉普拉斯变换及其应用、非线性电路、仿真软件 Multisim10.0 在电路分析中的应用 14 章内容。每章精选适量例题及填空、选择、计算题，以加深对理论的理解。在叙述中力求文字简练，通俗易懂。

本书可作为高等院校电子信息、通信、测控技术及仪器、自动化、自动控制、计算机等电类本科专业的教材，也可供有关专业工程技术人员及其他相关人员阅读参考。

21 世纪高等院校信息与通信工程规划教材
电路分析基础（第 2 版）

- ◆ 编　　著　史健芳　陈惠英　李凤莲等
　　责任编辑　邹文波

- ◆ 人民邮电出版社出版发行　　北京市崇文区夕照寺街 14 号
　　邮编　100061　电子邮件　315@ptpress.com.cn
　　网址　http://www.ptpress.com.cn
　　北京天宇星印刷厂印刷

- ◆ 开本：787×1092　1/16
　　印张：20.75　　　　　　　　2013 年 2 月第 2 版
　　字数：518 千字　　　　　　　2024 年 8 月北京第 20 次印刷

ISBN 978-7-115-29402-9
定价：42.00 元
读者服务热线：(010)81055256　印装质量热线：(010)81055316
反盗版热线：(010)81055315
广告经营许可证：京东市监广登字 20170147 号

　　电路分析基础是高等理工科院校电类专业电子电路系列课程的一门重要技术基础课。为体现培养素质型、能力型人才的教育理念，使教材达到培养"厚基础、宽口径、会设计、可操作、能发展"，具有创新精神和实践能力人才的目的，编者结合多年的教学经验，在第1版的基础上再版。

　　本书在内容上注重电路基本概念、基本理论、基本方法的全面性、完整性，突出重点，合理统筹，充分考虑与后续课程的衔接，适度引入新内容，拓宽专业知识面。在内容编排上，遵从先易后难，由浅入深，循序渐进的原则，首先介绍电路的基本概念、基本分析方法、基本定理，再引入动态元件，介绍动态电路的分析方法，最后自然过渡到稳态电路，将难点分散于各章节中，便于学生掌握。在叙述中力求文字简练，通俗易懂。对难点、重点进行深入分析和讨论，每个重要知识点精选适量例题及习题，进一步加深读者对理论的理解。在例题和习题编排方面，强调基本概念和分析方法，由易到难，由浅入深，注重培养学生分析问题和解决问题的能力，尽量避免繁琐的计算。

　　本书在注重基本知识和基本内容的同时注意理论联系实际。针对理工科学生理论与实际脱节的情况，加强了电路在实际应用中的内容。如增加了运算放大器、积分电路、微分电路、耦合电路、频率特性、滤波器等，并且在各章节中精选一定数量的与实际相关的例题和习题，进一步说明基本理论在实际中的应用，增强学生的工程意识与创新能力，更加适应理工科学生的需要。

　　本书注重反映电路的发展方向，引入现代电路新技术。如引入仿真软件 Multisim 10.0 对电路进行分析，便于使用本教材的读者初步熟悉现代电路的分析手段，提高应用计算机分析电路的能力，增强学生学习的主动性与积极性，激发了学生的求知欲望，有效地解决学时少、内容多的矛盾，为以后的学习、工作和科学研究打下扎实的理论和实践基础。

　　为便于学生参阅同类国外原版教材及相关资料，了解国内外电路新技术，增强学习的主动性，书中对第一次出现的术语都标有英文，书末附有书中出现术语的中英文对照表。

　　目录上标以*号的部分，可供学生拓宽知识面或根据不同专业需要选用。

　　本书共分 14 章，由史健芳任主编，陈惠英、李凤莲任副主编，并由史健芳进行统稿。其中，第 1 章由李鸿燕执笔，第 2 章由刘建霞执笔，第 3 章由刘彦隆执笔，第 4 章由史健芳执笔，第 5 章由陈惠英、李化执笔，第 6 章由李化执笔，第 7 章、第 9 章由李凤莲执笔，第 8 章、第 10 章由史健芳、赵永强执笔，第 11 章由赵永强、刘彦隆执笔，第 12

章、第 14 章由陈惠英执笔，第 13 章由路秀芬执笔，附录由陈惠英整理。在此，谨向人民邮电出版社邹文波编辑、书后所列参考文献的各位作者以及给予我们支持和帮助的领导和同事表示诚挚的谢意。

　　由于编者水平有限，书中难免存在缺陷和疏漏，恳请读者批评指正。

编　者

2012 年 12 月

目　　录

第 1 章　电路的基本概念及基本元件

　　本章主要内容：电路分析的主要内容是在给定电路结构、元件参数的条件下，寻求电路输出和输入之间的关系。本章首先介绍电路模型、电压、电流、功率的概念以及集中电路中电压、电流应遵循的基本定律，然后介绍电阻、电压源、电流源和受控源等电路元件以及元件的电压、电流之间的关系。

1.1　电路与电路模型

　　电路（circuit）是指电流流经的通路，是为了某种需要由一些电气设备或器件按一定的方式联合起来构成的通路。电路种类繁多，应用广泛，在电子信息、通信、自动控制、电力、计算机等领域用来完成各种各样的任务。如电力系统中发电、输电、配电、电力拖动、电热、电气照明等完成电能传输和转换的电路；再如电子信息、通信工程等领域中对语音、文字、图像等信号传输、处理和接收的电路；还有完成控制、存储等复杂功能的大规模及超大规模集成电路等。虽然电路形式多种多样，但从电路本质来说，都由电源（source）、负载（load）和中间环节三个最基本部分组成。电源是将化学能、机械能等非电能转换成电能的供电设备，如干电池、蓄电池和发电机等；负载是将电能转换成热能、光能、机械能等非电能的用电设备，如电热炉、白炽灯和电动机等；连接电源和负载的部分，称为中间环节，如导线、开关等。比如我们熟悉的手电筒电路，由电池、灯泡、外壳组成；电池把化学能转换成电能供给灯泡，灯泡把电能转换成光能作照明之用，电池和灯泡通过外壳连接起来。

　　实际电路工作时，电路中和电路周围存在电场和磁场，电场和磁场具有能量，反映电场储能性质和磁场储能性质的参数（parameter）分别是电容（capacitance）和电感（inductance）；反映电路中能量损耗的电路参数（circuit parameter）是电阻（resistance）。由于电场储能、磁场储能以及能量损耗具有连续分布的特性，所以这三种反映能量过程的参数是连续分布的，存在于电路的任何部分，即每个实际电路器件都与电能的消耗及电能、磁能的储存现象有关。但电路中电压和电流的频率（frequency）在不太高的条件下，即在电路的部件及电路的尺寸远小于电路周围电磁波的波长时，可忽略电路参数的分布性对电路性能的影响，近似认为能量损耗、电场储能和磁场储能三种过程分别集中在电阻、电容和电感中进行。这种将实际器件理想化（模型化），只考虑它们的主要物理性质、忽略次要因素的理想化元件称为集中（总）参数元件（lumped element），简称元件。如集中电阻元件（简称电阻元件或电阻）反映能量损耗性质（不储存电场能量和磁场能量），集中电容元件（简称电容元件或电容）反映电场储能性质（不消耗电能、不储存磁能），集中电感元件（简称电感元件或电感）反映磁场储能性质（不消耗磁能、不储存电能）。集中元件的电磁过程都集中在元件内部进行。对于对外具有两个端钮（如电阻、电容、电感）在任何时刻从一个端钮流入的电流恒等于从另一个端钮流出的电流，且流过元件的电流与元件两端的电压具有确定数值关系的元件称为二端元件（two-terminal element）。由集中参数元件构成的电路称为集中参数电路（lumped circuit）（电路模型或简称电路）。较复杂的电路又称为电网络（简称网络）（network）。在本书中，"电路"和"网络"通用。将集中参数元件用模型符号表示，画出的图称为电原理图（电路图）。电路图和元件的尺寸与实际电路和实际器件的尺寸无关。

实际电路的类型以及工作时发生的物理现象千差万别，组成电路的器件、设备种类繁多。本书不探讨每一个实际器件和电路，只研究集中参数电路。如不特别声明，本书中提到的电路指集中参数电路，元件指集中参数元件。

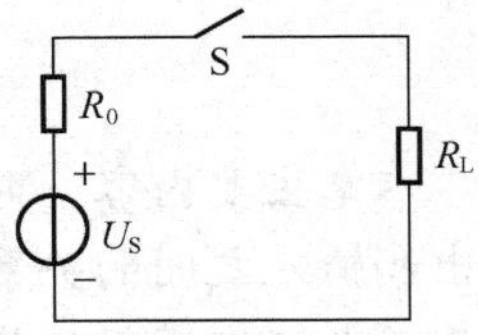

图 1-1　手电筒电路模型

例如我们前面提到的手电筒电路的电路模型如图 1-1 所示，灯泡用电阻元件 R_L、干电池用电压源 U_S 和电阻元件（内阻）R_0 串联表示。

电路模型是实际电路的科学抽象。采用电路模型来分析电路，不仅计算过程大为简化，而且能更清晰地反映电路的物理实质。

1.2　电路的基本变量

电路分析的主要目的是分析电路模型，得出电路的电性能，电性能常用一组可表示为随时间变化的量——变量（variable）来描述。电流、电压和功率是最基本的变量。因此，分析求解这些变量成为电路分析的主要任务。

1.2.1　电流与电压

1. 电流

带电粒子有秩序的移动形成电流（current）。电流的大小用电流强度来衡量。电流强度（简称电流）指单位时间内通过导体横截面的电量。电流用 i 或 I 表示。

$$i(t) = \mathrm{d}q / \mathrm{d}t \tag{1-1}$$

式中，q 表示电量，单位为库仑（用字母 C 表示）。电流的单位是安培（简称安，用 A 表示），1 安培=1 库仑/秒。

电流的方向规定为正电荷移动的方向。大小和方向都不随时间变化而变化的电流称为恒定电流（直流电流），简称直流（direct current，dc 或 DC）。大小或方向随时间变化而变化的电流称为交变电流，简称交流（alternating current，ac 或 AC）。电路中一般用小写字母笼统地表示直流或交流变量，而用大写字母表示直流量。

电流的方向是客观存在的，但在分析较复杂的直流或交流电路时，事先难以确定电流的真实方向。所以分析计算时，在计算之前先任意选定某一方向作为电流的参考方向（reference direction），也称假设方向或标出方向。将参考方向用带方向的箭头标于电路图中，在参考方向之下计算电流。若电流的计算结果为正值，表明电流的真实方向与参考方向一致；若计算结果为负值，表明电流的真实方向与参考方向相反。

例如，图 1-2（a）所示为电路的一部分，方框用来泛指元件。计算流过元件的电流时，先假设参考方向为 a→b，如图 1-2（b）所示，在此参考方向之下计算电流，若值为 1A，表明实际方向与参考方向一致，即电流的实际方向由 a 流向 b；若计算的电流值为 –1A，表明实际方向与参考方向相反，即电流的实际方向由 b 流向 a。若参考方向为 b→a，如图 1-2（c）所示，计算结果将正好与图 1-2（b）所示的计算结果相差一个负号。

（a）　　　　　　　　　　（b）　　　　　　　　　　（c）

图 1-2　电流的计算

参考方向一经设定，在计算过程中便不再改变。由参考方向与电流的正、负号相结合可表明电流的真实方向。所以在参考方向之下计算出结果后不必另外指明真实方向。在没有假设参考方向的前提下，直接计算得出的电流值的正、负号没有意义。

2. 电压

电压（voltage）也叫电位差，如图 1-3 所示，图中 M 为部分电路，a、b 两点之间的电压为单位正电荷 q 由高电位点（a）转移到低电位点（b）时电场力所做的功，用 u 或 U 表示

$$u(t) = \mathrm{d}w / \mathrm{d}q \tag{1-2}$$

式中，w 代表能量，单位为焦耳（用字母 J 表示）。电压的极性（方向）规定为正电荷 q 从 a 点转移到 b 点电场力做的功，即 a 点为高电位（+）端，b 点为低电位（–）端。电压的单位是伏特（简称伏，用字母 V 表示）。

如果电压的大小和方向不随时间变化而变化，这样的电压称为恒定电压（直流电压），如果电压的大小或方向随时间变化而变化，这样的电压称为交变电压（交流电压）。

同样，电压的真实极性在计算之前也很难确定，与电流的参考方向类似，电压也可以假定参考极性（参考方向）。计算之前，在电压参考极性的高电位端标"＋"号，在参考极性的低电位端标"－"号，如图 1-4 所示。为了图示方便，也可用一个箭头表示电压的参考极性，如图中由 a 指向 b 的箭头，箭头方向表示电压降低的参考方向。另外还可用双下标形式，如 u_{ab} 表示 a、b 之间的电压降，即 a 为参考"＋"端，b 为参考"－"端，显然有 $u_{ba} = -u_{ab}$。在参考极性的前提下计算电压时，若计算值为正，说明实际极性与参考极性相同，若计算值为负，说明实际极性与参考极性相反。

图 1-3　电压的定义　　　　　　图 1-4　电压参考极性的表示方法

例如，图 1-5（a）所示是电路的一部分，方框用来泛指元件，计算元件两端电压时，首先标出电压的参考极性。参考极性可以任意假定，设 a 点为参考极性"＋"端，b 点为参考极

性"−"端，如图 1-5（b）所示，在此参考极性之下计算电压，若计算得出电压 $u=1V$，表明实际极性与参考极性相同，若计算得出 $u=-1V$，表明实际极性与参考极性相反。

若参考极性为 b 点正极性，a 点负极性，如图 1-5（c）所示，计算得出的数值与图 1-5（b）参考极性之下的值相差一个负号。

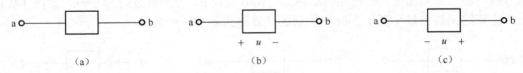

图 1-5　电压的计算

与电流的参考方向类似，电压的参考极性一经设定，在计算过程中便不再改变。同样，由参考极性与电压的正、负号相结合可以表明电压的真实极性。所以计算出结果后不必另外指明真实极性。同样，在没有假设参考极性的前提下，直接计算得出的电压值的正、负号没有意义。

3．关联参考方向

电压和电流的参考方向可以独立的任意假定，当电流的参考方向从标以电压参考极性的"+"端流入而从标以电压参考极性的"−"端流出时，如图 1-6（a）所示，称电流与电压为关联参考方向（associated reference directions），而当电流的参考方向从标以电压参考极性的"−"端流入，而从标以电压参考极性的"+"端流出时，如图 1-6（b）所示，称电流与电压为非关联参考方向。为了计算方便，常采用关联参考方向。

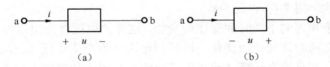

图 1-6　参考方向的关联

1.2.2　功率和能量

功率（power）和能量是电路中的重要变量，电路在正常工作时常伴随着电能与其他形式能量的相互转换。器件或设备在使用时都有功率的限制，不能超过额定值，否则会损坏。

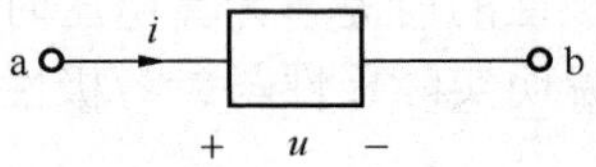

如图 1-7 所示，方框表示一段电路，当正电荷从该段电路的"+"（a）端运动到"−"（b）端时，电场力对电荷做功，电路吸收能量；在 $t_0 \to t$ 时间内，电路吸收的能量

图 1-7　电路的功率

$$w = \int_{q(t_0)}^{q(t)} u \mathrm{d}q$$

当正电荷从"−"端（b）运动到"+"端（a）时，电场力对电荷做负功，电路向外释放能量。

单位时间内电路所吸收或释放的能量称为功率。图 1-7 所示电路吸收的功率为

$$p(t) = \frac{\mathrm{d}w(t)}{\mathrm{d}t} = u(t)\frac{\mathrm{d}q(t)}{\mathrm{d}t}$$

将电流定义式（1-1）

$$i(t) = \frac{\mathrm{d}q(t)}{\mathrm{d}t}$$

代入得

$$p(t) = u(t)i(t) \qquad\qquad (1\text{-}3)$$

当电压的单位为伏特（V）、电流的单位为安培（A）时，功率的单位为瓦特（W）。

由图 1-7 可见，此时，电压、电流为关联参考方向。在应用时 u、i 可任意单独假设方向，当 u、i 取关联参考方向时，利用 $p(t)=u(t)i(t)$ 若计算出 $p>0$，表示该元件（该段电路）确实吸收功率；若计算出 $p<0$，表示该元件（该段电路）吸收功率为负，即实际产生功率（释放功率）。如一段电路（或元件）吸收的功率为 10W，等效于产生的功率为-10W。当 u、i 取非关联参考方向时，功率可用式 $p(t)=-u(t)i(t)$ 计算，计算出 $p>0$，表示确实吸收功率，计算出 $p<0$，表示实际产生（释放）功率。

例 1-1　电路如图 1-8 所示，（1）如图 1-8（a）中，若 $i=1\text{A}$，$u=3\text{V}$，求元件吸收的功率 p；（2）如图 1-8（b）中，若 $i=1\text{A}$，$u=3\text{V}$，求元件吸收的功率 p。

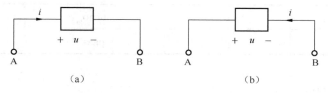

图 1-8　例 1-1 图

解　（1）由图 1-8（a）知，元件的电压与电流为关联参考方向，吸收的功率为

$$p = ui = 3\text{W}$$

（2）由图 1-8（b）知，元件的电压与电流为非关联参考方向，吸收的功率可用下式计算：

$$p = -ui = -3\text{W}$$

表明元件实际产生（向外电路提供）3W 的功率。

例 1-2　在图 1-9 所示电路中，已知：$U_1=20\text{V}$，$I_1=2\text{A}$，$U_2=10\text{V}$，$U_3=10\text{V}$，$I_3=-3\text{A}$，$I_4=-1\text{A}$，试求图中各元件的功率。

解　元件 1 的电压与电流为非关联参考方向，吸收的功率

$$P_1 = -U_1 I_1 = -20 \times 2 = -40\text{W}$$

元件 2 的电压与电流为关联参考方向，吸收的功率

$$P_2 = U_2 I_1 = 10 \times 2 = 20\text{W}$$

元件 3 的电压与电流为非关联参考方向，吸收的功率

$$P_3 = -U_3 I_3 = -10 \times (-3) = 30\text{W}$$

图 1-9　例 1-2 图

元件 4 的电压与电流为关联参考方向，吸收的功率

$$P_4 = U_3 I_4 = 10 \times (-1) = -10\text{W}$$

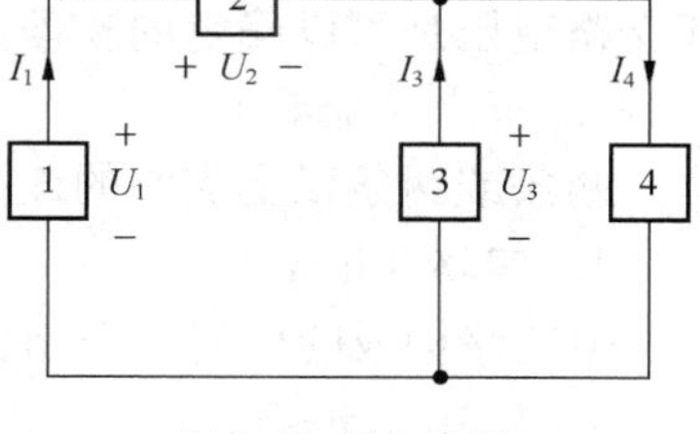

元件 1 和元件 4 吸收的功率为负，说明它们实际产生功率；元件 2 和元件 3 吸收功率为正，实际确为吸收功率。可见，同一电路中元件产生的功率之和等于元件吸收的功率之和，此结论对所有的电路均成立，符合能量守恒定律，称为功率守恒，记为

$$\sum P = 0$$

上面我们介绍了电压、电流、功率等变量，使用的都是国际单位制（SI），在实际使用中这些单位有时太大，有时太小。为了方便，常常在这些单位之前加上一个以 10 为底的正幂次或负幂次的词头，构成辅助单位。常用的国际单位制规定的词头如表 1-1 所示。

表 1-1 部分常用国际制词头

倍　　率	词 头 符 号	词 头 名 称	
		法　　文	中　　文
10^9	G	giga	吉
10^6	M	mega	兆
10^3	k	kilo	千
10^{-3}	m	milli	毫
10^{-6}	μ	micro	微
10^{-9}	n	nano	纳
10^{-12}	p	pico	皮

1.3　基尔霍夫定律

基尔霍夫定律（Kirchhoff's Law）是集中电路的基本定律，包括基尔霍夫电流定律（Kirchhoff's Current Law，KCL）和基尔霍夫电压定律（Kirchhoff's Voltage Law，KVL）。为了叙述方便，先介绍几个有关的概念。

1. 支路（branch）

在集中电路中，将每一个二端元件称为一条支路。

2. 支路电流和支路电压

流经元件的电流及元件的端电压分别称为支路电流及支路电压。在任意时刻，支路电流和支路电压是可以确定的物理量，是集中电路分析研究的对象，符合一定的规律。

3. 节点（node）

两条或两条以上支路的连接点。

4. 回路（loop）

由支路构成的任何一个闭合路径。

5. 网孔（mesh）

在回路内部不另含有支路的回路。

如图 1-10 所示电路，共有 5 个二端元件，即有 5 条支路，4 个节点，3 个回路，2 个网孔。由元件 1、2、3、4 及元件 3、5 构成的回路为网孔，元件 1、2、5、4 构成的回路不是网孔。

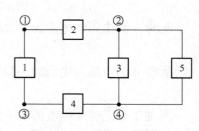

图 1-10　概念说明图

为方便起见，有时也将由多个二端元件串接起来（流过同一电流）的支路称为一条支路，如图 1-10 中，元件 2、1、4 串接而成也可看成一条支路，这样，图中便有 3 条支路，两个节点（节点②和节点④）。

1.3.1　基尔霍夫电流定律

由于电路中电流的连续性，电路中任一点（包括节点）都不能堆积电荷，而一个电路中电荷是守恒的，电荷既不能创造也不能消失。

如图 1-11 所示的集中电路，方框代表元件，以图中的节点 1 为例，与该节点相连接的各支路电流分别为 i_1、i_2、i_3，流进该节点的支路电流代数和 $i = i_1 + i_2 - i_3$（设流入节点电流为正），电荷流进该节点的速率为 $\dfrac{\mathrm{d}q}{\mathrm{d}t}$，其中 q 为节点处的电荷。由于节点只是理想导体的汇合点，不可能积累电荷，而电荷既不能创造，也不能消失，所以节点处的 $\dfrac{\mathrm{d}q}{\mathrm{d}t}$ 必为零。根据电流的定义，节点处有

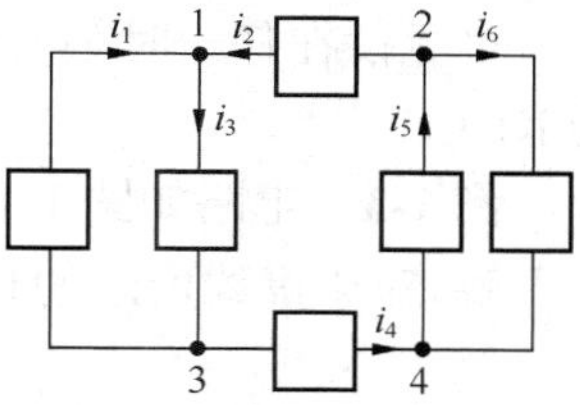

图 1-11　具有 4 个节点的电路

$$i = \frac{\mathrm{d}q}{\mathrm{d}t} = 0$$

故

$$i_1 + i_2 - i_3 = 0$$

表明流进（或流出）该节点的所有支路电流的代数和为零。这种规律可用基尔霍夫电流定律表述：任一集中电路中，在任一时刻，对于任一节点，流进（或流出）该节点的所有支路电流的代数和恒为零，即

$$\sum_{k=1}^{K} i_k(t) = 0 \tag{1-4}$$

式（1-4）称为基尔霍夫电流方程（KCL 方程），式中 K 为节点处的支路数，$i_k(t)$ 为流入（流出）节点的第 k 条支路的电流。"代数和"根据支路电流是流入节点还是流出节点判断，若流入节点的电流前取 "+" 号，流出节点的电流前则取 "−" 号。电流的流入、流出指电流的参考方向。

同理，图 1-11 其他节点的基尔霍夫电流方程为

$$\left.\begin{array}{ll} 节点2 & i_5 - i_2 - i_6 = 0 \\ 节点3 & i_3 - i_1 - i_4 = 0 \\ 节点4 & i_4 + i_6 - i_5 = 0 \end{array}\right\} \tag{1-5}$$

将式（1-5）移项可得

$$\left.\begin{array}{ll} 节点2 & i_5 = i_2 + i_6 \\ 节点3 & i_3 = i_1 + i_4 \\ 节点4 & i_4 + i_6 = i_5 \end{array}\right\} \tag{1-6}$$

式（1-6）表明，流入节点的电流的和等于流出节点的电流之和。

KCL 既可用于节点，也可推广应用于电路中包含几个节点的任一假设的闭合面。这种闭合面有时也称为广义节点（扩大了的大节点）。

如图 1-12 所示，有 3 个节点，应用 KCL 定律可得

$$i_1 = i_{12} + i_{13}$$

$$i_2 = i_{23} - i_{12}$$
$$i_3 = -i_{23} - i_{13}$$

上列 3 式相加得

$$i_1 + i_2 + i_3 = 0$$

可见，在任一时刻流进（或流出）封闭面的所有支路电流的代数和为零，称为广义节点的 KCL。

例 1-3 电路如图 1-13 所示，方框代表元件，已知 $i_2 = 2\text{A}$，$i_4 = -3\text{A}$，$i_5 = -4\text{A}$，求 i_3。

解 对于虚线所示的封闭曲面由扩展 KCL 可知

$$i_2 - i_3 + i_4 - i_5 = 0$$

可得

$$i_3 = i_2 + i_4 - i_5 = 2 + (-3) - (-4) = 3\text{A}$$

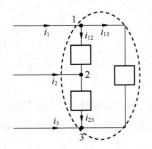

图 1-12 闭合面的 KCL

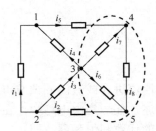

图 1-13 例 1-3 图

1.3.2 基尔霍夫电压定律

在任一电路中，若某段时间内某些元件的能量有所增加，为遵守同一电路中能量既不能创造也不能消失的能量守恒法则，另一些元件的能量必定有所减少。

如图 1-14 所示的电路中，若在某段时间内各元件得到的能量分别为：w_1、w_2、w_3、w_4、w_5，则由能量守恒法则可知：

$$w_1 + w_2 + w_3 + w_4 + w_5 = 0 \qquad (1\text{-}7)$$

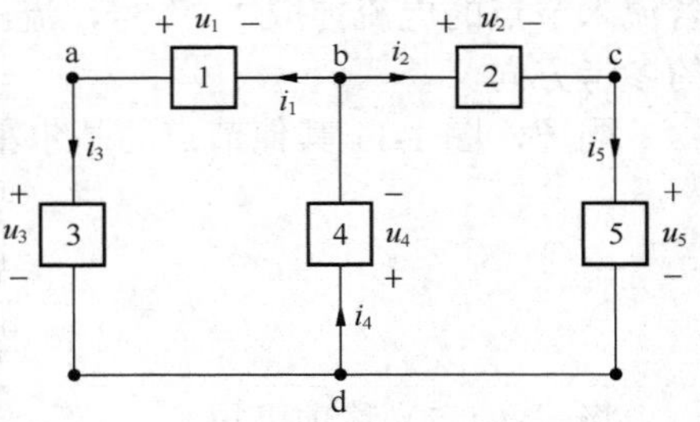

由 1.2.2 知，单位时间内电路吸收或释放的能量为功率，式（1-7）对时间微分得

$$p_1 + p_2 + p_3 + p_4 + p_5 = 0 \qquad (1\text{-}8)$$

图 1-14 具有 3 个回路的电路

式中 p_1、p_2、p_3、p_4、p_5 分别为各元件的功率。在图中所标参考方向下将式（1-3）代入，有

$$\left.\begin{aligned}
p_1 &= -u_1 i_1 \\
p_2 &= u_2 i_2 \\
p_3 &= u_3 i_3 \\
p_4 &= u_4 i_4 \\
p_5 &= u_5 i_5
\end{aligned}\right\} \qquad (1\text{-}9)$$

将式（1-9）代入式（1-8）得

$$-u_1i_1 + u_2i_2 + u_3i_3 + u_4i_4 + u_5i_5 = 0 \tag{1-10}$$

又由 KCL

$$\left.\begin{array}{l} i_4 = i_1 + i_2 \\ i_3 = i_1 \\ i_5 = i_2 \end{array}\right\} \tag{1-11}$$

将式（1-11）代入式（1-10）得

$$(-u_1 + u_3 + u_4)i_1 + (u_2 + u_4 + u_5)i_2 = 0 \tag{1-12}$$

由于 i_1 和 i_2 线性无关，所以，式（1-12）要成立，i_1 和 i_2 前的系数必为零。即

$$-u_1 + u_3 + u_4 = 0 \tag{1-13}$$

$$u_2 + u_5 + u_4 = 0 \tag{1-14}$$

将式（1-13）减去式（1-14）得

$$-u_1 + u_3 - u_5 - u_2 = 0 \tag{1-15}$$

由图 1-14 可知，元件 1、3、4 构成一个回路，元件 2、5、4 构成一个回路，元件 1、3、5、2 也构成一个回路，式（1-13）、式（1-14）、式（1-15）分别表明每个回路中各个支路电压的代数和为零。这种规律可用基尔霍夫电压定律（KVL）表述：对集中电路的任一回路，在任一时刻，沿该回路的所有支路电压的代数和恒为零，即

$$\sum_{k=1}^{K} u_k(t) = 0 \tag{1-16}$$

式（1-16）称为基尔霍夫电压方程（KVL 方程）。式中 K 为回路中的支路数，$u_k(t)$ 为回路中第 k 条支路的电压。"代数和"根据支路电压的极性判断。应用公式时，先指定回路的绕行方向，当支路电压的参考极性与回路的绕行方向一致时，该支路电压前取"+"号，当支路电压的参考极性与回路的绕行方向相反时，该支路电压前取"−"号。

KVL 定律不仅适用于闭合电路，也可以推广应用于开口电路。如图 1-15 所示，电路不是闭合电路，但在电路的开口端存在电压 u_{ab}。可将电路设想为一个闭合回路,如按顺时针方向绕行此开口电路一周，根据 KVL 则有

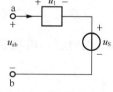

图 1-15　KVL 的推广

$$\Sigma u = u_1 + u_S - u_{ab} = 0$$

移项后

$$u_{ab} = u_1 + u_s$$

说明 a、b 两端开口电路的电压（u_{ab}）等于 a、b 两端另一支路各段电压之和（$u_1 + u_S$）。可见，任意两点之间的电压与所选择的路径无关。此结论可推广至电路的任意两节点。

例 1-4　图 1-16 所示为某电路的一部分，各支路的元件是任意的，已知：$u_{12} = 5V$，$u_{24} = -3V$，$u_{31} = -6V$，试求：u_{34}，u_{14}。

解　由基尔霍夫电压定律得

$$u_{12} + u_{24} + u_{43} + u_{31} = 0$$

即

$$u_{43} = -u_{12} - u_{24} - u_{31} = -5 - (-3) - (-6) = 4V$$

$$u_{34} = -u_{43} = -4V$$

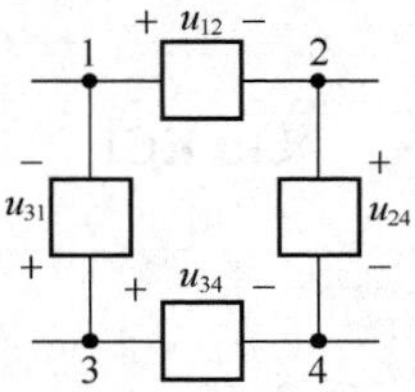

沿 1、2、4 支路有

$$u_{14} = u_{12} + u_{24} = 5 - 3 = 2V$$

沿 1、3、4 支路有

$$u_{14} = u_{13} + u_{34} = -u_{31} + u_{34} = -(-6) + (-4) = 2V$$

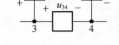

图 1-16   例 1-4 图

可见，两点之间的电压与路径无关。

基尔霍夫定律仅与元件的相互连接方式有关，而与元件的性质无关，不论元件是线性的还是非线性的，时变的还是非时变的，KCL 和 KVL 总是成立的。

1.4   电阻元件

上节讨论了各支路电流之间及电压之间应遵循的定律，而电路是由各元件组成的，这节先讨论电阻元件（resistor component）。

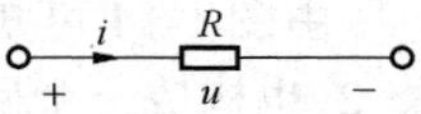

1. 电阻元件的伏安关系式

在中学时已学过欧姆定律（Ohm's law，OL），如图 1-17 所示，元件两端的电压为 u（单位为 V），流过的电流为 i（单位为 A），据欧姆定律有

图 1-17   电阻元件

$$u(t) = Ri(t) \qquad （1\text{-}17）$$

式（1-17）中 R 是一个正实常数，称为电阻，单位为欧姆（Ω），简称欧，对电流起阻碍作用。当电流流过电阻元件时，电阻要消耗能量，此时电流流过元件的方向必是电压降的方向，即电压、电流是关联参考方向。当电压、电流为非关联参考方向时，式（1-17）应改为

$$u(t) = -Ri(t) \qquad （1\text{-}18）$$

令 $G = \dfrac{1}{R}$，G 称为电导，单位是西门子（S），简称西，它与电阻一样也是电阻元件的参数。当电压、电流取关联参考方向时有

$$u(t) = \frac{1}{G}i(t) \qquad （1\text{-}19）$$

或

$$i(t) = Gu(t) \qquad （1\text{-}20）$$

如果一个电阻元件不论其两端电压 u 是多大，流过它的电流恒等于零，称此电阻元件为开路，记为 $R = \infty$ 或 $G = 0$，若一个电阻元件不论流过它的电流 i 是多大，其端电压恒等于零，称此电阻元件为短路，记为 $R = 0$ 或 $G = \infty$。

由于电压的单位为伏（V），电流的单位为安（A），电压、电流的关系式也称为伏安关系式（Volt Ampere Relation，VAR）。每种元件都可用一定的伏安关系式描述，元件的 VAR 是分析集中电路的基础。

2. 电阻元件的伏安特性曲线

如果将元件的伏安关系式用曲线画出，称为伏安特性曲线，如图 1-18 所示，横坐标为 u（或 i），纵坐标为 i（或 u），u、i 取关联参考方向。式（1-17）对应的伏安特性曲线是一条过

原点的直线，如图 1-18（a）所示，直线的斜率与元件的电阻值 R 有关，伏安特性曲线对原点对称，说明元件对不同方向的电流或不同极性的电压表现一样。这种性质称为双向性，是所有线性电阻元件具备的。因此，在使用线性电阻时，两个端钮没有任何区别。

当伏安特性曲线是一条曲线时，如图 1-18（b）所示，对应的为非线性电阻，它的伏安关系式一般可描述为

$$u = f(i)$$

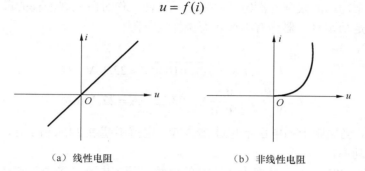

（a）线性电阻　　　　　　　　　　（b）非线性电阻

图 1-18　电阻元件的伏安特性曲线

如果电阻元件的 R 随时间的变化而变化，即其伏安关系式为

$$u(t) = R(t)i(t)$$

此时的电阻称为时变电阻。R 不随时间的变化而变化的电阻称为非时变电阻。

当电阻元件的伏安特性曲线在 $i-u$ 平面上是一条斜率为负的曲线时（曲线在二、四象限），称为负电阻元件。图 1-18（a）所示为正电阻的伏安特性曲线。

线性电阻不随时间变化而变化，称为线性非时变电阻，本课程中主要讨论线性非时变电阻，以后如不加特殊说明，电阻都指线性非时变正电阻。

电阻元件的端电压是由同一时刻流过元件的电流所决定的，与前一时刻的电流无关，所以电阻元件是非记忆性元件。

3. 电阻的功率和能量

当电阻元件的电压、电流取关联参考方向时，电阻元件消耗的功率

$$p(t) = u(t)i(t) = Ri^2(t) = \frac{u^2(t)}{R} = \frac{1}{G}i^2(t) = Gu^2(t) \tag{1-21}$$

对于正电阻元件来说，因为 $R \geqslant 0$，故 $p \geqslant 0$，因此电阻元件消耗功率，为耗能元件，一般将吸收的能量转换为热能消耗掉。对于负电阻元件，因 $R < 0$，故 $p < 0$，所以负电阻元件产生功率，为提供能量的元件。

如果一个元件在所有 $t \geqslant -\infty$ 及所有 $u(t)$、$i(t)$ 可能的取值下，当且仅当其吸收的能量

$$w(t) = \int_{-\infty}^{t} u(\xi)i(\xi)\mathrm{d}\xi \geqslant 0$$

时，元件为无源元件。即无源元件从不向外提供能量。将向外提供能量的元件称为有源元件。

电阻元件在 $t_0 \to t$ 时间内吸收的能量为

$$w(t) = \int_{t_0}^{t} p(\xi)\mathrm{d}\xi = \int_{t_0}^{t} u(\xi)i(\xi)\mathrm{d}\xi = \int_{t_0}^{t} Ri^2(\xi)\mathrm{d}\xi = \int_{t_0}^{t} \frac{u^2(\xi)}{R}\mathrm{d}\xi$$

由于本书只讨论正电阻，所以本书的电阻元件均为无源元件。

例 1-5　一个额定功率为 0.5W、阻值为 1kΩ 的金属膜电阻，在直流电路中使用时电压、

电流不能超过多大数值？

解 电流流过电阻时，电阻要消耗电能而发热，所以可以利用电来加热、发光，制成电灯、电炉、电烙铁等。但还有一些器件如电动机、变压器、电阻器等，它们本来不是为发热而设计，但因其内部存在一定的电阻特性，使用时不可避免地要发热，产生的热能随流过器件的电流（或器件的端电压）的增加而增加。为了使元件正常工作，不因过热而烧坏，器件在使用时，有额定功率的限制。额定功率指实际器件工作时所允许消耗的最大功率。当实际消耗功率超过额定功率时，器件有因过热而烧坏的危险。

据式（1-21），有

$$U = \sqrt{PR} = \sqrt{0.5 \times 1000}\text{V} \approx 22.36\text{V}$$

$$I = \sqrt{\frac{P}{R}} = \sqrt{\frac{0.5}{1000}}\text{A} \approx 0.02236\text{A} = 22.36\text{mA}$$

故在使用时，当电阻上的电压不超过 22.36V，电流不超过 22.36mA 时，电阻所消耗的功率不会超过额定功率。

例 1-6 一个 220V，额定功率为 0.8kW 的电炉，额定电流是多少？若连续使用 2 小时，将消耗多少度电？

解 电能的单位在工程上也用"千瓦·小时"（度）表示，习惯上 1 千瓦·小时表示功率为 1 千瓦的用电设备连续工作 1 小时所消耗的电能。

额定电流

$$I = \frac{P}{U} = \frac{0.8 \times 1000}{220} \approx 3.64\text{A}$$

消耗的电能

$$W = 0.8 \times 2 = 1.6\text{度}$$

1.5 理想电压源与理想电流源

当有电流流过电阻元件时，电阻元件会消耗能量，据能量守恒原则，电路中必须有提供能量的元件，如电池、发电机、信号源等。能提供能量的元件称为电源。这节介绍的理想电压源和理想电流源是从实际抽象出来的电源模型，是有源二端元件。

1.5.1 理想电压源

理想电压源简称电压源（voltage source），是实际电压源抽象出来的一种理想元件，它的端电压始终为给定的时间函数（两端总能保持给定的时间函数），而与流过它的电流无关，即使流过它的电流为零或无穷，它的端电压仍然是定值 U_S 或给定的时间函数 $u_\text{S}(t)$。电压源的符号如图 1-19 所示。图 1-19（a）为一般电压源的符号，"+"、"−"号表示参考极性，u_S 表示电压源的端电压。当 u_S 为恒定值（直流电压源）时，也可用图 1-19（b）表示，长线段表示参考高电位（+）端，短线段表示参考低电位（−）端，U_S 表示直流电压源的端电压。

电压源 $u_\text{S}(t)$ 在 t_1 时刻的伏安特性曲线如图 1-20 所示，它是与电流轴平行的一条直线，当 $u_\text{S}(t)$ 随时间改变时，平行线的位置也随之改变。

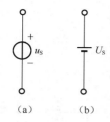

图 1-19　电压源的符号

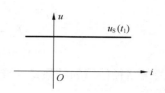

图 1-20　伏安特性曲线

电压源的电压由它本身决定，流过电压源的电流由与之相连的外电路决定，电流可从电压源的"+"端流向"−"端，也可由"−"端流向"+"端，所以，电压源可向外电路提供能量，也可从外电路获得能量。

例 1-7　电路如图 1-21 所示，已知 $u_{S1}=12\text{V}$，$u_{S2}=6\text{V}$，$R_1=0.2\Omega$，$R_2=0.1\Omega$，$R_3=1.4\Omega$，$R_4=2.3\Omega$，求（1）电流 i；（2）电压 u_{ab}。

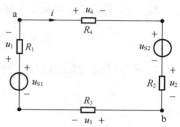

图 1-21　例 1-7 图

解　（1）电流参考方向及各电阻电压的参考极性如图 1-21 所示，从 a 点出发沿顺时针方向绕行一周，由基尔霍夫电压定律可得

$$u_4+u_{S2}+u_2+u_3-u_{s1}+u_1=0 \tag{1-22}$$

各电阻元件的伏安关系为

$$\left.\begin{array}{l}u_1=R_1i\\u_2=R_2i\\u_3=R_3i\\u_4=R_4i\end{array}\right\} \tag{1-23}$$

将式（1-23）代入式（1-22）有

$$R_4i+u_{S2}+R_2i+R_3i-u_{S1}+R_1i=0$$

整理得

$$(R_1+R_2+R_3+R_4)i=u_{S1}-u_{S2}$$

$$i=\frac{u_{S1}-u_{S2}}{R_1+R_2+R_3+R_4}$$

代入数值有

$$i=\frac{12-6}{0.2+0.1+1.4+2.3}=\frac{6}{4}=1.5\text{A}$$

电流值为正，说明电流的实际方向与参考方向一致。

（2）根据图中所标极性，沿右边路径计算可得

$$\begin{aligned}u_{ab}&=u_4+u_{S2}+u_2\\&=R_4i+u_{S2}+R_2i\\&=6+1.5\times(0.1+2.3)=9.6\text{V}\end{aligned}$$

u_{ab} 为正值，表明由 a 点到 b 点确为电压降。

如果沿着左边路径计算，可得

$$u_{ab} = -u_1 + u_{S1} - u_3$$
$$= -R_1 i + u_{S1} - R_3 i$$
$$= 12 - 1.5 \times (0.2 + 1.4) = 9.6\text{V}$$

由此可见，沿两条路径计算的结果是一样的，即两点之间的电压与路径无关。

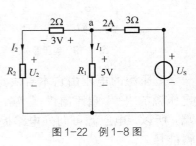

图1-22 例1-8图

例1-8 求如图1-22所示的直流电阻电路中的U_2、I_2、R_1、R_2及U_s。

解 I_2流过2Ω电阻，由欧姆定律可求得

$$I_2 = \frac{3}{2} = 1.5\text{A}$$

对R_1、R_2和2Ω电阻组成的回路应用KVL

$$U_2 - 5 + 3 = 0$$

解得

$$U_2 = 2\text{V}$$

由欧姆定律得

$$R_2 = \frac{U_2}{I_2} = \frac{2}{1.5} = 1.33\Omega$$

对a节点列KCL方程

$$2 - I_1 - I_2 = 0$$

将$I_2 = 1.5\text{A}$代入上式得

$$I_1 = 0.5\text{A}$$

由欧姆定律可得

$$R_1 = \frac{5}{I_1} = \frac{5}{0.5} = 10\Omega$$

最后，对电源和R_1、3Ω电阻组成的回路列KVL方程

$$3 \times 2 + 5 - U_s = 0$$

得

$$U_s = 11\text{V}$$

由上述例题可见，基尔霍夫定律和元件的伏安关系是解电路问题的基本依据。

1.5.2 理想电流源

理想电流源简称电流源（current source），是实际电源抽象出来的一种理想元件。它提供的电流始终为给定的时间函数（总能保持给定的时间函数），而与它的端电压无关，即使它的端电压为零或无穷，它仍然能保持定值（I_S）或给定的时间函数（$i_S(t)$）。电流源的符号如图1-23（a）所示，箭头表示参考方向。电流源$i_S(t)$在t_1时刻的伏安特性曲线如图1-23（b）所示，它是与电压轴平行的一条直线，当$i_S(t)$随时间改变时，平行线的位置也随之改变。

电流源的电流由它本身决定，电流源的端电压由与之相连的外电路决定，与电流源本身

无关，电流源可向外电路提供能量，也可从外电路获得能量。

例1-9 计算如图1-24所示电路中各元件所吸收或产生的功率。

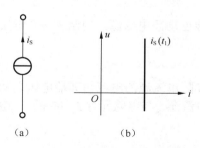

图1-23 电流源的符号及伏安特性曲线

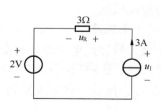

图1-24 例1-9图

解 由电流源的基本性质可知电流源提供3A的电流，与外电路无关，所以，3A的电流流过3Ω电阻和电压源。电流源的端电压由与之相联接的外电路（电压源、电阻）决定。在图示的参考方向下，由电阻元件的VAR得

$$u_R = 3 \times 3 = 9V$$

由KVL得

$$u_I = u_R + 2 = 9 + 2 = 11V$$

电流源功率

$$P_I = -u_I \times 3 = -11 \times 3 = -33W \qquad （产生）$$

电压源功率

$$P_u = 2 \times 3 = 6W \qquad （吸收）$$

电阻功率

$$P_R = 3^2 \times 3 = 27W \qquad （吸收）$$

故在该电路中，电流源产生功率，而电压源和电阻元件吸收功率。可见，电源元件并不是一定产生功率。如本例中2V电压源的存在对电流的大小无影响，但对电流源的电压、功率均有影响。

1.6 实际电源的模型

电压源、电流源都是实际电源抽象出来的模型。

1. 实际电压源

实际电源如电池、发电机等的工作原理比较接近电压源，在工作时，本身要消耗能量，而且，实际电压源的电压与外电流之间无法做到完全无关，当工作电流增加时，电压源的工作电压会下降。因此一般用理想电压源$u_s(t)$与电阻元件R_s串联来表示实际电压源的电路模型，如图1-25（a）所示，其伏安关系式为

$$u = u_s - iR_s$$

特性曲线如图1-25（b）所示，虚线表示理想电压源的伏安特性曲线。从图中可见

（1）内阻$R_s = 0$时，$u = u_s$，实际电压源成为理想电压源；

（2）$i = 0$ 时，外电路开路，开路电压 $u_{OC} = u_S$；

（3）$u = 0$ 时，外电路短路，短路电流 $i_{SC} = \dfrac{u_S}{R_S}$。

可见，实际电压源的内阻愈小，输出电压就愈接近理想电压源，内阻 $R_S = 0$ 时实际电压源成为理想电压源。

2. 实际电流源

光电池比较接近电流源，与实际电压源类似，实际电流源的电流与其端电压之间也无法做到完全无关，实际电流源的电路模型可看作理想电流源 i_S 与电阻元件 R_S 的并联，电路模型如图 1-26（a）所示，伏安关系为

$$i = i_S - \frac{u}{R_S}$$

特性曲线如图 1-26（b）所示，虚线表示理想电流源的伏安特性曲线。从图中可见

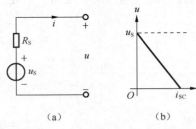 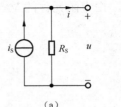 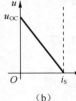

图 1-25　实际电压源模型及伏安特性曲线　　　　图 1-26　实际电流源模型及伏安特性曲线

（1）内阻 $R_S = \infty$ 时，$i = i_S$，实际电流源成为理想电流源；

（2）$u = 0$ 时，外电路短路，短路电流 $i_{SC} = i_S$；

（3）$i = 0$ 时，外电路开路，开路电压 $u_{OC} = R_S \cdot i_S$。

可见，实际电流源的内阻愈大，输出电流就愈接近理想电流源，内阻 $R_S = \infty$ 时实际电流源成为理想电流源。

1.7　受控源

电压源和电流源提供一定的电压（或电流），与流过它们的电流（或两端的电压）无关，也与其他支路的电压、电流无关，称为独立电源（independent source）。这节介绍受控源（controlled source）（非独立电源），受控源的电压（或电流）受同一电路中另一支路的电压（或电流）的控制，是一种理想电路元件。实际电子电路中的晶体管（集电极电流受基极电流的控制）和运算放大器（输出电压受输入电压的控制）等电路模型中都用到受控源。

受控源含有两条支路，一条为控制支路，控制量为电压或电流，另一条为受控（被控）支路，为电压源或电流源，受控支路的电压（或电流）受控制支路的电压（或电流）的控制。根据控制量是电压还是电流以及受控支路是电压源还是电流源，受控源可分为四种：电压控制电压源（Voltage Controlled Voltage Source，VCVS）、电压控制电流源（Voltage Controlled Current Source，VCCS）、电流控制电压源（Current Controlled Voltage Source，CCVS）、电流控制电流源（Current Controlled Current Source，CCCS）。

 四种受控源符号如图 1-27 所示，u_1 和 i_1 分别为控制支路的电压或电流，u_2 和 i_2 分别为被控支路的电压或电流。在控制端，控制量为电压时，控制支路开路（$i_1 = 0$）；控制量为电流时，控制支路短路（$u_1 = 0$）。受控源与独立源在电路中的作用完全不同，故用不同的符号表示，为了与独立源的圆圈符号相区别，受控源的受控支路中的电源用菱形符号。

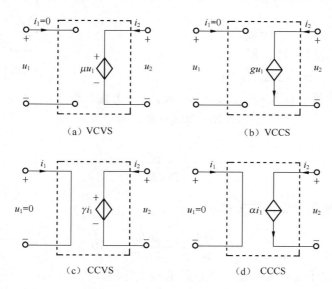

（a）VCVS （b）VCCS

（c）CCVS （d）CCCS

图 1-27 受控源的符号

由图 1-27 可得出受控源的伏安关系式如下

VCVS： $i_1 = 0$ $u_2 = \mu u_1$

VCCS： $i_1 = 0$ $i_2 = g u_1$

CCVS： $u_1 = 0$ $u_2 = \gamma i_1$

CCCS： $u_1 = 0$ $i_2 = \alpha i_1$

 式中 μ 为电压放大系数；g 为转移电导，单位是西门子（S）；γ 为转移电阻，单位是欧姆（Ω）；α 为电流放大系数。当 μ、g、γ、α 是常数时，被控制量与控制量成正比，受控源为线性的。本书如不加说明，均指线性受控源。

 采用关联参考方向时，受控源的功率为

$$p(t) = u_1(t)i_1(t) + u_2(t)i_2(t)$$

因为控制支路只能短路或者开路，即 $i_1 = 0$ 或 $u_1 = 0$，所以

$$u_1(t)i_1(t) = 0$$

 故对四种受控源，其功率均为

$$p(t) = u_2(t)i_2(t)$$

 对含受控源的电路进行分析时，首先应当明确受控源是电源，它在电路中可以向负载提供电压、电流和输出功率，从这点看，它与独立源在电路中的作用一致。但是受控源的电压或电流又要受电路内某个支路电压或电流的控制，在这一点上它又与独立源有所不同。因此，在应用 KCL、KVL 定律列方程或应用各种等效变换方法分析含受控源的电路时，对独立源与受控源的处理有所不同。

例 1-10 如图 1-28 所示，图中 $R_L = R = 10\text{k}\Omega$，试求负载 R_L 两端的电压与输入电压 u_S 的关系，并求受控源的功率。

解 电路中包含受控电压源，被控制支路电压为 $20u_S$，u_S 所在的支路即为控制支路，u_S 为电压，所以是电压控制电压源。

由图可见

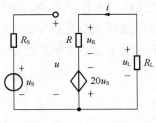

图1-28 例1-10图

$$u = u_S$$

对含 R_L 的回路运用 KVL，得

$$u_R - 20u_S - u_L = 0$$

将元件的伏安关系式代入 $u_R = Ri$，$u_L = -R_Li$ 代入上式，有

$$Ri - 20u_S + R_Li = 0$$

有

$$i = \frac{20u_S}{R + R_L}$$

负载电压 u_L 与输入电压 u_S 的关系为

$$\frac{u_L}{u_S} = \frac{-iR_L}{u_S} = -\frac{20R_L}{R + R_L} = -10$$

由此可知 u_L 正比于 u_S，$u_L > u_S$，受控源起放大作用。

受控源电压和电流为非关联参考方向，由式 $p(t) = -u(t)i(t)$ 可求得受控源的功率

$$p = -20u_Si = -20u_S \times \frac{20u_S}{R + R_L} = -20u_S^2 \times 10^{-3}\text{W}$$

其值恒为负值，表明受控源向外界提供功率，受控源提供的功率被负载 R_L 所消耗掉。受控源是一种双口有源电阻元件，它往往是某一器件在一定外加电源工作条件下的模型，受控源向外电路提供的功率来自该外加电源。

例 1-11 电路如图 1-29 所示，图中 $R_S = 6\Omega$，$R = 10\Omega$，$R_L = 1\Omega$，$u_R = 5\text{V}$，求 u_S，并计算受控源的功率。

解 含受控源的电路仍可根据 KVL、KCL 以及元件的 VAR 求解。由元件的 VAR 可求得流过电阻 R 的电流

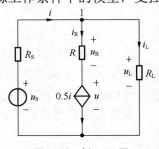

图1-29 例1-11图

$$i_R = \frac{u_R}{R} = \frac{5}{10} = 0.5\text{A}$$

由于 CCCS 的受控支路与电阻 R 串联，故 CCCS 提供的电流 $0.5i$ 应等于 0.5A。即

$$0.5i = 0.5$$

得

$$i = \frac{0.5}{0.5} = 1\text{A}$$

由 KCL 可知流过电阻 R_L 的电流

$$i_L = i - i_R = i - 0.5i = 0.5i = 0.5\text{A}$$

R_L 的端电压

$$u_L = 0.5 \times 1 = 0.5V$$

对 u_S、R_S 及 R_L 组成的回路运用 KVL，可得

$$u_S - u_L - R_S i = 0$$

代入数值

$$u_S - 0.5 - 6 \times 1 = 0$$

解得

$$u_S = 6.5V$$

受控源功率

$$p = (0.5i)u = 0.5 \times (u_L - u_R) = 0.5 \times (0.5 - 0.5 \times 10) = -2.25W$$

表明受控源产生功率。

本 章 小 结

　　电路模型是指用一个或若干个理想电路元件经理想导线相互连接起来模拟实际电路的模型，是实际电路的科学抽象。采用电路模型分析电路，不仅计算过程大为简化，而且能更清晰地反映电路的物理实质。电路分析是对集中电路列写电路方程，用数学的方法分析、研究电路。

　　本章重点介绍了电压、电流、功率 3 个电路变量。在分析计算这些变量时应首先标明参考方向，在参考方向之下计算的值才有意义。另外还介绍了基尔霍夫电流定律（KCL）和基尔霍夫电压定律（KVL），这两个定律描述任一时刻，任一集中电路中支路电压和支路电流应遵循的定律。基尔霍夫电流定律指流入电路中任意一个节点的所有支路电流的代数和为零。基尔霍夫电压定律指沿电路中任意一个回路，所有支路电压的代数和为零。这两个定律只与电路的结构有关，称为结构约束关系。

　　本章还介绍了电阻、独立电压源、独立电流源和受控电源等电路元件，应掌握元件的伏安关系式。元件的伏安关系式只与元件的性质有关，称为元件约束关系式。

　　结构约束和元件约束是分析集中参数电路的基本依据。

习　　题

一、选择题

1. 电路如图 x1.1 所示，U_S 为独立电压源，若外电路不变，仅电阻 R 变化时，将会引起（　　）。

  A．端电压 U 的变化　　　　　　　　B．输出电流 I 的变化

  C．电阻 R 支路电流的变化　　　　　　D．上述三者同时变化

2. 当电阻 R 上 u、i 的参考方向为非关联时，欧姆定律的表达式应为（　　）。

  A．$u=Ri$　　　　　　　　　　　　B．$u=-Ri$

  C．$u=R|i|$　　　　　　　　　　　D．$u=-Gi$

3. 如图 x1.2 所示的电路，A 点的电位应为（　　）。

  A．6V　　　　　　B．−4V　　　　　　C．8V　　　　　　D．7V

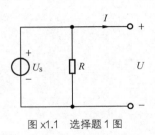

图 x1.1 选择题1图

图 x1.2 选择题3图

4. 电路中的一条支路如图 x1.3 所示，电压 U 和电流 I 的方向已标注在图中，且 $I = -1A$，则图中对于该支路，（　　　）。

A. U、I 为关联方向，电流 I 的实际方向是自 A 流向 B

B. U、I 为关联方向，电流 I 的实际方向是自 B 流向 A

C. U、I 为非关联方向，电流 I 的实际方向是自 A 流向 B

D. U、I 为非关联方向，电流 I 的实际方向是自 B 流向 A

5. 电路如图 x1.4 所示，$U_S = 10V$，$R = 5\Omega$ 以下叙述正确的是（　　　）。

A. 电压源发出功率 20W，电阻吸收功率 20W

B. 电压源吸收功率 20W，电阻发出功率 20W

C. 电压源发出功率 500W，电阻吸收功率 500W

D. 电压源吸收功率 500W，电阻发出功率 500W

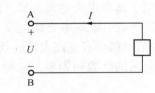

图 x1.3 选择题4图

图 x1.4 选择题5图

6. 已知某元件在关联参考方向下，吸收的功率为 10kW。如果该元件的端电压为 1kV，则流过该元件的电流为（　　　）。

A. -10A　　　　　B. 10A　　　　　C. -10 mA　　　　　D. 10 mA

二、填空题

1. 若 $U_{ab}=12V$，a 点电位 U_a 为 5V，则 b 点电位 U_b 为＿＿＿＿＿＿＿V。电路中参考点选得不同，各点的电位＿＿＿＿＿＿＿＿。

2. KCL 定律是对电路中各支路＿＿＿＿＿＿＿之间施加的线性约束关系。KVL 定律是对电路中各支路＿＿＿＿＿＿＿之间施加的线性约束关系。

3. 理想电流源在某一时刻可以给电路提供恒定不变的电流，电流的大小与端电压无关，端电压由＿＿＿＿＿＿＿来决定。

4. 对理想电压源而言，不允许＿＿＿＿＿＿＿路；对理想电流源而言，不允许＿＿＿＿＿＿＿路。

5. 额定值为 220V、40W 的灯泡，接在 110V 的电源上，其输出功率为＿＿＿＿＿＿＿W。

6. 理想电压源与理想电流源并联，对外部电路而言，它等效于＿＿＿＿＿＿＿。

三、计算题

1. 1C 电荷由 a→b，能量改变 1J，若（1）电荷为正，且为失去能量；（2）电荷为正，且为获得能量；（3）电荷为负，且为失去能量；（4）电荷为负，且为获得能量。求 a、b 两点间的电压 U_{ab}。

2. 如图 x1.5 所示电路中，各元件电压、电流参考方向如图中所标，已知：（a）图中元件释放 30W 功率,（b）图中元件吸收 20W 功率,（c）图中元件吸收-40W 功率。分别求图中的 u_a、u_b、i_c。

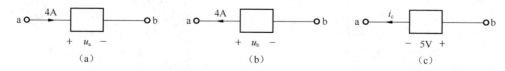

图 x1.5 计算题 2 图

3. 如图 x1.6 所示电路中，求电压源和电流源的功率，并判断是吸收还是发出功率。

4. 求图 x1.7 所示电路中的未知电流。

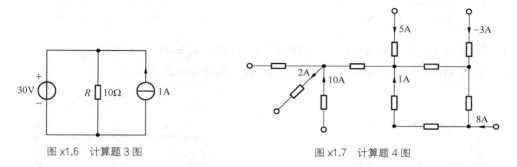

图 x1.6 计算题 3 图　　　　　　　　图 x1.7 计算题 4 图

5. 电路如图 x1.8 所示，分别求电压 U_{AD}、U_{CD}、U_{AC}。

6. 如图 x1.9 所示电路中，开关 K 打开和闭合时 A 点的电位为多少？

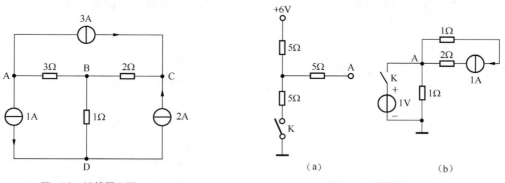

图 x1.8 计算题 5 图　　　　　　　　图 x1.9 计算题 6 图

7. 求图 x1.10 中的电流 I_1、I_2、I_3、I_4。

8. 已知图 x1.11 所示电路中，$u_s = 20V$，$R_1 = 6\Omega$，$R_2 = 6\Omega$，$R_3 = 5\Omega$，求电流 i。

9. 试求图 x1.12 所示电路的 I_1、I_2、U_2、R_1、R_2 和 U_S。

10. 如图 x1.13 所示电路，若 2V 电压源发出的功率为 1W，求电阻 R 的值和 1V 电压源发出的功率。

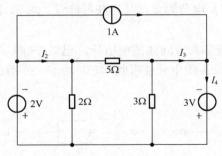

图 x1.10　计算题 7 图

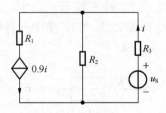

图 x1.11　计算题 8 图

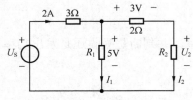

图 x1.12　计算题 9 图

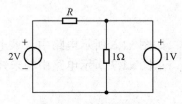

图 x1.13　计算题 10 图

11．如图 x1.14 所示电路中，$R_1 = 200\Omega$，$R_2 = 1\mathrm{k}\Omega$，$u_\mathrm{S} = 4\mathrm{V}$，求电压 u_ab。

12．如图 x1.15 所示电路中全部电阻均为 1Ω，求输入电阻 R_ab。

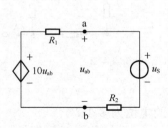

图 x1.14　计算题 11 图

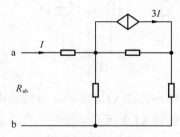

图 x1.15　计算题 12 图

第 **2** 章 电路的等效变换

本章主要内容：等效变换是电路理论的一个重要概念，利用等效变换分析电路是常用的分析方法，贯穿整个电路分析基础课程。等效是将结构比较复杂的电路变换为结构较简单的电路，以便更方便地分析某部分电路的电压、电流或功率。本章引出等效变换的概念后，介绍了常用的一些等效规律和公式，包括电阻、电源的串、并、混联以及电压源与电阻串联和电流源与电阻并联的等效变换。

2.1 等效变换的概念

分析、计算比较复杂的电路时，如果电路的某些部分能变换为较简单的电路，会简化整个电路的求解，但变换后不应改变电路其余部分电压、电流、功率等变量的值，即变换必须是等效的。等效是电路中很重要的一个概念。

如果一个电路（网络）可以分解为通过两根导线相连的电路（网络），每个电路对外有两个引出端，称这种电路为二端电路（二端网络，单口网络），如图 2-1 所示。本书只讨论明确的单口网络，即单口网络中不包含有任何能通过电或非电的方式与网络之外的某些变量相耦合的元件。设单口网络端口的电压和电流分别为 u 和 i，u、i 的关系式称为单口网络端口的伏安关系式（VAR）。

图 2-1 单口网络

如果一个单口网络端口的伏安关系和另一个单口网络端口的伏安关系完全相同，称这两个单口网络等效。分析求解电路时，相互等效的两单口网络可以互相替换，不影响任意外接电路中电压、电流、功率等变量的值。如图 2-2（a）所示，单口网络 N 与外电路 M 相连，若有另一单口网络 N′ 与 N 等效，用 N′ 替换 N 得到图 2-2（b），将不影响网络 M 中电压、电流、功率等变量的值。

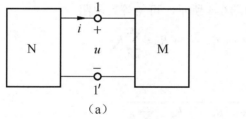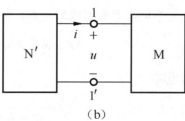

（a） （b）

图 2-2 单口网络的等效

2.2　电阻的联接

2.2.1　电阻的串联

当多个电阻首尾相连、流过的电流相同时，电阻为串联。如图 2-3（a）所示，R_1、R_2、R_3 构成串联电路，该电路对任一外电路 M 而言，可看为对外有两个引出端 1-1 的单口网络 N，端口 1-1′ 的 VAR 可由 KVL 及电阻元件的 VAR 求得

$$u = u_1 + u_2 + u_3 = R_1 i + R_2 i + R_3 i = (R_1 + R_2 + R_3)i \tag{2-1}$$

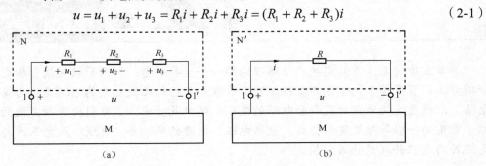

(a)　　　　　　　　(b)

图 2-3　串联等效电路

对单口网络 N′，如图 2-3（b）所示，端口 1-1′ 的 VAR 为

$$u = Ri$$

令

$$R = R_1 + R_2 + R_3 \tag{2-2}$$

则 N 和 N′ 端口的 VAR 完全相同，N 和 N′ 等效。式（2-2）称为等效条件。

由式（2-1）解得

$$i = \frac{u}{R_1 + R_2 + R_3}$$

电阻 R_1、R_2、R_3 的端电压

$$u_1 = R_1 i = R_1 \frac{u}{R_1 + R_2 + R_3} = \frac{R_1}{R_1 + R_2 + R_3} u$$

$$u_2 = R_2 i = R_2 \frac{u}{R_1 + R_2 + R_3} = \frac{R_2}{R_1 + R_2 + R_3} u$$

$$u_3 = R_3 i = R_3 \frac{u}{R_1 + R_2 + R_3} = \frac{R_3}{R_1 + R_2 + R_3} u$$

对于由 n 个电阻串联组成的电路，如图 2-4 所示，可得等效电阻

$$R = R_1 + R_2 + \cdots + R_k + \cdots + R_n = \sum_{k=1}^{n} R_k \tag{2-3}$$

流过的电流

$$i = \frac{u}{R_1 + R_2 + \cdots R_k \cdots R_n} = \frac{u}{\sum_{k=1}^{n} R_k}$$

第 k 个电阻上的电压

$$u_k = R_k i = \frac{R_k}{\sum\limits_{k=1}^{n} R_k} u \qquad (2\text{-}4)$$

可见，串联电阻电路中每个电阻上的电压为总电压的一部分，其值为该电阻对总电阻的比值再乘以总电压。所以图 2-4 所示的串联电路也称为分压电路，式（2-4）称为分压公式。

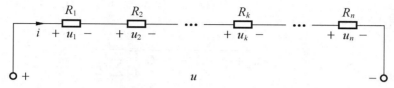

图 2-4 n 个电阻的串联

2.2.2   电阻的并联

当多个电阻首首、尾尾相连时，电阻的端电压相同，电阻为并联。如图 2-5（a）所示为 R_1、R_2、R_3 三个电阻的并联电路，该电路对任一外电路 M 而言，可看为对外有两个引出端 1-1′ 的单口网络 N。由 KCL 及电阻元件的 VAR 得单口网络 N 端口 1-1′ 的 VAR

$$i = i_1 + i_2 + i_3 = \frac{1}{R_1}u + \frac{1}{R_2}u + \frac{1}{R_3}u = \left(\frac{1}{R_1} + \frac{1}{R_2} + \frac{1}{R_3}\right)u = (G_1 + G_2 + G_3)u \qquad (2\text{-}5)$$

式（2-5）中 G_1、G_2、G_3 分别为 R_1、R_2、R_3 的对应电导。

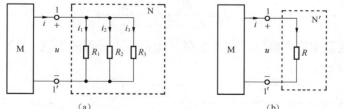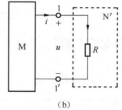

(a)   (b)

图 2-5   并联等效电路

在图 2-5（b）中，对单口网络 N′，端口 1-1′ 只有电阻 R，端口的 VAR 可由 KCL 得

$$i = \frac{u}{R} = uG \qquad （式中 G = \frac{1}{R}）$$

令

$$G = G_1 + G_2 + G_3 \qquad (2\text{-}6)$$

则 N 和 N′ 端口的 VAR 完全相同，N 和 N′ 等效。式（2-6）称为等效条件。

由式（2-5）得

$$u = \frac{i}{G_1 + G_2 + G_3}$$

流过 G_1、G_2、G_3 的电流分别为

$$i_1 = G_1 u = G_1 \frac{i}{G_1 + G_2 + G_3} = \frac{G_1}{G_1 + G_2 + G_3} i$$

$$i_2 = G_2 u = G_2 \frac{i}{G_1 + G_2 + G_3} = \frac{G_2}{G_1 + G_2 + G_3} i$$

$$i_3 = G_3 u = G_3 \frac{i}{G_1 + G_2 + G_3} = \frac{G_3}{G_1 + G_2 + G_3} i$$

对于由 n 个电阻并联组成的电路，如图 2-6 所示，可得等效电导

$$G = G_1 + G_2 + \cdots + G_k + \cdots + G_n = \sum_{k=1}^{n} G_k \qquad （2\text{-}7）$$

电阻的端电压

$$u = \frac{i}{G_1 + G_2 + \cdots + G_k + \cdots + G_n} = \frac{i}{\sum_{k=1}^{n} G_k}$$

流过第 k 个电导的电流

$$i_k = G_k u = \frac{G_k}{\sum_{k=1}^{n} G_k} i \qquad （2\text{-}8）$$

可见，并联电阻电路中流过每个电阻的电流为总电流的一部分，其值为该电阻的电导对总电导的比值再乘以总电流。所以图 2-6 所示的并联电路也称为分流电路，式（2-8）称为分流公式。

对于由两个电阻并联组成的电路，如图 2-7 所示，人们习惯用电阻表示分流公式，由分流公式（2-8）可知

$$i_1 = \frac{G_1}{G_1 + G_2} i = \frac{R_2}{R_1 + R_2} i \qquad （2\text{-}9）$$

$$i_2 = \frac{G_2}{G_1 + G_2} i = \frac{R_1}{R_1 + R_2} i \qquad （2\text{-}10）$$

可见，两条电阻支路并联时，一条支路（如 R_1）上分得的电流（i_1）与另一条支路上的电阻（如 R_2）成正比。

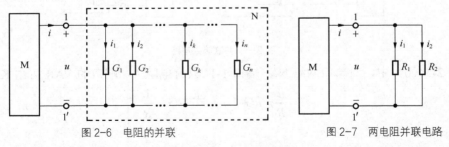

图 2-6　电阻的并联　　　　　　　　　图 2-7　两电阻并联电路

例 2-1　图 2-8（a）所示为具有滑动触头的三端电阻器，电压 U_S 施加于电阻 R 两端，随滑动端 a 的滑动，R_1 可在 0 到 R 间变化，在 a-b 间可得到从 0 到 U_S 的连续可变的电压，这种可变电阻器也称为电位器（potentiometer）。若已知：直流电压源电压 $U_S = 20\text{V}$，$R = 1\text{k}\Omega$，当 $U_{ab} = 4\text{V}$ 时，求（1）R_1 为多少？（2）若用内阻为 1800Ω 的电压表测量此电压，如图 2-8（b）所示，求电压表的读数。

解　（1）由分压公式可知

$$U = \frac{R_1}{R} U_S$$

故

$$R_1 = \frac{U}{U_S}R = \frac{4}{20} \times 1000 = 200\Omega$$

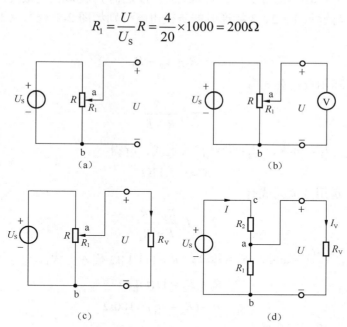

图 2-8　例 2-1 图

（2）用电压表测量时，由于电压表存在内阻，设内阻为 R_V，等效电路如图 2-8（c）所示，进一步等效为如图 2-8（d）所示，由图 2-8（d）可得

$$R_2 = R - R_1 = 1000 - 200 = 800\Omega$$

c-b 间的电阻

$$R_{cb} = R_2 + \frac{R_1 R_V}{R_1 + R_V} = 800 + \frac{200 \times 1800}{200 + 1800} = 980\Omega$$

有

$$I = \frac{U_S}{R_{cb}} = \frac{20}{980} \approx 20.4\text{mA}$$

据分流公式（2-9）有

$$I_V = \frac{R_1}{R_1 + R_V}I = \frac{200}{200 + 1800} \times 20.4 = 2.04\text{mA}$$

故

$$U = R_V I_V = 2.04 \times 10^{-3} \times 1800 = 3.672\text{V}$$

例 2-2　图 2-9（a）为电流表的基本原理电路，虚线方框中的表头 A 最大允许通过的电流（满度电流）为 I_g，为保证测量精度，I_g 取值较小。为扩大被测电流的范围，可将表头并联适当的电阻，如图中的 R_1、R_2、R_3（称为分流电阻）。若表头满度电流（最大电流）$I_g = 100\mu\text{A}$，表头内阻 $R_g = 1\text{k}\Omega$，若要构成能测量 $I_1 = 1\text{mA}$，$I_2 = 10\text{mA}$，$I_3 = 100\text{mA}$ 三个量程的电流表，试求需要配置的分流电阻的数值。

解　因表头内阻 $R_g = 1\text{k}\Omega$，图 2-9（a）可等效为图 2-9（b）。开关 K 与触点 1 接通时，构成的电流表的量程为 1mA（$I_1 = 1\text{mA}$）；同理，开关 K 与触点 2 接通时，构成的电流表的量程为 10mA ($I_2 = 10\text{mA}$)；开关 K 与触点 3 接通时，构成的电流表的量程为100mA ($I_3 = 100\text{mA}$)。K 与触点 1、2、3 接通时的等效电路分别如图 2-9 (c)、(d)、(e) 所示。

令

$$R = R_1 + R_2 + R_3$$

对图 2-9 (c) 运用分流公式有

$$I_g = I_1 \frac{R}{R + R_g}$$

将 $I_g = 100\mu\text{A}$ ， $I_1 = 1\text{mA}$ ， $R_g = 1\text{k}\Omega$ 代入上式，解得

$$R = 111.11\Omega$$

对图 2-9 (d) 运用分流公式有

$$I_g = I_2 \frac{R_2 + R_3}{R + R_g}$$

将 $I_g = 100\mu\text{A}$ ， $I_2 = 10\text{mA}$ ， $R_g = 1\text{k}\Omega$ ， $R = 111.11\Omega$ 代入上式，有

$$R_2 + R_3 = 11.11\Omega$$
$$R_1 = R - (R_2 + R_3) = 100\Omega$$

对图 2-9 (e) 运用分流公式有

$$I_g = I_3 \frac{R_3}{R + R_g}$$

代入相应数值解得

$$R_3 = 1.11\Omega$$
$$R_2 = 11.11 - 1.11 = 10\Omega$$

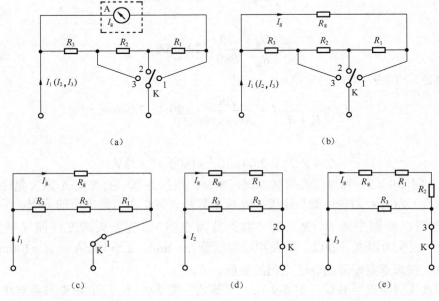

图 2-9 例 2-2 图

2.2.3 电阻的混联

电路中电阻既有串联又有并联的电路称为混联电阻电路。计算混联电路的等效电阻时，可先等效化简两个端钮之间的串、并联的电阻，然后再化简各局部之间串、并联的等效电阻，直到最后求得对应于指定二端钮的等效电阻。

例 2-3 电路如图 2-10（a）所示，求（1）ab 两端的等效电阻 R_{ab}；（2）cd 两端的等效电阻 R_{cd}。

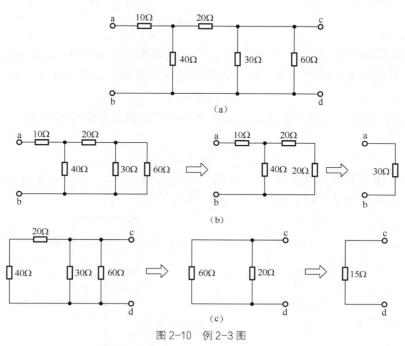

图 2-10 例 2-3 图

解 （1）a-b 两端钮的等效电阻 R_{ab} 是从 a-b 端钮向右看的网络的等效电阻，可先求 c-d 端的等效电阻，即 30 Ω 与 60 Ω 电阻的并联，然后再逐步化简，具体过程如图 2-10（b）所示的化简过程。

（2）c-d 两端的等效电阻 R_{cd} 是 c-d 端向左看的网络的等效电阻，此时，10Ω电阻不起作用，逐步化简的具体过程如图 2-10（c）所示。

如果电阻之间不是简单的串、并联，可考虑是否能经过 Y 形电阻网络与△形电阻网络的等效变换变成电阻的串、并联。

2.2.4 星形电阻网络与三角形电阻网络的等效变换

求等效电阻时，电阻的联接方式有时并不是简单的串、并联。如图 2-11（a）所示是一种常见的电桥电路，1、4 两端的等效电阻不是简单的串、并联，但如果 R_1、R_2、R_3 组成的回路能等效变换为如图 2-11（b）所示的形式，电路就变成简单的串、并联了。

图 2-11（a）中，R_1、R_2、R_3 三个电阻首尾相接，构成一个回路，每两个电阻的连接点处引出一个端（图中的 1、2、3），这样的电路形如△，称为三角形（△、π形）网络。而图 2-11（b）中，R_{01}、R_{02}、R_{03} 三个电阻的一端联接在一个公共节点上（如 0 点），另一端分别接到三个不同的端钮（如 1、2、3），形如 Y，称星形（T 形，Y 形）网络。这种对外有三个引出端的网络称为三端网络。△形电阻网络和 Y 形电阻网络是最简单的三端网络。

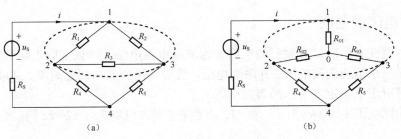

图 2-11　电桥电路及变换

一般的三端网络如图 2-12 中的 N 和 N′，端钮间的电压分别为 u_{13}、u_{23}、u_{12}，根据 KVL，给定任意两个端钮间的电压，另外一对端钮间的电压便可确定。如给定 u_{13}、u_{23}，则

$$u_{12} = u_{13} - u_{23}$$

根据 KCL，给定任意两个端钮的电流，另外一个端钮的电流便可确定，如给定 i_1、i_2，则由

$$i_3 = -(i_1 + i_2)$$

因此，对于两个三端网络 N 和 N′，若两网络端口的 u_{13}、u_{23}、i_1、i_2 分别对应相等，三个端口的电压、电流便对应相等，则三端网络 N 和 N′等效。

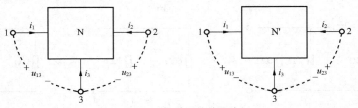

图 2-12　三端网络的等效

下面根据三端网络等效的定义推导 Y 形电阻网络与△形电阻网络等效变换的条件。

图 2-13 所示的△形电阻网络与 Y 形电阻网络的对应端钮间的端电压分别为 u_{13}、u_{23}、u_{12}，对应的三个端钮的电流分别为 i_1、i_2、i_3，令两网络的 u_{13}、u_{23} 和 i_1、i_2 对应相等。

对图 2-13（a），据 KVL 有

$$u_{12} = u_{13} - u_{23} \tag{2-11}$$

据 KCL 有

$$\begin{cases} i_1 = i_{13} + i_{12} = \dfrac{u_{13}}{R_{13}} + \dfrac{u_{12}}{R_{12}} \\[2mm] i_2 = i_{23} - i_{12} = \dfrac{u_{23}}{R_{23}} - \dfrac{u_{12}}{R_{12}} \end{cases}$$

将式（2-11）代入上式，解得

$$\left. \begin{aligned} u_{13} &= \frac{R_{13}(R_{12} + R_{23})}{R_{12} + R_{23} + R_{13}} i_1 + \frac{R_{23} R_{13}}{R_{12} + R_{23} + R_{13}} i_2 \\ u_{23} &= \frac{R_{23} R_{13}}{R_{12} + R_{23} + R_{13}} i_1 + \frac{R_{23}(R_{12} + R_{13})}{R_{12} + R_{23} + R_{13}} i_2 \end{aligned} \right\} \tag{2-12}$$

对图 2-13（b）所示的 0 节点应用 KCL

$$i_1 + i_2 + i_3 = 0$$

有

$$i_3 = -(i_1 + i_2) \tag{2-13}$$

据 KVL 得

$$\begin{cases} u_{13} = R_1 i_1 - R_3 i_3 \\ u_{23} = R_2 i_2 - R_3 i_3 \end{cases}$$

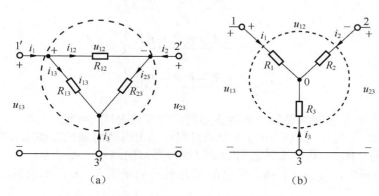

图 2-13　Y 形电阻网络与 △ 形电阻网络的等效互换

将式（2-13）代入上式有

$$\left. \begin{array}{l} u_{13} = R_1 i_1 + R_3 (i_1 + i_2) = (R_1 + R_3) i_1 + R_3 i_2 \\ u_{23} = R_2 i_2 + R_3 (i_1 + i_2) = R_3 i_1 + (R_2 + R_3) i_2 \end{array} \right\} \tag{2-14}$$

式（2-12）和式（2-14）分别为△形网络和 Y 形网络的 VAR。要使两个网络等效，它们的 VAR 应完全相同，故两式中 i_1、i_2 的系数对应相等，有

$$\begin{cases} R_1 + R_3 = \dfrac{R_{13}(R_{12} + R_{23})}{R_{12} + R_{23} + R_{13}} \\[3mm] R_3 = \dfrac{R_{23} R_{13}}{R_{12} + R_{23} + R_{13}} \\[3mm] R_2 + R_3 = \dfrac{R_{23}(R_{12} + R_{13})}{R_{12} + R_{23} + R_{13}} \end{cases}$$

整理得

$$\left. \begin{array}{l} R_1 = \dfrac{R_{13} R_{12}}{R_{12} + R_{23} + R_{13}} \\[3mm] R_3 = \dfrac{R_{23} R_{13}}{R_{12} + R_{23} + R_{13}} \\[3mm] R_2 = \dfrac{R_{12} R_{23}}{R_{12} + R_{23} + R_{13}} \end{array} \right\} \tag{2-15}$$

式（2-15）是从△形网络等效变换为 Y 形网络的变换公式。可见，Y 形网络中与端钮 1 相连的电阻 R_1 为△形网络中与端钮 1′相连的两电阻 R_{12}、R_{13} 的乘积再除以△形网络中三电阻之和。与其他端钮相连的电阻也有类似的结论。概括为

$$R_I = \frac{\text{与端钮}I\text{ 相连的两电阻的乘积}}{\text{三电阻之和}}, \qquad (I = 1,2,3)$$

特殊情况，当 $R_{12} = R_{13} = R_{23} = R$ 时，等效变换为 Y 形网络的三个电阻也相等，分别为 $R_1 = R_2 = R_3 = \frac{1}{3}R$。

同理可解得

$$\left. \begin{aligned} R_{12} &= \frac{R_1 R_2 + R_2 R_3 + R_1 R_3}{R_3} \\[1mm] R_{23} &= \frac{R_1 R_2 + R_2 R_3 + R_1 R_3}{R_1} \\[1mm] R_{31} &= \frac{R_1 R_2 + R_2 R_3 + R_1 R_3}{R_2} \end{aligned} \right\} \qquad (2\text{-}16)$$

式（2-16）是从 Y 形网络等效变换为△形网络的变换公式。可见，△形网络中两端钮（1、2）之间的电阻（R_{12}）为 Y 形网络中与 3 个端钮相连的电阻两两乘积之和除以与该两端钮（1、2）不相连的电阻（R_3）。其他端钮之间的电阻也有类似的结构。概括为：

若已知 Y 形网络，可由（2-16）得出从 Y 形网络的电阻 R_1、R_2、R_3 求得△形网络的电阻 R_{12}、R_{13}、R_{23}

$$R_{mn} = \frac{\text{三电阻两两电阻乘积之和}}{\text{与端钮}mn\text{不相连的电阻}}, \qquad (mn = 12,13,23)$$

特殊情况，当 $R_1 = R_2 = R_3 = R$ 时，等效变换成△形网络的三个电阻也相等，分别为 $R_{12} = R_{13} = R_{23} = 3R$。

例2-4 在图2-11(a)所示电桥电路中，设 $u_S = 10\text{V}$，$R_S = 4\Omega$，$R_1 = 3\Omega$，$R_2 = 5\Omega$，$R_3 = 2\Omega$，$R_4 = 1\Omega$，$R_5 = 1\Omega$，求电流 i。

解 将图2-11（a）中虚线部分的△网络等效变换为如图2-11（b）所示的 Y 形连接网络，图中 R_{01}，R_{02}，R_{03} 可利用等效变换公式（2-15）求得

$$\left\{ \begin{aligned} R_{01} &= \frac{R_1 R_2}{R_1 + R_2 + R_3} \\[2mm] R_{02} &= \frac{R_1 R_3}{R_1 + R_2 + R_3} \\[2mm] R_{03} &= \frac{R_2 R_3}{R_1 + R_2 + R_3} \end{aligned} \right.$$

代入数值得

$$R_{01} = \frac{3 \times 5}{3 + 5 + 2} = 1.5\Omega$$

$$R_{02} = \frac{2 \times 3}{3 + 5 + 2} = 0.6\Omega$$

$$R_{03} = \frac{2 \times 5}{3 + 5 + 2} = 1\Omega$$

可见，电阻成为简单的串、并联，可等效为图 2-14，其中

$$R_{14} = R_{01} + (R_{02} + R_4)//(R_{03} + R_5) \approx 2.39\Omega$$

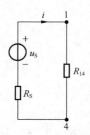

图 2-14 例 2-4 图

由此可求得

$$i = \frac{u_\mathrm{S}}{R_\mathrm{S} + R_{14}} = \frac{10}{4 + 2.39} \approx 1.56\mathrm{A}$$

例 2-5　试用等效化简方法求如图 2-15（a）所示二端网络的等效电阻 R_ab。

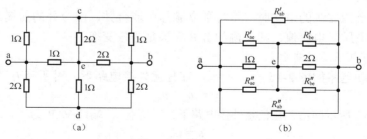

图 2-15　例 2-5 图

解　将 a、e、b 看作三个引出端，c 端和 d 端分别看作上、下两个 Y 形连接电路的公共端，将 Y 形电阻网络等效变换为△形电阻网络，消去节点 c 和节点 d，得等效电路如图 2-15（b）所示，其中

$$R'_\mathrm{ab} = 1 + 1 + \frac{1 \times 1}{2} = 2.5\Omega$$

$$R'_\mathrm{ae} = R'_\mathrm{be} = 1 + 2 + \frac{1 \times 2}{1} = 5\Omega$$

$$R''_\mathrm{ab} = 2 + 2 + \frac{2 \times 2}{1} = 8\Omega$$

$$R''_\mathrm{ae} = R''_\mathrm{be} = 2 + 1 + \frac{2 \times 1}{2} = 4\Omega$$

连接在节点 a-e 之间的三个电阻并联的等效电阻

$$R_\mathrm{ae} = \frac{1}{\dfrac{1}{5} + \dfrac{1}{1} + \dfrac{1}{4}} = 0.69\Omega$$

连接在节点 e-b 之间的三个电阻并联的等效电阻

$$R_\mathrm{eb} = \frac{1}{\dfrac{1}{5} + \dfrac{1}{2} + \dfrac{1}{4}} = 1.05\Omega$$

则等效电阻

$$R_\mathrm{ab} = \frac{1}{\dfrac{1}{R'_\mathrm{ab}} + \dfrac{1}{R_\mathrm{ae} + R_\mathrm{eb}} + \dfrac{1}{R''_\mathrm{ab}}} = \frac{1}{\dfrac{1}{2.5} + \dfrac{1}{0.69 + 1.05} + \dfrac{1}{8}} = 0.91\Omega$$

从以上分析可见，电路中电阻不是简单的串、并联时，若包含 Y 形网络（△网络），可应用式（2-15）或式（2-16）将 Y 形网络（△网络）部分等效变换为△形网络（Y 形网络），电阻可能变为简单的串并联，简化电路的求解。在变换过程中，应注意与外电路相连的三个端钮不应改变，由 Y 形网络变换为△形网络时，中心节点被消去，三个端钮两两之间接一个电阻；由△形网络变换为 Y 形网络时，增加一个中心节点，分别从三个端钮到中心节点接一个电阻。这样才能不影响与三端网络连接的其余电路部分电压、电流的值。

2.3 电源的联接及等效变换

2.3.1 电压源的联接

分析包含多个独立源的电路时，可将独立源尽可能合并，但合并的前提是不能改变电路中未合并部分的电压、电流值，即电源的合并应该是等效变换。

1. 电压源与电压源的串联

两电压源串联电路如图 2-16（a）所示，在任意外接电路下，对所有 i，端口 VAR 为

$$u = u_{S1} + u_{S2}$$

对图 2-16（b）所示网络，在任意外接电路下，对所有 i，端口 VAR 为

$$u = u_S$$

当 $u_S = u_{S1} + u_{S2}$ 时，图（a）与图（b）所示网络端口的 VAR 完全相同，即图（a）可等效为图（b）。等效条件是

$$u_S = u_{S1} + u_{S2}$$

类似可推得，当多个电压源 u_{S1}、u_{S2}、$\cdots$、u_{Sk}、$\cdots$串联时，可等效为一个电压源 u_S，等效条件是

$$u_S = u_{S1} + u_{S2} + \cdots + u_{Sk} + \cdots$$

当 u_{Sk} 的参考极性与 u_S 相同时，u_{Sk} 前取"+"号；当 u_{Sk} 的参考极性与 u_S 不同时，u_{Sk} 前取"–"号。

2. 电压源与电压源的并联

只有电压源的值相同、极性一致时才能并联，否则，违背 KVL 定律。此时等效电路为其中的任意一个电压源。如图 2-17（a）可等效为图 2-17（b），图中

$$u_S = u_{S1} = u_{S2}$$

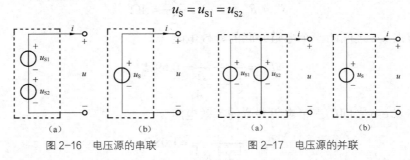

图 2-16 电压源的串联   图 2-17 电压源的并联

3. 电压源与电流源（或电阻）的并联

电压源与电流源（或电阻）的并联电路如图 2-18（a）所示，其中 N 表示电流源或电阻。对虚线框起来的二端网络的端口而言，N 为多余的元件，可等效为如图 2-18（b）所示的一个电压源 u_S。但图 2-18（b）中的电流 i 不等于图 2-18（a）中流过电压源的电流 i'。

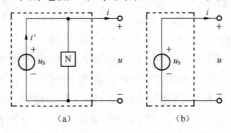

图 2-18 电压源与电流源（或电阻）的并联

2.3.2 电流源的联接

1. 电流源串联

只有在电流源的电流都相等且方向一致时，串联才是允许的，否则，违背 KCL 定律。串联时，等效电路为其中任一电流源，如图 2-19（a）所示两电流源串联可等效为图 2-19（b），图中，$i_S = i_{S1} = i_{S2}$。

2. 电流源并联

两电流源并联时，如图 2-20（a），可等效为如图 2-20（b）所示的一个电流源，等效条件是

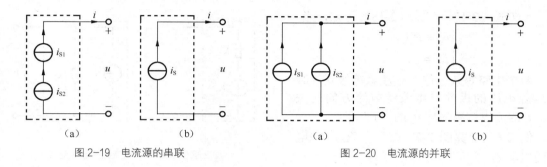

图 2-19 电流源的串联   图 2-20 电流源的并联

$$i_S = i_{S1} + i_{S2}$$

当多个电流源 i_{S1}、$i_{S2}\cdots i_{Sk}\cdots$ 并联时，可等效为一个电流源 i_S

$$i_S = i_{S1} + i_{S2} + \cdots + i_{Sk} + \cdots$$

其中当 i_{Sk} 的参考方向与 i_S 相同时，i_{Sk} 前取 "+" 号，当 i_{Sk} 的参考方向与 i_S 不同时，i_{Sk} 前取 "–" 号。

3. 电流源与电压源（或电阻）的串联

电流源与电压源（或电阻）的串联电路如图 2-21（a）所示，其中 N 表示电压源或电阻。对虚线框内的二端网络的端口而言，可等效为如图 2-21（b）所示的一个电流源 i_S。但（b）图中的电压 u 不等于（a）图中电流源的端电压 u'。

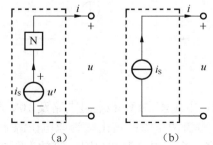

（a）   （b）

图 2-21 电流源与电压源（或电阻）的串联

2.3.3 电压源串联电阻与电流源并联电阻的等效变换

电压源与电阻串联及电流源与电阻并联的电路如图 2-22 所示，从 1.6 节实际电源的模型

可知，它们分别为实际电压源和实际电流源的等效电路模型。在一定条件下可以互换。

电压源与电阻串联时，如图 2-22（a），端口的 VAR 为

$$u = u_s - R_s i \tag{2-17}$$

电流源与电阻并联时，如图 2-22（b），端口的 VAR 为

$$i = i_s - \frac{1}{R'_s} u$$

整理得

$$u = R'_s i_s - R'_s i \tag{2-18}$$

比较式（2-17）和式（2-18）可知，当

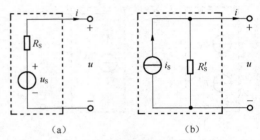

$$\begin{cases} u_s = R'_s i_s \\ R_s = R'_s \end{cases}$$

两个电路等效。但必须注意等效互换时
电压源电压的极性与电流源电流方向的关
系，i_s 的流出端要对应 u_s 的"+"极。

例 2-6 计算图 2-23（a）中流过 3Ω 电
阻的电流 I。

图 2-22 电压源和电流源的等效变换

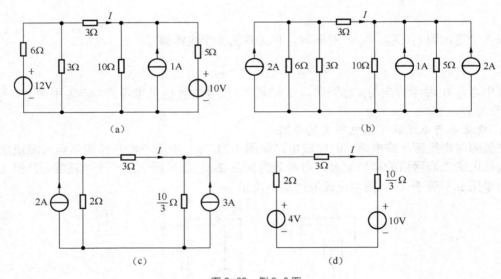

图 2-23 例 2-6 图

解 将图 2-23（a）中 12V 电压源串联 6Ω 电阻支路及 10V 电压源串联 5Ω 电阻支路等效
变换为电流源并联电阻支路，电流源电流的流出端为原电压源的"+"端，如图 2-23（b）所
示，保留 3Ω 电阻所在支路不变，合并电流源和电阻，等效为图 2-23（c），进一步将电流源并
联电阻支路等效变换为电压源串联电阻支路，如图 2-23（d），解得

$$I = \frac{-10 + 4}{3 + \frac{10}{3} + 2} = -\frac{18}{25} \text{A}$$

例 2-7 图 2-24（a）所示电路中，已知 $u_S = 2V$，$R_S = R_1 = R_2 = 2\Omega$，求其最简等效电路。

解 将图 2-24（a）中电压源 u_S 串联电阻 R_S 支路等效变换为电流源并联电阻支路，电流源的电流

$$i_S = \frac{u_S}{R_S} = \frac{2}{2} = 1A$$

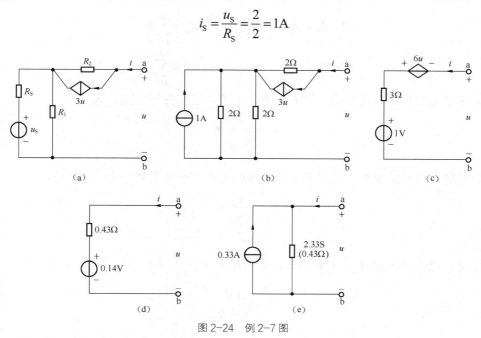

图 2-24 例 2-7 图

电流方向为从原电压源"+"端流出，如图 2-24（b）所示。将图 2-24（b）中两个并联的 2Ω 电阻简化后，再将独立电流源并联电阻支路和受控电流源并联电阻支路分别等效为电压源串联电阻支路，并将两串联电阻等效为一个电阻，如图 2-24（c）所示。对图 2-24（c）列 KVL 方程可得

$$3i + 1 - u - 6u = 0$$

整理得

$$u = \frac{3}{7}i + \frac{1}{7} \approx 0.43i + 0.14 \qquad （2\text{-}19）$$

或

$$i = \frac{7}{3}u - \frac{1}{3} \approx 2.33u - 0.33 \qquad （2\text{-}20）$$

据式（2-19）画出对应的等效电路如图 2-24（d）所示，据式（2-20）画出对应的等效电路如图 2-24（e）所示。

可见，采用等效变换的方法，可将较复杂电路简化为简单电路，给电路分析带来方便。一个含有独立源的复杂电路，可化简为电压源串联电阻电路或电流源并联电阻电路。

本 章 小 结

等效的概念贯穿于整个电路分析基础课程。如果一个单口网络的伏安关系式和另一个单口网络的伏安关系式完全相同，称这两个单口网络等效。相互等效的两个网络可以互相替换，

不影响任意外接电路中电压、电流、功率等变量的值。本章重点介绍了下述等效规律和公式：

1. 电阻串联和并联。

n 个电阻 R_1、R_2、$\cdots$、R_k、$\cdots$、R_n 串联和并联均可等效为一个电阻 R

串联时
$$R = R_1 + R_2 + \cdots + R_k + \cdots + R_n = \sum_{k=1}^{n} R_k$$

并联时
$$G = G_1 + G_2 + \cdots + G_k + \cdots + G_n = \sum_{k=1}^{n} G_k$$

电阻串联电路构成分压电路，第 k 个电阻上的电压（分压公式）为

$$u_k = \frac{R_k}{\sum\limits_{k=1}^{n} R_k} u$$

电阻并联构成分流电路，流过第 k 个电导的电流（分流公式）为

$$i_k = \frac{G_k}{\sum\limits_{k=1}^{n} G_k} i$$

特别地，当两个电阻 R_1，R_2 并联时，等效电阻

$$R = \frac{R_1 R_2}{R_1 + R_2}$$

电阻 R_1，R_2 上所分得的电流

$$i_1 = \frac{R_2}{R_1 + R_2} i$$

$$i_2 = \frac{R_1}{R_1 + R_2} i$$

2. 电压源的串联与电流源的并联。

当多个电压源 u_{S1}、u_{S2}、$\cdots$、u_{Sk}、$\cdots$ 串联时，可等效为一个电压源 u_S，等效条件是

$$u_S = u_{S1} + u_{S2} + \cdots + u_{Sk} + \cdots$$

当多个电流源 i_{S1}、i_{S2} $\cdots$ i_{Sk} $\cdots$ 并联时，可等效为一个电流源 i_S，等效条件是

$$i_S = i_{S1} + i_{S2} + \cdots + i_{Sk} + \cdots$$

应用公式时，当某个电压源电压 u_{Sk}（电流源电流 i_{Sk}）的参考方向与等效电压 u_S（等效电流 i_S）相同时，u_{Sk}（i_{Sk}）前取 "+" 号，否则取 "−" 号。

3. 电压源与电流源（或电阻）并联时，或电流源与电压源（或电阻）串联时，就其端口而言可分别直接等效为一个电压源或一个电流源。

4. 电压源串联电阻支路与电流源并联电阻支路。

这两种电路可相互等效，电阻值不变。当电压源串联电阻支路等效变换为电流源并联电阻支路时，电流源的值为电压源的值除以电阻，电流源电流流出的方向是电压源电压的参考 "+" 端；当电流源并联电阻支路等效变换为电压源串联电阻支路时，电压源的值为电流源的值乘以电阻，电压源电压的 "+" 极为电流源电流流出端。

5．△形电阻连接与 Y 形电阻连接。

　　△形电阻连接电路与 Y 形电阻连接电路可互相等效变换，从而使电阻之间的复杂连接变为简单的串、并联，简化电路的求解。

习　　题

一、选择题

1．已知某一支路由一个 $U_S=10V$ 的理想电压源与一个 $R=2\Omega$ 的电阻相串联，则这个串联电路对外电路来讲，可用（　　）来进行等效。

　　A．$U_S=10V$ 的理想电压源

　　B．$I_S=5A$ 的理想电流源与 $R=2\Omega$ 的电阻相并联的电路

　　C．$I_S=5A$ 的理想电流源

　　D．$I_S=20A$ 的理想电流源与 $R=2\Omega$ 的电阻相并联的电路

2．已知一个 $I_S=4A$ 的理想电流源与一个 $R=10\Omega$ 的电阻相串联，则这个串联电路的等效电路可用（　　）表示。

　　A．$U_S=40V$ 的理想电压源

　　B．$I_S=4A$ 的理想电流源

　　C．$U_S=0.4V$ 的理想电压源与 $R=10\Omega$ 的电阻相并联的电路

　　D．$U_S=40V$ 的理想电压源与 $R=10\Omega$ 的电阻相并联的电路

3．有 3 个电阻相并联，已知 $R_1=2\Omega$，$R_2=3\Omega$，$R_3=6\Omega$。在 3 个并联电阻的两端外加电流 $I_S=18A$ 的电流源，则对应各电阻中的电流值分别为（　　）。

　　A．$I_{R_1}=3A$，$I_{R_2}=6A$，$I_{R_3}=9A$　　　B．$I_{R_1}=9A$，$I_{R_2}=6A$，$I_{R_3}=3A$

　　C．$I_{R_1}=6A$，$I_{R_2}=9A$，$I_{R_3}=3A$　　　D．$I_{R_1}=9A$，$I_{R_2}=3A$，$I_{R_3}=6A$

4．已知 3 个串联电阻的功率分别为 $P_{R_1}=24W$，$P_{R_2}=32W$，$P_{R_3}=48W$。串联电路的端口总电压 $U=52V$，则对应 3 个电阻的阻值分别为（　　）。

　　A．$R_1=48\Omega$，$R_2=64\Omega$，$R_3=96\Omega$　　B．$R_1=24\Omega$，$R_2=32\Omega$，$R_3=48\Omega$

　　C．$R_1=12\Omega$，$R_2=16\Omega$，$R_3=24\Omega$　　D．$R_1=6\Omega$，$R_2=8\Omega$，$R_3=12\Omega$

5．关于 n 个串联电阻的特征描述，下列哪个叙述是错误的（　　）。

　　A．各电阻上的电压大小与各自的电阻值成正比

　　B．各电阻上所消耗的功率与各自的电阻值成反比

　　C．等效电阻 R_{eq} 的数值要大于所串联的任一电阻值

　　D．串联电路端口总电压 U 的数值要大于所串联的任一电阻上的电压值

6．关于电源等效变换的关系，下列叙述哪个是正确的（　　）。

　　A．当一个电压源 U_S 与一个电流源 i_S 相串联时，对外可以等效为电压源 U_S

　　B．当一个电压源 U_S 与一个电流源 i_S 相并联时，对外可以等效为电流源 i_S

　　C．当一个电压源 U_S 与一个电阻 R 相串联时，对外可以等效为电压源 U_S

　　D．当一个电压源 U_S 与一个电阻 R 相并联时，对外可以等效为电压源 U_S

二、填空题

1．两种实际电源模型等效变换是指对外部等效，对内部并无等效可言。当端子开路时，

两电路对外部均不发出功率，但此时电压源发出的功率为_____，电流源发出的功率为_____；当端子短路时，电压源发出的功率为_____，电流源发出的功率为_____。（用 U_S，I_S，R_S 表示）

2．两个电路的等效是指对外部而言，即保证端口的_____关系相同。

3．理想电压源和理想电流源串联，其等效电路为_____。理想电流源和电阻串联，其等效电路为_____。

4．已知电阻 $R_1 = 3\Omega$ 与电阻 $R_2 = 6\Omega$ 相并联，当并联电路端口电流 $I = 18A$ 时，电阻 R_1 中的电流 $|I_1| = $_____A。

5．已知实际电流源模型中的电流 $I_S = 4A$，电阻 $R_S = 2\Omega$，利用电流源等效变换，可算出等效的实际电压源模型中的电压 $U_S = $_____V，电阻 $R'_S = $_____$\Omega$。

6．已知联结为星形的 3 个阻值相等的电阻 $R_Y = 6\Omega$，要等效变换为三角形联结，对应三角形联结下的电阻 $R_\Delta = $_____$\Omega$。已知联结为三角形的 3 个阻值相等的电阻 $R_\Delta = 12\Omega$，要等效变换为星形联结，对应星形联结下的电阻 $R_Y = $_____$\Omega$。

三、计算题

1．如图 x2.1 所示电路中，如果电阻 R_3 增大，电流表的读数 A 将如何变化？当电阻 $R_3 = 0$ 时，增大电阻 R_1，电流表 A 的读数如何变化？说明理由。

2．如图 x2.2 所示电路，求电压 U_{12} 以及电流表 A_1 和 A_2 的读数。

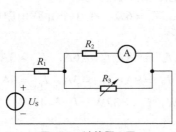

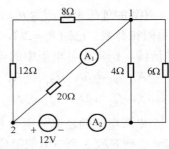

图 x2.1　计算题 1 图　　　　　　　　图 x2.2　计算题 2 图

3．已知图 x2.3 所示电路中，$u_S = 10V$，$R_1 = 20\Omega$，$R_2 = 10\Omega$，$R_3 = 60\Omega$，$R_4 = 40\Omega$，$R_5 = 50\Omega$，求 i 和 u_0。

4．试求图 x2.4 所示电路的等效电阻 R_{12}。

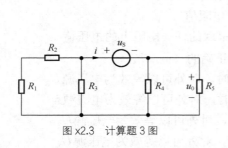

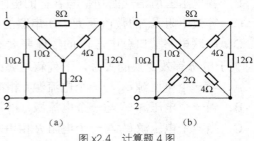

图 x2.3　计算题 3 图　　　　　　　　图 x2.4　计算题 4 图

5．对图 x2.5 所示电桥电路，应用 $Y - \Delta$ 等效变换求：（1）对角线电压 U；（2）电压 U_{ab}。

6. 利用电源的等效变换画出如图 x2.6 所示电路的对外等效电路。

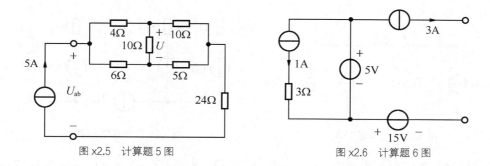

图 x2.5 计算题 5 图   图 x2.6 计算题 6 图

7. 将图 x2.7 所示各电路分别等效变换为最简形式。

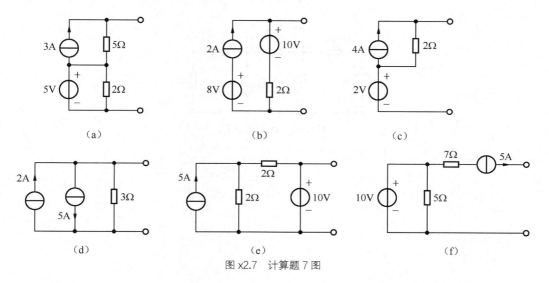

（a）　　　　　　　　　（b）　　　　　　　　　（c）

（d）　　　　　　　　　（e）　　　　　　　　　（f）

图 x2.7 计算题 7 图

8. 试求图 x2.8 中的电流 I。
9. 试求图 x2.9 中 a-b 端的等效电路。

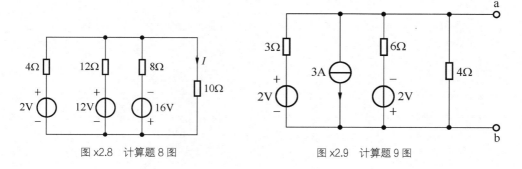

图 x2.8 计算题 8 图   图 x2.9 计算题 9 图

10. 试求图 x2.10 中的 U_1、I_1。
11. 试求图 x2.11 中的电流 I 和 U。

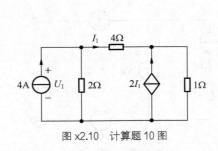

图 x2.10 计算题 10 图

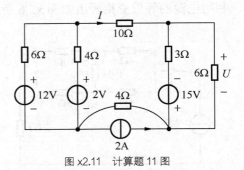

图 x2.11 计算题 11 图

12.已知图 x2.12 所示电路中，$u_S = 10V$，$R_1 = 2\Omega$，$R_2 = 2\Omega$，$R_3 = 6\Omega$，$R_4 = 3\Omega$，$R_5 = 4\Omega$，$R_6 = 4\Omega$，求 R_6 两端的电压 u_0。

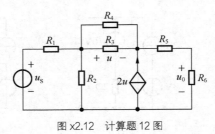

图 x2.12 计算题 12 图

第 **3** 章　电路的基本分析方法

本章主要内容：前面介绍了利用等效变换逐步化简电路的分析求解方法，对于复杂电路，有时显得太繁杂。为此，本章先引入图的基础知识，然后介绍线性电路的基本分析方法。电路最基本的分析方法是依据基尔霍夫定律和元件的 VAR 关系式列方程，但这种方法所需方程数较多。为减少方程数目、方便求解，本章重点介绍网孔分析法、节点分析法、回路分析法、割集分析法等基本分析方法，可根据电路结构按照一定规律直接列写方程。

3.1　图论基础

我们已经知道 KCL、KVL 只与电路的结构有关，而与元件的性质无关，因此，研究这种约束关系时可只考虑电路的结构，不考虑元件的性质。这样，将电路图中每个支路用线段（与线段的长短、曲直无关）代替，可得到一个线段与节点组成的图形，称为电路的拓扑图（topology），简称"图"（graph），图 3-1（a）的拓扑图如图 3-1（b）所示。

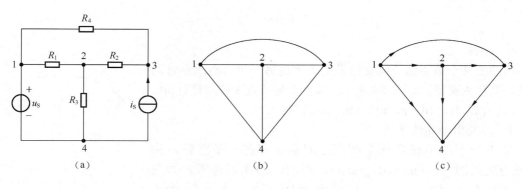

（a）　　　　　　　　　　（b）　　　　　　　　　　（c）

图 3-1　电路的图

3.1.1　图的基本概念

1. 定向图

对图中每一条支路规定一个方向所得到的图称为定向图（directed graph），图 3-1（c）所示即为定向图。

2. 孤立节点

没有任何支路与之相连的节点称为孤立节点，如图 3-2 所示中的节点 3 为孤立节点。图论中规定，移去一条支路，不移去与该支路相连的节点，而移去一个节点，则与该节点相连的所有支路相应移去。

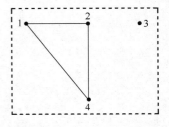

图 3-2 具有孤立节点的图

3. 子图

如果一个图的每个节点和每条支路都是另一个图的节点和支路，那么，称这个图是另一个图的子图。如图 3-3 中的图都是图 3-1（b）的子图。

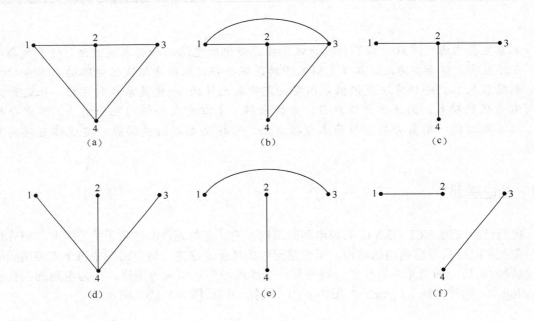

图 3-3 子图

4. 路径

从图的某个节点沿不同支路及节点到达另一个节点所经过的支路序列称为路径。如图 3-4 所示，节点 1 到节点 3 的路径有{a}、{b，c}、{d，f}、{d，e，c}、{b，e，f}等。

5. 连通图和非连通图

如果一个图中任意两个节点之间至少存在一条路径，称该图为连通图（connected graph），否则，为非连通图。如图 3-3 中的（a）、（b）、（c）、（d）为连通图，图（e）、（f）为非连通图。

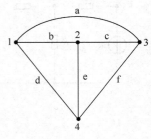

图 3-4 路径图

3.1.2 树的基本概念

树（tree）是一种特殊的图，指连通所有的节点但不包含回路的图，是图论中非常重要的一个概念。图 3-3（c）、（d）为图 3-1（b）的树。可见树是图的一个子图，并且是一个连通图，它包含图中所有的节点，又不包含回路。树不止一种，除图 3-3 中的图（c）、图（d）之外，图 3-5 中的图也都是图 3-1（b）的树。

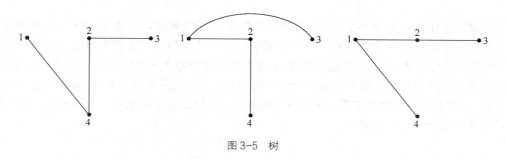

图 3-5 树

1. 树支

构成树的支路称为树支（tree branch），如图 3-5 中的支路。一个图有不同的树，但树支的数量是确定的。在具有 n 个节点的图中，树支数为（$n-1$）。论证如下：

设有一个节点数为 $n=2$ 的图，根据树支的概念，树支连通所有的节点，又不能构成回路，所以两节点之间只能有一条树支。当增加一个节点时，只能增加一条树支，即 $n=3$ 时，树支数为 2，依此类推，n 个节点的图中，树支数为（$n-1$）。

2. 连支

除去树支后，剩余的支路叫连支（link branch）。如图 3-6 中，粗线代表树，图（a）的 a、b、f 为连支；图（b）中的 c、d、f 为连支；图（c）的 a、d、f 为连支。一个图中若有 b 条支路，n 个节点，因树支数为（$n-1$），所以连支数为（$b-(n-1)$）。

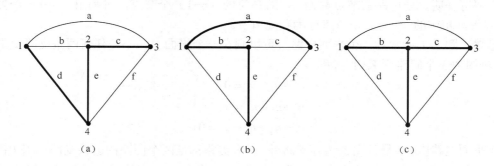

图 3-6 连支和基本回路

3. 基本回路

将由一条连支、多条树支构成的回路称为基本回路（basic loop）。基本回路建立在树的基础之上。一个图有多种树，相应也有多种基本回路。树确定后，基本回路就确定了。

因树支连通所有的节点，不构成回路，所以每增加一条连支，便增加一个回路，此回路仅有一条连支，其余皆为树支，是基本回路。显然基本回路数即为连支数。如选树如图 3-6（a）所示，对应的基本回路有三个，分别由支路（b、d、e）、（c、e、f）、（a、c、e、d）组成。当选择某特定的树时（如图 3-6（c）所示），基本回路与网孔一致，可见网孔是特殊的基本回路。

3.2 基尔霍夫方程的独立性

基尔霍夫定律表示电路中各支路电流或支路电压之间必须遵守的规律。KCL 定律表明电路中各支路电流之间必须遵守的规律，它对电路中与各个节点相连的支路电流施加了线性约束关系，该约束关系可用 KCL 方程描述；KVL 定律表明电路中各支路电压之间必须遵守的规律，它对电路的各个回路中的支路电压施加了线性约束关系，该约束关系可用 KVL 方程描述。KCL 方程和 KVL 方程统称基尔霍夫方程，如图 3-7 所示电阻电路，有 4 个节点、5 条支路、3 个回路。

对 4 个节点列 KCL 方程得

$$\left.\begin{array}{r} i_0 - i_1 = 0 \\ i_1 - i_2 - i_3 = 0 \\ i_2 + i_S = 0 \\ i_3 - i_S - i_0 = 0 \end{array}\right\} \tag{3-1}$$

由于每条支路由两个节点相连，支路上的电流必然从其中一个节点流出，流入另一个节点，因此，在所有的 KCL 方程中（如式（3-1）），每个支路电流会出现两次，支路电流前的符号一次为"+"，另一次为"−"，所以全部的 KCL 方程相加，结果恒为零，说明全部的 KCL 方程不相互独立。

若去掉式（3-1）中 4 个节点方程中的任意一个（如第 4 个），这个方程中的支路电流（如 i_3、i_S、i_0）在其他节点方程中只出现一次，因而把剩余的 3 个节点方程相加，这些支路电流不会跟其他支路电流相消，相加的结果不可能恒为零，所以剩余的 3 个方程是相互独立的。

类似可证明，若电路的节点数为 n，对任意的（n-1）个节点，可列出（n-1）个独立的 KCL 方程，相应的（n-1）个节点称为独立节点。

显然，图 3-7 所示为一个平面电路（可以画在一个平面上，不使任何两条支路交叉的电路）。对图中 3 个回路列 KVL 方程

$$\left.\begin{array}{r} u_1 + u_3 - u_S = 0 \\ u_2 + u_0 - u_3 = 0 \\ u_1 + u_2 + u_0 - u_S = 0 \end{array}\right\} \tag{3-2}$$

在平面电路中，除最外面的边界支路外，其余支路都是两个回路的公共支路（如图中的 R_3 支路），无论支路电压和绕行方向怎样指定，公共支路（如 R_3 支路）电压都将在两个回路中出现，将两个回路对应的 KVL 方程相加或相减总可以消去该公共支路电压（如将式（3-2）的第 1 方程、第 2 方程相加，可消去 R_3 所在支路电压 u_3），从而得到另一个回路的 KVL 方程（如式（3-2）的第 3 个 KVL 方程）。即式（3-2）的 3 个 KVL 方程不是相互独立的，其中任一个方程可由其他两个导出。如果去掉其中一个方程，剩余的两个方程不能互相导出，成为独立方程。能提供独立 KVL 方程的回路称为独立回路。那么，有 n 个节点，b 条支路的电路，独立的 KVL 方程数是多少呢？

由树的概念知道，树选定后，每增加一条连支，构成一个基本回路，每次增加的连支只出现在这个回路中，不会出现在其他基本回路中，即每一个基本回路都有一个其他回路所没有的连支。由全部基本回路构成的基本回路组是一组独立回路组，据这组独立回路组列出的 KVL 方程组是独立方程。若电路由 n 个节点、b 条支路组成，独立的 KVL 方程数为独立回

路数，即连支数，为（$b-(n-1)$）个。图 3-8 为图 3-7 的一种树，其中 a、b、d 为树支，对应的两个基本回路分别为（a、d、c）、（b、e、d）。这两个基本回路相互独立，列出的 KVL 方程为独立方程。

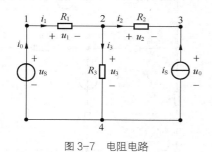

图 3-7　电阻电路

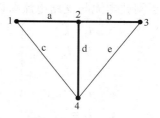

图 3-8　图 3-7 对应的一种树

故有 n 个节点 b 条支路的电路，有任意（$n-1$）个独立的 KCL 方程，任意（$b-(n-1)$）个独立的 KVL 方程。

列出独立 KCL 方程和独立 KVL 方程，以支路电流（电压）为变量，联立方程组，通过解出各支路电流（电压）变量，然后求出电路变量的方法叫支路电流（电压）法（branch current (voltage) method）。

例 3-1　已知图 3-9 所示电路中 $I_S = 5A$，$U_S = 10V$，$R_1 = 8\Omega$，$R_2 = 1\Omega$，$R_3 = 4\Omega$，试用支路电流法求各支路电流。

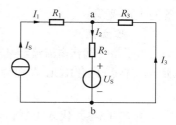

图 3-9　例 3-1 图

解　图中共 3 条支路，其中支路电流 $I_1 = I_S = 5A$，是已知的，I_2 和 I_3 未知，故可少列 1 个方程，只需列出 2 个方程。

节点 a 的 KCL 方程为

$$I_2 - I_3 = I_S$$

对右边回路沿逆时针方向列 KVL 方程

$$R_2 I_2 + U_S + R_3 I_3 = 0$$

联立 KCL、KVL 方程，代入数值并整理得

$$\begin{cases} I_2 - I_3 = 5 \\ I_2 + 4I_3 = -10 \end{cases}$$

联立求解，解得

$$I_2 = 2A，I_3 = -3A$$

3.3　网孔分析法

在求解复杂电路时，支路电流（压）方程数目较多，我们希望适当选择一组变量，以这组变量列方程，不仅可以进一步减少方程数量，而且电路中所有的支路电压、电流变量都能很容易的用这些变量来表示，进而求出电路中各支路电压、电流。满足此要求的变量必须是一组独立的、完备的变量。"独立的"指这组变量之间无线性关系，不能用一个线性方程约束。"完备的"指只要这组变量求出后，可容易地求出电路中所有支路电压变量和支路电流变量。

网孔电流便是这样的一组变量。

网孔电流（mesh current）是指平面电路中沿着网孔边界流动的假想电流，如图 3-10 中虚线所示的 i_{m1}、i_{m2}、i_{m3}。

1. 完备性

由于网孔电流与支路电流有以下关系

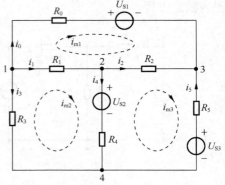

$$\left.\begin{array}{l} i_0 = i_{m1} \\ i_1 = i_{m2} - i_{m1} \\ i_2 = i_{m3} - i_{m1} \\ i_3 = -i_{m2} \\ i_4 = i_{m2} - i_{m3} \\ i_5 = -i_{m3} \end{array}\right\} \quad (3\text{-}3)$$

可见所有的支路电流都能用网孔电流表示，将

图 3-10　网孔分析法图

式（3-3）代入元件的 VAR 可知所有支路电压也可用网孔电流表示。所以网孔电流是一组完备的电流变量。

2. 独立性

由于每一网孔电流流经某节点时，从该节点流入又流出，在 KCL 方程中彼此相消，如图 3-10 所示，节点 1 的 KCL 方程为

$$i_0 + i_1 + i_3 = 0$$

将式（3-3）代入上式，得到用网孔电流表示的 KCL 方程

$$i_{m1} + (i_{m2} - i_{m1}) - i_{m2} = 0$$

上式恒为零，对于其他节点也有类似的结果。故网孔电流没有线性约束关系，是一组独立变量。

运用 KVL 及 VAR 列出如图 3-10 所示网孔的 KVL 方程为

$$\left.\begin{array}{l} R_0 i_0 + U_{S1} - R_2 i_2 - R_1 i_1 = 0 \\ R_1 i_1 + U_{S2} + R_4 i_4 - R_3 i_3 = 0 \\ R_2 i_2 - R_5 i_5 - R_4 i_4 + U_{s3} - U_{s2} = 0 \end{array}\right\} \quad (3\text{-}4)$$

将式（3-3）代入式（3-4），即用网孔电流替代支路电流得

$$\left\{\begin{array}{l} R_0 i_{m1} - R_2(i_{m3} - i_{m1}) - R_1(i_{m2} - i_{m1}) + U_{S1} = 0 \\ R_1(i_{m2} - i_{m1}) + R_4(i_{m2} - i_{m3}) + R_3 i_{m2} + U_{S2} = 0 \\ R_2(i_{m3} - i_{m1}) + R_5 i_{m3} - R_4(i_{m2} - i_{m3}) + U_{S3} - U_{S2} = 0 \end{array}\right.$$

整理得

$$\left.\begin{array}{l} (R_0 + R_2 + R_1)i_{m1} - R_1 i_{m2} - R_2 i_{m3} = -U_{S1} \\ -R_1 i_{m1} + (R_1 + R_4 + R_3)i_{m2} - R_4 i_{m3} = -U_{S2} \\ -R_2 i_{m1} - R_4 i_{m2} + (R_2 + R_4 + R_5)i_{m3} = U_{S2} - U_{S3} \end{array}\right\} \quad (3\text{-}5)$$

分析式（3-5）可知，网孔 1 中网孔电流 i_{m1} 前的系数 $(R_0 + R_1 + R_2)$、网孔 2 中网孔电流 i_{m2} 前的系数 $(R_1 + R_3 + R_4)$、网孔 3 中网孔电流 i_{m3} 前的系数 $(R_2 + R_4 + R_5)$ 分别为对应网孔内所有电阻之和，称为网孔的自电阻（self-resistance），用 R_{ii} 表示，如 $R_{11} = R_0 + R_1 + R_2$，$R_{22} = R_1 + R_3 + R_4$。

网孔 1 方程中 i_{m2} 前的系数（$-R_1$）是网孔 1 和网孔 2 公共支路上的电阻，i_{m3} 前的系数（$-R_2$）是网孔 1 与网孔 3 的公共支路上的电阻，两网孔公共支路上的电阻称为网孔间的互电阻（mutual resistance），用 R_{ij} 表示，$R_{ij} = R_{ji}$。如 $R_{12}(R_{21})$ 表示网孔 1 和网孔 2 的互电阻，$R_{12} = R_{21} = -R_1$；同理，$R_{13} = R_{31} = -R_2$。互电阻可正可负，如果两个网孔电流流过互电阻的方向相同，互电阻取正值；反之，互电阻取负值。如 R_1 前的"$-$"号表示网孔 1 与网孔 2 的网孔电流流过 R_1 时方向相反，R_2 前的"$-$"号表示两网孔电流 i_{m1}、i_{m3} 流过它的方向相反。

$-U_{S1}$、$(U_{S2}-U_{S3})$ 分别是网孔 1、网孔 3 中的电压源的代数和。当网孔电流从电压源的"$+$"端流出时，电压源前取"$+$"号，如 U_{S2}；否则取"$-$"号，如 U_{S3}。电压源的代数和称为网孔 i 的等效电压源，用 U_{Sii} 表示，i 代表电压源所在网孔。

式（3-5）可写成

$$\left.\begin{array}{l} R_{11}i_{m1} + R_{12}i_{m2} + R_{13}i_{m3} = U_{S11} \\ R_{21}i_{m1} + R_{22}i_{m2} + R_{23}i_{m3} = U_{S22} \\ R_{31}i_{m1} + R_{32}i_{m2} + R_{33}i_{m3} = U_{S33} \end{array}\right\} \tag{3-6}$$

式（3-6）是具有三个网孔的网孔电流方程的一般形式。将其推广到具有 n 个网孔的电路，其网孔电流方程的一般形式为

$$\left.\begin{array}{l} R_{11}i_{m1} + R_{12}i_{m2} + ... + R_{1n}i_{mn} = U_{S11} \\ R_{21}i_{m1} + R_{22}i_{m2} + ... + R_{2n}i_{mn} = U_{S22} \\ \qquad\qquad ...... \\ R_{n1}i_{m1} + R_{n2}i_{m2} + ...R_{nn}i_{mn} = U_{Snn} \end{array}\right\} \tag{3-7}$$

式（3-7）是网孔分析法方程的一般形式。可见，第 n 个网孔的网孔方程为第 n 个网孔的自电阻 R_{nn} 与其网孔电流 i_{mn} 的乘积，加上 n 个网孔的相邻网孔的互电阻 R_{nj} 与相应相邻网孔电流 i_{mj} 的乘积，等于 n 网孔的等效电压源的代数和。以网孔电流为独立变量的分析方法称为网孔分析法（mesh analysis method）。利用网孔分析法求解电路变量一般可分为下面几步：

（1）选定各网孔电流的参考方向；

（2）按照网孔电流方程的一般形式列出各网孔电流方程；

自电阻始终取正值，互电阻的符号由通过互电阻上的两个网孔电流的方向而定，两个网孔电流流过互电阻的方向相同，互电阻为"$+$"；否则为"$-$"。若电路中网孔电流方向全选为顺时针（或逆时针）互电阻均为"$-$"。等效电压源是网孔内各电源电压的代数和，当网孔电流从电压源的"$+$"端流出时，电压源前取"$+$"号，否则取"$-$"号。

（3）联立方程，解出各网孔电流；

（4）根据网孔电流进一步求出待求量。

例 3-2 已知图 3-11（a）所示电路中，$R_1 = 20\Omega$，$R_2 = 50\Omega$，$R_3 = 30\Omega$，$u_S = 20V$，$i_S = 1A$，用网孔分析法求解支路电流 i_1、i_3。

解 解法一 直接用网孔分析法列方程求解。

图中有两个网孔，网孔电流分别为 i_{m1} 和 i_{m2}，如图 3-11（b）所示。由于网孔方程实质上是 KVL 方程，在含电流源的支路中，电流源两端电压由与之相连的外电路决定，所以列网孔方程时应把电流源电压考虑在内。电流源端电压未知，应为其假设端电压 u。列出网孔方程

$$(R_1 + R_2)i_{m1} - R_2 i_{m2} = u_s - u \atop -R_2 i_{m1} + (R_2 + R_3)i_{m2} = u \Bigg\} \qquad (3\text{-}8)$$

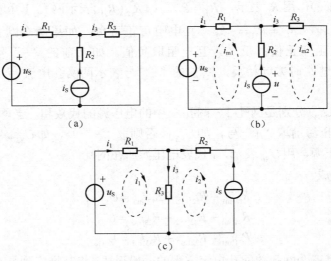

图 3-11 例 3-2 图

两个方程三个未知数，再根据电流源所在支路电流已知的条件列一个方程

$$i_{m2} - i_{m1} = i_s \qquad (3\text{-}9)$$

联立式（3-8）、式（3-9），并代入数值有

$$\begin{cases} 70i_{m1} - 50i_{m2} = 20 - u \\ -50i_{m1} + 80i_{m2} = u \\ i_{m2} - i_{m1} = 1 \end{cases}$$

解得

$$i_{m1} = -0.2\text{A}$$
$$i_{m2} = 0.8\text{A}$$

网孔 1 的网孔电流 i_{m1} 为唯一流过 R_1 所在支路的电流，有 $i_1 = i_{m1}$，同理，$i_3 = i_{m2}$。故支路电流

$$\begin{cases} i_1 = -0.2\text{A} \\ i_3 = 0.8\text{A} \end{cases}$$

解法二　含电流源的支路其支路电流即为电流源的电流值，因此，流经电阻 R_2 的电流等于 1A，是已知的。将电流源所在支路与 R_3 所在支路互换，如图 3-11（c）所示，i_2 是唯一流过包含电流源支路的网孔电流，故 $i_2 = i_s = 1\text{A}$。亦即网孔电流 i_2 不必再去求解。只需列网孔 1 的网孔方程即可：

$$(R_1 + R_3)i_1 + R_3 i_2 = u_s$$

将数值代入，得

$$50i_1 + 30 = 20$$
$$i_1 = \frac{20 - 30}{50} = \frac{-10}{50} = -0.2\text{A}$$

故
$$i_3 = i_1 + i_2 = -0.2 + 1 = 0.8\text{A}$$

例 3-3 已知图 3-12 所示电路中，$U_\text{S} = 5\text{V}$，$R_1 = 3\Omega$，$R_2 = 1\Omega$，$R_3 = 4\Omega$，$R_4 = 4.5\Omega$，求 I_1。

解 网孔电流如图中虚线所标，电路中包含电流控制电压源，列网孔方程时，可把受控电压源当作独立源，写出网孔方程，然后把受控源的控制量用网孔电流表示即可。网孔方程为

网孔1： $(R_1 + R_2)I_\text{m1} - R_2I_\text{m2} - R_1I_\text{m3} = U_\text{S}$

网孔2： $-R_2I_\text{m1} + (R_2 + R_4)I_\text{m2} = 5I_1$

网孔3： $-R_1I_\text{m1} + (R_1 + R_3)I_\text{m3} = -5I_1$

又
$$I_1 = I_\text{m1} - I_\text{m3}$$

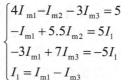

图 3-12 例 3-3 图

联立上述 4 个方程并代入数值
$$\begin{cases} 4I_\text{m1} - I_\text{m2} - 3I_\text{m3} = 5 \\ -I_\text{m1} + 5.5I_\text{m2} = 5I_1 \\ -3I_\text{m1} + 7I_\text{m3} = -5I_1 \\ I_1 = I_\text{m1} - I_\text{m3} \end{cases}$$

解得
$$\begin{cases} I_\text{m1} = 1\text{A} \\ I_\text{m2} = 2\text{A} \\ I_\text{m3} = -1\text{A} \\ I_1 = 2\text{A} \end{cases}$$

例 3-4 列出图 3-13（a）所示电路的网孔方程。

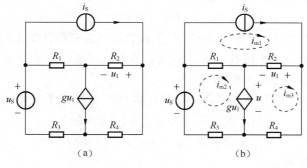

图 3-13 例 3-4 图

解 网孔电流如图 3-13（b）虚线所示，$i_\text{m1} = i_\text{S}$，网孔 2 与网孔 3 的公共支路含受控电流源，并为其假设端电压如图 3-13（b）中所示 u，在对网孔 2 和网孔 3 列写网孔方程时，受控源的电压作为方程变量，列方程时将其当作电压源对待，网孔方程为

网孔1： $i_\text{m1} = i_\text{S}$

网孔2： $-R_1i_\text{m1} + (R_1 + R_3)i_\text{m2} = u_\text{S} - u$

网孔3： $-R_2i_\text{m1} + (R_2 + R_4)i_\text{m3} = u$

对于受控源支路有

$$gu_1 = i_{m2} - i_{m3}$$

联立上述 4 个方程即可解出网孔电流。

需要注意的是：网孔分析法只适用于平面电路。在列网孔方程时，电路中若含电流源并联电阻支路，可先将其等效变换为电压源串联电阻支路。若电流源（或受控电流源）所在支路在网孔边界，其值即可做为该网孔电流；若电流源（或受控电流源）所在支路在两网孔公共支路，应为其假设端电压，该端电压处理方式与电压源处理方式类似。

3.4 节点分析法

网孔分析法选择网孔电流作为求解对象，当电路中网孔比较多而节点比较少时我们希望能以节点电压来列方程，以便减少方程数量。

选择电路中任意一个节点作为参考节点，其他节点与参考节点之间的电压降，称为该节点的节点电压（node voltage）。以节点电压为未知量，联立方程，求解各节点电压值，然后进一步求出待求量的分析方法称为节点分析法（node analysis method）。

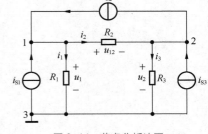

图 3-14 节点分析法图

如图 3-14 所示，各支路电流、电压及参考方向如图中所标。图中有 3 个节点，选节点 3 为参考节点，节点 1 与节点 2 的节点电压分别为 u_1、u_2。可见，各支路电压易用节点电压表示，如 R_1、R_3 所在支路电压为节点电压 u_1、u_2；R_2 和 i_{S2} 所在支路电压均 u_2 为 $u_1 - u_2$。各支路电流可据元件的 VAR 求出。故节点电压是一组完备的电压变量。

另外，当各支路电压用节点电压表示时，沿任一回路各支路电压降的代数和恒为零。如由 R_1、R_2、R_3 组成的回路，KVL 方程为

$$u_{12} + u_2 - u_1 = 0$$

将 $u_{12} = u_1 - u_2$ 代入上式，方程恒为零。对于其他节点也有类似结论。说明节点电压 u_1、u_2 可为任意数值，彼此独立，无线性关系。所以各节点电压是一组独立电压变量。

下面推导节点电压方程的一般形式。

对节点 1、节点 2 分别应用基尔霍夫电流定律列出节点 KCL 方程

$$\text{节点 1：} \quad -i_{S1} - i_{S2} + i_1 + i_2 = 0$$
$$\text{节点 2：} \quad i_{S2} - i_{S3} + i_3 - i_2 = 0$$

各支路电流用节点电压表示

$$\begin{cases} i_1 = \dfrac{u_1}{R_1} = G_1 u_1 \\[2mm] i_2 = \dfrac{u_{12}}{R_2} = \dfrac{u_1 - u_2}{R_2} = G_2 u_1 - G_2 u_2 \\[2mm] i_3 = \dfrac{u_2}{R_3} = G_3 u_2 \end{cases}$$

将上式代入节点 1、节点 2 的 KCL 方程，得

$$
\begin{cases}
-i_{S1}-i_{S2}+G_1u_1+G_2(u_1-u_2)=0 \\
i_{S2}-i_{S3}-G_2(u_1-u_2)+G_3u_2=0
\end{cases}
$$

整理后可得

$$
\left.
\begin{aligned}
节点1: \quad & (G_1+G_2)u_1-G_2u_2=i_{S1}+i_{S2} \\
节点2: \quad & -G_2u_1+(G_2+G_3)u_2=i_{S3}-i_{S2}
\end{aligned}
\right\}
\tag{3-10}
$$

分析式（3-10）可知，节点 1 方程中的（G_1+G_2）是与节点 1 相连接的各支路的电导之和，称为节点 1 的自电导（self-conductance），用 G_{11} 表示。节点 1 方程中的 $-G_2$ 是节点 1 和节点 2 相连支路的电导，称为节点 1 和节点 2 之间的互电导（mutual conductance），用 G_{12} 表示，有 $G_{12}=-G_2$。$i_{S1}+i_{S2}$ 是流向节点 1 的理想电流源电流的代数和，用 i_{S11} 表示。流入节点的电流取"+"；流出节点的电流取"-"。

同理，节点 2 的自电导用 G_{22} 表示，$G_{22}=(G_2+G_3)$。节点 2 与节点 1 的互电导用 G_{21} 表示，$G_{21}=G_{12}=-G_2$。i_{S22} 是流向节点 2 的电流源电流的代数和，$i_{S22}=i_{S3}-i_{S2}$。

根据以上分析，可写出节点电压方程的一般形式

$$
\begin{cases}
G_{11}u_1+G_{12}u_2=i_{S11} \\
G_{21}u_1+G_{22}u_2=i_{S22}
\end{cases}
$$

将其推广到具有 n 个节点（独立节点数为（$n-1$））的电路，节点电压方程的一般形式为

$$
\left.
\begin{aligned}
& G_{11}u_1+G_{12}u_2+\cdots+G_{1(n-1)}u_{(n-1)}=i_{S11} \\
& G_{21}u_1+G_{22}u_2+\cdots+G_{2(n-1)}u_{(n-1)}=i_{S22} \\
& \cdots\cdots \\
& G_{(n-1)1}u_1+G_{(n-1)2}u_2+\cdots+G_{(n-1)(n-1)}u_{(n-1)}=i_{S(n-1)(n-1)}
\end{aligned}
\right\}
\tag{3-11}
$$

式（3-11）中，$G_{(n-1)(n-1)}$ 表示节点($n-1$)的自电导，$G_{(n-1)j}(j=1,2,\cdots)$表示节点($n-1$)与节点 $j(j\neq n-1)$的互电导，$i_{S(n-1)(n-1)}$ 表示流入节点($n-1$)的电流源电流的代数和。即第($n-1$)个节点的节点方程为该节点的自电导 $G_{(n-1)(n-1)}$ 乘以该节点电压 $u_{(n-1)}$，减去互电导 $G_{(n-1)j}$ 乘以相邻节点电压 u_j，等于流入节点($n-1$)的电流源电流的代数和。

综合以上分析，可以归纳出根据电路结构和节点电压方程的一般形式直接写出节点电压方程的步骤：

（1）指定电路中某一节点为参考点，标出各独立节点电压；

（2）按照节点电压方程的一般形式，根据实际电路直接列写各节点电压方程。

列写第 k 个节点电压方程时，自电导等于与节点 k 相连接的各电阻支路电导之和；互电导一律取"-"号。流入节点 k 的电流源的电流取"+"号；流出的则取"-"号。

例 3-5　已知图 3-15 所示电路中，$U_{S1}=20V$，$U_{S2}=10V$，$R_1=5\Omega$，$R_2=10\Omega$，$R_3=20\Omega$，$R_4=1\Omega$，用节点分析法求解流过电阻 R_3 的电流 I_3。

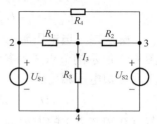

图 3-15　例 3-5 图

解　选节点 4 为参考节点，节点 2 和节点 3 的节点电压 U_2 和 U_3 分别为已知电压源电压，即 $U_2=U_{S1}=20V$，$U_3=U_{S2}=10V$。仅需对节点 1 列写节点方程

$$\left(\frac{1}{R_1}+\frac{1}{R_2}+\frac{1}{R_3}\right)U_1-\frac{1}{R_1}U_2-\frac{1}{R_2}U_3=0$$

代入数值得

$$\left(\frac{1}{5}+\frac{1}{10}+\frac{1}{20}\right)U_1-\frac{1}{5}\times20-\frac{1}{10}\times10=0$$

解得

$$U_1=\frac{100}{7}\text{V}$$

故

$$I_3=\frac{U_1}{R_3}=\frac{5}{7}\text{A}$$

例 3-6 电路如图 3-16（a）所示，求电压 U_{12}。

解 解法一 选节点 0 为参考节点，将 1V 电压源与 3S 电导串联支路等效为电流源并联电导支路，如图 3-16（b）所示。由于电压源电流由外电路决定，所以列节点方程时，应考虑与节点相连的电压源（包括受控电压源）的电流。如图 3-16（b）所示，在列节点方程时，先假设流过 22V 电压源的电流为 i，然后列出节点方程

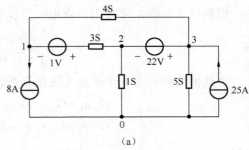

节点 1: $(3+4)U_1-3U_2-4U_3=-8-3$
节点 2: $-3U_1+(3+1)U_2=3-i$
节点 3: $-4U_1+(4+5)U_3=i+25$

方程中多了一个未知量 i，再根据电压源所在支路引入一个方程

$$U_3-U_2=22$$

联立上述 4 个方程解得

$$U_1=-4.5\text{V},\quad U_2=-15.5\text{V},\quad U_3=6.5\text{V}$$

故

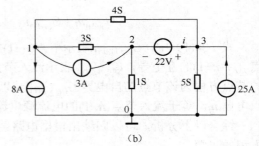

$$U_{12}=U_1-U_2=11\text{V}$$

解法二 选电压源的一端为参考节点，如图（c）所示的节点 3 为参考节点，节点 2 的电压为已知电压源电压

$$U_2=-22\text{V}$$

节点 0 和节点 1 的方程为

节点 0: $-U_2+(1+5)U_0=8-25$
节点 1: $(3+4)U_1-3U_2=-8-3$

联立上述三个方程解得

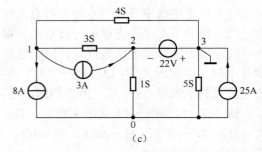

图 3-16 例 3-6 图

$$U_1 = -11\text{V}, \quad U_0 = -6.5\text{V}$$

故

$$U_{12} = U_1 - U_2 = -11 - (-22) = 11\text{V}$$

例 3-7 已知图 3-17 中 $I_s = 2.5\text{A}$，$R_1 = 2\Omega$，$R_2 = 0.4\Omega$，$R_3 = 3\Omega$，$R_4 = 1\Omega$，$R_5 = 2\Omega$，试用节点分析法求电压 U_{23}。

解 列写节点方程时可将受控电流源视为独立电流源。节点 0 设为参考节点，列出各节点方程

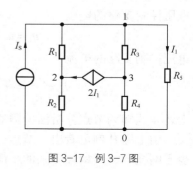

图 3-17 例 3-7 图

节点 1：$\left(\dfrac{1}{R_1} + \dfrac{1}{R_3} + \dfrac{1}{R_5}\right)U_1 - \dfrac{1}{R_1}U_2 - \dfrac{1}{R_3}U_3 = I_s$

节点 2：$-\dfrac{1}{R_1}U_1 + \left(\dfrac{1}{R_1} + \dfrac{1}{R_2}\right)U_2 = 2I_1$

节点 3：$-\dfrac{1}{R_3}U_1 + \left(\dfrac{1}{R_3} + \dfrac{1}{R_4}\right)U_3 = -2I_1$

控制支路电流 I_1 所在支路的伏安关系为

$$I_1 = \frac{U_1}{R_5}$$

联立上述 4 个方程，并代入数值

$$\begin{cases} \left(\dfrac{1}{2} + \dfrac{1}{3} + \dfrac{1}{2}\right)U_1 - \dfrac{1}{2}U_2 - \dfrac{1}{3}U_3 = 2.5 \\[2mm] -\dfrac{1}{2}U_1 + \left(\dfrac{1}{2} + \dfrac{1}{0.4}\right)U_2 = 2I_1 \\[2mm] -\dfrac{1}{3}U_1 + \left(1 + \dfrac{1}{3}\right)U_3 = -2I_1 \\[2mm] I_1 = \dfrac{1}{2}U_1 \end{cases}$$

解得

$$\begin{cases} U_1 = 2\text{V} \\ U_2 = 1\text{V} \\ U_3 = -1\text{V} \\ I_1 = 0.5\text{A} \end{cases}$$

电压 U_{23} 为

$$U_{23} = U_2 - U_3 = 2\text{V}$$

例 3-8 电路如图 3-18（a）所示，试列出用节点分析法求解各节点电压所需的节点方程。

解 图中包含两个受控源，较复杂，列方程时可先将电路适当化简，但应注意化简时控制支路不要改变或消去。将电流源串联电阻 R_1 支路等效变换为电流源支路；将受控电压源与串联电阻 R_5 的支路等效变换为受控电流源并联电阻支路，并选节电 0 为参考节点，如图 3-18

（b）所示。列出节点 1 和节点 2 方程

$$\begin{cases} \left(\dfrac{1}{R_2}+\dfrac{1}{R_3}+\dfrac{1}{R_4}\right)u_1-\left(\dfrac{1}{R_3}+\dfrac{1}{R_4}\right)u_2=i_s \\ -\left(\dfrac{1}{R_3}+\dfrac{1}{R_4}\right)u_1+\left(\dfrac{1}{R_3}+\dfrac{1}{R_4}+\dfrac{1}{R_5}\right)u_2=\dfrac{ri_3}{R_5}-gu \end{cases}$$

电压控制支路的电压

$$u_1 = u$$

电流控制支路的电流

$$i_3 = \frac{u_{12}}{R_3} = \frac{u_1 - u_2}{R_3}$$

上述 4 式即为节点分析法所需的节点方程。

    由上面几例可看出，节点分析法适合于独立节点数少于网孔数、结构较复杂的平面、非平面电路的分析求解。在列节点方程时，电路中若含有电压源串联电阻支路，可先将其等效变换为电流源并联电阻支路；若含有独立电压源，可设其低电位端为参考节点，这样能减少所列方程数目。另外，若电压源在两节点的公共支路上，列写节点方程时，应为其假设电流，该电流的处理方式与电流源处理方式类似。

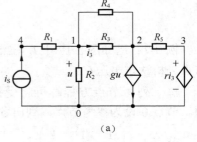

（a）

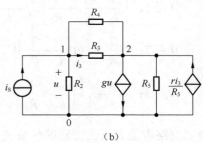

（b）

图 3-18　例 3-8 图

3.5　回路分析法

    3.1 节介绍过，在选定树后，如果每次只接上一条连支，就可以构成一个只由一条连支而其他为树支组成的基本回路。与网孔电流类似，沿基本回路流动的假想电流称为基本回路电流（basic return circuit）。因为基本回路中只有一条连支，所以，基本回路电流即为连支电流。对一个具有 b 条支路、n 个节点的电路来说，有 $(b-(n-1))$ 条连支，因此有 $(b-(n-1))$ 个基本回路及基本回路电流。以基本回路电流（连支电流）作为电路变量求解方程，进而求出回路中其余变量的分析方法称为回路分析法（return circuit analysis method）。与网孔电流、节点电压类似，基本回路电流（连支电流）也是一组完备的独立的电流变量。

    1.　完备性

    电路如图 3-19（a）所示，选树如图（b）中粗实线所示，相应的连支及基本回路如图（b）中细线和虚线所示，为方便列写方程，将回路电流标于图（a），得到图（c），由图（c）可知各支路电流可用连支电流表示如下

$$i_1 = i_{l1}, \quad i_2 = i_{l2}, \quad i_0 = i_{l3}, \quad i_3 = -(i_{l1}+i_{l3}), \quad i_4 = i_{l1}+i_{l2}, \quad i_5 = i_{l2}-i_{l3} \qquad (3\text{-}12)$$

    支路电流求出后，据元件的 VAR 容易求出各支路的电压变量。故连支电流是一组完备的电流变量。

    2.　独立性

    对图 3-19（c）节点 1 列 KCL 方程有

$$i_0 + i_1 + i_3 = 0 \qquad (3\text{-}13)$$

将式（3-13）中支路电流用式（3-12）连支电流表示有

$$i_{l3} + i_{l1} - (i_{l3} + i_{l1}) = 0$$

此式恒为零。

对其他节点也有类似的结论。说明连支电流彼此无关，没有线性约束关系，是一组独立变量。

故连支电流是一组完备的、独立的电流变量。

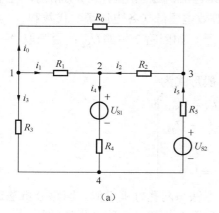
（a）

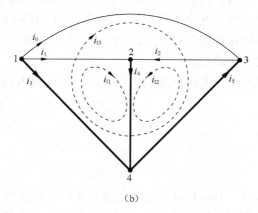
（b）

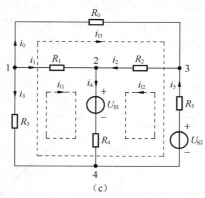
（c）

图 3-19　回路分析法图

下面推导以连支电流为变量列写基本回路方程的方法。

首先对图 3-19（c）所示的基本回路列写 KVL 方程

回路 1：$\qquad R_1 i_1 + U_{S1} + R_4 i_4 - R_3 i_3 = 0$

回路 2：$\qquad R_2 i_2 + U_{S1} + R_4 i_4 - U_{S2} + R_5 i_5 = 0$

回路 3：$\qquad R_0 i_0 - R_5 i_5 + U_{S2} - R_3 i_3 = 0$

将式（3-12）代入上述回路方程

$$\begin{cases} R_1 i_{l1} + U_{S1} + R_4(i_{l1} + i_{l2}) + R_3(i_{l1} + i_{l3}) = 0 \\ R_2 i_{l2} + U_{S1} + R_4(i_{l1} + i_{l2}) - U_{S2} + R_5(i_{l2} - i_{l3}) = 0 \\ R_0 i_{l3} - R_5(i_{l2} - i_{l3}) + U_{S2} + R_3(i_{l1} + i_{l3}) = 0 \end{cases}$$

整理得

$$\begin{cases} (R_1 + R_3 + R_4)i_{l1} + R_4 i_{l2} + R_3 i_{l3} = -U_{S1} \\ R_4 i_{l1} + (R_2 + R_4 + R_5)i_{l2} - R_5 i_{l3} = U_{S2} - U_{S1} \\ R_3 i_{l1} - R_5 i_{l2} + (R_0 + R_3 + R_5)i_{l3} = -U_{S2} \end{cases}$$

与网孔分析法类似，用 R_{ii} 表示第 i 回路所有电阻之和，即自电阻，如回路 1 中的自电阻 $R_{11} = (R_1 + R_3 + R_4)$、回路 2 中自电阻 $R_{22} = (R_2 + R_4 + R_5)$；用 R_{ij} 表示两回路公共支路上的电阻即互电阻，同样，$R_{ij} = R_{ji}$，如回路 1 与回路 2 的互电阻 $R_{12} = R_{21} = R_4$，回路 1 与回路 3 的互电阻 $R_{13} = R_{31} = R_3$。互电阻可正可负，如果两个回路电流流过互电阻的方向相同，互电阻取正值；反之，互电阻取负值。用 U_{Sii} 表示回路 i 的等效电压源（各电压源的代数和）。当回路电流从电压源的"+"端流出时，电压源前取"+"号，如回路 2 中的 U_{S2}；否则取"–"号，如回路 2 中的 U_{S1}。

具有 n 个基本回路的电路，其回路电流方程一般形式为

$$\left.\begin{array}{l} R_{11}i_{11} + R_{12}i_{12} + ... + R_{1n}i_{1\,n} = U_{S11} \\ R_{21}i_{11} + R_{22}i_{12} + ... + R_{2n}i_{1\,n} = U_{S22} \\ \quad\cdots\cdots \\ R_{n1}i_{11} + R_{n2}i_{12} + ...R_{nn}i_{1\,n} = U_{Snn} \end{array}\right\} \qquad (3\text{-}14)$$

从式（3-14）可看出，回路分析法方程的列写方法与网孔方程类似。回路分析法适合平面和非平面电路，而网孔分析法只适合平面电路。网孔分析法是回路分析法的特例。

例 3-9 如图 3-20（a）所示电路中，$u_{S1} = 6\text{V}$，$u_{S2} = 3\text{V}$，$u_{S3} = 2\text{V}$，$R_1 = 6\Omega$，$R_2 = 2\Omega$，$R_3 = 4\Omega$，$R_4 = 2\Omega$，用回路分析法求解流过 R_3 的电流 i。

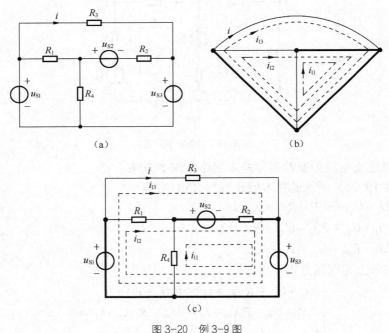

图 3-20 例 3-9 图

解 图 3-20（a）对应的拓扑图如图 3-20（b）所示，图中粗实线为树支，i_{11}、i_{12}、i_{13} 分别为回路电流，为列写方程方便，将树及回路电流重标于原图上，如图 3-20（c）所示，可得回路方程

回路 1：$(R_2 + R_4)i_{11} + R_2i_{12} = -u_{S2} - u_{S3}$

回路 2： $R_2 i_{11} + (R_1 + R_2)i_{12} = u_{S1} - u_{S2} - u_{S3}$

回路 3： $R_3 i_{13} = u_{S1} - u_{S3}$

代入数值

$$\begin{cases} 4i_{11} + 2i_{12} = -3 - 2 \\ 2i_{11} + 8i_{12} = 6 - 3 - 2 \\ 4i_{13} = 6 - 2 \end{cases}$$

解得

$$i_{11} = -1.5\text{A}, \quad i_{12} = 0.5\text{A}, \quad i_{13} = 1\text{A}$$

由于流过 R_3 的电流为回路 3 的电流 i_{13}

有

$$i = i_{13} = 1\text{A}$$

可见，虽然树的选择方法有多种，但为使解题简单、方便，列写回路方程时一般可将电压源、受控电压源及受控源的电压控制量所在支路选为树支；将电流源受控电流源及受控源的电流控制量所在支路选为连支。

例 3-10 已知图 3-21（a）所示电路中，$i_s = 4\text{A}$，$R_1 = 5\Omega$，$R_2 = 2\Omega$，$R_3 = 3\Omega$，$u_{S1} = 20\text{V}$，$u_{S2} = 25\text{V}$，$u_{S3} = 15\text{V}$，试求 i_1。

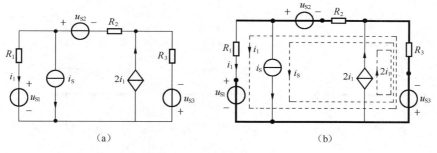

图 3-21 例 3-10 图

解 将一个二端元件看作一条支路，图中共有 8 条支路，6 个节点，故树支数为 5，连支数为 3。

将 3 个电压源所在支路选为树支，如图（b）中粗实线所示，将电流源、受控电流源以及受控源的控制支路选为连支。显然，三个连支电流（基本回路电流）分别为 i_s、$2i_1$ 以及 i_1，对 i_1 所流经的回路列写回路方程

$$(R_1 + R_2 + R_3)i_1 + (R_2 + R_3)i_s - R_3 \times 2i_1 = -u_{S1} + u_{S2} - u_{S3}$$

代入数值

$$(5 + 2 + 3)i_1 + (2 + 3) \times 4 - 3 \times 2i_1 = -20 + 25 - 15$$

解得

$$i_1 = -7.5\text{A}$$

可见选择合适的树，回路分析法较网孔分析法有时更简单。

*3.6 割集分析法

割集分析法与回路分析法类似，也是建立在树的基础上的一种分析方法。下面先看有关割集的几个概念。

1. 割集

割集（cut-set）是连通图中某些支路的集合，该集合应满足两个条件：首先，当切割（或移去）该集合的所有支路时，使连通图分为两个分离部分；其次，只要少切割（或移去）该集合中的任一条支路，图仍然还是连通的。需要注意，移去支路时，与其相连的节点不移去。

如图 3-22（a）所示的图是一个连通图（用 G 表示），图 3-22（b）、（c）、（d）中虚线所示支路的集合，即（3、4、6）、（1、2、4、6）、（1、5、4、3）都是割集，因为移去这些支路，图 G 被分为两个分离部分，但如果少移去其中一条支路，图 G 仍为连通图。而图 3-22（e）和（f）中虚线的集合（1、2、4、5、6）、（2、3、4、5、6）不是割集，因为移去这些支路后，图被分为两个分离部分，但如果少移去一条，如图 3-22（e）或（f）中的支路 2，图仍然是分离的。

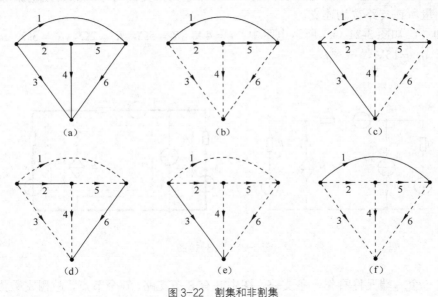

图 3-22　割集和非割集

2. 割集的判断

为了方便判断是否是割集，可在连通图 G 上做一个闭合面，闭合面包围图 G 的某些节点，并且每条支路只能被闭合面切割一次，若去掉与此闭合面相切割的所有支路，连通图 G 被分为两个分离部分，则这组支路的集合构成图 G 的一个割集。如图 3-23（a）中的闭合面，与此闭合面切割的支路 3、4、5、1 构成割集；图 3-23（b）中的闭合面切割的支路 3、4、6 构成割集，与图 3-23（c）中的闭合面切割的支路 1、5、6 构成割集。

第 1 章学过，KCL 适合任何一个闭合面，所以，对电路中与闭合面切割的任一割集来说，KCL 可以表示为：流过各割集支路电流的代数和为零。对图 3-23（a）有

$$I_1 + I_3 + I_4 + I_5 = 0$$

当一个割集的所有支路都连接在同一个节点上，就变为节点的 KCL 方程了。如图 3-23

（b）、（c）所示。

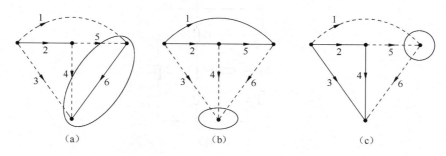

图 3-23　做闭合面判断割集

3. 割集的方向

割集移去后，剩下的图被分为两部分，其中一部分指向另一部分的方向称为割集的方向。常用带方向的弧线标出割集及其方向，如图 3-24 图（a）、（b）中 C_1、C_2。

4. 基本割集

对于一个连通图，因为树连通所有的节点，移去任意连支集合后，剩余的图包含树，仍然是连通的，所以连支集合不能构成割集。又因为树是连通所有节点的最少支路的集合，移去任意一条树支，图将被分为两个分

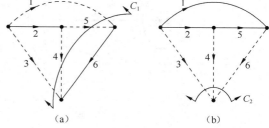

图 3-24　割集的方向

离部分，所以由移去的这条树支跟相应的连支可构成割集。同理，每一条树支都可以与相应的一些连支构成割集。如果每个割集包含一条且只包含一条树支，其余为连支，这样的割集叫做基本割集（basic cut-set）。前面已介绍过具有 n 个节点的电路树支数为 $(n-1)$，所以基本割集数也是 $(n-1)$。由于一个连通图可有不同的树，所以一个连通图可有不同的基本割集组。

有了上述几个概念之后，下面介绍列写割集方程的方法。

电路如图 3-25（a）所示，选树如图 3-25（b）中实线所示，各支路电流方向分别如图中所标，C_1、C_2、C_3 为基本割集，取割集方向与树支方向一致，基本割集的电流方程为

$$\left. \begin{array}{l} 割集C_1:\quad i_5 + i_1 - i_S = 0 \\ 割集C_2:\quad i_3 - i_4 - i_1 + i_S = 0 \\ 割集C_3:\quad -i_S + i_2 + i_4 = 0 \end{array} \right\} \tag{3-15}$$

显然，有一条树支就有一个相应的方程，由于每个方程中都各自含有一项其他方程所没有的树支电流，因而它们是一组独立方程。

设树支电压分别为 u_{t2}、u_{t3}、u_{t5}（下标 t 表示树支），树支电压与电流取关联参考方向，各支路电流可用树支电压表示

$$\left. \begin{array}{l} i_1 = (u_{t5} - u_{t3})G_1 \\ i_2 = u_{t2}G_2 \\ i_3 = u_{t3}G_3 \\ i_4 = (-u_{t3} + u_{t2})G_4 \\ i_5 = u_{t5}G_5 \end{array} \right\} \tag{3-16}$$

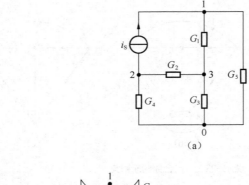

（a）

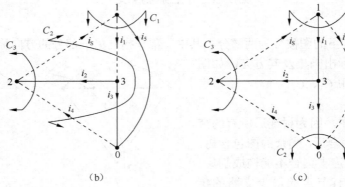

（b）   （c）

图 3-25   割集分析法图

树支电压求出后，可容易的求出支路电流，进而据元件的 VAR 求出各支路电压。所以树支电压是一组独立的完备的电压变量。

将式（3-16）代入式（3-15）有

$$\begin{cases} G_5 u_{t5} + G_1(u_{t5} - u_{t3}) = i_S \\ G_3 u_{t3} - G_4(u_{t2} - u_{t3}) - G_1(u_{t5} - u_{t3}) = -i_S \\ G_2 u_{t2} + G_4(u_{t2} - u_{t3}) = i_S \end{cases}$$

整理得

$$\left. \begin{aligned} & (G_5 + G_1)u_{t5} - G_1 u_{t3} = i_S \\ & -G_1 u_{t5} + (G_3 + G_4 + G_1)u_{t3} - G_4 u_{t2} = -i_S \\ & (G_2 + G_4)u_{t2} - G_4 u_{t3} = i_S \end{aligned} \right\} \tag{3-17}$$

式（3-17）称为割集方程。这种将树支电压作为一组独立的求解变量，根据基本割集列写方程的分析方法叫做"割集分析法"（cut-set analysis method）。

如果图 3-25（a）选择如图 3-25（c）中实线所示的树，连支及基本割集如图中虚线所示，那么，流入割集的电流即为流入节点的电流，此时，割集方程即为节点方程。所以，节点分析法是割集分析法的特例。

分析式（3-17）可知，割集 1 的树支电压是 u_{t5}，割集 1 的自电导（所有电导的和）$G_{11} = G_5 + G_1$；割集 1 与割集 2 的互电导（公共电导）$G_{12} = G_{21} = -G_1$，互电导为负是因为割集 1 与割集 2 的电流流过互电导的方向相反；当两割集流过互电导的方向相同时，互电导取正值。方程右边是电流源电流的代数和，用 i_{S11} 表示。当电流源的电流与割集电流方向相同时

取 "－" 号，否则，取 "＋"。同理，割集 2 的树支电压是 u_{t3}，自电导 $G_{22} = G_3 + G_4 + G_1$，…，其余类推。

根据以上分析，具有三个基本割集的电路的割集方程的一般形式为

$$\left.\begin{array}{l} G_{11}\,u_{t1} + G_{12}u_{t2} + G_{13}u_{t3} = i_{S11} \\ G_{21}\,u_{t1} + G_{22}u_{t2} + G_{23}u_{t3} = i_{S22} \\ G_{31}\,u_{t1} + G_{32}u_{t2} + G_{33}u_{t3} = i_{S33} \end{array}\right\} \tag{3-18}$$

将式（3-18）推广到具有 n 个割集的电路，其一般形式与节点分析法方程的一般形式类似，读者可自己推导。

综合以上分析，可以得出列写割集方程步骤如下。

（1）画出电路的拓扑图，选一个合适的树。

电路中的电压源、受控电压源、受控源的电压控制支路尽量选为树支，使其成为直接求解对象；电流源、受控电流源、受控源的电流控制量一般选为连支，因为电压源电压已知，这样就会使独立未知量减少，独立方程数相应减少。

（2）画出基本割集并标出割集参考方向。

（3）列写割集方程。

例 3-11 已知图 3-26（a）所示电路中，$i_S = 3\text{A}$，$R_1 = 0.5\Omega$，$R_2 = 1\Omega$，$R_3 = 0.5\Omega$，$R_4 = 1\Omega$，$u_{S1} = 1\text{V}$，$u_{S2} = 2\text{V}$，试列出割集方程，并求出各支路电流。

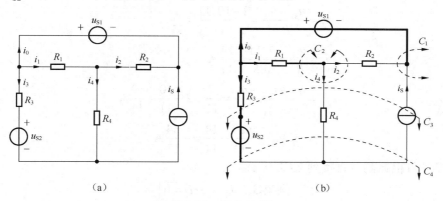

图 3-26 例 3-11 图

解 解法一 选树如图 3-26（b）中粗实线所示，树支电压为 u_{S1}、u_{t1}、u_{t3}、u_{S2}，其中 u_{S1} 和 u_{S2} 为已知电压源电压，对应割集 C_1、C_4 的方程可以不必列出。实际的求解对象为 u_{t1}、u_{t3}。割集 C_2、C_3 的方程为

$$\text{割集 } C_2: \left(\frac{1}{R_1} + \frac{1}{R_2} + \frac{1}{R_4} \right)u_{t1} - \frac{1}{R_2}u_{S1} - \frac{1}{R_4}u_{t3} - \frac{1}{R_4}u_{S2} = 0$$

$$\text{割集 } C_3: \left(\frac{1}{R_3} + \frac{1}{R_4} \right)u_{t3} + \frac{1}{R_4}u_{S2} - \frac{1}{R_4}u_{t1} = i_S$$

式中，由于割集 C_2、C_3 流过 R_4 的方向不同，所以互电导 $\dfrac{1}{R_4}$ 前取 "－" 号，割集 C_1、C_2 流过 R_2 的方向不同，互电导 $\dfrac{1}{R_2}$ 前取 "－" 号，割集 C_3、C_4 流过 R_4 的方向相同，互电导 $\dfrac{1}{R_4}$ 前

取"+"号。

代入数值得

$$\begin{cases} \left(\dfrac{1}{0.5}+1+1\right)u_{t1}-1-u_{t3}-2=0 \\ \left(\dfrac{1}{0.5}+1\right)u_{t3}+2-u_{t1}=3 \end{cases}$$

即

$$\begin{cases} 4u_{t1}-u_{t3}=3 \\ 3u_{t3}-u_{t1}=1 \end{cases}$$

解得

$$\begin{cases} u_{t1}=\dfrac{10}{11}\text{V} \\ u_{t3}=\dfrac{7}{11}\text{V} \end{cases}$$

将各支路电流用树支电压表示，可求得各支路电流

$$i_1=\frac{u_{t1}}{R_1}=\frac{10/11}{0.5}=\frac{20}{11}\text{A}$$

$$i_2=\frac{u_{S1}-u_{t1}}{R_2}=\frac{1-10/11}{1}=\frac{1}{11}\text{A}$$

$$i_3=\frac{u_{t3}}{R_3}=\frac{7/11}{0.5}=\frac{14}{11}\text{A}$$

$$i_4=\frac{u_{t3}+u_{S2}-u_{t1}}{R_4}=\frac{7}{11}+2-\frac{10}{11}=\frac{19}{11}\text{A}$$

$$i_0=-i_1-i_3=-\frac{20}{11}-\frac{14}{11}=-\frac{34}{11}\text{A}$$

解法二　可根据割集直接列 KCL 方程

$$\left.\begin{array}{l} 割集G_2:\ i_1-i_2-i_4=0 \\ 割集G_3:\ i_3+i_4-i_S=0 \end{array}\right\} \tag{3-19}$$

将各支路电流用树支电压表示

$$\left.\begin{array}{l} i_1=\dfrac{u_{t1}}{R_1} \\[2mm] i_2=\dfrac{u_{S1}-u_{t1}}{R_2} \\[2mm] i_3=\dfrac{u_{t3}}{R_3} \\[2mm] i_4=\dfrac{u_{t3}+u_{S2}-u_{t1}}{R_4} \\[2mm] i_0=-i_1-i_3 \end{array}\right\} \tag{3-20}$$

将式（3-20）代入式（3-19）有

$$\begin{cases} \dfrac{u_{t1}}{R_1} - \dfrac{u_{S1}-u_{t1}}{R_2} - \dfrac{u_{t3}+u_{S2}-u_{t1}}{R_4} = 0 \\ \dfrac{u_{t3}}{R_3} + \dfrac{u_{t3}+u_{S2}-u_{t1}}{R_4} - i_S = 0 \end{cases}$$

整理得

$$\begin{cases} \left(\dfrac{1}{R_1}+\dfrac{1}{R_2}+\dfrac{1}{R_4}\right)u_{t1} - \dfrac{1}{R_2}u_{S1} - \dfrac{1}{R_4}u_{t3} - \dfrac{u_{S2}}{R_4} = 0 \\ \left(\dfrac{1}{R_3}+\dfrac{1}{R_4}\right)u_{t3} + \dfrac{1}{R_4}u_{S2} - \dfrac{1}{R_4}u_{t1} = i_S \end{cases}$$

可见上式与直接用割集分析法得出的割集方程一致。解此方程可得到与式（3-20）相同的结果。此方法虽不是直接观察列方程，但可避开互电导符号的判断。

例3-12 图3-27（a）中 $i_{S1}=2A$，$i_{S2}=1A$，$i_{S3}=4A$，$R_1=1\Omega$，$R_2=2\Omega$，$u_S=10V$，求 u。

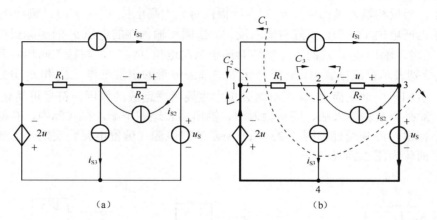

图3-27 例3-21图

解 图3-27（a）有4个节点，3条树支，将电压源、受控电压源控制支路、被控支路选为树支，如图3-27（b）中粗实线所示，图中，虚线表示基本割集，割集电压分别为 u、$2u$、u_S，割集 C_1 的树支电压为电压源的电压 u_S，已经给定，不必列方程，列出割集 C_3 的方程

$$\left(\dfrac{1}{R_1}+\dfrac{1}{R_2}\right)u - \dfrac{1}{R_1}u_S - \dfrac{1}{R_1}2u = i_{S3} - i_{S2}$$

式中，由于割集 C_3 与割集 C_1 流过互电导 $\dfrac{1}{R_1}$ 的电流方向相反，互电导取负，同理，C_1 与 C_2 的互电导也为负值。

代入数值有

$$\left(\dfrac{1}{1}+\dfrac{1}{2}\right)u - \dfrac{1}{1}\times10 - \dfrac{1}{1}\times2u = 4-1$$

解得

$$u=-26V$$

3.7　含运算放大器的电阻电路的分析

运算放大器（operational amplifier）简称运放，内部结构较复杂，包含多个电阻、电容、二极管、晶体管等元件，这些元件用集成电路技术制作在面积很小的一片硅片上，称为集成芯片。集成芯片通过几个端子与外部电路联接。运算放大器的一般作用是把电压放大一定倍数后输出，因其又能完成加、减、乘、除、微分、积分等数学运算而得名。实用中，由于运放性能稳定、体积小、价格低，在计算机、自动控制、测量等领域常用于信号的放大、滤波、整形等。实际运放有多种型号，内部结构不同，但从电路分析的角度，只研究实际运放的电路模型，把它看作一种多端元件对待，只需了解它的电路模型、外部特性及其分析方法。

运算放大器的符号如图 3-28（a）所示，图中，"▷" 符号表示 "放大器"。"−" 表示倒向输入端（inverting input terminal）（也称反相输入端）；"+" 表示非倒向输入端（non-inverting input terminal）（也称同相输入端）。u_-、u_+、u_O 分别表示反相输入端、同相输入端和输出端对地的电压。当反相输入端的电压 u_- 的实际极性对地为高电位（"+"）时，输出电压 u_O 的实际极性对地为低电位（"−"），正好与输入反相。当同相输入端的电压 u_+ 的实际极性对地为高电位（"+"）时，输出电压 u_O 的实际极性对地也为高电位（"+"），与输入同相。另外，图中的 E_+ 和 E_- 分别表示直流偏置电压，维持运放内部晶体管的正常工作，E_+ 和 E_- 分别接正、负电源（正、负相对接地端而言）。在电路分析中主要考虑运放的作用，符号可简化如图 3-28（b）所示，对外有反相输入端、同相输入端、输出端和地四个端。在实际中，有些集成运放的接地端不标出，而是通过如图 3-28（a）所示的双电源（偏置电源）实现，因此，运放的符号又可以简化为图 3-28（c）。

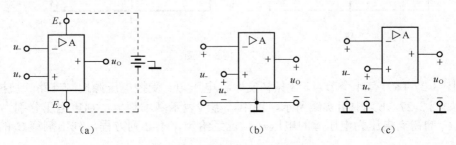

图 3-28　运算放大器的电路符号

如果在 u_-、u_+ 输入端同时输入电压，运放的输出

$$u_O = A(u_+ - u_-) = Au_d \qquad (3-21)$$

式（3-21）中，$u_d = u_+ - u_-$，称为差动输入电压（differential input voltage）。$A = \dfrac{u_O}{u_d}$，称为运放的电压放大倍数，或称开环电压增益（open-loop voltage gain）。实际运放的开环电压增益达 $10^4 \sim 10^8$。

运放的等效电路模型如图 3-29 所示，图中 R_i 为运放的输入电阻，实际值较大，可达 $10^6\,\Omega \sim 10^{13}\,\Omega$；$R_O$ 为输出电阻，实际值较小，一般为 $10\Omega \sim 100\Omega$，可见 $R_i \gg R_O$。电压控制

电压源的电压为 $A(u_+ - u_-)$。

在理想情况下，$R_i \to \infty$，$R_O \to 0$，$A \to \infty$，即理想运算放大器从电路的观点看相当于输入电阻趋于无穷大、输出电阻趋于无穷小的电压控制电压源。将图 3-28 中的字母 A 用 ∞ 代替表示理想运放的符号，如图 3-30 所示。

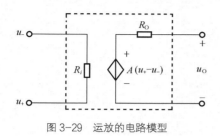

图 3-29 运放的电路模型

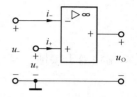

图 3-30 理想运放的电路符号

由于 $A \to \infty$，且 u_O 为有限值，由式（3-21）可知

$$u_d = u_+ - u_- = \frac{u_O}{A} \approx 0$$

即有

$$u_+ = u_- \qquad\qquad （3\text{-}22）$$

即同相端与反相端电压相等。

如果同相端与反相端有一端接地，如 $u_+ = 0$（或 $u_- = 0$），则另一端将强制为零，即 $u_- = 0$（或 $u_+ = 0$）。

又 $R_i \to \infty$，所以流入运放输入端的电流

$$i_+ = i_- = 0 \qquad\qquad （3\text{-}23）$$

利用式（3-22）和式（3-23）可分析求解含理想运放的电阻电路。

例 3-13 图 3-31 所示为反相输入运算放大器，试求图中运放电路输出 u_O 与输入 u_s 的关系。

解法一 可直接利用式（3-22）和式（3-23）求解。

由式（3-23）知 $i_- = 0$，有

$$i_1 = i_2$$

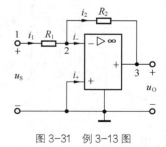

图 3-31 例 3-13 图

又由式（3-22）知 $u_- = u_+ = 0$，有

$$i_1 = \frac{u_s - u_-}{R_1} = \frac{u_s}{R_1}, \quad i_2 = \frac{u_- - u_O}{R_2} = -\frac{u_O}{R_2}$$

有

$$\frac{u_s}{R_1} = -\frac{u_O}{R_2}$$

即

$$u_O = -\frac{R_2}{R_1} u_s$$

解法二 可用节点分析法分析含运放的电路。如图 3-31 所示，电路有三个独立节点。节点 1 的电压 $u_1 = u_s$，节点 3 的电压 $u_3 = u_O$，只需列写节点 2 的方程

$$\left(\frac{1}{R_1} + \frac{1}{R_2}\right)u_2 - \frac{1}{R_1}u_1 - \frac{1}{R_2}u_3 = 0$$

由于

$$\begin{cases} u_- = u_+ \\ u_+ = 0 \end{cases}$$

可知反相端相当于接地，有

$$u_2 = 0$$

由此可得

$$u_3 = -\frac{R_2}{R_1}u_1$$

即

$$u_O = -\frac{R_2}{R_1}u_s$$

可见，选择不同的 R_1、R_2，输出与输入成不同的比例关系，而且输出与输入反相，所以此电路也称反相比例放大器。

例 3-14 电路如图 3-32 所示，试求输出电压 u_O 与输入电源 u_s 的关系。

解 可用节点分析法求解。电路共有 4 个独立节点，节点 1 的电压 $u_1 = u_s$，节点 3 的节点电压 $u_3 = u_O$，只需列出节点 2 和节点 4 的节点方程

$$\begin{cases} \left(\frac{1}{R_1} + \frac{1}{R_2}\right)u_2 - \frac{1}{R_1}u_1 - \frac{1}{R_2}u_3 = -i_- \\ \left(\frac{1}{R_3} + \frac{1}{R_4}\right)u_4 - \frac{1}{R_3}u_3 = -i_+ \end{cases}$$

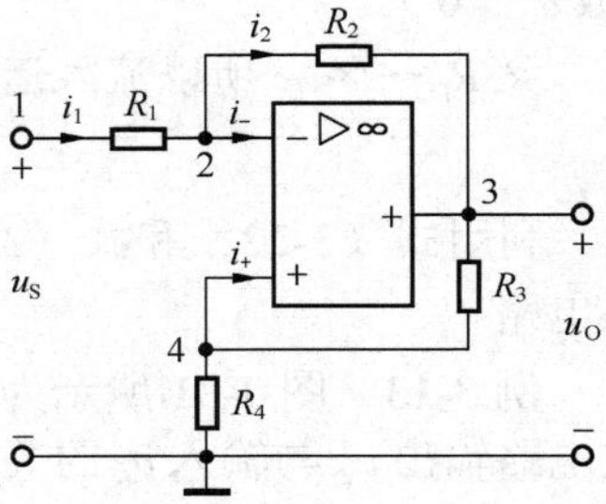

图 3-32 例 3-14 图

因为

$$u_+ = u_-$$

可知

$$u_4 = u_2$$

又

$$i_+ = i_- = 0 , \quad u_1 = u_s , \quad u_3 = u_O$$

故

$$\begin{cases} \left(\frac{1}{R_1} + \frac{1}{R_2}\right)u_2 - \frac{1}{R_2}u_O = \frac{1}{R_1}u_s \\ \left(\frac{1}{R_3} + \frac{1}{R_4}\right)u_2 - \frac{1}{R_3}u_O = 0 \end{cases}$$

解得

$$u_O = \frac{R_2R_3 + R_2R_4}{R_2R_4 - R_1R_3}u_s$$

包含运放的电路常用节点分析法求解。

本 章 小 结

本章在引入图的基础知识后，证明了电路若有 n 个节点 b 条支路，则有任意 $(n-1)$ 个独立节点，对应可列 $(n-1)$ 个独立的 KCL 方程；任意 $(b-(n-1))$ 个独立回路，对应 $(b-(n-1))$ 个独立 KVL 方程。联立 KCL、KVL 方程以及 b 条支路上元件本身的 VAR 关系式可分析求解电路变量，这种方法虽然直观，但当电路复杂时求解方程数较多。为此，介绍了方程数明显减少的"网孔分析法"、"回路分析法"、"节点分析法"和"割集分析法"等电路的一般分析方法，能用系统的方法列出方程，进而解得所有支路电压、支路电流变量。其中网孔分析法、节点分析法应用更广泛。

网孔分析法以网孔电流为变量列写方程，可看作回路分析法的特例；节点分析法以节点电压为变量列写方程，可看作割集分析法的特例；网孔分析法适合于平面电路，其他 3 种方法无限制。当电路中网孔数少于节点数时一般用网孔分析法较方便，否则，用节点分析法较方便。

习　　题

一、选择题

1. 必须设立电路参考点后才能求解电路的方法是（　　）。

　　A．支路电流法　　　　　B．回路分析法　　　　C．节点分析法　　　　D．$2b$ 法

2. 对于一个具有 n 个节点、b 条支路的电路，它的 KVL 独立方程数为（　　）个。

　　A．$n-1$　　　　　　　B．$b-n+1$　　　　　　C．$b-n$　　　　　　D．$b-n-1$

3. 对于一个具有 n 个节点、b 条支路的电路列写节点电压方程，需要列写（　　）。

　　A．$(n-1)$ 个 KVL 方程　　　　　　　　　B．$(b-n+1)$ 个 KCL 方程

　　C．$(n-1)$ 个 KCL 方程　　　　　　　　　D．$(b-n-1)$ 个 KCL 方程

4. 对于含有受控源的电路，下列叙述中，（　　）是错误的。

　　A．受控源可先当作独立电源处理，列写电路方程

　　B．在节点电压法中，当受控源的控制量不是节点电压时，需要添加用节点电压表示控制量的补充方程

　　C．在回路电流法中，当受控源的控制量不是回路电流时，需要添加用回路电流表示控制量的补充方程

　　D．若采用回路电流法，对列写的方程进行化简，在最终的表达式中互阻始终是相等的，即：$R_{ij} = R_{ji}$

二、填空题

1. 对于具有 n 个节点 b 条支路的电路，可列出_____个独立的 KCL 方程，可列出_____个独立的 KVL 方程。

2. 具有两个引出端钮的电路称为_____网络，其内部包含电源的称为_____网络，

内部不包含电源的称为＿＿＿＿＿＿＿网络。

3．回路分析法的实质就是以＿＿＿＿＿＿＿变量，直接列写＿＿＿＿＿＿＿方程；网孔分析法的实质就是以＿＿＿＿＿＿＿为变量，直接列写＿＿＿＿＿＿＿＿方程；节点分析法的实质就是以＿＿＿＿＿＿＿为变量，直接列写＿＿＿＿＿＿＿方程。

4．在列写回路电流方程时，自阻＿＿＿＿＿＿＿，互阻＿＿＿＿＿＿＿；在列写网孔电流方程时，当所有网孔电流均取顺时针方向时，自阻＿＿＿＿＿＿＿，互阻＿＿＿＿＿＿＿。

5．在列写节点电压方程时，自导＿＿＿＿＿＿＿，互导＿＿＿＿＿＿＿。

6．在使用回路分析法时，要特别注意独立＿＿＿＿＿＿＿，而在使用节点电压法时，要特别注意独立＿＿＿＿＿＿＿。

三、计算题

1．如图 x3.1 所示电路中，$R_1=3\Omega$，$R_2=2\Omega$，$R_3=5\Omega$，$R_4=2\Omega$，$R_5=4\Omega$，$U_{S1}=10V$，$U_{S2}=8V$，试列写（1）独立 KCL 方程、独立 KVL 方程、支路的 VAR；（2）用支路电压法求各支路电压。

2．如图 x3.2 所示电路中，$R_1=R_2=10\Omega$，$R_3=4\Omega$，$R_4=R_5=8\Omega$，$R_6=2\Omega$，$U_{S1}=40V$，$U_{S2}=40V$，用网孔分析法求流过 R_5 的电流 I_5。

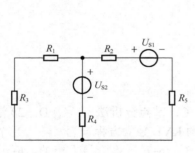

图 x3.1　计算题 1 图

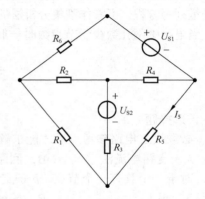

图 x3.2　计算题 2 图

3．电路如图 x3.3 所示，列出节点电压方程和网孔电流方程。

4．列出如图 x3.4 所示电路的节点电压方程和网孔电流方程。

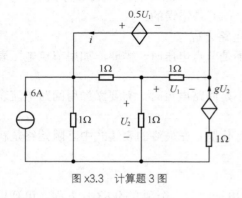

图 x3.3　计算题 3 图

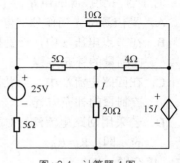

图 x3.4　计算题 4 图

5．已知图 x3.5 所示电路中，$U_S=20V$，$R_1=10\Omega$，$R_2=5\Omega$，$R_3=10\Omega$，$R_4=5\Omega$，求各支路电流。

6．求图 x3.6 所示电路中的电压 U_{n1}。

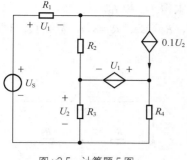

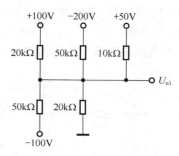

图 x3.5　计算题 5 图　　　　　　图 x3.6　计算题 6 图

7．列出如图 x3.7（a）、（b）所示电路的节点电压方程。

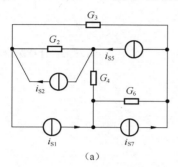

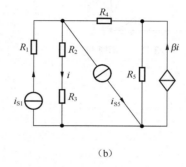

（a）　　　　　　　　　　（b）

图 x3.7　计算题 7 图

8．用节点分析法求如图 x3.8 所示电路中电流 I。

9．用回路分析法求解如图 x3.9 所示电路中电压 U_O。

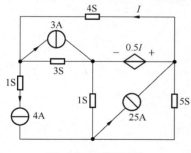

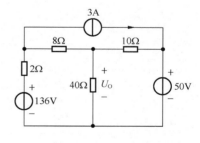

图 x3.8　计算题 8 图　　　　　　图 x3.9　计算题 9 图

10．用回路分析法求解如图 x3.10 所示电路中每个元件的功率，并用功率平衡关系检验。

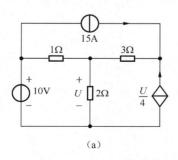

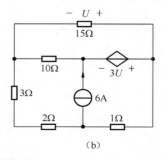

（a）　　　　　　　　　　（b）

图 x3.10　计算题 10 图

11．电路如图 x3.11 所示，设法分别只用一个方程求得 U_A 和 I_B。

12．已知图 x3.12 中，U_S=8V，I_S=-4A，R_1=4Ω，R_2=2Ω，R_3=8Ω，R_4=5Ω，试用割集分析法求电流源的端电压和流过电压源的电流。

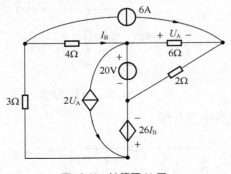

图 x3.11　计算题 11 图

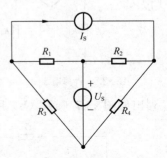

图 x3.12　计算题 12 图

第<big>**4**</big>章 电路的基本定理

本章主要内容: 本章介绍电路中常用的一些定理, 包括齐次定理、叠加定理、替代定理、戴维南定理、诺顿定理、最大功率传递定理、特勒根定理、互易定理以及对偶原理。其中齐次定理和叠加定理只适用于线性电路。戴维南定理和诺顿定理用于求解线性含源单口网络的等效电路, 是本章的重点。这些定理是电路理论的重要组成部分, 为求解电路问题提供了方便。

4.1 齐次定理和叠加定理

齐次定理 (homogeneity theorem) 和叠加定理 (superposition theorem) 是线性电路的重要定理。线性电路 (linear circuit) 是指由线性元件和独立电源组成的电路。我们目前学过的线性元件包括线性电阻元件和线性受控源。独立电源包括独立电压源和独立电流源。独立源是电路的输入, 对电路起激励作用, 又称激励; 而电路中其他元件输出的电压、电流是激励所引起的响应, 又称响应。

4.1.1 齐次定理

在线性电路中, 当只有一个独立源作用时, 电路中任一支路上的电压或电流与独立源成正比, 此性质为数学中的齐次性, 电路中称为齐次定理, 常用于分析梯形电路。

例 4-1 已知图 4-1 所示梯形电路中, $u_S = 13V$, $R_1 = 2\Omega, R_2 = 20\Omega, R_3 = 5\Omega, R_4 = 10\Omega, R_5 = 4\Omega, R_6 = 6\Omega$, 求各支路电流。

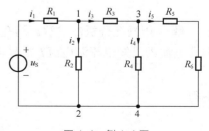

图 4-1 例 4-1 图

解 此电路是电阻的简单串、并联, 可应用分压、分流公式求解。利用齐次定理, 采用倒退法较简单。

倒退法是指从梯形电路离电源距离最远的电阻元件开始计算, 倒退到电源处。计算时, 可为最远处的元件假设一个电压 (或电流)。倒推出电源电压 (或电流), 然后再按齐次定理修正。

设 $i_5 = 1A$, 则

$$u_{34} = i_5(R_5 + R_6) = 1 \times (4 + 6) = 10V$$

据元件的 VAR 有

$$i_4 = \frac{u_{34}}{R_4} = \frac{10}{10} = 1\text{A}$$

据 KCL 有

$$i_3 = i_4 + i_5 = 1 + 1 = 2\text{A}$$

同理有

$$u_{12} = R_3 i_3 + u_{34} = 5 \times 2 + 10 = 20\text{V}$$

$$i_2 = \frac{u_{12}}{R_2} = \frac{20}{20} = 1\text{A}$$

$$i_1 = i_2 + i_3 = 3\text{A}$$

$$u_S = R_1 i_1 + u_{12} = 2 \times 3 + 20 = 26\text{V}$$

该值与已知的 $u_S = 13\text{V}$ 不同，已知的 u_S 是上述假设值之下计算值的 $\frac{13\text{V}}{26\text{V}} = 0.5$ 倍，由齐次定理，当电压源减小为 26V 的 0.5 倍即 13V 时，上述各支路电压、电流也依次减少 0.5 倍。故各支路实际的电流为

$$i_1 = 1.5\text{A} , \quad i_2 = 0.5\text{A} , \quad i_3 = 1\text{A} , \quad i_4 = 0.5\text{A} , \quad i_5 = 0.5\text{A}$$

4.1.2 叠加定理

叠加定理研究电路中有多个激励时，响应与激励的关系。

例 4-2 电路如图 4-2（a）所示，试求流过电阻 R_2 的电流 i_2 及端电压 u_2。

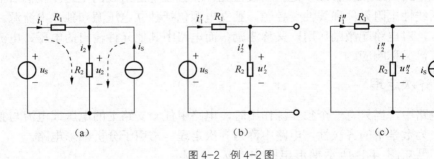

图 4-2 例 4-2 图

解 用网孔分析法求解。网孔电流如图 4-2（a）中虚线所示，左边网孔电流为 i_1，右边网孔电流为已知电流源电流 i_S，只需列出左边网孔的网孔方程

$$(R_1 + R_2)i_1 + R_2 i_S = u_S$$

解得

$$i_1 = \frac{1}{R_1 + R_2} u_S - \frac{R_2}{R_1 + R_2} i_S$$

有

$$i_2 = i_1 + i_S = \frac{1}{R_1 + R_2} u_S + \frac{R_1}{R_1 + R_2} i_S \tag{4-1}$$

$$u_2 = R_2 i_2 = \frac{R_2}{R_1 + R_2} u_\text{S} + \frac{R_1 R_2}{R_1 + R_2} i_\text{S} \qquad\qquad （4\text{-}2）$$

由式（4-1）和式（4-2）可见，每个支路电压或支路电流都由两部分组成，一部分只与独立电压源 u_S 有关，另一部分只与独立电流源 i_S 有关。如 i_2 由两个分量组成，一个是（$\frac{1}{R_1 + R_2} u_\text{S}$），仅与电压源 u_S 有关。另一个是（$\frac{R_1}{R_1 + R_2} i_\text{S}$），仅与电流源 i_S 有关。其中（$\frac{1}{R_1 + R_2} u_\text{S}$）可看做一个电压源与两个电阻串联组成的电路的电流（此串联电路中无电流源的作用），对应的电路如图 4-2（b）所示，图中 $i_2' = \frac{u_\text{S}}{R_1 + R_2}$。另一个表达式（$\frac{R_1}{R_1 + R_2} i_\text{S}$）可看做由一个电流源和两个电阻并联组成的电路流过电阻 R_2 支路的电流（此并联电路中无电压源的作用），对应的电路如图 4-2（c）所示，图中，$i_2'' = \frac{R_1}{R_1 + R_2} i_\text{S}$。

可见

$$i_2 = i_2' + i_2''$$

对于电路中其他支路的响应，如 i_1、u_2 也存在类似结论。说明图 4-2（a）中的任一支路电流及支路电压为电压源单独作用（图 4-2（b））和电流源单独作用（图 4-2（c））时在该支路上产生的电流、电压之和。这是线性电路的一个普遍规律，可用叠加定理描述。

叠加定理：在含有两个或两个以上独立源的线性电路中，任一支路的电流（或电压）等于每个独立源单独作用时在该支路上所产生的电流（或电压）的代数和。

当某个独立源单独作用时，其他所有的独立源均置为零，独立电压源置零时用短路代替，独立电流源置零时用开路代替。另外，独立源单独作用，可以是一个独立源单独作用，也可以是一组独立源单独作用，但每个独立源只能作用一次。

叠加定理是分析线性电路的基础，应用叠加定理计算电路，实质上是希望把复杂电路的计算转换为若干简单电路的计算。在对电压或电流进行叠加时，应注意参考方向，参考方向决定叠加时运算的正、负符号。

叠加定理只适用于线性电路中电流和电压的计算，因为功率与电流和电压是平方关系而非线性关系，所以叠加定理不能用来计算功率。如图 4-2（b）和（c），当电压源与电流源分别单独作用时，分电压与分电流分别为 u_2'、u_2''、i_2'、i_2''，由图 4-2（a）知 R_2 支路的功率

$$p = u_2 i_2 = (u_2' + u_2'')(i_2' + i_2'') = u_2' i_2' + u_2'' i_2'' + u_2' i_2'' + u_2'' i_2' \neq u_2' i_2' + u_2'' i_2''$$

另外，对含有受控源的电路运用叠加定理时，为使分析问题简单，受控源不单独作用，它和电阻一样，应始终保留在电路内。受控源的控制量将随不同电源的单独作用而相应变化。

应用叠加定理求解电路的步骤如下：

（1）将含有多个电源的电路，分解成若干个仅含有单个或少量电源的分电路，并标出每个分电路的电流和电压及其参考方向。当某个电源作用时，其余不作用的电压源用短路线取代、电流源用开路取代；

（2）对每一个分电路进行计算，求出各相应支路的分电流、分电压；

（3）将分电路中的电压、电流进行叠加，进而求出原电路中的各支路电流、支路电压。注意叠加是代数量相加，若分量与总量的参考方向一致，分量取"＋"号；若分量与总量的参考方向相反，分量取"－"号。

例 4-3 已知图 4-3（a）所示电路中，$u_s = 15\text{V}$，$i_s = 1.5\text{mA}$，$R_1 = 2\text{k}\Omega$，$R_2 = 1\text{k}\Omega$，$R_3 = 3\text{k}\Omega$，$R_4 = 0.5\text{k}\Omega$，试利用叠加定理求解各支路电流。

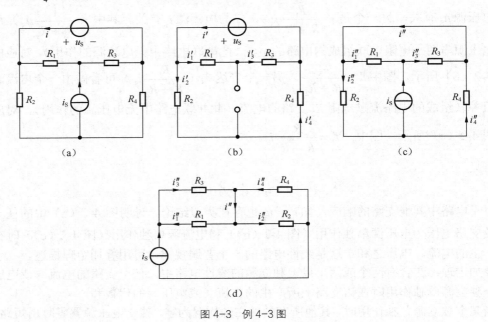

图 4-3　例 4-3 图

解 当电压源单独作用时，电流源置为零，即电流源用开路取代，对应电路如图（b）所示，各支路电流如图中所标。由图可知 $i_1' = i_3'$，$i_2' = i_4'$，应用分流公式，有

$$i_1' = \frac{u_s}{R_1 + R_3} = \frac{15}{2 + 3} = 3\text{mA}$$

$$i_2' = \frac{u_s}{R_2 + R_4} = \frac{15}{1 + 0.5} = 10\text{mA}$$

由 KCL 有

$$i' = i_1' + i_2' = 13\text{mA}$$

当电流源单独作用时，电压源置零，即电压源用短路取代，对应电路如图（c）所示。由图可见，R_1、R_3 并联，R_2、R_4 并联，又可等效为图（d），由分流公式可得

$$i_1'' = -\frac{R_3}{R_1 + R_3}i_s = -\frac{3}{2 + 3} \times 1.5 = -0.9\text{mA}$$

$$i_3'' = i_s + i_1'' = 1.5 + (-0.9) = 0.6\text{mA}$$

$$i_2'' = \frac{R_4}{R_2 + R_4}i_s = \frac{0.5}{1 + 0.5} \times 1.5 = 0.5\text{mA}$$

$$i_4'' = i_2'' - i_s = 0.5 - 1.5 = -1\text{mA}$$

$$i'' = i_3'' + i_4'' = 0.6 + (-1) = -0.4\text{ mA}$$

当电压源与电流源同时作用时，据叠加定理有

$$i_1 = i_1' + i_1'' = [3 + (-0.9)] = 2.1\text{mA}$$
$$i_2 = i_2' + i_2'' = 10 + 0.5 = 10.5\text{mA}$$
$$i_3 = i_3' + i_3'' = 3 + 0.6 = 3.6\text{mA}$$
$$i_4 = i_4' + i_4'' = [10 + (-1)] = 9\text{mA}$$
$$i = i' + i'' = 13 - 0.4 = 12.6\text{mA}$$

例 4-4 求图 4-4（a）所示电路中 I_x。

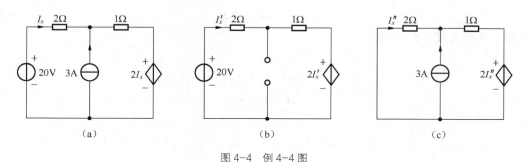

图 4-4 例 4-4 图

解 用叠加定理求解。电路中含有电流控制电压源，对含受控源电路应用叠加定理时应注意，受控源不是电路的输入，不能单独作用。受控源和电阻一样，应始终保留在电路内。

电压源单独作用时，电流源用开路代替，流过 2Ω 电阻支路的电流为 I_x'，受控源的电压相应为 $2I_x'$，如图（b）所示。由此可得电路的 KVL 方程

$$(2+1)I_x' + 2I_x' - 20 = 0$$

解得

$$I_x' = 4\text{A}$$

电流源单独作用时，电压源用短路线取代，流过 2Ω 电阻支路的电流为 I_x''，受控源的电压相应为 $2I_x''$，如图（c）所示，对由 2Ω、1Ω 和受控源支路组成的回路列 KVL 方程

$$2I_x'' + (I_x'' + 3) \times 1 + 2I_x'' = 0$$

解得

$$I_x'' = -0.6\text{A}$$

电压源、电流源同时作用时，由叠加定理可得

$$I_x = I_x' + I_x'' = 4 + (-0.6) = 3.4\text{A}$$

例 4-5 设图 4-5 所示电路是一线性电阻电路，已知：

（1）当 $u_{S1} = 0$，$u_{S2} = 0$ 时，$u = 1\text{V}$；

（2）当 $u_{S1} = 1\text{V}$，$u_{S2} = 0$ 时，$u = 2\text{V}$；

（3）当 $u_{S1} = 0$，$u_{S2} = 1\text{V}$ 时，$u = -1\text{V}$；试求出 u_{S1} 和 u_{S2} 为任意值时电压 u 的表达式。

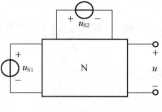

图 4-5 例 4-5 图

解 本例介绍了一种利用齐次定理与叠加定理研究线性网络响应与激励的关系的实验方法。

u 是二端电路的端电压，据叠加定理知，输出电压 u 可表示为

$$u = u' + u'' + u''' \tag{4-3}$$

式中，u' 是网络 N 内所有独立源作用而其他独立源（u_{S1} 和 u_{S2}）不作用时输出端的电压；

u'' 是只有电压源 u_{S1} 独立作用（即 u_{S2} 和 N 中独立源不作用）时输出端的电压，即 u'' 只与电压源 u_{S1} 有关，由齐次定理有

$$u'' = k_1 u_{S1} \qquad (4\text{-}4)$$

u''' 是只有电压源 u_{S2} 独立作用时的输出电压，u''' 只与电压源 u_{S2} 有关，有

$$u''' = k_2 u_{S2} \qquad (4\text{-}5)$$

式（4-4）和式（4-5）中的 k_1、k_2 是常系数，将这两式代入式（4-3）有

$$u = u' + k_1 u_{S1} + k_2 u_{S2} \qquad (4\text{-}6)$$

将已知条件代入式（4-6）有

$$\begin{cases} u' = 1 \\ u' + k_1 = 2 \\ u' + k_2 = -1 \end{cases}$$

解得

$$u' = 1\text{V}, \quad k_1 = 1, \quad k_2 = -2$$

所以

$$u = 1 + u_{S1} - 2u_{S2}$$

4.2 替代定理

替代定理（substitution theorem）也称置换定理，适合于线性和非线性电路。

例 4-6 已知图 4-6（a）所示电路中，$u_S = 10\text{V}$，$i_S = 1\text{A}$，$R_1 = 10\Omega$，$R_2 = 20\Omega$，$R_3 = 30\Omega$，试求各支路电流和电压。

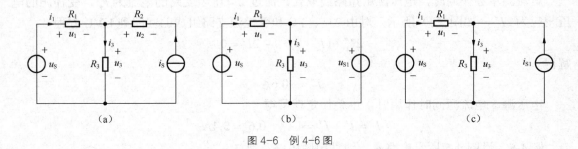

图 4-6 例 4-6 图

解 利用网孔分析法求解。右边网孔电流为电流源电流 i_S，只需列出左边网孔方程

$$(R_1 + R_3)i_1 + R_3 i_S = u_S$$

将数值代入

$$(10 + 30)i_1 + 30 = 10$$

解得

$$i_1 = -0.5\text{A}$$

故

$$i_3 = i_1 + i_S = -0.5 + 1 = 0.5\text{A}$$

$$u_3 = R_3 i_3 = 0.5 \times 30 = 15\text{V}$$

$$u_2 = -R_2 i_S = -20 \times 1 = -20\text{V}$$

现将图 4-6（a）中的 R_2 串联 i_S 支路用一个电压源 u_{S1} 替代，使 u_{S1} 的电压值与串联支路的端电压相等，即 $u_{S1} = u_3 = 15\text{V}$，极性与 u_3 相同，电路如图 4-6（b）所示；或将图 4-6（a）中的 R_2 串联 i_S 支路用一个电流源 i_{S1} 替代，电流源的电流为流过串联支路的电流，即 $i_{S1} = 1\text{A}$，方向与 i_S 相同，电路如图 4-6（c）所示。重新计算图 4-6（b）和（c）中各支路电流、电压，可知各部分的电流、电压均与图 4-6（a）计算出的值相同。如果电阻支路 R_3 的端电压或流过的电流已知，R_3 支路用等值的电压源或电流源替代，电路中各部分的电流、电压均与替代前相同。读者可自行验证。此种现象可用替代定理描述。

替代定理：在任意的具有唯一解的线性和非线性电路中，若已知第 k 条支路的电压 u_k 和电流 i_k，无论该支路由什么元件组成，都可以把这条支路移去，而用一个电压源来替代，电压源电压的大小和极性与 k 支路的电压大小和极性一致；或用一个电流源来替代，该电流源的大小和极性与 k 支路电流的大小和极性一致。若替代后电路仍有唯一的解，则不会影响电路中其他部分的电流和电压。

替代定理的应用可以从一条支路推广到一部分电路，只要这部分电路与其他电路只有两个连接点，就可以利用替代定理替换这部分电路。当然单口网络也可以用替代定理来替换。利用替代定理可把一个复杂电路分成若干部分，使计算得到简化。

替代定理的证明如下。

设某电路 N_1 与二端电路 K 相连，如图 4-7（a）所示，二端电路 K 的电压、电流分别为 u_k，i_k。

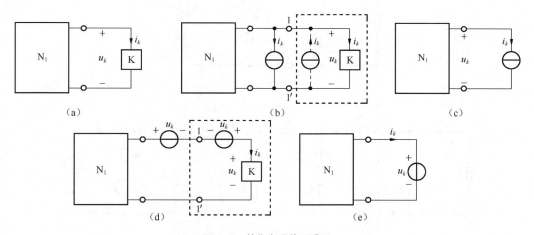

图 4-7　替代定理的证明图

设想在原二端电路两端并联两个电流值为 i_k 的电流源，两电流源的参考方向相反，如图 4-7（b）所示，接入后，对二端电路及二端电路以外部分的工作状态均无影响。由于方框内的二端电路和电流源的电流值大小相同、方向相反，对 1-1' 端而言相当于开路，因此，可将方框中的二端电路和电流源去掉。如图 4-7（c）所示。即可用与流过二端电路的电流 i_k 等值的电流源替代二端电路。不影响电路中其他各支路的电压、电流。

如果设想在原二端电路两端串联两个电压值为 u_k 的电压源，两电压源的参考极性相反，如图4-7（d）所示，同样，接入后，对二端电路及二端电路以外部分的工作状态均无影响。方框内的二端电路和电压源的电压值大小相同、极性相反，对1-1′端而言相当于短路，因此，可将方框中的二端元件和电压源去掉。如图4-7（e）所示。即可用与二端电路的电压u_k等值的电压源替代二端电路。不影响电路中其他各支路电压、电流。

因此，替代定理得证。

例4-7 已知图4-8（a）所示电路中$u_{S1}=18V$，$u_{S2}=15V$，$u_{S3}=20V$，$i_S=2A$，$R_1=3\Omega$，$R_2=5\Omega$，$R_3=6\Omega$，$R_4=7\Omega$，$R_5=4\Omega$，$R_6=6\Omega$，求流过电阻R_1的电流i_1。

解 此电路看起来较复杂，如果直接求解比较麻烦。但观察可发现电流源i_S先流过u_{S2}、R_4、R_6、u_{S3}、R_5组成的回路，然后流过电阻R_3，如图4-8（b）所示，从a-b端看，流过右边虚线方框中的电流为i_S，由替代定理知，可用电流源i_S替代，如图4-8（c）所示，左边网孔的网孔方程为

$$(R_1+R_2)i_1 - R_2 i_S = -u_{S1}$$

将数值代入

$$(3+5)i_1 - 5\times2 = -18$$

解得

$$i_1 = -1A$$

可见，在有些情况下用替代定理可简化电路的求解。

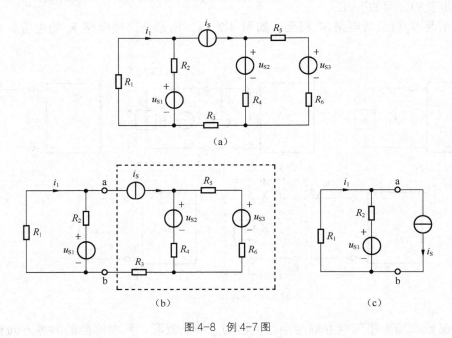

图4-8 例4-7图

4.3 戴维南定理和诺顿定理

戴维南定理和诺顿定理主要用于求解内部含有独立源的线性单口网络的等效电路。是电路中的两个重要定理。

4.3.1 戴维南定理

戴维南定理（Thevenin's theorem）是指对于任意一个含有独立源的线性单口网络 N，如图 4-9（a）所示，就其端口而言可等效为一个电压源串联电阻支路，如图 4-9（b）所示。电压源的电压为该单口网络 N 的开路电压 u_{OC}，如图 4-9（c）所示；串联电阻 R_{ab} 等于该网络 N 中所有独立电源为零时所得网络 N_0 的等效电阻，如图 4-9（d）所示。

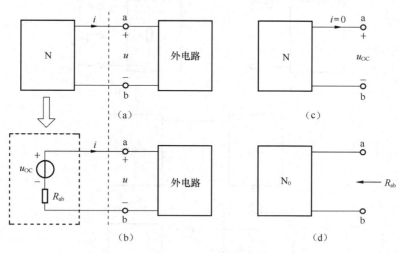

图 4-9 戴维南定理

如果线性含源单口网络 N 的端口电压 u 和电流 i 为图 4-9（b）所示的非关联参考方向，则端口的 VAR 为

$$u = u_{OC} - R_{ab}i \tag{4-7}$$

电压源 u_{OC} 和串联电阻 R_{ab} 的支路称为戴维南等效电路（Thevenin's equivalent circuit）。其中串联电阻也称为输入电阻。

戴维南定理的证明：

设线性含源单口网络 N 与任一外电路相连，如图 4-10（a）所示，端口电压、电流分别为 u、i，据替代定理知，外电路可用电流值为 i 的电流源 i_S 替代，如图 4-10（b）所示，由叠加定理可知

$$u = u' + u'' \tag{4-8}$$

式中 u' 为网络 N 中所有独立源作用而电流源 i_S 不作用时产生的电压，即电流源 $i_S = 0$（电流源开路）时，网络 N 的端电压，也即网络 N 的开路电压 u_{OC}，如图 4-10（c）所示，有

$$u' = u_{OC} \tag{4-9}$$

u'' 为电流源 i_S 单独作用产生的电压，即网络 N 中所有独立源为零，此时 N 成为不含独立源的网络 N_0，其端口的等效电阻为 R_{ab}，如图 4-10（d）所示，有

$$u'' = -R_{ab}i \tag{4-10}$$

将式（4-9）、式（4-10）代入式（4-8）有

$$u = u_{OC} - R_{ab}i \tag{4-11}$$

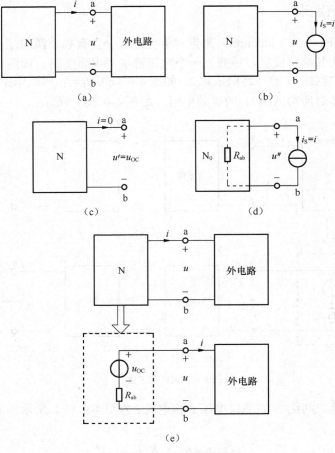

图 4-10　戴维南定理的证明图

　　式（4-11）是线性含源单口网络 N 在图 4-10（a）所示参考方向下 VAR 的一般形式。说明从网络 N 的两个端钮 a-b 来看，含源单口网络可等效为一个电压源串联电阻支路，其电压源电压为 u_{OC}，串联电阻为 R_{ab}，如图 4-10（e）所示，定理得证。

　　例 4-8　电路如图 4-11（a）所示，$u_{\mathrm{S1}}=18\mathrm{V}$，$u_{\mathrm{S2}}=15\mathrm{V}$，$R_1=6\Omega$，$R_2=3\Omega$，$R_3=4\Omega$，$R_4=6\Omega$，$R_5=5.6\Omega$，$R_6=10\Omega$，试求流过 R_6 的电流 i。若 $R_6=15\Omega$，流过 R_6 的电流又为多少？

　　解　电路是含源的线性电路，将 R_6 支路与其余电路分解开，除 R_6 外，其余电路部分构成含源的单口网络，可以利用戴维南定理求解。

　　（1）求单口网络的开路电压 u_{OC}

　　电路如图 4-11（b）所示，将电压源串联电阻支路等效变换为电流源并联电阻支路，如图 4-11（c）所示，图中

$$\frac{u_{\mathrm{S1}}}{R_1}=\frac{18}{6}=3\mathrm{A}$$

$$\frac{u_{\mathrm{S2}}}{R_2}=\frac{15}{3}=5\mathrm{A}$$

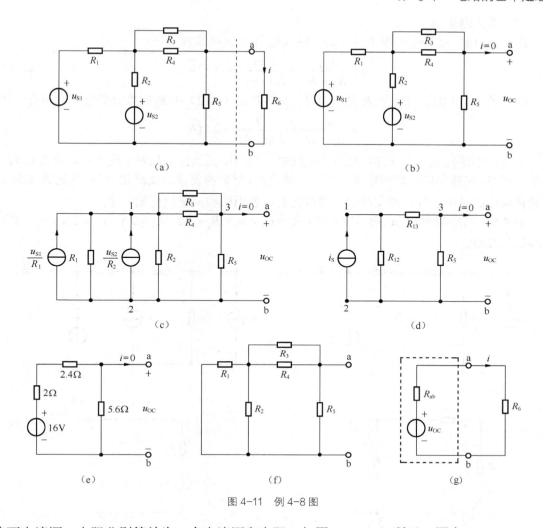

图 4-11　例 4-8 图

将两电流源、电阻分别等效为一个电流源和电阻，如图 4-11（d）所示，图中

$$i_S = \frac{u_{S1}}{R_1} + \frac{u_{S2}}{R_2} = 8A$$

$$R_{12} = R_1 /\!/ R_2 = \frac{R_1 R_2}{R_1 + R_2} = \frac{6 \times 3}{6 + 3} = 2\Omega$$

$$R_{13} = R_3 /\!/ R_4 = \frac{R_3 R_4}{R_3 + R_4} = \frac{4 \times 6}{4 + 6} = 2.4\Omega$$

可进一步化简为图 4-11（e），应用分压公式得

$$u_{OC} = \frac{16}{2 + 2.4 + 5.6} \times 5.6 = 8.96V$$

（2）求单口网络的等效电阻 R_{ab}

将图 4-11（b）中电压源用短路线取代，得图 4-11（f）有

$$R_{ab} = (R_1 /\!/ R_2 + R_3 /\!/ R_4) /\!/ R_5 = (R_{12} + R_{13}) /\!/ R_5 = \frac{(R_{31} + R_{12})R_5}{(R_{31} + R_{12}) + R_5} = \frac{(2.4 + 2) \times 5.6}{(2.4 + 2) + 5.6} \approx 2.46\Omega$$

（3）求支路电流

图 4-11（a）可等效为图 4-11（g），通过电阻 R_6 的电流为

$$i = \frac{u_{OC}}{R_{ab} + R_6} = \frac{8.96}{2.46 + 10} \approx 0.72\text{A} \tag{4-12}$$

（4）若 $R_6 = 15\Omega$，求流过 R_6 的电流时，只需将式（4-12）中 R_6 的数值变为 $15\,\Omega$ 即可，故

$$i = \frac{u_{OC}}{R_{ab} + R_6} = \frac{8.96}{2.46 + 15} \approx 0.51\text{A}$$

可见，当研究某一个支路的电压或电流时，电路中其他部分相对于此支路而言可看为一个单口网络，先将单口网络用戴维南定理等效化简，然后再将被求支路接上（如本例 R_6 支路），可简化电路的求解。当待求支路的参数改变时，使用戴维南定理更加方便。

例 4-9 已知图 4-12（a）所示电路中，$R_1 = R_2 = R_3 = R_4 = 1\Omega$，$i_{S1} = 2\text{A}$，$i_{S2} = 2\text{A}$，$u_S = 2\text{V}$，求端口的 VAR。

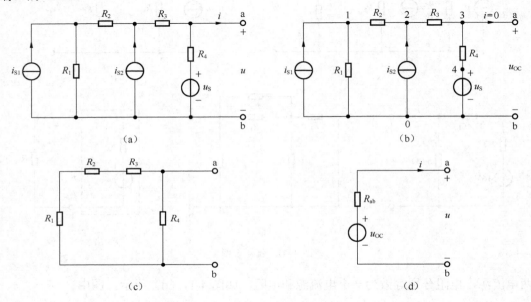

图 4-12 例 4-9 图

解 图 4-12（a）所示是线性含源单口网络，据戴维南定理知，对端口而言，可等效为电压源串联电阻支路。

（1）求开路电压

开路时 $i = 0$，电路如图 4-12（b）所示，利用节点分析法求解。选节点 0 为参考节点，列节点方程

$$\begin{cases} \left(\dfrac{1}{R_1} + \dfrac{1}{R_2}\right)u_1 - \dfrac{1}{R_2}u_2 = i_{S1} \\[2mm] \left(\dfrac{1}{R_2} + \dfrac{1}{R_3}\right)u_2 - \dfrac{1}{R_2}u_1 - \dfrac{1}{R_3}u_3 = i_{S2} \\[2mm] \left(\dfrac{1}{R_3} + \dfrac{1}{R_4}\right)u_3 - \dfrac{1}{R_3}u_2 - \dfrac{1}{R_4}u_S = 0 \end{cases}$$

代入数值有

$$\begin{cases} (1+1)u_1 - u_2 = 2 \\ (1+1)u_2 - u_1 - u_3 = 2 \\ (1+1)u_3 - u_2 - 2 = 0 \end{cases}$$

解得

$$\begin{cases} u_1 = 3\text{V} \\ u_2 = 4\text{V} \\ u_3 = 3\text{V} \end{cases}$$

故

$$u_{\text{OC}} = u_3 = 3\text{V}$$

（2）求等效电阻

将网络内的电压源用短路线取代、电流源用开路线取代，得等效电路如图 4-12（c）所示，求得等效电阻

$$R_{\text{ab}} = \frac{(R_1 + R_2 + R_3)R_4}{(R_1 + R_2 + R_3) + R_4} = \frac{3}{4}\Omega$$

（3）求端口的 VAR

由戴维南定理可知，图 4-12（a）所示电路可等效为图 4-12（d），由图 4-12（d）知端口 VAR 关系为

$$u = u_{\text{OC}} - R_{\text{ab}}i = 3 - \frac{3}{4}i$$

从上述两例可看出，求单口网络的开路电压 u_{OC} 时，可根据网络的实际情况，用前面所学过的分析方法求解。求等效电阻 R_{ab} 时，可将内部独立源置零，用电阻的串、并、混联公式求解。但当网络内部含有受控源时，不能直接求出。此时可采用以下两种方法求等效电阻：

（1）开路/短路法

由戴维南定理可知线性含源单口网络 N 可等效为开路电压 u_{OC} 和等效电阻 R_{ab} 的串联电路，如图 4-13（a）所示，当网络 N 的端口短路时，设短路电流为 i_{SC}，如图 4-13（b）所示，据图 4-13（b）的等效电路有

$$R_{\text{ab}}i_{\text{SC}} - u_{\text{OC}} = 0$$

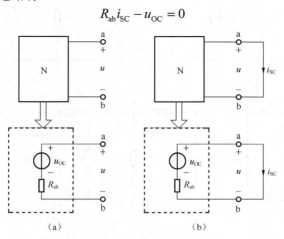

（a）　　　　　　　（b）

图 4-13　开路/短路法求等效电阻图

故

$$R_{ab} = \frac{u_{OC}}{i_{SC}} \quad\quad (4\text{-}13)$$

由式（4-13）知，只要求得线性含源单口网络的开路电压和短路电流，即可求得单口网络的等效电阻。对于内部连接方式及结构不明的网络如果能接触到其两个端钮，可用电压表测得其开路电压，用电流表测得其短路电流，网络的戴维南等效电路便可求出。这是一种很常用的利用实验求戴维南等效电路的方法。

（2）外施电源法

令图 4-13（a）单口网络 N 中所有独立电源为零（若含有受控源，受控源保留），在所得的无源二端网络 N_0 端口处外加一个电压源 u，如图 4-14（a）所示（或电流源 i，如图 4-14（b）所示），求出电压源提供的电流 i（或电流源两端的电压 u），在图示电压与电流的参考方向下（电压、电流对 N_0 为关联参考方向），可求出 a-b 端口 u、i 的关系式，进而求得等效电阻 R_{ab}

$$R_{ab} = \frac{u}{i}$$

具体外施电压源还是电流源视电路方便计算而定。

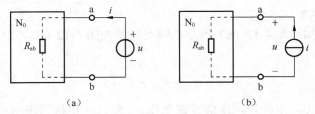

图 4-14　外施电源法求等效电阻图

例 4-10　已知图 4-15（a）所示电路中，$u_S = 20V$，$R_1 = R_2 = 2\Omega$，$R_3 = 1\Omega$，$R_4 = 7.8\Omega$，利用戴维南定理求流过 R_4 的电流 i_4。

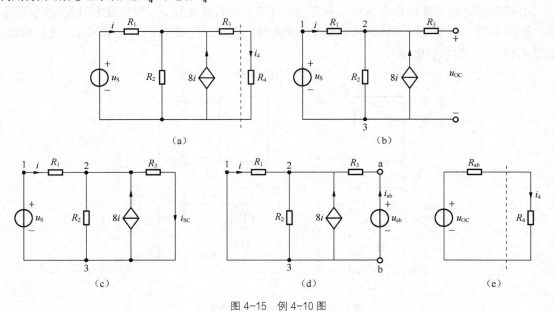

图 4-15　例 4-10 图

解 将电阻 R_4 所在支路与其余电路分开，如图 4-15（a）中虚线所示。利用戴维南定理求虚线左边的等效电路。

（1）求开路电压 u_{OC}

电路如图 4-15（b）所示，利用节点分析法求解。共 3 个节点，选节点 3 为参考节点，节点 1 的电压为已知电压 u_S，节点 2 的节点方程为

$$\left(\frac{1}{R_1}+\frac{1}{R_2}\right)u_2-\frac{1}{R_1}u_S=8i \tag{4-14}$$

由控制支路有

$$R_1i+u_2=u_S \tag{4-15}$$

联立式（4-14）和式（4-15），并代入数值得

$$\begin{cases}u_2=18\text{V}\\i=1\text{A}\end{cases}$$

故

$$u_{OC}=u_2=18\text{V}$$

（2）求等效电阻

因电路中包含电流控制电流源，可用两种方法求解。

方法一 利用开路/短路法求解

将图 4-15（a）虚线左边电路短路，如图 4-15（c）所示，选节点 3 为参考节点，对节点 2 列节点方程，有

$$(\frac{1}{R_1}+\frac{1}{R_2}+\frac{1}{R_3})u_2-\frac{1}{R_1}u_S=8i \tag{4-16}$$

对控制支路有

$$u_S-u_2=R_1i \tag{4-17}$$

联立式（4-16）和式（4-17），并将数值代入解得

$$\begin{cases}u_2=15\text{V}\\i=2.5\text{A}\end{cases}$$

有

$$i_{SC}=\frac{u_2}{R_3}=\frac{15}{1}=15\text{A}$$

故

$$R_{ab}=\frac{u_{OC}}{i_{SC}}=\frac{18}{15}=1.2\Omega$$

方法二 外施电源法求解

将 4-15（a）图虚线左边电路中的电压源用短路线代替，a-b 端口外施电压源 u_{ab}，如图 4-15（d）所示，选节点 3 为参考节点，列出节点 2 的节点方程如下

$$(\frac{1}{R_1}+\frac{1}{R_2}+\frac{1}{R_3})u_2-\frac{1}{R_3}u_{ab}=8i \tag{4-18}$$

对控制支路有

$$R_1i+u_2=0$$

即

$$i = -\frac{u_2}{R_1} \tag{4-19}$$

将式（4-19）代入式（4-18），并代入数值有

$$u_2 = \frac{1}{6}u_{ab} \tag{4-20}$$

对外施电压源所在回路列 KVL 方程

$$u_{ab} = R_3 i_{ab} + u_2 \tag{4-21}$$

将式（4-20）代入式（4-21）有

$$5u_{ab} - 6i_{ab} = 0$$

故 a-b 端的等效电阻 R_{ab} 为

$$R_{ab} = \frac{u_{ab}}{i_{ab}} = \frac{6}{5} = 1.2\Omega$$

计算结果与方法一相同。

（3）据戴维南定理，图 4-15（a）虚线左边的电路可等效为电压源串联电阻支路，如图 4-15（e）虚线左边的电路，再将电阻 R_4 接入电路，如图 4-15（e）所示，可求出

$$i_4 = \frac{u_{OC}}{R_{ab} + R_4} = \frac{18}{1.2 + 7.8} = 2A$$

在用戴维南定理求解时应注意：

（1）戴维南定理讨论的是线性含源单口网络的简化问题，定理使用时对网络外部的负载是否线性没有要求，即无论外部电路是线性还是非线性都可以使用。

（2）分析含受控源的电路时，不能将受控源的控制量和被控制量分放在两个网络，二者必须在同一个网络（控制量可为受控源所在网络的端口电压或电流）。

4.3.2 诺顿定理

诺顿定理（Norton's theorem）表述为：任何一个线性含源二端网络 N 就其端口而言，可等效为一个电流源并联电阻支路，如图 4-16（a）虚线左边所示。电流源电流等于该有源单口网络端口的短路电流 i_{SC}，如图 4-16（b）所示，并联电阻 R_{ab} 等于该有源单口网络中所有独立电源不作用时相应的无源单口网络 N_o 的等效电阻，如图 4-16（c）所示。独立电源不作用指单口网络中电压源用短路代替，电流源用开路代替。i_{SC} 和 R_{ab} 并联组成的电路，称为诺顿等效电路（Norton's equivalent circuit）。当端口电压和电流参考方向如图 4-16（a）所示时，端口的 VAR 为

$$i = i_{SC} - \frac{u}{R_{ab}} \tag{4-22}$$

应用 2.3.3 小节电压源串联电阻与电流源并联电阻的等效变换，可以从戴维南定理推得诺顿定理。

注意：不是任何单口网络都能化简为戴维南或诺顿等效电路。在求等效电路时，若算得的 R_{ab} 为无穷大，戴维南等效电路不存在。若 R_{ab} 为零，诺顿等效电路不存在。

例 4-11 已知图 4-17（a）中，$u_{S1} = 30V$，$u_{S2} = 16V$，$R_1 = 10\Omega$，$R_2 = 40\Omega$，$R_3 = 2\Omega$，用诺顿定理求流过电阻 R_3 的电流 i。

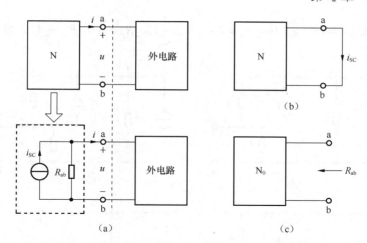

图 4-16 诺顿定理图

解 先将图 4-17（a）中 R_3 所在支路与其余电路分解开，并将除电阻 R_3 以外的电路部分化简为诺顿等效电路。

（1）求短路电流 i_{SC}

将图 4-17（a）中虚线左边单口网络短路，如图 4-17（b）所示，据叠加定理得

$$i_{SC} = \frac{u_{S1}}{R_1} + \frac{u_{S2}}{R_1 /\!/ R_2} = \frac{30}{10} + \frac{16}{10 /\!/ 40} = 3 + 2 = 5\text{A}$$

（2）求等效电阻

将虚线左边单口网络中的电压源用短路代替，得图 4-17（c），有

$$R_{ab} = R_1 /\!/ R_2 = 10 /\!/ 40 = \frac{400}{50} = 8\Omega$$

（3）利用诺顿定理求流出 R_3 支路的电流 i

将电阻 R_3 接入诺顿等效电路端口，如图 4-17（d）所示，可得

$$i = i_{SC} \frac{R_{ab}}{R_{ab} + R_3} = 5 \times \left(\frac{8}{8+2} \right) = 4\text{A}$$

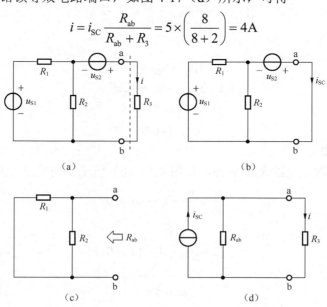

图 4-17 例 4-11 图

例 4-12 已知图 4-18（a）中，$i_S = 4A$，$R_1 = \frac{1}{2}\Omega$，$R_2 = 1\Omega$，$R_3 = \frac{1}{3}\Omega$，求诺顿等效电路。

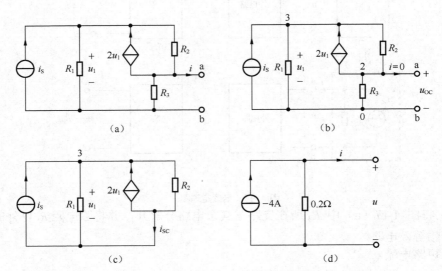

图 4-18 例 4-12 图

解 单口网络内部含有受控源，用开路/短路法求等效电阻。

（1）求开路电压

端口开路时（即图（a）中 $i = 0$）的电路如图 4-18（b）所示，选节点 0 为参考节点，节点 3 的节点电压 $u_3 = u_1$；节点 2 的节点电压 $u_2 = u_{OC}$，列出节点方程

$$\begin{cases} \left(\dfrac{1}{R_1} + \dfrac{1}{R_2}\right)u_1 - \dfrac{1}{R_2}u_{OC} = i_S + 2u_1 \\ \left(\dfrac{1}{R_2} + \dfrac{1}{R_3}\right)u_{OC} - \dfrac{1}{R_2}u_1 = -2u_1 \end{cases}$$

将数值代入

$$\begin{cases} (2+1)u_1 - u_{OC} = 4 + 2u_1 \\ (1+3)u_{OC} - u_1 = -2u_1 \end{cases}$$

解得

$$u_{OC} = -0.8V$$

（2）求短路电流

将 a、b 端口短路，电阻 R_3 被短路，如图 4-18（c）所示，列节点 3 的 KCL 方程

$$\frac{u_1}{R_1} + \frac{u_1}{R_2} - i_S - 2u_1 = 0$$

代入数值有

$$(2+1)u_1 - 4 - 2u_1 = 0$$

解得

$$u_1 = 4V$$

故

$$i_{SC} = i_S - \frac{u_1}{R_1} = 4 - \frac{4}{0.5} = -4A$$

（3）求等效电阻

$$R_{ab} = \frac{u_{OC}}{i_{SC}} = \frac{-0.8}{-4} = 0.2\Omega$$

因此，诺顿等效电路如图 4-18（d）所示。

4.4 最大功率传递定理

实际使用的电源，内部结构可能不同，但它们向外电路供电时，都通过两个引出端接至负载，对负载而言，可看为一个线性含源单口网络。负载不同，单口网络传递给负载的功率也不同。在工程中，常常希望负载能从单口网络获得的功率最大，这节讨论负载获得最大功率的条件。

前面学过，对于一个线性含源单口网络 N 可用戴维南（或诺顿）等效电路替代，假设 N 用戴维南等效电路替代，如图 4-19 所示，图中 R_L 为负载电阻。流过 R_L 的电流

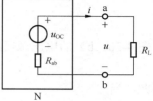

图 4-19 最大功率传递定理图

$$i = \frac{u_{OC}}{R_{ab} + R_L}$$

若单口网络 N 已知，u_{OC} 和 R_{ab} 为定值，当 R_L 很大时，流过 R_L 的电流 i 很小，R_L 的功率 $i^2 R_L$ 很小。如果 R_L 很小时，功率同样也很小。R_L 在任意时刻的功率

$$p = i^2 R_L = \left(\frac{u_{OC}}{R_{ab} + R_L} \right)^2 R_L = f(R_L)$$

要使 p 有极值，应使

$$\frac{\mathrm{d}p}{\mathrm{d}R_L} = 0$$

即

$$\frac{\mathrm{d}p}{\mathrm{d}R_L} = u_{OC}^2 \frac{(R_{ab} + R_L)^2 - 2(R_{ab} + R_L)R_L}{(R_{ab} + R_L)^4} = u_{OC}^2 \frac{(R_{ab} - R_L)}{(R_{ab} + R_L)^3} = 0$$

由此可得

$$R_L = R_{ab}$$

又

$$\left. \frac{\mathrm{d}^2 p}{\mathrm{d}R_L^2} \right|_{R_L = R_0} = -\frac{u_{OC}^2}{8R_{ab}^3} < 0$$

所以当 $R_L = R_{ab}$ 时，p 有最大值。即负载电阻 R_L 等于线性含源单口网络的戴维南（或诺顿）等效电路中的等效电阻时，线性含源单口网络传递给可变负载 R_L 的功率最大。此为最大功率传递定理，也称为最大功率匹配。$R_L = R_{ab}$ 称为最大功率传递条件。

此时负载所获得的最大功率

$$p_{max} = \frac{u_{OC}^2}{4R_{ab}} \tag{4-23}$$

若用诺顿等效电路，则

$$p_{\max} = \frac{i_{\mathrm{SC}}^2 R_{\mathrm{ab}}}{4} \qquad (4\text{-}24)$$

例 4-13 已知图 4-20（a）所示电路中，$u_{\mathrm{S}} = 5\mathrm{V}$，$i_{\mathrm{S}} = 2\mathrm{A}$，$R_1 = 10\Omega$，$R_2 = 5\Omega$，$R_3 = 15\Omega$，求（1）$R_{\mathrm{L}}$ 获得最大功率时的值；（2）此时 R_{L} 所获得的功率。

解（1）先求虚线框内的戴维南等效电路

求开路电压的电路如图 4-20（b）所示。用网孔分析法求解，左边网孔的电流为电流源电流，只需列右边网孔的网孔方程

$$(R_1 + R_2 + R_3)i - R_1 i_{\mathrm{S}} = -u_{\mathrm{S}}$$

代入数值有

$$(10 + 5 + 15)i - 10 \times 2 = -5$$

解得

$$i = 0.5\mathrm{A}$$

故

$$u_{\mathrm{OC}} = R_3 i + u_{\mathrm{S}} = 15 \times 0.5 + 5 = 12.5\mathrm{V}$$

将图 4-20（b）的电压源短路，电流源开路得图（c），等效电阻

$$R_{\mathrm{ab}} = (R_1 + R_2) /\!/ R_3 = 7.5\Omega$$

因此，当

$$R_{\mathrm{L}} = R_{\mathrm{ab}} = 7.5\Omega$$

时，R_{L} 获得最大功率。

（2）据式（4-23），R_{L} 所获得的最大功率

$$p_{\max} = \frac{u_{\mathrm{OC}}^2}{4R_{\mathrm{ab}}} = \frac{12.5^2}{4 \times 7.5} \approx 5.2\mathrm{W}$$

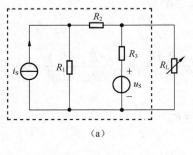
(a)

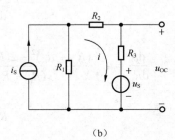
(b)

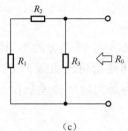
(c)

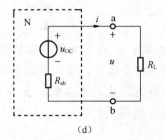
(d)

图 4-20 例 4-13 图

4.5 　*特勒根定理

特勒根定理（Tellegen's theorem）是在基尔霍夫定律基础之上发展起来的，跟基尔霍夫定律一样，它只与电路结构有关，而与电路性质无关，是电路理论中适用于任何集中参数电路的定理。特勒根定理有两种形式。

如图 4-21 所示，有 6 条支路，4 个节点，选 n_4 节点为参考节点，其他节点的节点电压分别为 u_{n1}、u_{n2}、u_{n3}，各支路电压用节点电压表示如下

$$\left. \begin{aligned} u_1 &= u_{n1} \\ u_2 &= u_{n2} \\ u_3 &= u_{n3} \\ u_4 &= u_{n1} - u_{n2} \\ u_5 &= u_{n1} - u_{n3} \\ u_6 &= u_{n2} - u_{n3} \end{aligned} \right\} \qquad （4\text{-}25）$$

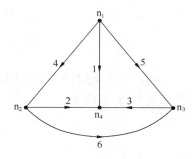

图 4-21　特勒根定理图

对节点 n_1、n_2、n_3 分别应用 KCL 得

$$\left. \begin{aligned} i_1 + i_4 + i_5 &= 0 \\ i_2 - i_4 + i_6 &= 0 \\ i_3 - i_5 - i_6 &= 0 \end{aligned} \right\} \qquad （4\text{-}26）$$

又各支路电压、电流的乘积

$$\sum_{k=1}^{6} u_k i_k = u_1 i_1 + u_2 i_2 + u_3 i_3 + u_4 i_4 + u_5 i_5 + u_6 i_6 \qquad （4\text{-}27）$$

将式（4-25）代入式（4-27）并整理得

$$\sum_{k=1}^{6} u_k i_k = u_{n1}(i_1 + i_4 + i_5) + u_{n2}(i_2 - i_4 + i_6) + u_{n3}(i_3 - i_5 - i_6) \qquad （4\text{-}28）$$

将式（4-26）代入式（4-28）得

$$\sum_{k=1}^{6} u_k i_k = 0 \qquad （4\text{-}29）$$

将式（4-29）推广至任何具有 n 个节点、b 条支路的电路，有

$$\sum_{k=1}^{b} u_k i_k = 0$$

此结论可用特勒根定理 I（特勒根功率定理）描述：一个具有 b 条支路 n 个节点的任意集中参数电路，假设各支路电压和支路电流分别为 u_1、$u_2 \cdots u_b$，i_1、$i_2 \cdots i_b$，电压和电流取关联参考方向，在任何瞬间 t，各支路电压与支路电流乘积的代数和恒为零，即

$$\sum_{k=1}^{b} u_k i_k = 0 \qquad （4\text{-}30）$$

式（4-30）说明在任何瞬间 t，电路中各支路吸收功率的代数和恒等于零，是功率守恒的数学表达式。

对于两个具有 b 条支路 n 个节点的任意集中参数电路 N 和 $\hat{N}$，若它们具有相同的图，即两电路各元件间的连接情况及相应参考方向均相同，但支路上的元件不同，设 u_1、$u_2 \cdots u_b$；i_1、$i_2 \cdots i_b$ 和 $\hat{u}_1$、$\hat{u}_2 \cdots \hat{u}_b$；$\hat{i}_1$、$\hat{i}_2 \cdots \hat{i}_b$ 分别为 N 和 $\hat{N}$ 中各支路电压和支路电流，并且电压、电流取关联参考方向，则在任何瞬间 t，网络 N 的各支路电压（或电流）与网络 $\hat{N}$ 的支路电流（或电压）乘积的代数和恒为零，即

$$\sum_{k=1}^{b} u_k \hat{i}_k = 0 \tag{4-31}$$

$$\sum_{k=1}^{b} \hat{u}_k i_k = 0 \tag{4-32}$$

证明：两个电路的图都如图 4-21 所示，电路 N 的支路电压表达式为（4-25），而电路 $\hat{N}$ 的节点的 KCL 方程为

$$\left. \begin{array}{l} \hat{i}_1 + \hat{i}_4 + \hat{i}_5 = 0 \\ \hat{i}_2 - \hat{i}_4 + \hat{i}_6 = 0 \\ \hat{i}_3 - \hat{i}_5 - \hat{i}_6 = 0 \end{array} \right\} \tag{4-33}$$

电路 N 的各支路电压与 $\hat{N}$ 的各支路电流的乘积为

$$\sum_{k=1}^{6} u_k \hat{i}_k = u_1 \hat{i}_1 + u_2 \hat{i}_2 + u_3 \hat{i}_3 + u_4 \hat{i}_4 + u_5 \hat{i}_5 + u_6 \hat{i}_6 \tag{4-34}$$

将式（4-25）、（4-33）代入式（4-34），并整理得

$$\sum_{k=1}^{6} u_k \hat{i}_k = u_{n1}(\hat{i}_1 + \hat{i}_4 + \hat{i}_5) + u_{n2}(\hat{i}_2 - \hat{i}_4 + \hat{i}_6) + u_{n3}(\hat{i}_3 - \hat{i}_5 - \hat{i}_6) = 0 \tag{4-35}$$

将式（4-35）推广至任何两个具有 n 个节点、b 条支路的相同的图的电路，有

$$\sum_{k=1}^{b} u_k \hat{i}_k = 0$$

同理可证

$$\sum_{k=1}^{b} \hat{u}_k i_k = 0$$

由于这种形式的定理具有功率之和的形式，所以称为特勒根似功率定理（特勒根定理 II）（Tellegen's quasi-power theorem）。表明有向图相同的电路中，一个电路的支路电压和另一电路的支路电流，或同一电路在不同时刻的相应支路电压和支路电流应遵循的数学关系，没有实际物理意义。由于定理只与电路的结构有关，与元件无关，所以适合于任何集中电路，包括线性、非线性、时变、非时变电路。

例 4-14 如图 4-22 所示电路，网络 N_0 由线性电阻组成，对不同的直流电压 u_1 及不同的负载 R_2 进行两次测量，数据分别为 $R_2 = 8\Omega$，$u_1 = 5V$，$i_1 = 2A$，$u_2 = 8V$ 和 $\hat{R}_2 = 4\Omega$，$\hat{u}_1 = 2V$，$\hat{i}_1 = 4A$，试求 $\hat{u}_2$。

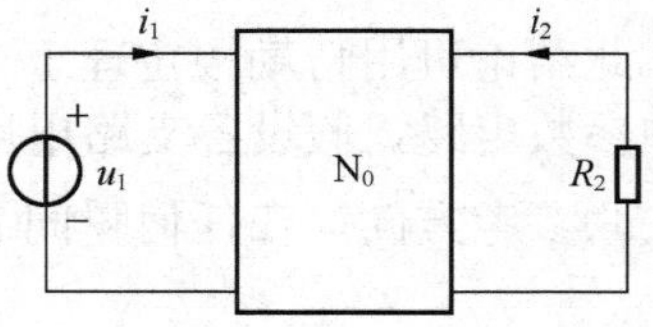

图 4-22 例 4-14 图

解 设电路共有 b 条支路，线性电阻网络 N_0 内部各支路电压、电流取关联参考方向，N_0 以外的电压源 u_1 和电阻 R_2 所在的两条支路电压、电流为非关联参考方向。当电压、电流为关联参考方向时，特勒根定理的第二种形式中乘积项取

"+"号，非关联参考方向时，乘积项取"–"号，有

$$\sum_{k=3}^{b} u_k \hat{i}_k - u_1 \hat{i}_1 - u_2 \hat{i}_2 = 0$$

$$\sum_{k=3}^{b} \hat{u}_k i_k - \hat{u}_1 i_1 - \hat{u}_2 i_2 = 0$$

即

$$\sum_{k=3}^{b} u_k \hat{i}_k - u_1 \hat{i}_1 - u_2 \hat{i}_2 = \sum_{k=3}^{b} \hat{u}_k i_k - \hat{u}_1 i_1 - \hat{u}_2 i_2 \tag{4-36}$$

对 N_0 内部各支路，有 $u_k = R_k i_k$，$\hat{u}_k = R_k \hat{i}_k$，所以

$$u_k \hat{i}_k = R_k i_k \hat{i}_k = R_k \hat{i}_k i_k = \hat{u}_k i_k$$

故

$$\sum_{k=3}^{b} u_k \hat{i}_k = \sum_{k=3}^{b} \hat{u}_k i_k \tag{4-37}$$

将式（4-37）代入式（4-36）得

$$u_1 \hat{i}_1 + u_2 \hat{i}_2 = \hat{u}_1 i_1 + \hat{u}_2 i_2 \tag{4-38}$$

元件 R_2 的 VAR 为

$$i_2 = -\frac{u_2}{R_2}, \quad \hat{i}_2 = -\frac{\hat{u}_2}{\hat{R}_2} \tag{4-39}$$

将式（4-39）代入式（4-38），并代入数值有

$$5 \times 4 - 8 \times \frac{\hat{u}_2}{4} = 2 \times 2 - \hat{u}_2 \times \frac{8}{8}$$

解得

$$\hat{u}_2 = 16\text{V}$$

可见用特勒根定理求解某些网络问题较方便。

4.6 *互易定理

互易定理（reciprocity theorem）用于分析线性纯电阻网络（仅含线性电阻不含独立源和受控源）的响应与激励的关系。只有一个激励作用于线性纯电阻网络，当激励端口与响应端口位置互换时，只要激励不变，则响应不变。线性电阻电路的这种互易性称为互易定理。说明线性无源网络传输信号的双向性或可逆性，即甲方向乙方传输的效果和乙方向甲方传输的效果相同。据激励和响应的不同，互易定理有三种形式。

互易定理形式Ⅰ：对一个仅含线性电阻的电路，激励为单一电压源，响应为电流，当激励和响应位置互换时，同一激励产生的响应相同。

如图 4-23（a）所示电路，共有 b 条支路，方框 N_0 内部仅含线性电阻，不含任何独立电源和受控源。激励端口 1-1'接电压源 u_{s1}，响应端口 2-2' 接短路线，流过的电流为 i_2。N_0 内部各支路的电压、电流分别为 u_3、$u_4 \cdots u_b$；i_3、$i_4 \cdots i_b$。如果把图 4-23（a）中激励和响应位置互换，其他连接方式不变，得到图 4-23（b），此时端口 2-2' 成为激励端口，接电压源 $\hat{u}_{s2}$，端口 1-1' 成为响应端口，接短路线，流过的电流为 $\hat{i}_1$。设 N_0 和 $\hat{N}_0$ 内部各支路电压、电流取

关联参考方向。由于图4-23（a）和4-23（b）具有相同的有向图，应用特勒根定理Ⅱ，有

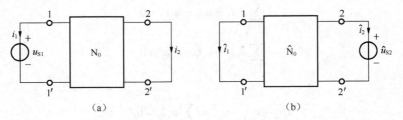

图4-23 互易定理形式 Ⅰ

$$\left.\begin{array}{l} u_1\hat{i}_1 + u_2\hat{i}_2 + \sum_{k=3}^{b} u_k\hat{i}_k = 0 \\ \hat{u}_1 i_1 + \hat{u}_2 i_2 + \sum_{k=3}^{b} \hat{u}_k i_k = 0 \end{array}\right\} \qquad (4\text{-}40)$$

由于方框内部仅为线性电阻，故

$$u_k = R_k i_k , \quad \hat{u}_k = R_k \hat{i}_k , \quad k = 3 , 4 , \cdots b \qquad (4\text{-}41)$$

将式（4-41）代入式（4-40）有

$$\begin{cases} u_1\hat{i}_1 + u_2\hat{i}_2 + \sum_{k=3}^{b} R_k i_k \hat{i}_k = 0 \\ \hat{u}_1 i_1 + \hat{u}_2 i_2 + \sum_{k=3}^{b} R_k \hat{i}_k i_k = \hat{u}_1 i_1 + \hat{u}_2 i_2 + \sum_{k=3}^{b} R_k i_k \hat{i}_k = 0 \end{cases}$$

故

$$u_1\hat{i}_1 + u_2\hat{i}_2 = \hat{u}_1 i_1 + \hat{u}_2 i_2 \qquad (4\text{-}42)$$

图4-23（a）中

$$u_1 = u_{S1} , \quad u_2 = 0 \qquad (4\text{-}43)$$

图4-23（b）中

$$\hat{u}_1 = 0 , \quad \hat{u}_2 = \hat{u}_{s2} \qquad (4\text{-}44)$$

将式（4-43）、（4-44）代入式（4-42）得

$$u_{S1}\hat{i}_1 = \hat{u}_{S2} i_2$$

即

$$\frac{i_2}{u_{S1}} = \frac{\hat{i}_1}{\hat{u}_{S2}}$$

取

$$\hat{u}_{S2} = u_{S1}$$

则

$$\hat{i}_1 = i_2$$

说明单一激励电压源，响应为电流，当激励端口与响应端口互换位置时，同一激励产生的响应相同。

如果图4-23（a）端口 1-1′ 接电流源i_{S1}，2-2′ 端口为开路，开路电压为u_2，得到图4-24

（a）。将4-24图（a）中的激励和响应位置互换，得到图4-24（b）。图4-24（b）中，2-2′端口接电流源 $\hat{i}_{S2}$，1-1′端口为开路，开路电压为 $\hat{u}_1$。假设把电流源置零，则图 4-24（a）和（b）的两个电路完全相同。即图 4-24（a）和（b）具有相同的有向图，应用特勒根定理Ⅱ，有

$$u_1\hat{i}_1 + u_2\hat{i}_2 + \sum_{k=3}^{b} u_k\hat{i}_k = 0$$

$$\hat{u}_1 i_1 + \hat{u}_2 i_2 + \sum_{k=3}^{b} \hat{u}_k i_k = 0$$

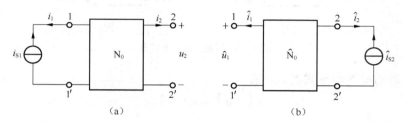

图 4-24　互易定理的形式Ⅱ

因方框内部仅为线性电阻，与互易定理形式Ⅰ证明类似，得到

$$u_1\hat{i}_1 + u_2\hat{i}_2 = \hat{u}_1 i_1 + \hat{u}_2 i_2 \tag{4-45}$$

图4-24（a）中

$$i_1 = -i_{S1}, \quad i_2 = 0 \tag{4-46}$$

图4-24（b）中

$$\hat{i}_1 = 0, \quad \hat{i}_2 = -\hat{i}_{S2} \tag{4-47}$$

将式（4-46）、（4-47）代入式（4-45）得

$$u_2\hat{i}_{S2} = \hat{u}_1 i_{S1}$$

即

$$\frac{u_2}{i_{S1}} = \frac{\hat{u}_1}{\hat{i}_{S2}}$$

取

$$i_{s1} = \hat{i}_{s2}$$

则

$$u_2 = \hat{u}_1$$

　　可见，激励为单一电流源、响应为电压，当激励端口与响应端口互换位置时，同一激励产生的响应相同。此为互易定理的形式Ⅱ。

　　如果图4-23（a）1-1′端口接电流源 i_{S1}，2-2′端口短路，流过的电流为 i_2，得到图4-25（a）。如果把激励改为电压源 $\hat{u}_{S2}$，且接于2-2′端，而1-1′开路，电压为 $\hat{u}_1$，得到图4-25（b）。假设把电流源和电压源置零，可以看出激励和响应互换位置后，电路保持不变。即图4-25（a）和（b）两电路有向图相同。

　　对图4-25（a）和（b）应用特勒根定理

$$u_1\hat{i}_1 + u_2\hat{i}_2 + \sum_{k=3}^{b} u_k\hat{i}_k = 0$$

$$\hat{u}_1 i_1 + \hat{u}_2 i_2 + \sum_{k=3}^{b} \hat{u}_k i_k = 0$$

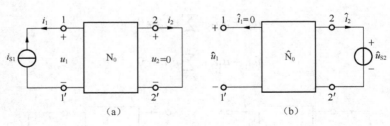

图 4-25 互易定理的形式 Ⅲ

与证明定理的前两种形式类似，有

$$u_1\hat{i}_1 + u_2\hat{i}_2 = \hat{u}_1 i_1 + \hat{u}_2 i_2 \tag{4-48}$$

图 4-25（a）中

$$i_1 = -i_{S1}, \quad u_2 = 0 \tag{4-49}$$

图 4-25（b）中

$$\hat{i}_1 = 0, \quad \hat{u}_2 = \hat{u}_{S2} \tag{4-50}$$

将式（4-49）、（4-50）代入式（4-48）得

$$-\hat{u}_1 i_{S1} + \hat{u}_{S2} i_2 = 0$$

即

$$\frac{i_2}{i_{S1}} = \frac{\hat{u}_1}{\hat{u}_{S2}}$$

若 i_2、i_{S1} 的单位相同，$\hat{u}_1$、$\hat{u}_{S2}$ 的单位相同，并且在数值上取

$$i_{S1} = \hat{u}_{S2}$$

则有

$$i_2 = \hat{u}_1$$

可见，激励为电流源，响应为电流时，若用等值的激励电压源取代电流源，并互换位置，则短路端口的电流与开路端口的电压在数值上相等，即同一激励产生的响应相同。此为互易定理的形式 Ⅲ。

应用互易定理应注意：

（1）互易定理只适合于具有一个独立源的线性电阻网络，并且网络内不含受控源。

（2）互易前后网络的拓扑结构和参数保持不变，只是理想电压源（或电流源）与另一支路的响应电流（或电压）进行互易，理想电压源所在支路若有电阻时电阻应保留在原电路中。

（3）互易时应注意激励与响应的参考方向。各支路电压与电流为关联参考方向时乘积项为"+"，否则，乘积项为"−"。

例 4-15 已知图 4-26（a）中，$u_S = 21\text{V}$，$R_1 = 6\Omega$，$R_2 = 3\Omega$，$R_3 = 4\Omega$，$R_4 = 4\Omega$，$R_5 = 3\Omega$，求 i_2。

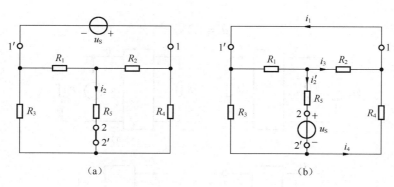

图 4-26　例 4-15 图

解　电路只含一个独立源，其余为电阻元件，但电阻之间不是简单的串、并联，不能直接求出 i_2。图 4-26（a）中，1-1' 的电压源作为激励端，i_2 所在支路看为响应端。为应用互易定理，将电阻 R_5 放于电阻网络内，短路线作为响应端 2-2'。将激励 1-1'的电压源与响应 2-2' 的短路线互换位置，得到图 4-26（b），由图 4-26（b）可见，电阻的连接变为简单的串、并联关系。

图 4-26（b）中

$$i_2' = -\frac{u_S}{R_5 + R_1 /\!/ R_2 + R_3 /\!/ R_4} = -\frac{21}{3 + 3 /\!/ 6 + 4 /\!/ 4} = -3\text{A}$$

由分流公式得

$$i_3 = -i_2' \frac{R_1}{R_1 + R_2} = -(-3) \times \frac{6}{3 + 6} = 2\text{A}$$

$$i_4 = i_2' \frac{R_3}{R_3 + R_4} = (-3) \times \frac{4}{4 + 4} = -1.5\text{A}$$

由 KCL 可得

$$i_1 = i_3 + i_4 = 2 + (-1.5) = 0.5\text{A}$$

据互易定理知图（a）中的电流 i_2 等于图（b）中的电流 i_1。
即

$$i_2 = i_1 = 0.5\text{A}$$

例 4-16　已知图 4-27（a）和（b）所示电路中网络 N_0 仅由电阻组成，$U_2 = 2\text{V}$，求图 4-27（b）中 U_1'。

解　互易定理互换时只互换激励所在支路，所以将 R_1、R_2 归入电阻网络 N_0，组成新的电阻网络 N_0'，如图 4-27（c）和（d）所示。图 4-27（c）和（d）为纯电阻网络，利用互易定理的第二种形式

$$\frac{u_2}{i_{S1}} = \frac{\hat{u}_1}{\hat{i}_{S2}}$$

将 $u_2 = U_2 = 2\text{V}$，$i_{S1} = 5\text{A}$，$\hat{i}_{S2} = 3\text{A}$ 代入上式
有

$$\frac{2}{5} = \frac{\hat{u}_1}{3}$$

即

$$\hat{u}_1 = 1.2\text{V}$$

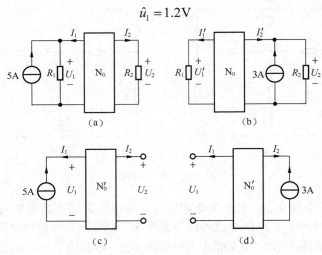

图 4-27　例 4-16 图

4.7　对偶原理

电路中有许多明显的对偶关系，如电阻 R 的电压 u 与电流 i 的关系为 $u = R \cdot i$；电导 G 的电压 u 与电流 i 的关系为 $i = G \cdot u$；这些关系式中，如果把电压 u 与电流 i 互换，电阻 R 和电导 G 互换，对应关系可彼此转换。可以互换的元素称为对偶元素（dualistic element），如"电压"和"电流"，"电阻"和"电导"等。通过对偶元素互换能彼此转换的两个关系式（或两组方程）称为对偶关系（对偶方程）。电路中某些元素之间的关系（或方程），用它们的对偶元素对应置换后得到新关系（新方程）也一定成立，这种对偶关系称为对偶原理。如 $u = R \cdot i$、$i = G \cdot u$。

图 4-28（a）为 n 个电阻串联电路，图 4-28（b）为 n 个电导并联电路，图 4-28（a）的等效电阻

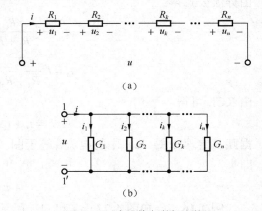

图 4-28　电阻的串联和并联

$$R = R_1 + R_2 + \cdots + R_k + \cdots + R_n = \sum_{k=1}^{n} R_k$$

第 k 个电阻上的电压

$$u_k = \frac{R_k}{R} u$$

图 4-28（b）等效电导

$$G = (G_1 + G_2 + \cdots + G_k + \cdots + G_n) = \sum_{k=1}^{n} G_k$$

第 k 个电导上的电流

$$i_k = \frac{G_k}{G} i$$

在上述诸关系式中，如将电压和电流互换，电阻和电导互换，则对应串联和并联关系式可互相转换。

再如图 4-29 所示两个平面电路，图 4-29（a）电路的网孔方程为

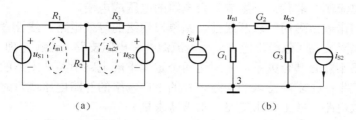

图 4-29　网孔电流方程和节点电压方程图

$$(R_1 + R_2)i_{m1} - R_2 i_{m2} = u_{S1} \\ -R_2 i_{m1} + (R_2 + R_3)i_{m2} = -u_{S2} \Bigg\} \tag{4-51}$$

图 4-29（b）电路的节点电压方程为

$$(G_1 + G_2)u_{n1} - G_2 u_{n2} = i_{S1} \\ -G_2 u_{n1} + (G_2 + G_3)u_{n2} = -i_{S2} \Bigg\} \tag{4-52}$$

如果把式（4-51）与式（4-52）中的 R 和 G、u_s 和 i_s、网孔电流 i_m 和节点电压 u_n 等对应元素互换，则上面两个方程可以彼此互换。这两个平面电路称为对偶电路，两组方程为对偶方程。这种将电路中某些元素之间的关系（或方程）用它们的对偶元素对应置换后，所得新关系（或新方程）也一定成立的原理称为对偶原理（principle of duality）。"对偶"不同于"等效"，不可混淆！

表 4-1 列出部分对偶元素，供参考。

表 4-1 电路中的对偶元素表

1	电阻 R	电导 G	7	串联	并联
2	电感 L	电容 C	8	网孔	节点
3	电压 u	电流 i	9	网孔电流	节点电压
4	电压源	电流源	10	基本割集	基本回路
5	开路	短路	11	树支电压	连支电流
6	KCL	KVL	12	戴维南等效电路	诺顿等效电路

从上面分析可见，对偶关系中两个不同的元件或电路具有相同的数学表达式，所以对某电路得出的数学表达式必然满足对偶电路，通过对偶关系可以帮助理解记忆。电路中还存在其他的对偶关系，读者可在后面的学习中不断总结。

本 章 小 结

本章主要介绍了电路中常用的一些定理。其中齐次定理和叠加定理用于求解线性电路的响应。叠加定理的基本思想是将有多个独立源作用的复杂电路分解为多个较简单电路，先分析求解各简单电路，然后进行代数和运算。分解时，每次只有一个（或一组）独立源作用，

其余不作用的电压源用短路线取代，不作用的电流源用开路取代，所有的独立源必须都做用过，但只能作用一次。

替代定理常用于等效变换。如果某段电路的端电压或流过的电流已知，该段电路可用等值的电压源（或电流源）取代，不影响其余电路的电压或电流。

戴维南定理和诺顿定理用于求解线性含源单口网络的等效电路。线性含源单口网络可等效为电压源串联电阻支路（戴维南定理）或电流源并联电阻支路（诺顿定理）。应用时应注意单口网络与外电路不能有耦合关系。应用这两个定理求解电路中某一支路的电压或电流时，求解过程可分为三步：①求除待求解支路之外的单口网络的开路电压或短路电流；②求等效电阻；③画出等效电路，接上待求支路，求得待求量。

最大功率传递定理用于求解线性含源单口网络在负载可变时其上所获得最大功率的条件。一般与戴维南或诺顿定理结合使用。当负载等于戴维南或诺顿定理的等效电阻时负载所获得的功率最大。

特勒根定理适用于任一集中电路，与元件的性质无关。特勒根定理、KCL、KVL 三个定理中的任意两个可推出另外一个。

互易定理用于分析线性纯电阻网络的响应与激励的关系。当响应端口与激励端口互换位置时只要激励不变，则响应不变。据激励与响应是电压源还是电流源，互易定理有三种不同形式。

习　题

一、选择题

1. 关于叠加定理的应用，下列叙述中正确的是（　　）。
   A．不仅适用于线性电路，而且适用于非线性电路
   B．仅适用于非线性电路的电压、电流计算
   C．仅适用于线性电路，并能利用其计算各分电路的功率进行叠加得到原电路的功率
   D．仅适用于线性电路的电压、电流计算

2. 关于齐次定理的应用，下列叙述中错误的是（　　）。
   A．齐次定理仅适用于线性电路的计算
   B．在应用齐次定理时，电路的某个激励增大 K 倍，则电路的总响应将同样增大 K 倍
   C．在应用齐次定理时，所讲的激励是指独立源，不包括受控源
   D．用齐次定理分析线性梯形电路特别有效

3. 关于替代定理的应用，下列叙述中错误的是（　　）。
   A．替代定理不仅可以应用在线性电路，而且还可以应用在非线性电路
   B．用替代定理替代某支路，该支路可以是无源的，也可以是有源的
   C．如果已知某支路两端的电压大小和极性，可以用电流源进行替代
   D．如果已知某支路两端的电压大小和极性，可以用与该支路大小和方向相同的电压源进行替代

4. 关于戴维南定理的应用，下列叙述中错误的是（　　）。
   A．戴维南定理可将复杂的有源线性二端电路等效为一个电压源与电阻并联的电路模型
   B．求戴维南等效电阻是将有源线性二端电路内部所有的独立源置零后，从端口看进去的输入电阻

  C．为得到无源线性二端网络，可将有源线性二端网络内部的独立电压源短路、独立电流源开路

  D．在化简有源线性二端网络为无源线性二端网络时，受控源应保持原样，不能置于零

5．关于诺顿定理的应用，下列叙述中错误的是（　　　）。

  A．诺顿定理可将复杂的有源线性二端网络等效为一个电流源与电阻并联的电路模型

  B．在化简有源线性二端网络为无源线性二端网络时，受控源应保持原样，不能置于零

  C．诺顿等效电路中的电流源电流是有源线性二端网络端口的开路电流

  D．诺顿等效电路中的电阻是将有源线性二端网络内部独立源置零后，从端口看进去的等效电阻

6．关于最大功率传输定理的应用，下列叙述中错误的是（　　　）。

  A．最大功率传输定理是关于负载在什么条件下才能获得最大功率的定理

  B．当负载电阻 R_L 等于戴维南等效电阻 R_{eq} 时，负载能获得最大功率

  C．当负载电阻 $R_L=0$ 时，负载中的电流最大，负载能获得最大功率

  D．当负载电阻 $R_L \to \infty$ 时，负载中电流为零，负载的功率也将为零

二、填空题

1．在使用叠加定理时应注意：叠加定理仅适用于_____电路；在各分电路中，要把不作用的电源置零。不作用的电压源用_____代替，不作用的电流源用_____代替。_____不能单独作用；原电路中的_____不能使用叠加定理来计算。

2．诺顿定理指出：一个含有独立源、受控源和电阻的一端口，对外电路来说，可以用一个电流源和一个电导的并联组合进行等效变换，电流源的电流等于一端口的_____电流，电导等于该一端口全部_____置零后的输入电导。

3．当一个实际电流源（诺顿电路）开路时，该电源内部_____（填写：有或无）电流。

4．如图 x4.1 所示电路中，$I_1 =$_____A，$I_2 =$_____A。

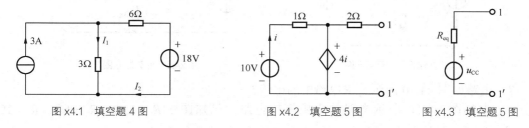

图 x4.1　填空题 4 图　　　　图 x4.2　填空题 5 图　　　　图 x4.3　填空题 5 图

5．如图 x4.2 所示电路，其端口的戴维南等效电路图为图 x4.3 所示，其中 $u_{OC} =$_____V，$R_{eq} =$_____Ω。

6．特勒根定理 1 是电路功率_____的具体体现；特勒根定理 2_____表示任何支路的功率。

三、计算题

1．已知图 x4.4 中，$u_S =100V$，$i_{S1} =1A$，$i_{S2} =0.5A$，$R_1 =200Ω$，$R_2 =50Ω$，用叠加定理求图示电路中 i，并计算电路中每个元件吸收的功率。

2．电路如图 x4.5 所示，用叠加定理求 I_x。

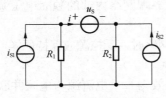
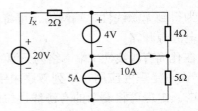

图 x4.4　计算题1图　　　　　图 x4.5　计算题2图

3．已知图 x4.6 中，$u_{S1}=40V$，$u_{S2}=10V$，$i_S=1A$，$R_1=5\Omega$，$R_2=10\Omega$，$R_3=30\Omega$，$R_4=20\Omega$，试用替代定理求电流 i_1 和电压 u_x。

4．试求如图 x4.7 所示电路的戴维南和诺顿等效电路。

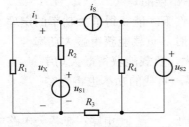
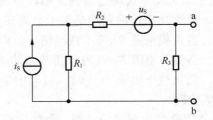

图 x4.6　计算题3图　　　　　图 x4.7　计算题4图

5．电路如图 x4.8 所示，$u_S=20V$，$R_1=1\Omega$，$R_2=5\Omega$，$R_3=2.5\Omega$，用戴维南定理求流过 R_3 的电流 i。

6．已知如图 x4.9 中，$u_S=12V$，$R_1=6\Omega$，$R_2=9\Omega$，$R_3=15\Omega$，$R_4=5\Omega$，$R_5=15\Omega$，求戴维南等效电路。

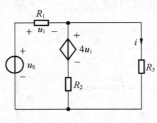
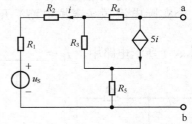

图 x4.8　计算题5图　　　　　图 x4.9　计算题6图

7．电路如图 x4.10 所示，求电路中的电流 i。

8．求如图 x4.11 所示电路的诺顿等效电路。已知图中 $R_1=15\Omega$，$R_2=5\Omega$，$R_3=10\Omega$，$R_4=7.5\Omega$，$U_S=10V$ 及 $I_S=1A$。

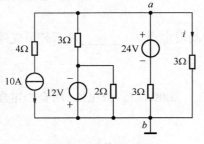
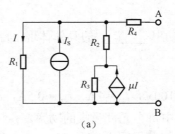
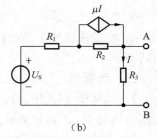

　　　　　　　　　　　　　（a）　　　　　　　　　（b）

图 x4.10　计算题7图　　　　　图 x4.11　计算题8图

9. 已知图 x4.12 中，$u_S = 100V$，$i_S = 0.4A$，$R_1 = 1k\Omega$，$R_2 = 2k\Omega$，$R_3 = 0.5k\Omega$，求 R_L 获得最大功率时的值，并求最大功率。

10. 已知如图 x4.13 所示，$u_{S1} = 6V$，$u_{S2} = 10V$，$i_S = 2A$，$R_1 = 6\Omega$，$R_2 = 1\Omega$，$R_3 = 3\Omega$，$R_4 = 2\Omega$，$R_5 = 1\Omega$，R_L 可变，求 R_L 为多少时获得最大功率？最大功率为多少？

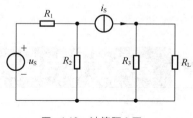

图 x4.12　计算题 9 图

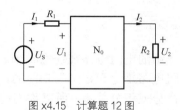

图 x4.13　计算题 10 图

11. 电路如图 x4.14 所示，负载电阻 R_L 可调，当 R_L 为何值时，获得最大功率，并计算最大功率。

12. 电路如图 x4.15 所示，网络 N_0 由线性电阻组成，对不同的直流电压 U_1 及不同的负载 R_1、R_2 进行两次测量，数据分别为 $R_1 = R_2 = 2\Omega$ 时，$U_S = 8V$，$I_1 = 2A$，$U_2 = 2V$；$R_1 = 1.4\Omega$，$R_2 = 0.8\Omega$ 时，$\hat{U}_S = 9V$，$\hat{I}_1 = 3A$，试求 $\hat{U}_2$。

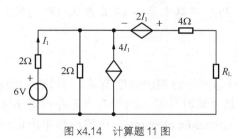

图 x4.14　计算题 11 图

图 x4.15　计算题 12 图

第 5 章　直流动态电路的分析

本章主要内容：在前面四章中，讨论了由电阻元件和直流电源构成的电路，习惯上称这类电路为电阻电路。电路中除了电阻元件以外，常用的还有电容元件和电感元件。这两种元件为动态元件，含有动态元件的电路称为动态电路。在动态电路中，描述激励—响应关系的数学方程是微分方程。

本章首先介绍电容元件、电感元件，然后应用微分方程理论，从微分方程出发对一阶电路和二阶电路过渡过程进行分析。主要内容有一阶 RC、RL 电路的零输入响应、零状态响应、完全响应；二阶 RLC 串联电路的零输入响应；RLC 串联电路和 GCL 并联电路的完全响应。

5.1　动态元件

前面介绍的电阻电路在任意时刻 t 的响应只与同一时刻的激励有关，与过去的激励无关。因此，电阻电路是"无记忆"功能的，或者说是"即时"的。由于电容元件和电感元件的伏安特性是微分或积分关系，所以称为动态元件（dynamic element）。电路模型中出现动态元件的原因是：（1）在实际电路中为了能够实现某种功能，有意接入电容器、电感器等器件。（2）当信号变化很快时，一些实际器件已不能再用电阻模型来表示。

5.1.1　电容元件

电容（capacitance）是电容元件（capacitor）的简称，它是电路的又一基本元件，是实际电容器的理想化模型，表征电容器的主要物理特性。

电容器种类很多，按介质分有纸质电容器、云母电容器、电解电容器等；按极板形状分有平板电容器、圆柱形电容器等。电容器的构成原理基本相同。电容器是由两个金属板中间隔着各种介质所组成。当电容器的两个极板分别带有数量相等的正负电荷时，两个极板间就有电压，极板间的介质中就形成电场，电场中储存有电场能量。

电容元件的定义如下：一个二端元件，如果在任意时刻 t，它的电荷 $q(t)$ 和电压 $u_C(t)$ 之间的关系可以用 q-u_C 平面上的一条曲线来确定，则此二端元件称为电容元件。在某一时刻 t，$q(t)$ 和 $u_C(t)$ 所取的值分别称为电荷和电压的瞬时值。如果 q-u_C 平面上的特性曲线是一条过原点的直线，且不随时间而变化，则此电容元件称为线性时不变电容元件。

线性时不变电容元件的电路符号如图 5-1 所示。两极板之间的电压与极板上储存的电荷之间满足的线性关系为

$$q = Cu_C, \quad C = \frac{q}{u_C} \tag{5-1}$$

式 5-1 中 C 为正值常数，它是用来度量特性曲线斜率的，表示电容元件的参数，称为电容（量），表征电容元件储存电荷的能力。在国际单位制中，电容 C 的单位为法拉（Farad），简称法，用 F 表示。当电容两端充上 1 伏特的电压时，极板上若储存了 1 库仑的电量，则该电容的值为 1 法拉。在实际应用中，电容的单位法拉太大，通常用微法（μF）和皮法（pF），其换算关系是 $1\mu F = 10^{-6}F$，$1pF = 10^{-12}F$。

若 C 为常数时，称为线性电容；C 不为常数时，称为非线性电容。C 随时间变化，称为时变电容，否则称为时不变电容。如无特别说明，本书讨论的均为线性时不变电容。非线性电容将在 13 章介绍。

1. 电容元件的伏安关系

当电容元件两端的电压随时间变化时，极板上存储的电荷量就随之变化，和极板相接的导线中就有电流。对于线性时不变电容，如果 u_C，i_C 的参考方向如图 5-1（a）所示的关联参考方向时，则

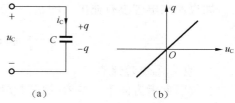

图 5-1　电容元件符号

$$i_C = \frac{dq}{dt} = \frac{dCu_C}{dt} = C\frac{du_C}{dt} \tag{5-2}$$

这就是电容的 VAR。如果 u_C，i_C 的参考方向不一致，则

$$i_C = -C\frac{du_C}{dt} \tag{5-3}$$

式（5-2）表明：（1）当 $\frac{du_C}{dt} > 0$ 时，电路中电流的实际方向是流进电容的正极板，极板上的电荷增多，电容充电；当 $\frac{du_C}{dt} < 0$ 时，电路中电流的实际方向是流出电容的正极板，极板上的电荷减少，电容放电。电容充放电时，电路中就形成电流。

（2）当电容上电压发生剧变时，将会有很大的电流流进电容。在实际电路中，通过电容的电流总为有限值，这意味着 $\frac{du_C}{dt}$ 必须为有限值，也就是说，电容两端电压 u_C 必定是时间 t 的连续函数，而不能跃变。

（3）在直流电路中，由于电压不随时间变化，电容元件的电流为零，故电容元件相当于开路。故电容元件有隔断直流的作用。

电容极板上所积累的电荷与流向电容的电流之间的关系为

$$q(t) = \int_{-\infty}^{t} i_C(\tau)\,d\tau = \int_{-\infty}^{t_0} i_C(\tau)\,d\tau + \int_{t_0}^{t} i_C(\tau)\,d\tau = q(t_0) + \int_{t_0}^{t} i_C(\tau)\,d\tau \tag{5-4}$$

式中 $q(t_0)$ 表示在 $t = t_0$ 时电容上的电荷。电容上的电压为

$$u_C(t) = \frac{1}{C}q(t) = \frac{1}{C}\int_{-\infty}^{t} i_C(\tau)\,d\tau = u_C(t_0) + \frac{1}{C}\int_{t_0}^{t} i_C(\tau)\,d\tau \tag{5-5}$$

式（5-5）告诉我们：在某一时刻 t，电容电压的数值并不取决于该时刻的电流值，而是取决于从 $-\infty$ 到 t 所有时刻的电流值，也就是说与电流的"全部过去历史"有关，因此说

电容电压有"记忆"电流的性质，电容是一种"记忆元件"。通常只知道某一初始时刻 t_0 后作用于电容的电流情况，而对此之前电容电流的情况并不了解，$u_C(t_0)$ 表示在 $t = t_0$ 时电容上的电压。

电容电压的另一个性质是它的连续性，电容电压的连续性可叙述如下：

若电容电流 $i_C(t)$ 在闭区间 $[t_a,\ t_b]$ 内为有界的，则电容电压 $u_C(t)$ 在开区间 $(t_a,\ t_b)$ 内为连续的。对任意时间 t，且 $t_a < t < t_b$，有

$$u_C(t_+) = u_C(t_-) \tag{5-6}$$

式（5-6）表明：任何时刻 t，电容电压都不能跃变，在动态电路分析问题中经常要用到这一结论。但需注意应用的前提条件，当电容电流为无界时就不能使用。

如果原来电容没有充电，即 $q(t_0) = 0$ 或 $u_C(t_0) = 0$，则

$$q(t) = \int_{t_0}^{t} i_C(\tau)\mathrm{d}\tau,\ u_C(t) = \frac{1}{C}\int_{t_0}^{t} i_C(\tau)\mathrm{d}\tau$$

2. 电容元件的储能

在关联参考方向下，电容的瞬时功率是电容电压和电容电流的乘积，即

$$p_C(t) = u_C(t)i_C(t) \tag{5-7}$$

如果 $p_C(t)$ 为正值，表明该元件消耗或吸收功率，$p_C(t)$ 为负值，表明该元件产生或释放功率。

设在 t_1 到 t_2 期间内对电容 C 充电，在此期间内供给电容的能量为

$$
\begin{aligned}
w_C(t_1,\ t_2) &= \int_{t_1}^{t_2} p_C(\tau)\mathrm{d}\tau = \int_{t_1}^{t_2} u_C(\tau)i_C(\tau)\mathrm{d}\tau \\
&= \int_{t_1}^{t_2} u_C(\tau)C\frac{du_C(\tau)}{d\tau}\mathrm{d}\tau = \frac{1}{2}C\left[u_C^2(t_2) - u_C^2(t_1)\right]
\end{aligned} \tag{5-8}
$$

式（5-8）表明：在 t_1 到 t_2 期间内供给电容的能量只与时间端点的电压值 $u_C(t_1)$ 和 $u_C(t_2)$ 有关，与在此期间内其他电压值无关。$\frac{1}{2}Cu_C^2(t_1)$ 表示 t_1 时刻电容的储能，即

$$w_C(t_1) = \frac{1}{2}Cu_C^2(t_1)$$

而另一项 $\frac{1}{2}Cu_C^2(t_2)$ 表示 t_2 时刻电容的储能，即

$$w_C(t_2) = \frac{1}{2}Cu_C^2(t_2)$$

所以电容 C 在某一时刻 t 的储能为

$$w_C(t) = \frac{1}{2}Cu_C^2(t) \tag{5-9}$$

式（5-9）表明：电容元件在某一时刻的储能只取决于该时刻的电压值，而与电压的过去变化进程无关。电容是一个储能元件，电容与电路其他部分之间实现能量的相互转换。理想电容元件在这种转换过程中其本身并不消耗能量。

例 5-1 如图 5-2（a）所示电路中的 $u_S(t)$ 波形如图 5-2（b）所示，已知电容 $C = 1\mathrm{F}$，求电流 $i_C(t)$、功率 $p_C(t)$ 和储能 $w_C(t)$，并画出它们的波形。

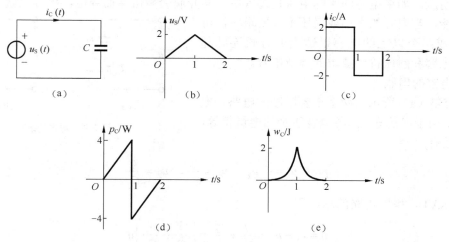

图 5-2 例 5-1 电路及波形

解   由图 5-2（b）$u_S(t)$ 波形可以写出函数的表达式为

$$u_S(t) = \begin{cases} 0 & t \leqslant 0 \\ 2t & 0 \leqslant t < 1 \\ -2(t-2) & 1 \leqslant t < 2 \\ 0 & t \geqslant 2 \end{cases}$$

由式（5-2），可以得出电容电流的表达式为

$$i_C(t) = C\frac{du_S(t)}{dt} = \begin{cases} 0 & t < 0 \\ 2 & 0 \leqslant t < 1 \\ -2 & 1 \leqslant t < 2 \\ 0 & t \geqslant 2 \end{cases}$$

电容电流的波形如图 5-2（c）所示。根据式（5-7），得电容元件的瞬时功率为

$$p_C(t) = \begin{cases} 0 & t \leqslant 0 \\ 4t & 0 \leqslant t < 1 \\ 4(t-2) & 1 \leqslant t < 2 \\ 0 & t \geqslant 2 \end{cases}$$

电容元件的功率波形如图 5-2（d）所示。$p_C(t) > 0$ 表示电容吸收功率；$p_C(t) < 0$ 表示电容发出功率，两部分面积相等，说明电容元件不消耗功率，只与电源进行能量交换。根据式（5-9），得电容元件的储能表达式为

$$w_C(t) = \begin{cases} 0 & t \leqslant 0 \\ 2t^2 & 0 \leqslant t < 1 \\ 2(t-2)^2 & 1 \leqslant t < 2 \\ 0 & t \geqslant 2 \end{cases}$$

电容元件储能的波形如图 5-2（e）所示。

   3. 电容的连接

   使用电容不仅要看电容量是否符合需要，还须注意它的额定工作电压是多少。额定工作

电压称为耐压。如果电容的实际电压超过太多，其介质会被击穿而导电，电容也就失去容纳
电荷的功能，当电容的大小或耐压不合要求时，可
以把两个或两个以上的电容以适当的方式连结起
来，得到电容和耐压符合要求的等效电容。

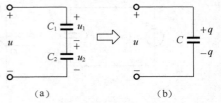

图 5-3 电容的串联

（1）电容的串联

如图 5-3（a）所示为两个电容串联的电路。电
容串联时，由于电荷守恒，各电容所带的电量相等，
均为 q。故有

$$q = C_1 u_1 = C_2 u_2, \quad u_1 = \frac{q}{C_1}, \quad u_2 = \frac{q}{C_2} \tag{5-10}$$

根据 KVL，串联电路的总电压

$$u = u_1 + u_2 = \frac{q}{C_1} + \frac{q}{C_2} = \left(\frac{1}{C_1} + \frac{1}{C_2} \right) q \tag{5-11}$$

对图 5-3（b）所示电路有 $u = \dfrac{q}{C}$，若图 5-3（a）与图 5-3（b）等效，则两电路的端电压
和电量分别对应相等，有

$$\frac{1}{C} = \frac{1}{C_1} + \frac{1}{C_2} \text{ 或写为 } C = \frac{C_1 C_2}{C_1 + C_2} \tag{5-12}$$

若有 n 个电容 $C_k (k = 1, 2, \cdots, n)$ 相串联，同理可推得其等效电容为

$$\frac{1}{C} = \sum_{k=1}^{n} \frac{1}{C_k} \tag{5-13}$$

式（5-13）表明几个电容串联的电路，其等效电容的倒数等于各串联电容的倒数之和。
比较式（5-10）、式（5-11），得各电容电压与端口电压的关系为

$$u_1 = \frac{C_2}{C_1 + C_2} u, \quad u_2 = \frac{C_1}{C_1 + C_2} u \tag{5-14}$$

即在两个电容串联的电路中，每个电容分配到的电压计算式在形式上与并联电阻的分流公式相似。

对于电容量一定的电容，当工作电压等于其耐压 U_M 时，它所带的电量 $q = Q_M = C U_M$ 即
为其电量的限额。只要电量不超过此限额，电容的工作电压也就不会超过其耐压。当几个电
容串联时，各电容所带的电量相等，此时应根据各个电容与其耐压的乘积的最小值确定电量
的限额，然后再根据式（5-11）确定等效电容的耐压。

（2）电容的并联

图 5-4（a）所示为两个电容并联的电路。电容并联时，各电容的电压相等，若其电压为
u，则它们所带的电量分别为

$$q_1 = C_1 u, \quad q_2 = C_2 u \tag{5-15}$$

所以，两个电容的总电量

$$q = q_1 + q_2 = C_1 u + C_2 u = (C_1 + C_2) u \tag{5-16}$$

对图 5-4（b）有，$q = Cu$

若图 5-4（b）所示电路与图 5-4（a）等效，则两电路的电压、电量分别对应相等，有

$$C = C_1 + C_2 \tag{5-17}$$

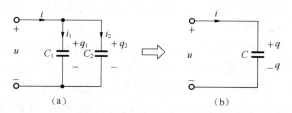

图 5-4 电容器的并联

若有 n 个电容 $C_k(k=1, 2, \cdots, n)$ 并联时，同理可推得其等效电容为

$$C = \sum_{k=1}^{n} C_k \tag{5-18}$$

式（5-18）表明几个电容并联的电路，其等效电容等于各并联电容之和。

根据电容元件 VAR 的关系式，有

$$i_1 = C_1 \frac{\mathrm{d}u}{\mathrm{d}t}, \quad i_2 = C_2 \frac{\mathrm{d}u}{\mathrm{d}t} \tag{5-19}$$

根据 KCL 得端口电流为

$$i = i_1 + i_2 = C_1 \frac{\mathrm{d}u}{\mathrm{d}t} + C_2 \frac{\mathrm{d}u}{\mathrm{d}t} = C \frac{\mathrm{d}u}{\mathrm{d}t} \tag{5-20}$$

比较式（5-19）、式（5-20）得电容电流与端口电流的关系为

$$i_1 = \frac{C_1}{C} i = \frac{C_1}{C_1 + C_2} i, \quad i_2 = \frac{C_2}{C} i = \frac{C_2}{C_1 + C_2} i \tag{5-21}$$

显然，电容器并联时，工作电压不得超过它们中的最低额定电压。

例 5-2 两个电容，其中电容 $C_1 = 200\mu\text{F}$，耐压 $U_{\text{M1}} = 100\text{V}$；电容 $C_2 = 50\mu\text{F}$，耐压 $U_{\text{M2}} = 500\text{V}$。（1）若将两电容串联使用，其等效电容和耐压各是多少？（2）若将两电容并联使用，其等效电容和耐压各是多少？

解 （1）两电容串联的等效电容

$$C = \frac{C_1 C_2}{C_1 + C_2} = \frac{200 \times 50}{200 + 50} = 40\mu\text{F}$$

因为　$C_1 U_{\text{M1}} = 200 \times 10^{-6} \times 100 = 20 \times 10^{-3} < C_2 U_{\text{M2}} = 50 \times 10^{-6} \times 500 = 25 \times 10^{-3}$

所以串联后的电量限额　　　　$Q_{\text{M}} = C_1 U_{\text{M1}} = 20 \times 10^{-3}\text{C}$

串联后电路的耐压　　　　$U_{\text{M}} = \frac{Q_{\text{M}}}{C} = \frac{20 \times 10^{-3}}{40 \times 10^{-6}} = 500\text{V}$

（2）两电容并联的等效电容　$C = C_1 + C_2 = 200 + 50 = 250\mu\text{F}$

并联后电路的耐压　　　　　　　　　$U_{\text{M}} = 100\text{V}$

5.1.2 电感元件

电感元件（inductor）简称电感，它也是电路的一种基本元件，作为实际电感器的理想化模型，它表征电感器的主要物理特性。实际常遇到的电感器是导线绕制成的电感线圈（inductive coil）。当电流流过线圈时，有磁通穿过线圈，周围有磁场产生，如图 5-5 所示。电

感线圈是一种能够储存磁场能量的器件。理想电感器（电感元件，简称电感）是一种电流与磁链（flux linkage）相约束的器件。

电感元件的定义如下：一个二端元件，如果在任意时刻 t，它的电流 $i(t)$ 和它的磁链 $\psi(t)$ 之间的关系可以用 $\psi\text{-}i$ 平面上的一条曲线来确定，则此二端元件称为电感元件。如果 $\psi\text{-}i$ 平面上的特性曲线是一条过原点的直线，且不随时间而变化，则此电感元件称为线性时不变电感元件。线性电感元件的电路符号如图 5-6 所示。设线圈匝数为 N，每匝线圈产生的磁通为 ϕ，N 匝线圈产生的总磁通称为磁链，用 ψ 表示，$\psi = N\phi$。磁链由线圈本身电流所产生，称为自感磁链。理想情况下，磁链 ψ 与电流 i 成正比，

$$\psi(t) = Li(t) \tag{5-22}$$

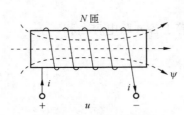

图 5-5 电感线圈及其磁链

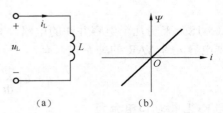

图 5-6 电感元件符号

式（5-22）中，L 为一常数值，称为线圈的电感或自感。式（5-22）中电流的单位是安培，磁链的单位是韦伯，电感的单位是亨利，简称亨，用 H 表示。有时还采用毫亨（mH）和微亨（μH）。

实际的电感器除了具备上述的存储磁能的主要性质外，还有一些能量损耗。这是由于构成电感器的导线多少有点电阻的缘故。一个实际的电感线圈，除了标明它的电感量外，还应标明它的额定工作电流。电流过大，会使线圈过热或使线圈受到过大的电磁力的作用而发生机械形变，甚至烧坏线圈。

只要线圈附近不存在铁磁材料，电感就是一个与电流大小无关的常量，这种电感称为线性电感。如果线圈绕在铁磁材料上，电感电流与磁链就不成正比关系了，这种电感称为非线性电感。以后若无特殊说明，我们讨论的均为线性时不变电感，非线性电感将在第 13 章介绍。

1. 电感元件的伏安关系

当变化的电流 $i(t)$ 通过电感线圈时，穿过线圈的磁链 $\psi(t)$ 随之发生变化。磁链随时间变化时，在线圈的两端将产生感应电压，线圈本身产生的感应电压称为自感电压。根据电磁感应定律（law of induction），如果自感电压 u_L 的参考方向与磁链 $\psi(t)$ 成右螺旋关系，即电感元件 i_L、u_L 的方向如图 5-6 所示时，

$$u_L = \frac{d\psi}{dt} = \frac{dLi_L}{dt} = L\frac{di_L}{dt} \tag{5-23}$$

式（5-23）表明：

（1）当正值电流增长时，$\dfrac{di_L}{dt} > 0$，$u_L > 0$，电压 u_L 的实际方向与电流 i_L 的实际方向一致。这表明电感在吸收功率，就是说磁场能量随电流的增加而增加。

（2）线性电感两端电压在任意瞬间与 $\dfrac{di_L}{dt}$ 成正比。当电感中电流发生剧变时，$\dfrac{di_L}{dt}$ 很大，

则电感两端会出现高电压。

（3）如果电流不随时间变化，即 $\dfrac{\mathrm{d}i_L}{\mathrm{d}t}=0$，电感元件的端电压为零，所以电感元件对直流来说相当于短路。

由式（5-23）可以求出电流 i_L 用电压 u_L 表示的关系式

$$i_L(t)=\frac{1}{L}\int_{-\infty}^{t}u_L(\tau)\mathrm{d}\tau=i_L(t_0)+\frac{1}{L}\int_{t_0}^{t}u_L(\tau)\mathrm{d}\tau \qquad (5\text{-}24)$$

式中 $i_L(t_0)$ 表示在 $t=t_0$ 时电感的初始电流。式（5-24）表明，在某一时刻 t，电感电流的数值取决于从 $-\infty$ 到 t 所有时刻的电压值，也就是说与电压的"全部过去历史"有关，因此说电感电流有"记忆"电压的性质，电感也是一种"记忆元件"。

电感电流的连续性质可叙述如下：

若电感电压 $u(t)$ 在闭区间 $[t_a,\ t_b]$ 内为有界的，则电感电流 $i_L(t)$ 在开区间 $(t_a,\ t_b)$ 内为连续的。所以对任意时间 t，且 $t_a<t<t_b$，

$$i_L(t_+)=i_L(t_-) \qquad (5\text{-}25)$$

式（5-25）表明：任何时刻，电感电流都不能跃变，在动态电路分析问题中经常要用到这一结论，但需注意应用的前提条件。

如果在式（5-24）中，$i_L(t_0)=0$，则有

$$i_L(t)=\frac{1}{L}\int_{t_0}^{t}u_L(\tau)\mathrm{d}\tau$$

2. 电感元件的储能

在关联参考方向下，电感的瞬时功率是电感电压和电感电流的乘积，即

$$p_L(t)=u_L(t)i_L(t) \qquad (5\text{-}26)$$

则在 t_1 到 t_2 期间内供给电感的能量为

$$w_L(t_1,\ t_2)=\int_{t_1}^{t_2}p_L(\tau)\mathrm{d}\tau=\int_{t_1}^{t_2}u_L(\tau)i_L(\tau)\mathrm{d}\tau$$
$$=\int_{t_0}^{t}i_L(\tau)L\frac{\mathrm{d}i_L(\tau)}{\mathrm{d}\tau}\mathrm{d}\tau=\frac{1}{2}L\left[i_L^2(t_2)-i_L^2(t_1)\right] \qquad (5\text{-}27)$$

由此可知，电感在任意时间 t 的储能为

$$w_L(t)=\frac{1}{2}Li_L^{\,2}(t) \qquad (5\text{-}28)$$

式（5-28）表明：电感元件在某一时刻的储能只取决于该时刻的电流值，而与电流的过去变化进程无关。

例 5-3　如图 5-7（a）所示电路，一个无储能电感 $L=0.05\text{H}$，在 $t=0$ 时接入如图 5-7（b）所示波形的电压 $u_S(t)$。求（1）$t>0$ 时的 $i_L(t)$，并绘出波形图。（2）$t=2.5\text{s}$ 时，电感储存的能量是多少？

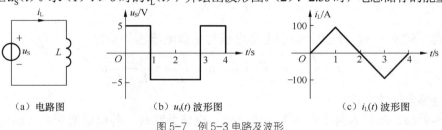

（a）电路图　　　　（b）$u_s(t)$ 波形图　　　　（c）$i_L(t)$ 波形图

图 5-7　例 5-3 电路及波形

解 （1）由 $u_S(t)$ 波形可以写出函数的表达式为 $u_S(t)=\begin{cases}5 & 0\leqslant t<1\\ -5 & 1\leqslant t<3\\ 5 & 3\leqslant t<4\end{cases}$

根据图 5-7（a）有

$$u_S=u_L=L\frac{\mathrm{d}i_L}{\mathrm{d}t}$$

$$i_L(t)=\frac{1}{L}\int_{-\infty}^{t}u_L(\tau)\mathrm{d}\tau=i_L(t_0)+\frac{1}{L}\int_{t_0}^{t}u_L(\tau)\mathrm{d}\tau$$

分段计算电流

当 $0\leqslant t<1$ 时，因电感无储能，$i_L(0)=0\mathrm{A}$，所以 $i_L(t)=\frac{1}{0.05}\int_0^t 5\mathrm{d}\tau=100t\mathrm{A}$

$t=1$ 时， $i_L(t)=100\mathrm{A}$

当 $1\leqslant t<3$ 时， $i_L(t)=100+\frac{1}{0.05}\int_1^t(-5)\mathrm{d}\tau=(200-100t)\,\mathrm{A}$

$t=3$ 时，$i_L(t)=-100\mathrm{A}$

当 $3\leqslant t<4$ 时， $i_L(t)=-100+\frac{1}{0.05}\int_3^t 5\mathrm{d}\tau=(-400+100t)\,\mathrm{A}$

$t=4$ 时，$i_L(t)=0\mathrm{A}$

按以上计算结果绘出 $i_L(t)$ 波形，如图 5-7（c）所示。

（2）$t=2.5$ 时，$i_L(t)=200-100\times2.5=-50\mathrm{A}$

由式（5-28）可得 $w_L=\frac{1}{2}Li_L^2=\frac{1}{2}\times0.05\times(-50)^2=62.5\mathrm{J}$

3．电感元件的连接

（1）电感元件的串联

如图 5-8（a）所示为两个电感串联的电路。流经各电感的电流相同，根据电感元件的伏安关系，有

$$u_1=L_1\frac{\mathrm{d}i}{\mathrm{d}t},\quad u_2=L_2\frac{\mathrm{d}i}{\mathrm{d}t} \tag{5-29}$$

根据 KVL，得串联电路的端口电压

$$u=u_1+u_2=(L_1+L_2)\frac{\mathrm{d}i}{\mathrm{d}t}=L\frac{\mathrm{d}i}{\mathrm{d}t} \tag{5-30}$$

式中 $L=L_1+L_2$ 为两个电感串联的总电感。由式（5-30）画出的等效电路如图 5-8（b）所示。

若有 n 个电感 $L_k(k=1,2,\cdots,n)$ 相串联，同理可推得其等效电感为

$$L=\sum_{k=1}^{n}L_k \tag{5-31}$$

比较式（5-29）、式（5-30）得各电感电压与端口电压的关系为

$$u_1=\frac{L_1}{L}u=\frac{L_1}{L_1+L_2}u,\quad u_2=\frac{L_2}{L}u=\frac{L_2}{L_1+L_2}u \tag{5-32}$$

（2）电感元件的并联

如图 5-9（a）所示为两个电感并联的电路。电感并联时，各电感两端电压相等，根据电

感元件 VAR 的关系式，有

$$i_1 = \frac{1}{L_1}\int_{-\infty}^{t} u(\tau)\,\mathrm{d}\tau, \quad i_2 = \frac{1}{L_2}\int_{-\infty}^{t} u(\tau)\,\mathrm{d}\tau \tag{5-33}$$

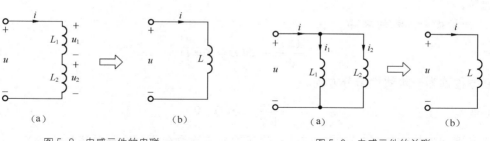

图 5-8 电感元件的串联   图 5-9 电感元件的并联

根据 KCL，得端口电流

$$i = i_1 + i_2 = \left(\frac{1}{L_1} + \frac{1}{L_2}\right)\int_{-\infty}^{t} u(\tau)\,\mathrm{d}\tau = \frac{1}{L}\int_{-\infty}^{t} u(\tau)\,\mathrm{d}\tau \tag{5-34}$$

式（5-34）中

$$\frac{1}{L} = \frac{1}{L_1} + \frac{1}{L_2} \ \text{或} \ L = \frac{L_1 L_2}{L_1 + L_2} \tag{5-35}$$

由式（5-35）画出的等效电路如图 5-9（b）所示。

若有 n 个电感 $L_k(k = 1, 2, \cdots, n)$ 相并联，同理可推得其等效电感为

$$\frac{1}{L} = \sum_{k=1}^{n} \frac{1}{L_k} \tag{5-36}$$

式（5-36）说明：几个电感并联的电路，其等效电感的倒数等于各并联电感的倒数之和。比较式（5-33）、式（5-34）得各电感电流与端口电流的关系为

$$i_1 = \frac{L}{L_1} i = \frac{L_2}{L_1 + L_2} i, \quad i_2 = \frac{L}{L_2} i = \frac{L_1}{L_1 + L_2} i \tag{5-37}$$

*5.2 微分方程的求解

在前四章讨论的直流电路中，所有响应恒定不变，电路的这种工作状态称为稳定状态，简称稳态（steady state）。当电路的工作条件发生变化时，可能使电路由原来的稳定状态转变到另一个稳定状态。这种改变通常需要经历一定时间，把这一过程称为电路的过渡过程或暂态过程，也称为动态过程。在电路的稳态分析中，所有元件的伏安特性均为代数方程，因此，在求解电路的电压和电流时，所得到的电路方程也为一组线性代数方程。但在过渡过程分析中，由于电容元件和电感元件的伏安特性是微分或积分关系，所以这时所得到的电路方程是以电压、电流为变量的微分方程。当电路的无源元件都是线性和时不变时，电路的方程是线性常系数微分方程。

过渡过程的分析方法有两种：一种是直接求解微分方程的方法，称为经典法。因为它是以时间 t 作为自变量的，所以又称为时域分析（time domain analysis）。另一种是采用某种积分变换求解微分方程的方法，比较普遍的是将自变量转换成复频率变量，故称为复频域分析（frequency domain analysis）。有关动态电路的复频域分析法将在第 12 章中介绍。凡含有未知

函数导数的方程称为微分方程。如果未知函数是一元函数，则称为常微分方程，在一个微分方程中所出现的未知函数导数的最高阶数，称为微分方程的阶。如果在微分方程的解中含有任意常数，且相互独立的任意常数的个数与微分方程的阶数相同，则这个解为微分方程的通解。

1. 一阶微分方程的求解

形如

$$\frac{\mathrm{d}x(t)}{\mathrm{d}t} - Ax(t) = B\omega(t) \tag{5-38}$$

的微分方程称为一阶线性微分方程。

形如

$$\frac{\mathrm{d}x(t)}{\mathrm{d}t} - Ax(t) = 0 \tag{5-39}$$

的微分方程称为与方程（5-38）对应的一阶线性非齐次微分方程（简称齐次方程）。

一阶线性非齐次微分方程的通解由两部分组成：一部分是对应的齐次方程的通解，另一部分是非齐次方程的一个特解。即

$$x(t) = x_\mathrm{h}(t) + x_\mathrm{p}(t) \tag{5-40}$$

其中 $x_\mathrm{h}(t)$ 为齐次方程（5-39）的通解；$x_\mathrm{p}(t)$ 为非齐次方程的一个特解。

（1）齐次方程通解 $x_\mathrm{h}(t)$ 的求解方法：

设
$$x_\mathrm{h}(t) = Ke^{st}$$

代入原方程（5-39）式，得
$$Kse^{st} - AKe^{st} = 0$$

每项被除以 Ke^{st}，得
$$s - A = 0 \tag{5-41}$$

所以 $x_\mathrm{h}(t) = Ke^{At}$。 K 为任意常数，它由初始条件确定。

式（5-41）称为特征方程，其解 $s = A$ 称为微分方程的特征根或固有频率。

（2）非齐次方程特解 $x_\mathrm{p}(t)$ 的求解方法：

非齐次方程特解 $x_\mathrm{p}(t)$ 的形式应根据 $\omega(t)$ 的形式而定，可以先按表 5-1 假设，然后把假设的特解 $x_\mathrm{p}(t)$ 代入原方程。用待定系数法，确定特解中的常数 Q 等。

表 5-1 非齐次微分方程的特解的形式

输入函数 $\omega(t)$ 的形式	特解 $x_\mathrm{p}(t)$ 的形式
P	Q
Pt	$Q_0 + Q_1 t$
$P_0 + P_1 t$	$Q_0 + Q_1 t$
$P\sin bt$	$Q\sin(bt + \theta)$
$P\cos bt$	$Q\cos(bt + \theta)$

（3）$x_\mathrm{h}(t)$ 中常数 K 的确定

$$x(t) = x_\mathrm{h}(t) + x_\mathrm{p}(t) = Ke^{st} + x_\mathrm{p}(t) \tag{5-42}$$

若已知初始条件 $x(t_0) = X_0$，则由式（5-42）得

$$x(t_0) = Ke^{st_0} + x_\mathrm{p}(t_0) = X_0$$

由此可以确定常数 K，从而求得非齐次方程（5-38）的解。

2. 二阶微分方程的求解

形如

$$\frac{d^2 y}{dt^2} + p(t)\frac{dy}{dt} + q(t)\,y = f(t) \tag{5-43}$$

的微分方程称为二阶线性微分方程，其中，系数 $p(t)$，$q(t)$ 及右端 $f(t)$ 为已知连续函数。特别地，当 $f(t)=0$ 时，称方程（5-43）为二阶线性齐次微分方程（简称齐次方程）；当 $f(t)\neq 0$ 时，称方程（5-43）为二阶线性非齐次微分方程（简称非齐次方程）。

一阶线性微分方程的通解由两部分组成：一部分是对应的齐次方程的通解，另一部分是非齐次方程的一个特解。对于二阶及二阶以上的线性非齐次方程，其通解也具有相同的结构。

在二阶线性齐次微分方程 $\frac{dy^2}{dt^2} + p(t)\frac{dy}{dt} + q(t)\,y = 0$ 中，如果 $p(t)$，$q(t)$ 均为常数，式（5-43）变为

$$\frac{dy^2}{dt^2} + p\frac{dy}{dt} + qy = 0 \tag{5-44}$$

其中 p、q 为常数，则称方程（5-44）为二阶常系数线性齐次微分方程。

方程（5-44）对应的特征方程为

$$s^2 + ps + q = 0 \tag{5-45}$$

它的两个特征根为 $\qquad s_{1,2} = \dfrac{-p \pm \sqrt{p^2 - 4q}}{2}$

下面根据特征根的不同情形，分别讨论微分方程（5-44）的通解形式。

（1）当 $p^2 - 4q > 0$ 时，特征方程（5-45）有两个不相等的实根：

微分方程（5-44）的通解为 $\qquad y = K_1 e^{s_1 t} + K_2 e^{s_2 t}$

（2）当 $p^2 - 4q = 0$ 时，特征方程（5-45）有两个相等的实根：$s_1 = s_2 = -\dfrac{p}{2}$

微分方程（5-44）的通解为 $\qquad y = (K_1 + K_2 t)e^{s_1 t}$

（3）当 $p^2 - 4q < 0$ 时，特征方程（5-45）有一对共轭复根：

$$s_1 = -\alpha + j\omega_d, \quad s_2 = -\alpha - j\omega_d$$

其中 $\alpha = \dfrac{p}{2}$，$\omega_d = \dfrac{\sqrt{p^2 - 4q}}{2} > 0$

微分方程（5-44）的通解为 $y = e^{-\alpha t}(K_1 \cos\omega_d t + K_2 \sin\omega_d t)$

二阶常系数线性非齐次微分方程的一般形式是

$$y'' + py' + q = f(t) \tag{5-46}$$

其中 p，q 为常数，$f(t)$ 是 t 的已知连续函数。

非齐次微分方程（5-46）的特解 y^* 应根据输入函数的形式确定，可按表 5-1 假设。以特解 y^* 代入方程（5-46），用待定系数法确定特解中的常数 K。

二阶常系数线性非齐次微分方程（5-46）的通解等于它的一个特解 y^* 与它对应的线性齐次微分方程（5-44）的通解 Y 之和，即 $y = Y + y^*$。根据初始条件，即可求出通解中的待定系数，从而求得二阶常系数线性非齐次微分方程（5-46）的解。

5.3 直流一阶电路的分析

在电路分析中，通常将电路在外部激励或内部储能作用下所产生的电压或电流称为响应（response）。如果电路中的储能元件只有一个独立的电感或一个独立的电容，则相应的微分方程是一阶微分方程，这样的电路称为一阶电路（frist-order circuit）。电路产生过渡过程必须具备两个条件：（1）工作条件发生变化（电路的连接方式改变或电路元件参数改变）；（2）电路中必须有储能元件（电感或电容），并且当电路工作条件改变时，它们的储能状态发生变化。本节将讨论一阶电路 RC 和 RL 电路的零输入响应、零状态响应和完全响应。

在电阻电路中如果没有外加激励的作用，电路不会出现响应。而动态电路则不同，电路中虽然没有外加激励，但由于动态元件上有储能，在能量释放时会引起电路的响应。这种外加激励为零，仅由动态元件初始储能产生的响应称为零输入响应（zero-input response）。

通常，电路中开关的接通、断开或者电路参数的突然变化等统称为"换路"（switching），并认为换路是在 $t=0$ 瞬间进行的。为了叙述方便，把换路前的最终瞬间记为 $t=0_-$，把换路后的最初瞬间记为 $t=0_+$，换路经历的瞬间为 0_- 到 0_+。在换路瞬间电容电流和电感电压为有限值的条件下，电容电压和电感电流不能突变。

5.3.1 一阶电路的零输入响应

1. 一阶 RC 电路的零输入响应

如图 5-10 所示 RC 电路，$t<0$ 时电路已处于稳态，即电容充电完毕，电容相当于开路，$u_C(0_-)=U_S=U_0$，其初始储能为 $\frac{1}{2}CU_0^2$。在 $t=0$ 时开关 S 将 RC 电路短接，$t>0$ 后无外加激励，电路进入电容 C 通过 R 放电的过渡过程，为 RC 电路的零输入响应。

对换路后的电路，由 KVL 得 $u_R+u_C=0$

因为 $u_R=iR=RC\dfrac{du_C}{dt}$，所以有 $RC\dfrac{du_C}{dt}+u_C=0$

即
$$\frac{du_C}{dt}+\frac{1}{RC}u_C=0 \tag{5-47}$$

式（5-47）是一阶、常系数、齐次、线性微分方程，解此方程就可得到电容电压随时间变化的规律。它的通解形式是 Ke^{st}，其中 K 是待定系数，由方程的初始条件决定。s 是齐次方程所对应的特征方程 $s+\dfrac{1}{RC}=0$ 的特征根，即 $s=-\dfrac{1}{RC}$

于是可求得 $t\geqslant0$ 电路的响应为

$$\left.\begin{aligned}
u_C(t)&=u_C(0_+)e^{-\frac{t}{RC}}=U_0e^{-\frac{t}{\tau}}\\
u_R(t)&=iR=-U_0e^{-\frac{t}{\tau}}\\
i(t)&=C\frac{du_C}{dt}=-\frac{u_C(0_+)}{R}e^{-\frac{t}{RC}}=-\frac{U_0}{R}e^{-\frac{t}{\tau}}
\end{aligned}\right\} \tag{5-48}$$

电流及电阻上电压的参考方向与实际方向相反。u_C、u_R 和 i 随时间的变化曲线，如图 5-11 所示。由上可知，在 $t<0$ 时电路已处于稳态，在 $t=0$ 时开关 S 将 RC 电路短接，随着

时间 t 的增加，RC 电路中的电流、电压由初始值开始按指数规律衰减，电路工作在过渡过程中，直到 $t \rightarrow \infty$，过渡过程结束，电路达到新的稳态。从能量关系上讲，RC 电路的零输入响应实际上是电容的电场能量转换为电阻上的热能的过程。整个放电过程中电阻 R 消耗的电能为

$$W_R = \int_0^\infty i^2 R \mathrm{d}t = \int_0^\infty \left(-\frac{U_0}{R} e^{-\frac{t}{\tau}} \right)^2 R \mathrm{d}t = \frac{1}{2} C U_0^2 = W_C$$

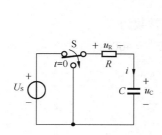

图 5-10 RC 电路的零输入响应

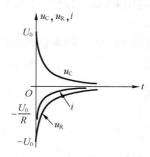

图 5-11 u_C、u_R 和 i 随时间的变化曲线

式（5-49）中 $\tau = RC$，具有时间的量纲，称为 RC 电路的时间常数（time constant），当 C 用法拉、R 用欧姆为单位时，RC 的单位为秒。这是因为欧·法=欧·库/伏=欧·安·秒/伏=欧·秒/欧=秒。RC 电路的时间常数决定了电容电压、电阻电压及电路电流衰减的快慢，从理论上讲只有当 $t \rightarrow \infty$ 时，电容电压才能达到稳态值。但是，由于指数函数开始变化较快，而后逐渐变慢，如表 5-2 所示。

表 5-2 $e^{-\frac{t}{\tau}}$ 随时间变化的数值

t	τ	2τ	3τ	4τ	5τ	……	∞
$e^{-\frac{t}{\tau}}$	0.3679	0.1353	0.04979	0.01832	0.006738	……	0
u_C	$0.3679\,U_0$	$0.1353\,U_0$	$0.04979\,U_0$	$0.01832\,U_0$	$0.006738\,U_0$	……	0

从表 5-2 中明显看出，当 $t = (3 \sim 5)\,\tau$ 时，u_C 与稳态值仅差 5%～0.7%，在工程实际中通常认为经过（3～5）τ 后，电路的过渡过程已经结束，电路进入稳定状态。

下面介绍三种时间常数 τ 的确定方法：

（1）由电路参数进行计算。

RC 电路中的时间常数 $\tau = RC$。适当调节参数 R 和 C，就可控制 RC 电路过渡过程的快慢。

（2）由电路的响应曲线求得。

如已知 u_C 的曲线，且初始值为 U_0，由于 $u_C(\tau) = u_C(0_+)e^{-1} = 0.368 U_0$，所以当 u_C 衰减到初始值的 36.8% 时，对应的时间坐标即为时间常数 τ。另外，也可以选任意时刻 t_0 的电压 $u_C(t_0)$ 作为基准，当数值下降为 $u_C(t_0)$ 的 36.8% 时，所需要的时间也正好是一个时间常数 τ，说明如下：

$$u_C(t_0 + \tau) = U_0 e^{-\frac{(t_0 + \tau)}{\tau}} = 0.368 U_0 e^{-\frac{t_0}{\tau}} = 0.368 u_C(t_0)$$

（3）对零输入响应曲线画切线确定时间常数。

在工程上可以用示波器来观察 RC 电路 u_C 的变化曲线。可以证明，u_C 的指数曲线上任意点的次切距长度 ab 乘以时间轴的比例尺均等于时间常数 τ，如图 5-12 所示。

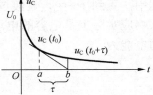

图 5-12 从 u_C 的曲线上估算 τ

例 5-4 某高压电路中有一组 $C = 40\mu F$ 的电容器，断开时电容器的电压为 5.77kV，断开后电容器经它本身的漏电阻放电。如电容器的漏电阻 $R = 100M\Omega$，试问断开后经多长时间，电容器的电压衰减为 1kV？若电路需要检修，应采取什么安全措施？

解 该题为 RC 电路的零输入响应。电路的时间常数为

$$\tau = RC = 100 \times 10^6 \times 40 \times 10^{-6} = 4000s$$

由式（5-49）知

$$u_C(t) = u_C(0_+)e^{-\frac{t}{RC}} = U_0 e^{-\frac{t}{\tau}}$$

$$u_C(t) = 5.77 e^{-\frac{t}{4000}} kV$$

把 $u_C = 1kV$ 代入得

$$1 = 5.77 e^{-\frac{t}{4000}}$$

由上式解得

$$t = 4000 \ln 5.77 = 7011s$$

由于 R 和 C 的数值较大，所以电容器从电路断开后。经过大约两个小时，仍然有 1kV 的高电压。为安全起见，须待电容器充分放电后才能进行线路检修。为缩短电容器的放电时间，可以用一个阻值较小的电阻并联于电容器两端以加速放电过程。

2. 一阶 RL 电路的零输入响应

如图 5-13 所示一阶 RL 电路，$t < 0$ 时电路处于稳态，电感用短路线代替，$i_L(0_-) = \dfrac{U_S}{R} = I_0$，其初始储能为 $\dfrac{1}{2}LI_0^2$。在 $t = 0$ 时开关 S 将 RL 电路短接，$t > 0$ 后无外加激励，故为 RL 电路的零输入响应。

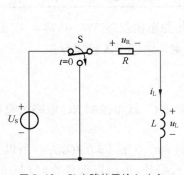

图 5-13 RL 电路的零输入响应

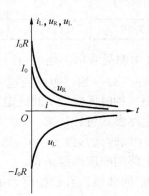

图 5-14 i_L、u_R 和 u 随时间的变化曲线

对换路后的电路，由 KVL 得 $u_R + u_L = 0$

因为 $u_R = i_L R$，$u_L = L\dfrac{di_L}{dt}$，所以有 $L\dfrac{di_L}{dt} + Ri_L = 0$，

即
$$\frac{di_L}{dt} + \frac{R}{L} i_L = 0 \qquad (5\text{-}49)$$

式（5-49）是一阶、常系数、齐次、线性微分方程，解此方程就可得到电感电流随时间变化的规律。应用与式（5-47）方程相同的求解方法，可求得 $t \geq 0$ 电路的响应为

$$\left. \begin{array}{l} i_L(t) = i_L(0_+) e^{-\frac{t}{L/R}} = I_0 e^{-\frac{t}{\tau}} \\[2mm] u_R(t) = i_L R = I_0 R e^{-\frac{t}{\tau}} \\[2mm] u_L(t) = L\frac{di_L}{dt} = -I_0 R e^{-\frac{t}{\tau}} \end{array} \right\} \qquad (5\text{-}50)$$

i_L、u_R 和 u_L 的变化曲线如图 5-14 所示。上式中 $\tau = L/R$，具有时间的量纲，称为 RL 电路的时间常数，当 L 用亨、R 用欧姆为单位时，L/R 的单位为秒。这是因为亨/欧＝欧·秒/欧＝秒。RL 电路的时间常数决定了电感电流、电阻电压及电感电压衰减的快慢。注意：RL 电路的时间常数 τ 与电感 L 成正比，而与电阻 R 成反比；但在 RC 电路中，时间常数 τ 是与电容 C 和电阻 R 成正比的。

RL 电路的零输入响应和 RC 电路的零输入响应相似，当 $t = (3 \sim 5) \tau$ 时，i_L 与稳态值仅差 5%～0.7%，从能量关系上讲，RL 电路的零输入响应实际上是把电感中原先储存的能量转换为电阻上的热能的过程。

从式（5-48）和式（5-50）可以看出：若初始状态增大 K 倍，则零输入响应也增大 K 倍。这种初始状态和零输入响应的正比关系称为零输入比例性，是线性电路激励与响应呈线性关系的反映。

例 5-5 如图 5-15（a）所示电路中，已知 $U_S = 20V$，$L = 1H$，$R = 1k\Omega$，电压表的内阻 $R_V = 500k\Omega$，在 $t = 0$ 时开关 S 断开，断开前电路已处于稳态。试求开关 S 断开后电压表两端电压的变化规律。

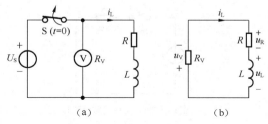

图 5-15 例 5-5 电路

解 换路前，电路已处于稳态，L 短路，通过 RL 串联支路的电流为

$$i(0_-) = \frac{U_S}{R} = \frac{20}{10^3} = 0.02A$$

根据电感电流的连续性有 $\quad i_L(0_+) = i_L(0_-) = 0.02A$

换路后，U_S 断开，电路如图 5-15（b）所示，故本题是求 RL 电路的零输入响应的问题。

$$u_R + u_L + u_V = 0$$
$$\frac{di_L}{dt} + \frac{(R + R_V)}{L} i_L = 0$$

换路后电路的时间常数为 $\quad \tau = \frac{L}{R + R_V} = \frac{1}{(1+500) \times 10^3} = \frac{1}{5.01 \times 10^5} s$

换路后电感电流 $\quad i_L(t) = i_L(0_+) e^{-\frac{t}{\tau}} = 0.02 e^{-5.01 \times 10^5 t} A$

所以，开关断开后电压表两端电压按下面的指数规律衰减。

$$u_{\mathrm{V}}(t) = i_{\mathrm{L}}(t)R_{\mathrm{V}} = 0.02 e^{-5.01 \times 10^5 t} \times 500 \times 10^3 = 10000 e^{-5.01 \times 10^5 t}\mathrm{V}$$

以上计算可以看出，在换路的瞬间，电压表两端出现了 10 000V 的高电压，尽管时间常数很小（微秒级），过渡过程的时间很短，也可能使电压表击穿或把电压表的表针打弯。所以在有电感线圈的电路中，要特别注意过电压现象，以免损坏电气设备。就测量电压而言，一般应该先移开电压表，再断开电源开关。

5.3.2 一阶电路的零状态响应

把含有独立电源，但初始条件为零的电路称为零状态电路。仅由外加激励在零状态电路中产生的响应称为零状态响应（zero state response）。

1. 一阶 RC 电路的零状态响应

如图 5-16 所示 RC 电路，开关 S 闭合前电容未充电，即 $u_{\mathrm{C}}(0_-) = 0$。在 $t = 0$ 时合上开关 S，$t > 0$ 后电路初始条件为零，有外加直流激励 U_{S}，故为 RC 电路的零状态响应。

对换路后的电路，由 KVL 得 $u_{\mathrm{R}} + u_{\mathrm{C}} = U_{\mathrm{S}}$

因为 $u_{\mathrm{R}} = iR = RC\dfrac{\mathrm{d}u_{\mathrm{C}}}{\mathrm{d}t}$，所以有

$$RC\frac{\mathrm{d}u_{\mathrm{C}}}{\mathrm{d}t} + u_{\mathrm{C}} = U_{\mathrm{S}} \tag{5-51}$$

把式（5-51）变形为标准形式

$$\frac{\mathrm{d}u_{\mathrm{C}}}{\mathrm{d}t} + \frac{1}{RC}u_{\mathrm{C}} = \frac{U_{\mathrm{S}}}{RC} \tag{5-52}$$

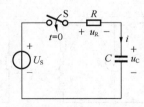

图 5-16　RC 电路的零状态响应

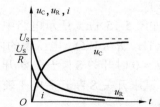

图 5-17　u_{C}、u_{R} 和 i 随时间的变化

式（5-52）是一阶、常系数、非齐次、线性微分方程，根据 5.2 节介绍的一阶非齐次微分方程求解方法，$u_{\mathrm{Ch}} = Ke^{-\frac{t}{RC}}$，$u_{\mathrm{Cp}} = U_{\mathrm{S}}$，所以非齐次微分方程（5-52）的通解为

$$u_{\mathrm{C}}(t) = Ke^{-\frac{t}{RC}} + U_{\mathrm{S}} \tag{5-53}$$

根据电容电压的初始值 $u_{\mathrm{C}}(0) = 0$，可求得常数 $K = -U_{\mathrm{S}}$

将 K 值代入式（5-53）中，便可得到电容电压的通解，即

$$u_{\mathrm{C}}(t) = U_{\mathrm{S}}(1 - e^{-\frac{t}{RC}}) = U_{\mathrm{S}}(1 - e^{-\frac{t}{\tau}}) \tag{5-54}$$

电容充电时，电容电压按指数规律上升，最终达到稳态值 U_{S}，上升速度与时间常数 τ 有关。

当 $t = \tau$ 时，$u_{\mathrm{C}} = U_{\mathrm{S}}(1 - e^{-1}) = U_{\mathrm{S}}\left(1 - \dfrac{1}{2.718}\right) = 63.2\%U_{\mathrm{S}}$

电容的电流 i 可以从 u_{C} 直接求得，而 u_{R} 可从 i 求得

$$\left.\begin{array}{l} i(t) = C\dfrac{du_C}{dt} = \dfrac{U_S}{R}e^{-\frac{t}{RC}} \\[3mm] u_R(t) = iR = U_S e^{-\frac{t}{RC}} \end{array}\right\} \qquad (5\text{-}55)$$

u_C、i 和 u_R 的变化曲线，如图 5-17 所示，它们是按指数规律上升或衰减的。可见，开关 S 闭合瞬间 C 相当于短路，电阻电压最大为 U_S，充电电流最大为 U_S/R，经过（3～5）τ 时间后，充电过程结束，电路进入新的稳态，此时电容相当于开路，电容电流 $i(\infty)=0$，电容电压 $u_C(\infty)=U_S$，电阻电压 $u_R(\infty)=0$。在整个充电过程中 R 消耗的电能为

$$W_R = \int_0^\infty i^2 R dt = \int_0^\infty \left(\frac{U_S}{R}e^{-\frac{t}{\tau}}\right)^2 R dt = \frac{U_S^2}{R}\left(-\frac{RC}{2}\right)e^{-\frac{2t}{RC}}\Bigg|_0^\infty = \frac{1}{2}CU_S^2 = W_C$$

整个充电过程中 R 消耗的电能等于充电结束后电容器的储能，因此充电效率为 50%，充电效率并不高。

例 5-6　在图 5-16 电路中，电容原先未充电。已知 $U_S=100\text{V}, R=500\Omega, C=10\mu\text{F}$，在 $t=0$ 时将开关 S 闭合，求（1）u_C 和 i 随时间变化的规律。（2）当充电时间为 8.05ms 时，u_C 达到多少伏？

解　（1）电容原先未充电，$t=0$ 时将开关 S 闭合，所以本题是求 RC 电路的零状态响应问题。

由图 5-16 电路得 $\qquad \dfrac{du_C}{dt} + \dfrac{1}{RC}u_C = \dfrac{U_S}{RC}$

由电容电压的连续性有 $\qquad u_C(0_+) = u_C(0_-) = 0\text{V}$

换路后时间常数 $\qquad \tau = RC = 500 \times 10 \times 10^{-6} = 5 \times 10^{-3}\text{s}$

由式（5-54） $\qquad u_C(t) = U_S(1-e^{-\frac{t}{RC}}) = U_S(1-e^{-\frac{t}{\tau}})$

式（5-55）
$$\left.\begin{array}{l} i(t) = C\dfrac{du_C}{dt} = \dfrac{U_S}{R}e^{-\frac{t}{RC}} \\[3mm] u_R(t) = iR = U_S e^{-\frac{t}{RC}} \end{array}\right\}$$

可知 $\qquad u_C(t) = 100(1-e^{-200t})\text{V}$

$$i(t) = C\frac{du_C}{dt} = 0.2e^{-200t}\text{A}$$

（2）当充电时间为 8.05ms 时，电容电压为

$$u_C(t) = 100(1-e^{-200\times 8.05\times 10^{-3}}) = 100(1-e^{-1.61}) = 80\text{V}$$

2. 一阶 *RL* 电路的零状态响应

如图 5-18 所示一阶 RL 电路，已知 $i_L(0_-)=0$。在 $t=0$ 时开关 S 由 1 合向 2，$t>0$ 后电路初始条件为零，有外加激励 U_S，故为 RL 电路的零状态响应。

对换路后的电路，由 KVL 得 $\qquad u_R + u_L = U_S$

其中 $u_L = L\dfrac{di_L}{dt}$，$u_R = i_L R$，代入上式得

$$L\frac{di_L}{dt} + i_L R = U_S \qquad (5\text{-}56)$$

把式（5-56）变形为标准形式

$$\frac{di_L}{dt} + \frac{1}{L/R}i_L = \frac{U_S/R}{L/R} \tag{5-57}$$

应用与式（5-52）方程相同的求解方法，可求得 $t \geq 0$ 电路的响应为

$$i_L(t) = \frac{U_S}{R}(1 - e^{-\frac{t}{L/R}}) = \frac{U_S}{R}(1 - e^{-\frac{t}{\tau}}) \tag{5-58}$$

式中 $\tau = L/R$，电感的电压 u_L 和 u_R 分别为

$$\left. \begin{array}{l} u_L(t) = L\dfrac{di_L}{dt} = U_S e^{-\frac{t}{L/R}} = U_S e^{-\frac{t}{\tau}} \\[3mm] u_R(t) = i_L R = U_S(1 - e^{-\frac{t}{\tau}}) \end{array} \right\} \tag{5-59}$$

零状态响应 i_L、u_L 和 u_R 的变化曲线如图 5-19 所示。可见，开关 S 闭合瞬间 L 相当于开路，电感电压最大为 U_S，电阻电压为零。随着时间 t 的增加，充电电流按指数规律增大，电阻电压也随之增大，而电感电压则逐渐减小。经过（3～5）τ 时间后，充电过程结束，电路进入新的稳态，此时电感相当于短路，电感电流 $i_L(\infty) = U_S/R$，电感电压 $u_L(\infty) = 0$，电阻电压 $u_R(\infty) = U_S$。

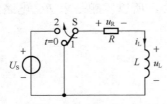

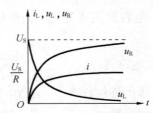

图 5-18　RL 电路的零状态响应　　　　　图 5-19　i、u_R 和 u_L 随时间的变化曲线

从式（5-54）、式（5-55）、式（5-58）和式（5-59）可以看出：若外加激励增大 K 倍，则零状态响应也增大 K 倍。这种外加激励和零状态响应的正比关系称为零状态比例性，是线性电路激励与响应呈线性关系的反映。如果有多个独立电源作用于电路，我们可以运用叠加定理求出零状态响应。

例 5-7　在图 5-20（a）电路中，已知 $U_S = 36\text{V}$，$R_1 = 6\text{k}\Omega$，$R_2 = 3\text{k}\Omega$，$R_3 = 10\text{k}\Omega$，$L = 12\text{mH}$，求开关 S 闭合后电感中的电流和电压（设 $i_L(0_-) = 0\text{A}$）。

解　开关 S 闭合前，$i_L(0_-) = 0\text{A}$，图 5-20（a）所示电路为零状态响应。

对该一阶电路在分析时，首先应用戴维南定理将换路后储能元件以外的电路等效为一个含源支路，形成一个单回路电路如图 5-20（b）所示，然后直接应用时域法所推导出的公式写出各个变量的表达式。

图 5-20（b）中，
$$\begin{cases} U_{OC} = \dfrac{R_2}{R_1 + R_2}U_S = \dfrac{3}{6+3} \times 36 = 12\text{V} \\[3mm] R_0 = R_3 + \dfrac{R_1 R_2}{R_1 + R_2} = 10 + \dfrac{6 \times 3}{6+3} = 12\text{k}\Omega \end{cases}$$

由图 5-20（b）电路有　　　　　　　$u_{R_0} + u_L = U_{OC}$

其中 $u_{R_0} = i_L R_0$，$u_L = L\dfrac{di_L}{dt}$，代入上式得　$L\dfrac{di_L}{dt} + i_L R_0 = U_{OC}$

求解以上一阶微分方程，得时间常数为 $\quad \tau = \dfrac{L}{R_0} = \dfrac{12 \times 10^{-3}}{12 \times 10^3} = 10^{-6}\,\text{s}$

电感中的电流为 $\qquad\qquad i_L(t) = \dfrac{U_{OC}}{R_0}(1 - e^{-\frac{t}{\tau}}) = (1 - e^{-10^6 t})\ \text{mA}$

电感的电压为 $\qquad\qquad u_L(t) = L\dfrac{\text{d}i_L}{\text{d}t} = 12 e^{-10^6 t}\,\text{V}$

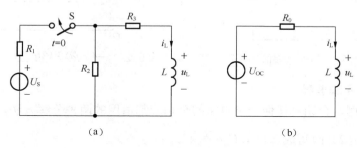

图 5-20　例 5-7 电路

5.3.3　一阶电路的完全响应

若电路中既有外加激励且初始条件也不为零，则电路中产生的响应称为全响应（complete response）。全响应的求解方法有三种：（1）直接解微分方程；（2）利用分解方法求解；（3）利用三要素法进行求解。

1. 直接解微分方程

如图 5-21 所示 RC 电路，开关 S 闭合前电容已充电，即 $u_C(0_-) = U_0 \neq 0$。在 $t = 0$ 时合上开关 S，对换路后的电路，由 KVL 得

$$\frac{\text{d}u_C}{\text{d}t} + \frac{1}{RC}u_C = \frac{U_s}{RC} \tag{5-60}$$

根据 5.2 节介绍的一阶非齐次微分方程求解方法，$u_{Ch} = Ke^{-\frac{t}{RC}}$，$u_{Cp} = U_s$，所以非齐次微分方程（5-60）的通解为

$$u_C(t) = Ke^{-\frac{t}{RC}} + U_s \tag{5-61}$$

根据电容电压的初始值，$u_C(0) = U_0 \neq 0$，可求得常数 $K = U_0 - U_s$

将 K 值代入式（5-61）中，就得到一阶 RC 电路全响应电容电压的通解，即

$$u_C(t) = U_s + (U_0 - U_s)\ e^{-\frac{t}{RC}} \tag{5-62}$$

电容电流 i、电阻电压 u_R 分别为

$$\left.\begin{array}{l} u_R(t) = (U_s - U_0)\ e^{-\frac{t}{RC}} \\[2mm] i(t) = \dfrac{(U_s - U_0)}{R}e^{-\frac{t}{RC}} \end{array}\right\} \tag{5-63}$$

图 5-22 中画出了 $0 < U_0 < U_s$ 时 u_C 的变化曲线，u_C 以 U_0 为初始值逐渐上升，最终达到 U_s。

如果 $U_0 > U_s > 0$，或者一个为正，一个为负，则过渡过程中电容是充电还是放电？读者可自行分析。

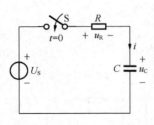

图 5-21　一阶 *RC* 电路的全响应

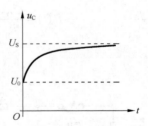

图 5-22　一阶 *RC* 电路的全响应 u_c 波形

2．利用分解方法求解

下面以 u_C 为例，介绍对任何一阶电路的全响应都适用的两种分解方法。

（1）把式（5-62）改写成 $u_C(t) = U_0 e^{-\frac{t}{RC}} + U_s(1 - e^{-\frac{t}{RC}})$

其中右边第一项是一阶 *RC* 电路的零输入响应，右边第二项则是一阶 *RC* 电路的零状态响应。这说明一阶 *RC* 电路全响应等于零输入响应和零状态响应的叠加，这是线性电路叠加性质的体现。所以在一般情况下，一阶电路的全响应可以表示为：

全响应＝零输入响应＋零状态响应

（2）式（5-62）中 u_C 仍然由两个响应所组成 $u_C(t) = U_s + (U_0 - U_s) e^{-\frac{t}{RC}}$

其中第一个响应为稳态响应（steady state response），第二个响应为暂态响应（transient response），两个响应的变化规律不同。稳态响应只与输入激励有关，如果输入的是直流量，稳态响应就是恒定不变的。如果输入的是正弦量，稳态响应就是同频率的正弦量。暂态响应则既与初始状态有关，也与输入有关，也就是说，暂态响应和初始值与稳态值的差有关，只有当这个差值不为零时，才有暂态响应。所以一阶电路的全响应又可以表示为：

全响应＝稳态响应＋暂态响应

把全响应分解为稳态响应与暂态响应，能较明显地反映电路的工作状态，便于分析过渡过程的特点。把全响应分解为零输入响应和零状态响应，明显反映了响应与激励在能量方面的因果关系，并且便于分析计算。所以这两种分解的概念都是很重要的。

3．利用三要素法进行求解

仍然以图 5-21 所示 *RC* 电路为例，换路后电路的微分方程为

$$\frac{du_C}{dt} + \frac{1}{\tau} u_C = \frac{U_s}{\tau} \tag{5-64}$$

其中 $\tau = RC$，为电路的时间常数。非齐次微分方程（5-64）的通解为

$$u_C(t) = K e^{-\frac{t}{\tau}} + U_s \tag{5-65}$$

如设 $u_C(0)$ 及 $u_C(\infty)$ 分别为电压 u_C 的初始值及稳态值，则下列关系必然成立，即

$$u_C(0) = K + U_s \qquad u_C(\infty) = U_s \tag{5-66}$$

可得

$$K = u_C(0) - u_C(\infty) \tag{5-67}$$

于是式（5-64）可写为

$$u_C(t) = [u_C(0) - u_C(\infty)]e^{-\frac{t}{\tau}} + u_C(\infty) \qquad (5\text{-}68)$$

式（5-68）表明：电压 $u_C(t)$ 是由 $u_C(0)$、$u_C(\infty)$ 及 τ 三个参量所确定的。也就是说，只要求得初始值、稳态值和时间常数这三个要素，就能确定 u_C 的解析表达式，而不用求解微分方程。可以证明：在直流一阶 RC 电路中任何两个节点间的电压和任意支路中的电流都是按指数规律变化的，且具有与 $u_C(t)$ 相同的时间常数 τ。

对于 RL 电路中的电感电流 $i_L(t)$，也能得出类似于式（5-68）的解答式。同样可以证明：在直流一阶 RL 电路中任何两个节点间的电压和任意支路中的电流都是按指数规律变化的，且具有与 $i_L(t)$ 相同的时间常数 τ。

因此，在直流一阶电路中所有电压、电流均可在求得它们的初始值、稳态值和时间常数后直接写出它们的表达式。它们具有相同的时间常数，满足 $0 < \tau < \infty$，这种方法称为三要素法（three-factor method）。

利用三要素法求解过渡过程的步骤如下：

（1）确定初始值。

首先画出换路前 $t = 0_-$ 的等效电路（在 $t = 0_-$ 电路中，电容元件视为开路，电感元件视为短路），求出 $u_C(0_-)$，$i_L(0_-)$。由电容电压和电感电流的连续性可得 $u_C(0_+) = u_C(0_-)$，$i_L(0_+) = i_L(0_-)$。

其次画出换路后瞬间 $t = 0_+$ 的等效电路（在 $t = 0_+$ 电路中，电容元件用电压为 $u_C(0_+)$ 的电压源置换，电感元件用电流为 $i_L(0_+)$ 的电流源置换。如果 $u_C(0_+) = 0$，电容元件视为短路。如果 $i_L(0_+) = 0$，电感元件视为开路）。应用电路的分析方法，在 $t = 0_+$ 电路中计算其它电压或电流的初始值，即 $u(0_+)$ 或 $i(0_+)$。

（2）确定稳态值。

在直流电源激励条件下，当电路达到稳态时，电容元件用开路线代替，电感元件用短路线代替，画出直流稳态电路的等效电路，应用电路的分析方法求解电路中电压或电流的稳态值 $u(\infty)$ 或 $i(\infty)$。

（3）计算时间常数。

将换路后电路中的储能元件（L 或 C）从电路中取出，剩余部分电路是一个电阻性有源二端网络，根据戴维南定理，求得除源网络的等效电阻 R_o。对于一阶 RC 电路，$\tau = R_o C$，对一阶 RL 电路，$\tau = L/R_o$。

（4）写出电压或电流的表达式。

若 $0 < \tau < \infty$，根据求得的三要素，依照

$$f(t) = f(\infty) + [f(0_+) - f(\infty)]e^{-\frac{t}{\tau}} \qquad (5\text{-}69)$$

的形式，直接写出电压或电流的表达式。式（5-69）中的 $f(t)$ 泛指一阶电路中的任意电压或电流。

例 5-8 图 5-23（a）所示电路原处于稳态，已知 $U_S = 100V$，$R_1 = R_2 = 4\Omega$，$L = 0.4H$，在 $t = 0$ 时将开关 S 断开，求 S 断开后（1）电路中的电流 i_L；（2）电感的电压 u_L；（3）绘出电流、电压的变化曲线。

解 （1）因为开关 S 断开前电路原处于稳态，所以此电路为全响应问题。

开关 S 断开前电路原处于稳态，电感短路，所以 $i_L(0_-) = \dfrac{U_S}{R_2} = \dfrac{100}{4} = 25A$

根据电感电流的连续性有 $\qquad i_L(0_+) = i_L(0_-) = 25\text{A}$

在 $t = 0$ 时将开关 S 断开后，有 $\qquad u_{R_1} + u_{R_2} + u_L = U_S$

其中 $\qquad u_L = L\dfrac{\mathrm{d}i_L}{\mathrm{d}t}, \quad u_{R_1} = i_L R_1, \quad u_{R_2} = i_L R_2$

代入上式得 $\qquad \dfrac{\mathrm{d}i_L}{\mathrm{d}t} + \dfrac{1}{L/(R_1 + R_2)}i_L = \dfrac{U_S/(R_1 + R_2)}{L/(R_1 + R_2)}$

时间常数 $\qquad \tau = \dfrac{L}{R_1 + R_2} = \dfrac{0.4}{4+4} = 0.05\text{s}$

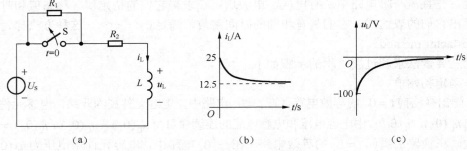

图 5-23　例 5-8 的电路及电流、电压波形

利用分解方法求解：

零输入响应 $\qquad i_{L1}(t) = i_L(0_+) \, e^{-\frac{t}{\tau}} = 25e^{-20t}\text{A}$

零状态响应 $\qquad i_{L2}(t) = \dfrac{U_S}{R_1 + R_2}(1 - e^{-\frac{t}{\tau}}) = \dfrac{100}{4+4}(1 - e^{-20t}) = 12.5(1 - e^{-20t}) \text{ A}$

全响应 $\qquad i_L(t) = i_{L1}(t) + i_{L2}(t) = 25e^{-20t} + 12.5(1 - e^{-20t}) = 12.5(1 + e^{-20t}) \text{ A}$

（2）电感电压

$$u_L(t) = U_S - i_L(R_1 + R_2) = 100 - (4+4) \times 12.5(1 + e^{-20t}) = -100e^{-20t}\text{V}$$

或 $\qquad u_L(t) = L\dfrac{\mathrm{d}i}{\mathrm{d}t} = 0.4 \times 12.5e^{-20t} \times (-20) = -100e^{-20t}\text{V}$

（3）电感电流、电感电压的波形如图 5-23（b）、图 5-23（c）所示。

例 5-9　如图 5-24（a）所示电路原处于稳态，在 $t = 0$ 时将开关 S 闭合，用三要素法求换路后电路中所示的电压和电流，并画出其变化曲线。

解　电路原处于稳态，在 $t = 0$ 时将开关 S 闭合，此电路为全响应问题。

（1）求 $u_C(0_+)$，$i_C(0_+)$，$i_1(0_+)$，$i_2(0_+)$

$t=0_-$ 时电路处于稳态，C 用开路线代替，可得 $t = 0_-$ 的等效电路如图 5-24（b）所示。可知 $u_C(0_-) = U_S = 12\text{V}$，根据电容电压的连续性，得 $u_C(0_+) = u_C(0_-) = 12\text{V}$。做 $t = 0_+$ 等效电路如图 5-24（c）所示。此时电容元件用电压值为 $u_C(0_+) = 12\text{V}$ 的电压源代替。应用电路的分析方法求得 $i_C(0_+) = -1\text{mA}$，$i_1(0_+) = \dfrac{2}{3}\text{mA}$，$i_2(0_+) = \dfrac{5}{3}\text{mA}$。

（2）求 $u_C(\infty)$，$i_C(\infty)$，$i_1(\infty)$，$i_2(\infty)$

$t=\infty$ 时电路处于一个新的稳态，C 用开路线代替，$t=\infty$ 时等效电路如图 5-24（d）所示。

$$u_C(\infty) = \frac{R_2}{R_1 + R_2}U_s = \frac{6}{3+6} \times 12 = 8\text{V}$$

$$i_C(\infty) = 0\text{mA}, \quad i_1(\infty) = i_2(\infty) == \frac{12}{(3+6) \times 10^3} = \frac{4}{3}\text{mA}$$

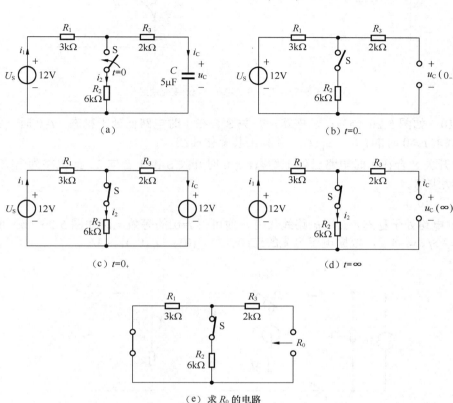

图 5-24 例 5-9 的电路

（3）求 τ

R_0 应为换路后电容两端的除源网络的等效电阻，如图 5-24（e）所示。

$$R_0 = R_1 \mathop{/\!\!/} R_2 + R_3 = \frac{3 \times 6}{3+6} + 2 = 4\text{k}\Omega$$

$$\tau = R_0 C = 4 \times 10^3 \times 5 \times 10^{-6} = 2 \times 10^{-2}\text{s}$$

（4）写出 $u_C(t)$，$i_C(t)$，$i_1(t)$，$i_2(t)$ 的表达式

电容电压
$$u_C(t) = u_C(\infty) + \left[u_C(0_+) - u_C(\infty)\right]e^{-\frac{t}{\tau}} = 8 + 4e^{-50t}\text{V}$$

电容电流
$$i_C(t) = i_C(\infty) + \left[i_C(0_+) - i_C(\infty)\right]e^{-\frac{t}{\tau}} = -e^{-50t}\text{mA}$$

电流
$$i_1(t) = i_1(\infty) + \left[i_1(0_+) - i_1(\infty)\right]e^{-\frac{t}{\tau}} = \frac{4}{3} - \frac{2}{3}e^{-50t}\text{mA}$$

电流
$$i_2(t) = i_2(\infty) + \left[i_2(0_+) - i_2(\infty)\right]e^{-\frac{t}{\tau}} = \frac{4}{3} + \frac{1}{3}e^{-50t}\text{mA}$$

$u_C(t)$，$i_C(t)$，$i_1(t)$ 和 $i_2(t)$ 的变化曲线如图 5-25 所示。

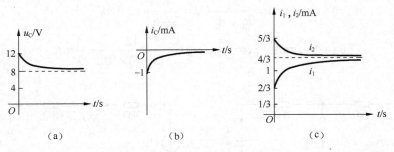

图 5-25   例 5-9 的电压、电流变化曲线

例 5-10   如图 5-26（a）所示电路，开关 S 合在 1 时电路已处于稳态。$t=0$ 时开关 S 由 1 合向 2。试求 $t \geqslant 0$ 时的 $i_L(t)$，$u_L(t)$，并画出其变化曲线。

解   开关 S 合在 1 时电路已处于稳态，$t=0$ 时开关 S 由 1 合向 2。此电路为全响应问题，用三要素法求解。

（1）求 $i_L(0_+)$。

$t=0_-$ 时电路处于稳态，L 用短路线代替，便可得 $t=0_-$ 的等效电路如图 5-26（b）所示。可知 $i_L(0_-) = -8/2 = -4\text{A}$，根据电感电流的连续性得 $i_L(0_+) = i_L(0_-) = -4\text{A}$

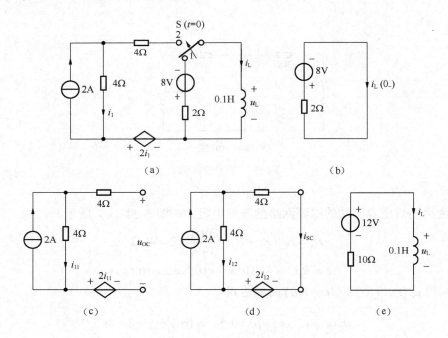

图 5-26   例 5-10 的电路

（2）求 $i_L(\infty)$。

由于含有受控源，故采用开路电压短路电流的方法求等效电阻 R_0。求开路电压的电路如图 5-26（c）所示。 $i_{11} = 2\text{A}$，$u_{OC} = 4i_{11} + 2i_{11} = 12\text{V}$

求短路电流的电路如图 5-26（d）所示。

根据 KVL 有 $\qquad 4i_{SC} - 2i_{12} - 4i_{12} = 0$

根据 KCL 有 $\qquad i_{12} + i_{SC} = 2$

联立求解得 $i_{SC} = 1.2\text{A}$，所以 $\qquad R_o = \dfrac{u_{OC}}{i_{SC}} = 10\Omega$

$t \geqslant 0$ 时的等效电路如图 5-26（e）所示。因 $t = \infty$ 时电路处于新的稳态，图 5-26（e）中 L 用短路线代替，所以 $i_L(\infty) = \dfrac{12}{10} = 1.2\text{A}$。

（3）求 τ。

$$\tau = \frac{L}{R_o} = \frac{0.1}{10} = 0.01\text{s}$$

（4）写出 $i_L(t)$ 的表达式，并求 $u_L(t)$

$$i_L(t) = i_L(\infty) + [i_L(0_+) - i_L(\infty)]e^{-\frac{t}{\tau}} = 1.2 + (-4 - 1.2)\,e^{-\frac{t}{0.01}} = 1.2 - 5.2e^{-100t}\text{A}$$

$$u_L(t) = L\frac{\mathrm{d}i_L}{\mathrm{d}t} = 52e^{-100t}\text{V}$$

（5）$i_L(t)$，$u_L(t)$ 的波形如图 5-27（a）、图 5-27（b）所示。

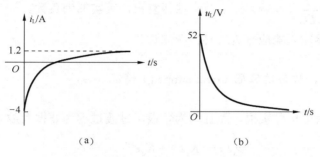

（a）　　　　　　　　　　　　（b）

图 5-27　例 5-10 的 $i_L(t)$，$u_L(t)$ 的波形

5.4　直流二阶电路的分析

　　凡是能用二阶线性常微分方程描述的动态电路称为二阶（线性）电路（second-order circuit）。本节将在一阶电路的基础上分析二阶电路的过渡过程。在二阶动态电路中，给定的初始条件有两个，它们由储能元件的初始值决定。其中 RLC 串联电路和 GCL 并联电路是最简单的二阶电路。

5.4.1　二阶串联电路的零输入响应

　　如图 5-28 所示为一 RLC 串联电路，若电容的初始电压 $u_C(0_+) = u_C(0_-) = U_0$，电感中的初始电流 $i(0_+) = i(0_-) = I_0$。在 $t = 0$ 时合上开关 S，由于电路中没有激励源，即为二阶电路的零输入响应。对图 5-28 所示电路，按照 KVL 可写出

图 5-28　RLC 串联电路的零输入响应

$$u_R + u_L + u_C = 0 \qquad\qquad (5\text{-}70)$$

将 $i = C\dfrac{\mathrm{d}u_C}{\mathrm{d}t}$，$u_R = Ri = RC\dfrac{\mathrm{d}u_C}{\mathrm{d}t}$，$u_L = L\dfrac{\mathrm{d}i}{\mathrm{d}t} = LC\dfrac{\mathrm{d}^2 u_C}{\mathrm{d}t^2}$，代入式（5-70）得

$$LC\frac{\mathrm{d}^2 u_\mathrm{C}}{\mathrm{d}t^2} + RC\frac{\mathrm{d}u_\mathrm{C}}{\mathrm{d}t} + u_\mathrm{C} = 0 \tag{5-71}$$

式（5-71）是一个以 u_C 为未知量的二阶、线性、常系数、齐次微分方程，设齐次解为 Ke^{st}，将它代入式（5-71），得特征方程

$$LCs^2 + RCs + 1 = 0 \tag{5-72}$$

其特征根为

$$s_{1,2} = -\frac{R}{2L} \pm \sqrt{\left(\frac{R}{2L}\right)^2 - \frac{1}{LC}} \tag{5-73}$$

根号前有正负两个符号，所以特征根有两个值。特征根是电路的固有频率，它将决定零输入响应的形式。由于 R、L、C 参数不同，特征根 s_1，s_2 可能出现三种不同情况：

（1）当 $\left(\dfrac{R}{2L}\right)^2 > \dfrac{1}{LC}$ 时，s_1，s_2 是两个相异负实根；

（2）当 $\left(\dfrac{R}{2L}\right)^2 = \dfrac{1}{LC}$ 时，s_1，s_2 是两个相同负实根；

（3）当 $\left(\dfrac{R}{2L}\right)^2 < \dfrac{1}{LC}$ 时，s_1，s_2 是两个共轭复根，其实部为负数。

所以，RLC 电路的零输入响应分为三种情况来讨论。

1. $R > 2\sqrt{\dfrac{L}{C}}$ 时，称为过阻尼（overdamped）情况

此时特征根是两个相异实根，而且均为负根，过渡过程为非振荡放电过程，其通解可表示为

$$u_\mathrm{C}(t) = K_1 e^{s_1 t} + K_2 e^{s_2 t} \tag{5-74}$$

其中 K_1 和 K_2 为两个待定的系数。由电路的初始条件决定，该电路有两个储能元件，相应的初始条件有两个，即电容电压和电感电流的初始值

$$u_\mathrm{C}(0_+) = u_\mathrm{C}(0_-) = U_0, \quad i(0_+) = i(0_-) = I_0$$

因 $i = C\dfrac{\mathrm{d}u_\mathrm{C}}{\mathrm{d}t}$，所以有 $\dfrac{\mathrm{d}u_\mathrm{C}}{\mathrm{d}t}\Big|_{t=0+} = \dfrac{I_0}{C}$。将这两个初始条件代入式（5-74），得

$$\left.\begin{aligned} K_1 + K_2 &= U_0 \\ s_1 K_1 + s_2 K_2 &= \frac{I_0}{C} \end{aligned}\right\} \tag{5-75}$$

以上两个方程联立求解，可得常数 K_1 和 K_2。

$$\left.\begin{aligned} K_1 &= \frac{1}{s_2 - s_1}\left(s_2 U_0 - \frac{I_0}{C}\right) \\ K_2 &= \frac{1}{s_1 - s_2}\left(s_1 U_0 - \frac{I_0}{C}\right) \end{aligned}\right\} \tag{5-76}$$

把 K_1 和 K_2 代入式（5-74）整理可得电容电压

$$u_C(t) = \frac{U_0}{s_2 - s_1}(s_2 e^{s_1 t} - s_1 e^{s_2 t}) + \frac{I_0}{(s_2 - s_1)\,C}(e^{s_2 t} - e^{s_1 t}) \qquad (5\text{-}77)$$

电路电流根据 $i = C\dfrac{\mathrm{d}u_C}{\mathrm{d}t}$, 并利用 $s_1 s_2 = \dfrac{1}{LC}$ 可得

$$i(t) = \frac{U_0}{L(s_2 - s_1)}(e^{s_1 t} - e^{s_2 t}) + \frac{I_0}{s_2 - s_1}(s_2 e^{s_2 t} - s_1 e^{s_1 t}) \qquad (5\text{-}78)$$

电感电流根据 $u_L = L\dfrac{\mathrm{d}i}{\mathrm{d}t}$ 可得

$$u_L(t) = \frac{U_0}{s_2 - s_1}(s_1 e^{s_1 t} - s_2 e^{s_2 t}) + \frac{I_0 L}{s_2 - s_1}(s_2^2 e^{s_2 t} - s_1^2 e^{s_1 t}) \qquad (5\text{-}79)$$

下面我们研究 $U_0 \neq 0$, $I_0 = 0$ 的情形, 相当于充了电的电容器对没有电流的线圈放电的情况。这时电容电压、电路电流、电感电压的表达式为

$$u_C(t) = \frac{U_0}{s_2 - s_1}(s_2 e^{s_1 t} - s_1 e^{s_2 t}) \qquad (5\text{-}80)$$

$$i(t) = \frac{U_0}{L(s_2 - s_1)}(e^{s_1 t} - e^{s_2 t}) \qquad (5\text{-}81)$$

$$u_L(t) = \frac{U_0}{s_2 - s_1}(s_1 e^{s_1 t} - s_2 e^{s_2 t}) \qquad (5\text{-}82)$$

因为 s_1 , s_2 是两个负实数, 所以电容电压由两个单调下降的指数函数组成, 其放电过程是单调的衰减过程, 如图 5-29 所示。至于电流 i , 因为 $s_1 > s_2$, 根据式 (5-82), 放电电流始终为负, 在 $t=0$ 时, $i=0$, 这是电流的初始条件决定的。在 $t = \infty$ 时电容的电场能量全部为电阻消耗, 电流也是零。在中间某一时刻 $t = t_m$ 时, 电流 i 数值最大。由 $\mathrm{d}i/\mathrm{d}t = 0$, 可计算出

$$t_m = \frac{\ln(s_2/s_1)}{s_1 - s_2} \qquad (5\text{-}83)$$

非振荡放电过程中, 在 $0 \sim t_m$ 期间, 电容中的电场能量一部分消耗在电阻上, 另一部分则变为电感中的磁场能量。当 $t > t_m$ 时, 电容中剩余的电场能量和电感中的磁场能量都逐渐消耗在电阻上。当 $t = t_m$ 时, 电感电压过零点, 当 $t = 2t_m$ 时, 电感电压为最大。

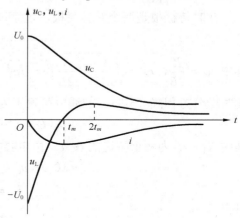

图 5-29 非振荡放电过程 u_C、u_L、i 随时间的变化曲线

2. $R = 2\sqrt{\dfrac{L}{C}}$ 时, 称为临界阻尼 (critically damped) 情况

此时特征根是两个相等的负实根, $s_1 = s_2 = -\dfrac{R}{2L} = -\alpha$, 微分方程式 (5-71) 的通解为

$$u_C(t) = (K_1 + K_2 t)\,e^{-\alpha t} \qquad (5\text{-}84)$$

由初始条件 $u_C(0_+) = u_C(0_-) = U_0$, $i(0_+) = i(0_-) = I_0$

因 $i = C\dfrac{\mathrm{d}u_C}{\mathrm{d}t}$，所以有 $\dfrac{\mathrm{d}u_C}{\mathrm{d}t}\big|_{t=0+} = \dfrac{I_0}{C}$。将这两个初始条件代入式（5-84），得

$$\left.\begin{aligned} K_1 &= U_0 \\ -\alpha K_1 + K_2 &= \frac{I_0}{C} \end{aligned}\right\} \tag{5-85}$$

以上两个方程联立求解，可得

$$K_1 = U_0 \ , \ \ K_2 = \alpha U_0 + \frac{I_0}{C} \tag{5-86}$$

把 K_1 和 K_2 代入式（5-84），整理可得电容电压

$$u_C(t) = U_0(1+\alpha t)\ e^{-\alpha t} + \frac{I_0}{C}te^{-\alpha t} \tag{5-87}$$

电路电流

$$\begin{aligned} i(t) = C\frac{\mathrm{d}u_C}{\mathrm{d}t} &= -U_0\alpha^2 Cte^{-\alpha t} + I_0(1-\alpha t)\ e^{-\alpha t} \\ &= -\frac{U_0}{L}te^{-\alpha t} + I_0(1-\alpha t)\ e^{-\alpha t} \end{aligned} \tag{5-88}$$

从式（5-87）、式（5-88）可以看出：电路的响应仍然属于非振荡性质。如果将电阻稍微减小，使 $R < 2\sqrt{\dfrac{L}{C}}$ 时，则响应将为振荡性的。

3. $R < 2\sqrt{\dfrac{L}{C}}$ 时，称为欠阻尼（underdamped）情况

此时特征根是两个共轭复根，过渡过程为振荡放电过程。特征根为

$$s_1 = -\alpha + \mathrm{j}\omega_d, \ s_2 = -\alpha - \mathrm{j}\omega_d \tag{5-89}$$

其中 $\alpha = \dfrac{R}{2L}$，$\omega_d = \sqrt{\dfrac{1}{LC} - (\dfrac{R}{2L})^2} = \sqrt{\omega_0^2 - \alpha^2}$，$\omega_0 = \dfrac{1}{\sqrt{LC}}$

此时微分方程式（5-71）的通解可表示为

$$u_C(t) = e^{-\alpha t}(K_1\cos\omega_d t + K_2\sin\omega_d t) \tag{5-90}$$

其中 K_1、K_2 为两个待定的系数。由电容电压和电感电流的初始值

$$u_C(0_+) = u_C(0_-) = U_0, \ i(0_+) = i(0_-) = I_0$$

可得

$$\left.\begin{aligned} K_1 &= U_0 \\ -\alpha K_1 + \omega_d K_2 &= \frac{I_0}{C} \end{aligned}\right\} \tag{5-91}$$

联立求解，可得

$$K_2 = \frac{1}{\omega_d}(\alpha U_0 + \frac{I_0}{C}) \tag{5-92}$$

把 K_1、K_2 代入式（5-90），便可求得电容电压 $u_C(t)$。

为了便于反映响应的特点，式（5-90）进一步变形为

$$u_C(t) = e^{-\alpha t}(K_1\cos\omega_d t + K_2\sin\omega_d t) = Ke^{-\alpha t}\cos(\omega_d t + \theta) \tag{5-93}$$

其中 $K = \sqrt{K_1^2 + K_2^2}$，$\theta = -\arctan\dfrac{K_2}{K_1}$

式（5-93）说明：$u_C(t)$ 是衰减振荡，它随时间变化的曲线如图 5-30 所示。它的振幅 $Ke^{-\alpha t}$ 是随时间按指数规律衰减的。把 α 称为衰减系数，α 越大，衰减越快。ω_d 是衰减振荡的角频率，T 为振荡的周期，ω_d 越大，振荡周期 T 越小。该电路的振荡频率为

$$f = \frac{1}{T} = \frac{\omega_d}{2\pi} = \frac{1}{2\pi}\sqrt{\frac{1}{LC} - (\frac{R}{2L})^2} \qquad (5\text{-}94)$$

振荡频率与电路参数有关，而与电源的频率无关，故称为自由振荡。

从能量关系看，在振荡放电过程中，电容中的电场能量和电感中的磁场能量反复交换，电容反复地充电放电，其两端电压和电路电流以及电感电压均周期变化，这种过程称为电磁振荡。由于电阻消耗能量，所以振荡过程中电磁能量不断减少，即电容电压和电路电流不断减少，最终全部消耗在电阻上，各电压电流都衰减到零。

把 K_1 和 K_2 代入式（5-93）中，便可求得电容电压

$$u_C(t) = U_0\frac{\omega_0}{\omega_d}e^{-\alpha t}\cos(\omega_d t - \theta) + \frac{I_0}{\omega_d C}e^{-\alpha t}\sin\omega_d t \qquad (5\text{-}95)$$

电路电流

$$i(t) = -U_0\frac{\omega_0^2 C}{\omega_d}e^{-\alpha t}\sin\omega_d t + \frac{I_0\omega_0}{\omega_d}e^{-\alpha t}\cos(\omega_d t + \theta) \qquad (5\text{-}96)$$

当 $R = 0$ 时，$\alpha = 0$，则 $\omega_d = \omega_0 = \sqrt{\dfrac{1}{LC}}$

电容电压和电路电流分别为

$$u_C(t) = U_0\cos\omega_0 t + \frac{I_0}{\omega_0 C}\sin\omega_0 t \qquad (5\text{-}97)$$

$$i(t) = -U_0\omega_0 C\sin\omega_0 t + I_0\cos\omega_0 t = -\frac{U_0}{\sqrt{L/C}}\sin\omega_0 t + I_0\cos\omega_0 t \qquad (5\text{-}98)$$

由式（5-97）、式（5-98）可以看出：u_C、i 的振幅并不衰减，这时的响应为等幅振荡，其振荡角频率为 ω_0。当 L、C 为任意正值时，根据式（5-97）、式（5-98）可以得出对所有 $t \geqslant 0$，

总有 $\quad w(t) = \dfrac{1}{2}u_C^2(t) + \dfrac{1}{2}Li^2(t) = \dfrac{1}{2}u_C^2(0) + \dfrac{1}{2}Li^2(0) = w(0)$

即任何时刻储能总等于初始时刻的储能，能量不断往返于电场与磁场之间，永不消失。

综上所述，电路的零输入响应的性质取决于电路的固有频率 s，固有频率可以是复数、实数或虚数，从而决定了响应为衰减振荡过程、非振荡过程或等幅振荡过程。

例 5-11 如图 5-31 所示电路，已知 $U_S = 10V$，$C = 1\mu F$，$R = 4k\Omega$，$L = 1H$，开关 S 原来闭合在 1 点，在 $t=0$ 时，开关 S 由 1 合向 2 点。求（1）u_C，u_R，u_L，i；（2）i_{max}。

解 （1）在 $t=0_-$ 时，电容用开路线代替，得 $u_C(0_-) = U_S = 10V$

根据电容电压的连续性得 $\qquad u_C(0_-) = u_C(0_+) = 10V$

$t>0$ 后该电路无激励，为零输入响应。

$$u_R + u_L - u_C = 0$$

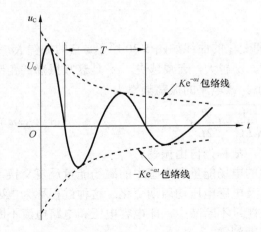

图 5-30 振荡放电过程 u_C 随时间的变化曲线

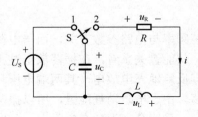

图 5-31 例 5-11 电路图

将 $i = -C\dfrac{\mathrm{d}u_C}{\mathrm{d}t}$, $u_R = Ri = -RC\dfrac{\mathrm{d}u_C}{\mathrm{d}t}$, $u_L = L\dfrac{\mathrm{d}i}{\mathrm{d}t} = -LC\dfrac{\mathrm{d}^2 u_C}{\mathrm{d}t^2}$ 代入上式

得
$$LC\frac{\mathrm{d}^2 u_C}{\mathrm{d}t^2} + RC\frac{\mathrm{d}u_C}{\mathrm{d}t} + u_C = 0$$

由 R、L、C 参数知

$$R = 4\mathrm{k}\Omega > 2\sqrt{\frac{L}{C}} = 2\sqrt{\frac{1}{10^{-6}}} = 2\mathrm{k}\Omega$$

放电过程为非振荡的，特征根为

$$s_1 = -\frac{R}{2L} + \sqrt{(\frac{R}{2L})^2 - \frac{1}{LC}} = -268 , \qquad s_2 = -\frac{R}{2L} - \sqrt{(\frac{R}{2L})^2 - \frac{1}{LC}} = -3732$$

电容电压 $\quad u_C(t) = \dfrac{U_0}{s_2 - s_1}(s_2 e^{s_1 t} - s_1 e^{s_2 t}) = (10.77 e^{-268t} - 0.773 e^{-3732t})$ V

电路电流 $\quad i(t) = -C\dfrac{\mathrm{d}u_C}{\mathrm{d}t} = \dfrac{U_0}{(s_2 - s_1)\,L}(e^{s_2 t} - e^{s_1 t}) = 2.89(e^{-268t} - e^{-3732t})$ mA

电阻电压 $\quad u_R = Ri = 11.56(e^{-268t} - e^{-3732t})$ V

电感电压 $\quad u_L = L\dfrac{\mathrm{d}i}{\mathrm{d}t} = (10.77 e^{-3732t} - 0.773 e^{-268t})$ V

（2）电流最大值发生在 t_m 时刻，即 $t_m = \dfrac{\ln(s_2/s_1)}{s_1 - s_2} = 7.60 \times 10^{-4}\mathrm{s}$

$$i_{\max} = 2.89(e^{-268 \times 7.6 \times 10^{-4}} - e^{-3732 \times 7.6 \times 10^{-4}}) = 2.19\mathrm{mA}$$

例 5-12 某 RLC 串联电路的 $R=1\Omega$，固有频率为 $-3 \pm \mathrm{j}5$。电路中的 L、C 保持不变，试计算：（1）为获得临界阻尼响应所需的 R 值；（2）为获得过阻尼响应，且固有频率之一为 $s_1 = -10$ 时所需的 R 值。

解 （1）固有频率 $s_{1,2} = -\dfrac{R}{2L} \pm \sqrt{\left(\dfrac{R}{2L}\right)^2 - \dfrac{1}{LC}} = -3 \pm \mathrm{j}5$

可知
$$\frac{R}{2L}=3,\quad \sqrt{\left(\frac{R}{2L}\right)^2-\frac{1}{LC}}=\mathrm{j}5$$

则
$$L=\frac{1}{6},\quad \frac{1}{LC}=34$$

现电路属于临界阻尼状态，要使 $\left(\dfrac{R}{2L}\right)^2-\dfrac{1}{LC}=0$，则 $R=2L\sqrt{\dfrac{1}{LC}}=2\times\dfrac{1}{6}\times\sqrt{34}=1.94\Omega$

（2）要使 $\quad s_1=-\dfrac{R}{2L}\pm\sqrt{\left(\dfrac{R}{2L}\right)^2-\dfrac{1}{LC}}=-10$

因为 $L=\dfrac{1}{6}$，所以 $-\dfrac{R}{2L}=-3R$，则 $\quad -3R-\sqrt{(3R)^2-34}=-10$

解得 $\quad R=2.23\ \Omega$

5.4.2　二阶串联电路的完全响应

如图 5-32 所示的 RLC 串联电路，若电容 C 原先已充电，其初始电压 $u_C(0_+)=u_C(0_-)=U_0$，电感中的初始电流 $i(0_+)=i(0_-)=I_0$。在 $t=0$ 时合上开关 S，由于电路中有直流激励源，即为 RLC 串联电路完全响应。

对图 5-32 所示电路，按照 KVL 可写出

$$u_R+u_L+u_C=U_S$$

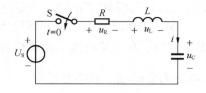

图 5-32　RLC 串联电路的完全响应

将 $i=C\dfrac{\mathrm{d}u_C}{\mathrm{d}t}$，$u_R=Ri=RC\dfrac{\mathrm{d}u_C}{\mathrm{d}t}$，$u_L=L\dfrac{\mathrm{d}i}{\mathrm{d}t}=LC\dfrac{\mathrm{d}^2u_C}{\mathrm{d}t^2}$，代入上式得

$$LC\frac{\mathrm{d}^2u_C}{\mathrm{d}t^2}+RC\frac{\mathrm{d}u_C}{\mathrm{d}t}+u_C=U_S \tag{5-99}$$

式（5-99）是一个以 u_C 为未知量的二阶、线性、常系数、非齐次微分方程，它的解由该方程的特解（稳态分量）和对应的齐次微分方程的通解（暂态分量）组成。稳态时电容相当于开路，故特解 $u_{CP}=U_S$，齐次解设为 $u_{Ch}=Ke^{st}$

得特征方程
$$LCs^2+RCs+1=0$$

其特征根为
$$s_{1,2}=-\frac{R}{2L}\pm\sqrt{(\frac{R}{2L})^2-\frac{1}{LC}} \tag{5-100}$$

由于 RLC 参数不同，特征根 s_1，s_2 可能是两个相异实根、两个共轭复根或两个相等的实根，所以 RLC 串联电路的全响应也分为 3 种情况来讨论。

（1） $R>2\sqrt{\dfrac{L}{C}}$ 时，称为过阻尼情况。特征根是两个相异实根，而且均为负根，其通解可表示为

$$u_C(t)=K_1e^{s_1t}+K_2e^{s_2t}+U_S \tag{5-101}$$

（2） $R=2\sqrt{\dfrac{L}{C}}$ 时，称为临界阻尼情况。特征根是两个相等的负实根，即

$$s_1=s_2=-\frac{R}{2L}=-\alpha$$

其通解为

$$u_C = (K_1 + K_2 t)\, e^{-\alpha t} + U_S \tag{5-102}$$

（3）$R < 2\sqrt{\dfrac{L}{C}}$ 时，称为欠阻尼情况。此时特征根是两个共轭复根，则特征根为

$$s_1 = -\alpha + j\omega_d,\quad s_2 = -\alpha - j\omega_d$$

其中 $\alpha = \dfrac{R}{2L}$，$\omega_d = \sqrt{\dfrac{1}{LC} - \left(\dfrac{R}{2L}\right)^2} = \sqrt{\omega_0^2 - \alpha^2}$，$\omega_0 = \dfrac{1}{\sqrt{LC}}$

其通解为

$$u_C(t) = e^{-\alpha t}(K_1 \cos \omega_d t + K_2 \sin \omega_d t) + U_S \tag{5-103}$$

式（5-101）、式（5-102）、式（5-103）中 K_1 和 K_2 为两个待定的系数。由电容电压和电感电流的初始值 $u_C(0_+) = u_C(0_-) = U_0$，$i(0_+) = i(0_-) = I_0$ 决定。

例 5-13 电路如图 5-33（a）所示，当 $t < 0$ 时，$u_S(t) = -1\text{V}$，在 $t=0$ 时，$u_S(t)$ 突然增至 1V，以后一直保持为此值，如图 5-33（b）所示。试求电容电压和电感电流。

解 $t=0$ 时，电容用开路线代替，电感用短路线代替，可知 $u_C(0_-) = -1\text{V}$，$i(0_-) = 0\text{A}$ 根据电容电压和电感电流的连续性有 $u_C(0_+) = -1\text{V}$，$i(0_+) = 0\text{A}$

$t>0$ 后为全响应，电路方程为
$$LC\frac{\mathrm{d}^2 u_C}{\mathrm{d}t^2} + u_C = u_S$$

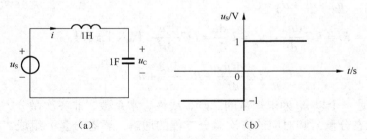

图 5-33　例 5-13 电路及输入波形

因为 $R = 0$，所以　　　　　　　　$\alpha = 0$，$\omega_d = \omega_0 = \sqrt{\dfrac{1}{LC}} = 1$

对应的特征根为 $s1,2 = \pm j$，其通解为　$u_C(t) = K_1 \cos t + K_2 \sin t + 1$

根据 $u_C(0) = -1\text{V}$，$i(0) = 0\text{A}$，得 $K_1 = -2$，$K_2 = 0$

所以　　　　　　　　　　$u_C(t) = (-2\cos t + 1)\ \text{V}$

$$i(t) = \frac{\mathrm{d}u_C(t)}{\mathrm{d}t} = 2\sin t\, \text{A}$$

5.4.3　二阶并联电路的响应

如图 5-34 所示为一 GCL 并联电路，若电容 C 原先已充电，其初始电压 $u_C(0_+) = u_C(0_-) = U_0$，电感中的初始电流 $i(0_+) = i(0_-) = I_0$。在 $t=0$ 时合上开关 S，按照 KCL 可写出

$$i_{\mathrm{R}} + i_{\mathrm{L}} + i_{\mathrm{C}} = I_{\mathrm{S}}$$

将 $i_{\mathrm{G}} = Gu = GL\dfrac{\mathrm{d}i_{\mathrm{L}}}{\mathrm{d}t}$，$i_{\mathrm{C}} = C\dfrac{\mathrm{d}u}{\mathrm{d}t} = LC\dfrac{\mathrm{d}^2 i_{\mathrm{L}}}{\mathrm{d}t^2}$，代入上式得

$$LC\frac{\mathrm{d}^2 i_{\mathrm{L}}}{\mathrm{d}t^2} + GL\frac{\mathrm{d}i_{\mathrm{L}}}{\mathrm{d}t} + i_{\mathrm{L}} = I_{\mathrm{S}} \tag{5-104}$$

式（5-104）是一个以 i_{L} 为未知量的二阶、线性、常系数、非齐次微分方程，将式（5-104）和式（5-99）进行比较，可以发现：把串联电路方程中的 u_{C} 换成 i_{L}，L 换成 C，C 换成 L，R 换成 G，U_{S} 换成 I_{S} 就会得到并联电路的方程。因此按照对偶原理，不难从已有的 RLC 串联电路的解答得到 GCL 并联电路的解答，十分方便。

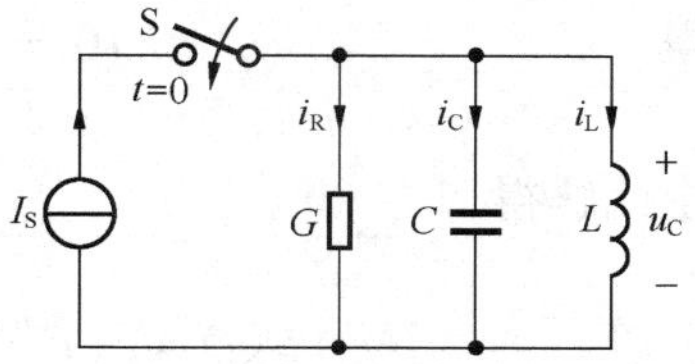

例 5-14 图 5-34 所示 GCL 并联电路，已知 $u(0) = 0\mathrm{V}$，$i_{\mathrm{L}}(0) = 0\mathrm{A}$，$L = 1\mathrm{H}$，$C = 1\mathrm{F}$，$I_{\mathrm{S}} = 1\mathrm{A}$（$t > 0$）。求：$t > 0$时 $i_{\mathrm{L}}(t)$ 的响应，若（1）$G = 10\mathrm{S}$，（2）$G = 2\mathrm{S}$，（3）$G = 0.1\mathrm{S}$。

图 5-34 GCL 并联电路

解 该电路为 GCL 并联电路的零状态响应，微分方程为

$$LC\frac{\mathrm{d}^2 i_{\mathrm{L}}}{\mathrm{d}t^2} + GL\frac{\mathrm{d}i_{\mathrm{L}}}{\mathrm{d}t} + i_{\mathrm{L}} = I_{\mathrm{S}}$$

根据 RLC 串联电路和 GCL 并联电路的对偶原理，得特征根为

$$s_{1,2} = -\frac{G}{2C} \pm \sqrt{\left(\frac{G}{2C}\right)^2 - \frac{1}{LC}}$$

且特解 $i_{\mathrm{LP}} = I_{\mathrm{S}} = 1\mathrm{A}$

（1）$G = 10\mathrm{S}$时，$\left(\dfrac{G}{2C}\right)^2 > \dfrac{1}{LC}$ 属于过阻尼，特征根为

$$s_1 = -\frac{10}{2\times1} + \sqrt{\left(\frac{10}{2\times1}\right)^2 - \frac{1}{1\times1}} = -5 + 2\sqrt{6}, \quad s_2 = -5 - 2\sqrt{6}$$

则通解 $\qquad\qquad i_{\mathrm{L}}(t) = K_1 e^{s_1 t} + K_2 e^{s_2 t} + 1$

根据 $\qquad\qquad u(0) = 0\mathrm{V}$，$i_{\mathrm{L}}(0) = 0\mathrm{A}$

得 $\qquad i_{\mathrm{L}}(0) = K_1 + K_2 + 1 = 0$，$i_{\mathrm{L}}'(0) = s_1 K_1 + s_2 K_2 = \dfrac{u(0)}{L} = 0$

由此解得 $\qquad K_1 = \dfrac{s_2}{s_2 - s_1} = -\dfrac{5 + 2\sqrt{6}}{4\sqrt{6}}$，$K_2 = \dfrac{s_1}{s_1 - s_2} = \dfrac{5 - 2\sqrt{6}}{4\sqrt{6}}$

所以 $\quad i_{\mathrm{L}}(t) = 1 + \dfrac{1}{4\sqrt{6}}\left[(5 - 2\sqrt{6})\,e^{-(5+2\sqrt{6})t} - (5 + 2\sqrt{6})\,e^{-(5-2\sqrt{6})t}\right]\mathrm{A}$，$t \geqslant 0$

（2）$G = 2\mathrm{S}$ 时，$\left(\dfrac{G}{2C}\right)^2 = \dfrac{1}{LC}$ 属于临界阻尼，特征根为 $s_1 = s_2 = -\dfrac{G}{2C} = -1$

则通解 $\qquad\qquad i_{\mathrm{L}}(t) = K_1 e^{s_1 t} + K_2 t e^{s_2 t} + 1$

根据 $\qquad\qquad u(0) = 0\mathrm{V}$，$i_{\mathrm{L}}(0) = 0\mathrm{A}$

得 $\qquad i_{\mathrm{L}}(0) = K_1 + 1 = 0$，$i_{\mathrm{L}}'(0) = s_1 K_1 + K_2 = \dfrac{u(0)}{L} = 0$

由此解得 $\qquad\qquad K_1 = -1$，$K_2 = -1$

所以 $\qquad i_L(t)=\left[1-(1+t)\ e^{-t}\right]\text{A},\ t\geq 0$

（3）$G=0.1\text{S}$时，$(\dfrac{G}{2C})^2<\dfrac{1}{LC}$属于欠阻尼，特征根为

$$s_{1,2}=-\alpha\pm\text{j}\omega_\text{d}=-\frac{0.1}{2\times 1}\pm\sqrt{(\frac{0.1}{2\times 1})^2-\frac{1}{1\times 1}}\approx -0.05\pm\text{j},$$

则通解 $\qquad i_L(t)=e^{-\alpha t}(K_1\cos\omega_\text{d}t+K_2\sin\omega_\text{d}t)+1$

根据 $\qquad u(0)=0\text{V},\ i_L(0)=0\text{A}$

得 $\qquad i_L(0)=K_1+1=0,\ i_L'(0)=-\alpha K_1+\omega_\text{d}K_2=\dfrac{u(0)}{L}=0$

由此解得 $\qquad K_1=-1,\ K_2=-\dfrac{\alpha}{\omega_\text{d}}=-0.05$

所以 $\qquad i_L(t)=1-e^{-0.05t}(\cos t+0.05\sin\omega_\text{d}t)\approx(1-e^{-0.05t}\cos t)\ \text{A},\ t\geq 0$

3 种情况 i_L 的波形如图 5-35 所示。

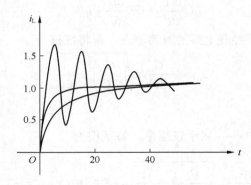

图 5-35　例 5-14 的电流波形

本 章 小 结

1．电阻 R、电感 L、电容 C 是三个基本电路元件，它们属于无源二端元件。在关联参考方向下，各元件的伏安关系为

电阻 R　　$u_\text{R}=i_\text{R}R$　　　　耗能元件

电感 L　　$u_\text{L}=L\dfrac{\text{d}i_\text{L}}{\text{d}t}$　　储能元件

电容 C　　$i_\text{C}=C\dfrac{\text{d}u_\text{C}}{\text{d}t}$　　储能元件

2．储有能量的系统，在其状态发生变化时，都要经历一个过渡过程，因为能量不能跃变。含有储能元件的电路，当发生换路时，其状态也要发生变化，它也要经历一个过渡过程，这里称为暂态过程。在有限激励作用下，储能元件的储能不能跃变，必须是连续的，用公式表示为

$$u_C(0_+) = u_C(0_-) , \quad i_L(0_+) = i_L(0_-)$$

3. 如果电路中的储能元件只有一个独立的电感或一个独立的电容，则相应的微分方程是一阶微分方程，这样的电路称为一阶电路。常见的一阶电路有 RC 电路和 RL 电路。求解一阶电路的方法有三种：（1）直接解微分方程；（2）利用分解方法求解；（3）利用三要素法进行求解。无论是零输入响应、零状态响应还是全响应均可应用三要素法求解。三要素求解一阶电路响应的一般形式为：

$$f(t) = f(\infty) + \left[f(0_+) - f(\infty) \right] e^{-\frac{t}{\tau}}$$

这里 $f(t)$ 既可代表电压，也可以代表电流。$f(0_+)$ 代表电压或电流的初始值，$f(\infty)$ 代表电压或电流的稳态值，τ 为一阶电路的时间常数。对一阶 RC 电路 $\tau = R_0 C$，对一阶 RL 电路 $\tau = L/R_0$，其中 R 应是换路后电容两端除源网络的等效电阻（即戴维南等效电阻）。

4. 用二阶微分方程描述的动态电路称为二阶电路。在二阶动态电路中，给定的初始条件有两个，它们由储能元件的初始值决定。其中 RLC 串联电路和 GCL 并联电路是最简单的二阶电路。RLC 串联电路的零输入响应 ，依电路元件的参数不同分以下 3 种情况：

（1）$R > 2\sqrt{\dfrac{L}{C}}$ 时，称为过阻尼情况。特征根是两个相异实根，而且均为负根，过渡过程为非振荡放电过程，其通解可表示为 $u_C(t) = K_1 e^{s_1 t} + K_2 e^{s_2 t}$；

（2）$R = 2\sqrt{\dfrac{L}{C}}$ 时，称为临界阻尼情况。特征根是两个相等的负实根，$s_1 = s_2 = -\dfrac{R}{2L} = -\alpha$，其通解为 $u_C(t) = (K_1 + K_2 t) \, e^{-\alpha t}$；

（3）$R < 2\sqrt{\dfrac{L}{C}}$ 时，称为欠阻尼情况。特征根是两个共轭复根，过渡过程为振荡放电过程。

则特征根为
$$s_1 = -\alpha + j\omega_d, \quad s_2 = -\alpha - j\omega_d$$

其中 $\alpha = \dfrac{R}{2L}$，$\omega_0 = \dfrac{1}{\sqrt{LC}}$，$\omega_d = \sqrt{\dfrac{1}{LC} - \left(\dfrac{R}{2L}\right)^2} = \sqrt{\omega_0^2 - \alpha^2}$。

其通解可表示为
$$u_C(t) = e^{-\alpha t}(K_1 \cos\omega_d t + K_2 \sin\omega_d t)$$

其中 K_1、K_2 为两个待定的积分系数。由电容电压和电感电流的初始值 $u_C(0_+) = u_C(0_-) = U_0$，$i(0_+) = i(0_-) = I_0$ 决定。

习   题

一、选择题

1. 在关联参考方向下，R、L、C 三个元件的伏安关系可分别如（   ）表示。

A. $i_R = Gu_R$， $u_L = u_L(0) + \dfrac{1}{L}\displaystyle\int_0^t i_L(\tau)d\tau$， $u_C = C\dfrac{di_C}{dt}$

B. $u_R = Ri_R$， $u_L = u_L(0) + \dfrac{1}{L}\displaystyle\int_0^t i_L(\tau)d\tau$， $u_C = C\dfrac{di_C}{dt}$

C. $u_R = Gi_R$, $u_L = L\dfrac{di_L}{dt}$, $u_C = u_C(0) + \dfrac{1}{C}\displaystyle\int_0^t i_C(\tau)\mathrm{d}\tau$

D. $u_R = Ri_R$, $u_L = L\dfrac{di_L}{dt}$, $u_C = u_C(0) + \dfrac{1}{C}\displaystyle\int_0^t i_C(\tau)\mathrm{d}\tau$

2. 一阶电路的零输入响应是指（　　　）。

  A. 电容电压 $u_C(0_-) \neq 0\text{V}$ 或电感电压 $u_L(0_-) \neq 0\text{V}$，且电路有外加激励作用

  B. 电容电流 $i_C(0_-) \neq 0\text{A}$ 或电感电压 $u_L(0_-) \neq 0\text{V}$，且电路无外加激励作用

  C. 电容电流 $i_C(0_-) \neq 0\text{A}$ 或电感电流 $i_L(0_-) \neq 0\text{A}$，且电路有外加激励作用

  D. 电容电压 $u_C(0_-) \neq 0\text{V}$ 或电感电流 $i_L(0_-) \neq 0\text{A}$，且电路无外加激励作用

3. 若 C_1、C_2 两电容并联，则其等效电容 $C = $（　　　）。

  A. $C_1 + C_2$　　　　B. $\dfrac{C_1 C_2}{C_1 + C_2}$　　　　C. $\dfrac{C_1 + C_2}{C_1 C_2}$　　　　D. $C_1 C_2$

4. 已知电路如图 x5.1 所示，电路原已稳定，开关闭合后电容电压的初始值 $u_C(0_+)$ 等于（　　　）。

  A. -2V　　　　B. 2V

  C. 6V　　　　D. 8V

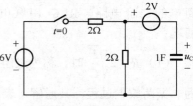

5. 已知 $u_C(t) = 15e^{-\frac{t}{\tau}}\text{V}$，当 $t = 2\text{s}$ 时 $u_C = 6\text{V}$，电路的时间常数 τ 等于（　　　）。

  A. 0.458s　　　　B. 2.18s

  C. 0.2s　　　　D. 0.1s

图 x5.1　选择题 4 图

6. 二阶 RLC 串联电路，当 R_____$2\sqrt{\dfrac{L}{C}}$ 时，电路为欠阻尼情况；当 R_____$2\sqrt{\dfrac{L}{C}}$ 时，电路为临界阻尼情况（　　　）。

  A. $>$、$=$　　　　B. $<$、$=$　　　　C. $<$、$>$　　　　D. $>$、$<$

二、填空题

1. 若 L_1 与 L_2 两电感串联，则其等效电感 $L=$_____；把这两个电感并联，则等效电感 $L=$_____。

2. 一般情况下，电感的_____不能跃变，电容的_____不能跃变。

3. 在一阶 RC 电路中，若 C 不变，R 越大，则换路后过渡过程越_____。

4. 二阶 RLC 串联电路，当 R_____$2\sqrt{L/C}$ 时，电路为振荡放电；当 $R=$_____时，电路发生等幅振荡。

5. 如图 x5.2 所示电路中，开关闭合前电路处于稳态，$u(0_+) = $_____V，$\mathrm{d}u_C/\mathrm{d}t\big|_{0+} = $_____V/s。

6. $R = 1\Omega$ 和 $C = 1\text{F}$ 的并联电路与电流源 I_S 接通。若已知当 $I_S = 2\text{A}$（$t \geqslant 0$），电容初始电压为 1V 时，$u_C(t)$ 为 $(2 - e^{-t})\text{V}$（$t \geqslant 0$），则当激励 I_S 增大一倍（即 $I_S = 4\text{A}$），而初始电压保持原值，$t \geqslant 0$ 时 $u_C(t)$ 应为_____V。

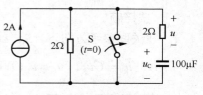

图 x5.2　填空题 5 图

三、计算题

1．电路如图 x5.3 所示，（1）求图 x5.3（a）中 ab 端的等效电容；（2）求图 x5.3（b）中 ab 端的等效电感。

2．电路图 x5.4（a）所示，电压源 u_S 波形如图 x5.4（b）所示。（1）求电容电流，并画出波形图；（2）求电容的储能，并画出电容储能随时间变化的曲线。

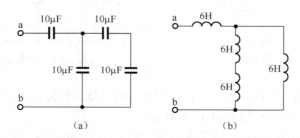

图 x5.3　计算题 1 图

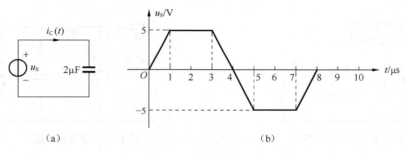

图 x5.4　计算题 2 图

3．如图 x5.5（a）所示电路，$i_L(0) = 0\text{A}$，电压源 u_S 的波形如图 x5.5（b）所示。求当 $t=1\text{s}$、$t=2\text{s}$、$t=3\text{s}$、$t=4\text{s}$ 时的电感电流 i_L。

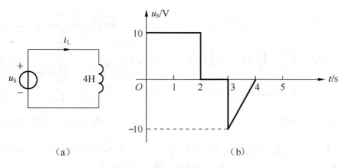

图 x5.5　计算题 3 图

4．如图 x5.6 所示 S 闭合瞬间（$t=0$），求初始值 $u_C(0_+)$、$i_C(0_+)$。

5．如图 x5.7 所示电路的暂态过程中，求 i_L 的初始值，稳态值以及电路的时间常数 τ 各等于多少？如 R_1 增大，电路的时间常数 τ 如何变化？

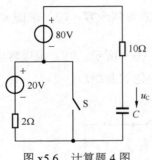

图 x5.6　计算题 4 图

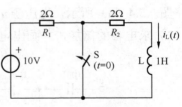

图 x5.7　计算题 5 图

6．如图 x5.8 已知：E=6V，R_1=5 Ω，R_2=4 Ω，R_3=1 Ω，开关 S 闭合前电路处于稳态，t=0 时闭合开关 S。求：换路瞬间的 $u_C(0_+)$、$i_C(0_+)$。

7．如图 x5.9 所示电路，t=0 时开关 K 闭合，求 $t \geqslant 0$ 时的 $u_C(t)$、$i_C(t)$ 和 $i_3(t)$。已知：I_S=5A，R_1=10Ω，R_2=10Ω，R_3=5Ω，C=250μF，开关闭合前电路已处于稳态。

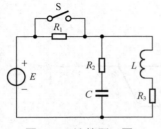

图 x5.8　计算题 6 图

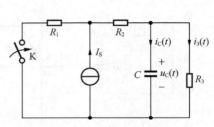

图 x5.9　计算题 7 图

8．如图 x5.10 所示电路中，t=0 时开关 S1 打开，S2 闭合。试用三要素法求出 $t \geqslant 0$ 时的 $i_L(t)$ 和 $u_L(t)$，并画出 $i_L(t)$ 的波形。（注：在开关动作前，电路已达稳态）。

9．如图 x5.11 所示电路在 t<0 时已处于稳态，在 t = 0 时将开关 S 由 1 切换至 2，求：（1）换路后的电容电压 $u_C(t)$；（2）t=20ms 时的电容元件的储能。

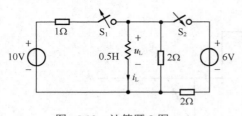

图 x5.10　计算题 8 图

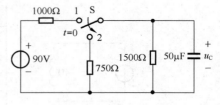

图 x5.11　计算题 9 图

10．电路如图 x5.12 所示，电路原处于稳态。在 t = 0 时将开关 S 由位置 1 合向位置 2，试求 t > 0 时 $i_L(t)$ 和 $i(t)$，并画出它们随时间变化的曲线。

11．在如图 x5.13 所示电路中，已知 U_S = 10V，L = 1H，C = 1μF，开关 S 原来合在触点 1 处，在 t=0 时，开关由触点 1 合到触点 2 处。求下列 3 种情况下的 u_C，u_R，u_L 和 i。（1）R=4000Ω；（2）R=2000Ω；（3）R=5000Ω。

12．如图 x5.14 所示电路，在开关 S 闭合前已达稳态，t=0 时 S 由 1 合向 2，　已知

$U_{S1}=4\text{V}$，$U_{S2}=6\text{V}$，$R=2\Omega$，$L=1\text{H}$，$C=0.2\text{F}$，求 $t>0$ 时的 $i(t)$。

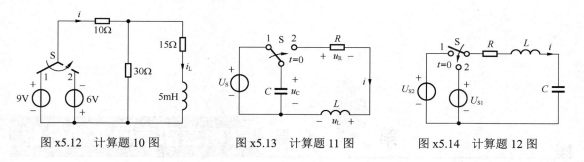

图 x5.12　计算题 10 图　　　　图 x5.13　计算题 11 图　　　　图 x5.14　计算题 12 图

第 6 章　非直流动态电路的分析

本章主要内容：本书前五章讨论的是在直流电源作用下电路的响应问题，但在实际电路的应用中，还会大量使用非直流电源，且以正弦交流电路为主。本章将讨论在非直流电源作用下电路的响应问题。

本章介绍正弦量的概念以及在正弦激励下一阶动态电路的响应，然后在时域内分析一阶电路的阶跃响应和冲激响应，最后介绍一阶 RC 电路的应用。

6.1　正弦交流动态电路的分析

6.1.1　正弦电压（电流）

电路中按正弦规律变化的交流电压（电流）称为正弦电压（sinusoidal voltage）（正弦电流 sinusoidal current）。正弦电压（电流）是使用最广泛的一种交流电压（电流），称为交流电，用 AC 或 ac 表示。如果交流动态电路中所含有的独立源随时间按正弦规律变化，则这种交流电路称为正弦交流电路或正弦电路。

对一个正弦量来说，既可以用正弦函数表示也可以用余弦函数表示，本书全部采用余弦函数表示。

以正弦电流为例，其瞬时表示式为

$$i(t) = I_\mathrm{m} \cos(\omega t + \theta_\mathrm{i}) \tag{6-1}$$

波形如图 6-1 所示。(6-1)式中的三个常数 I_m、ω、θ_i 分别称为正弦量的振幅（amplitude）、

角频率（angular frequency）和初相角（initial argument），统称为正弦量的三要素。知道了正弦量的三要素，一个正弦量就可以完全确定，正弦量的三要素是正弦量之间进行比较和区分的依据，而且相位差是区分两个同频率正弦量的重要要素。

初相角通常在 $|\theta_i| \le \pi$ 的主值范围内取值，单位为弧度或度，其大小与计时起点的选择有关。角频率 ω 表示相位角随时间变化的速度，单位为弧度/秒（rad/s）。角频率与正弦量的周期 T 和频率 f 之间的关系为

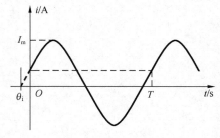

图 6-1　正弦电流波形

$$\omega = \frac{2\pi}{T} = 2\pi f \tag{6-2}$$

6.1.2　有效值

周期电压（电流）的瞬时值是随时间变化的，而平均值有时又为零，这就需要为周期量规定一个能表征其总体效应的量，这就是有效值（effective value）。有效值是一个表征周期量总体做功效应的量，根据这点可以推导出其定义式。

以周期电流为例，设有两个相同的电阻 R，分别给它们通以直流电流 I 和周期电流 $i(t)$，若在周期电流一个周期 T 的时间内，这两个电阻所消耗的电能相等，也就是说，在做功方面直流电流 I 和周期电流 $i(t)$ 在一个周期内的平均做功能力是相等的，则该直流电流 I 就是周期电流 $i(t)$ 的有效值。

在一个周期 T 内，直流电流 I 通过电阻 R 所消耗的电能为

$$W_1 = PT = I^2RT$$

周期电流 $i(t)$ 通过电阻 R 所消耗的电能为

$$W_2 = \int_0^T p(t)\mathrm{d}t = \int_0^T i^2(t)R\mathrm{d}t$$

如果 $W_1 = W_2$，即

$$I^2RT = \int_0^T i^2(t)R\mathrm{d}t \tag{6-3}$$

由式（6-3）可得

$$I = \sqrt{\frac{1}{T}\int_0^T i^2(t)\mathrm{d}t} \tag{6-4}$$

这就是周期电流 $i(t)$ 的有效值定义式。

同理可得周期电压有效值为

$$U = \sqrt{\frac{1}{T}\int_0^T u^2(t)\mathrm{d}t} \tag{6-5}$$

可以看出：周期量的有效值等于它的瞬时值的平方在一个周期 T 内积分的平均值再取平方根，因此有效值又称为方均根值（root-mean-square value）。

对周期量来说，可以用有效值来表示其总体做功效能，正弦量属于周期量，且在一个周期内的平均值为零，因此可以用有效值来表征其总体做功效能。以正弦电流为例，将正弦电流的表示式（6-1）代入式（6-4）得

$$I = \sqrt{\frac{1}{T}\int_0^T i^2(t)\mathrm{d}t} = \sqrt{\frac{1}{T}\int_0^T I_{\mathrm{m}}^2 \cos^2(\omega t + \theta_{\mathrm{i}})\mathrm{d}t}$$

$$= \sqrt{\frac{1}{T}\int_0^T \frac{1}{2}I_{\mathrm{m}}^2[\cos(2\omega t + 2\theta_{\mathrm{i}}) + 1]\mathrm{d}t} = \frac{1}{\sqrt{2}}I_{\mathrm{m}} = 0.707I_{\mathrm{m}} \tag{6-6}$$

同理可得正弦电压的有效值

$$U = \sqrt{\frac{1}{T}\int_0^T u^2(t)\mathrm{d}t} = \frac{1}{\sqrt{2}}U_{\mathrm{m}} = 0.707U_{\mathrm{m}} \tag{6-7}$$

在工程上，一般所讲的正弦电流或电压，若无特别说明，都是指有效值而言。交流电表上指示的电流、电压，电气设备铭牌上标注的额定值都是有效值，但各种器件和电器设备的耐压值则应该按最大值来考虑。

引入有效值后，式（6-1）所示的正弦电流也可以写为

$$i(t) = I_{\mathrm{m}} \cos(\omega t + \theta_{\mathrm{i}}) = \sqrt{2} I \cos(\omega t + \theta_{\mathrm{i}}) \qquad (6\text{-}8)$$

正弦电压的表示式可以写为

$$u(t) = U_{\mathrm{m}} \cos(\omega t + \theta_{\mathrm{u}}) = \sqrt{2} U \cos(\omega t + \theta_{\mathrm{u}}) \qquad (6\text{-}9)$$

6.1.3 正弦激励下一阶动态电路的分析

如图 6-2 所示 *RL* 电路，*t*=0 时开关闭合，且 $i_{\mathrm{L}}(0_-)$=0A。设其外施激励为正弦电压 $u_{\mathrm{S}}(t) = U_{\mathrm{Sm}} \cos(\omega t + \theta_{\mathrm{u}})$ $t \geqslant 0$，根据电路列出回路的 KVL 方程如下

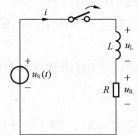

$$u_{\mathrm{L}}(t) + u_{\mathrm{R}}(t) = u_{\mathrm{S}}(t) \qquad t \geqslant 0$$

代入各元件的 VAR 关系式可得微分方程

$$L \frac{\mathrm{d}i_{\mathrm{L}}(t)}{\mathrm{d}t} + R i_{\mathrm{L}}(t) = u_{\mathrm{S}}(t) \quad t \geqslant 0 \qquad (6\text{-}10)$$

初始条件为：$i_{\mathrm{L}}(0_+)$=$i_{\mathrm{L}}(0_-)$=0A，则式（6-10）的解为对应齐次方程的通解 $i_{\mathrm{Lh}}(t)$ 加非齐次方程的特解 $i_{\mathrm{Lp}}(t)$。其对应齐次方程的通

图 6-2 正弦电压作用于 *RL* 电路

解为 $i_{\mathrm{Lh}}(t) = K e^{-\frac{t}{\tau}}$，其中 $\tau = \dfrac{L}{R}$；K 为常数，由初始条件来确定。

下面求非齐次方程特解 $i_{\mathrm{Lp}}(t)$，特解形式根据方程右端 $u_{\mathrm{S}}(t)$ 的形式可设为同一频率的正弦时间函数，即

$$i_{\mathrm{Lp}}(t) = I_{\mathrm{Lm}} \cos(\omega t + \theta_i) \qquad (6\text{-}11)$$

其中 I_{Lm} 和 θ_i 为待定的常数。

把式（6-11）代入式（6-10），得

$$L \frac{\mathrm{d}[I_{\mathrm{Lm}} \cos(\omega t + \theta_i)]}{\mathrm{d}t} + R I_{\mathrm{Lm}} \cos(\omega t + \theta_i) = u_{\mathrm{S}}(t)$$

$$-\omega L I_{\mathrm{Lm}} \sin(\omega t + \theta_i) + R I_{\mathrm{Lm}} \cos(\omega t + \theta_i) = U_{\mathrm{Sm}} \cos(\omega t + \theta_{\mathrm{u}}) \qquad (6\text{-}12)$$

根据公式 $a \cos\theta - b \sin\theta = \sqrt{a^2 + b^2} \cos(\theta + \mathrm{arctg} \dfrac{b}{a})$

可将式（6-12）表示为

$$\sqrt{(\omega L I_{\mathrm{Lm}})^2 + (R I_{\mathrm{Lm}})^2} \cos(\omega t + \theta_i + \mathrm{arctg} \frac{\omega L}{R}) = U_{\mathrm{Sm}} \cos(\omega t + \theta_{\mathrm{u}}) \qquad (6\text{-}13)$$

式（6-13）要成立，需满足

$$\sqrt{(\omega L I_{\mathrm{Lm}})^2 + (R I_{\mathrm{Lm}})^2} = U_{\mathrm{Sm}} \qquad (6\text{-}14)$$

$$\omega t + \theta_i + \arctan \frac{\omega L}{R} = \omega t + \theta_{\mathrm{u}} \qquad (6\text{-}15)$$

由式（6-14）、式（6-15）可得

$$I_{\text{Lm}} = \frac{U_{\text{Sm}}}{\sqrt{(\omega L)^2 + R^2}} \qquad (6\text{-}16)$$

$$\theta_{\text{i}} = \theta_{\text{u}} - \arctan\frac{\omega L}{R} \qquad (6\text{-}17)$$

因此微分方程式（6-10）的通解为

$$i_{\text{L}}(t) = Ke^{-\frac{t}{\tau}} + I_{\text{Lm}}\cos(\omega t + \theta_{\text{i}}) \quad t \geqslant 0 \qquad (6\text{-}18)$$

其中常数 K 要根据初始条件 $i_{\text{L}}(0_+) = i_{\text{L}}(0_-) = 0$ 来确定，即

$$i_{\text{L}}(0) = K + I_{\text{Lm}}\cos(\theta_{\text{i}}) = 0$$

则

$$K = i_{\text{L}}(0) - I_{\text{Lm}}\cos\theta_{\text{i}} = -I_{\text{Lm}}\cos\theta_{\text{i}}$$

这样

$$i_{\text{L}}(t) = -I_{\text{Lm}}\cos\theta_{\text{i}}\, e^{-\frac{t}{L/R}} + I_{\text{Lm}}\cos(\omega t + \theta_{\text{i}}) \qquad t \geqslant 0 \qquad (6\text{-}19)$$

由式（6-19）可知，该电路的响应由两部分组成，一个是暂态响应分量，也就是对应齐次微分方程的通解，当 t 趋于无穷大时，理论上该项趋于零。另一个是稳态响应分量，也就是非齐次微分方程的特解，当 t 趋于无穷大时

$$i_{\text{L}}(\infty) \approx I_{\text{Lm}}\cos(\omega t + \theta_{\text{i}}) \qquad (6\text{-}20)$$

可以看出，这个电路存在两种工作状态，首先是达到稳态前的过渡状态，在此期间电路的响应由暂态响应分量和稳态响应分量共同构成，显然此时响应不是按正弦规律变化的。暂态响应分量之所以会存在，是为了使电路的响应满足初始条件，以保证换路瞬间电感电流不能发生跃变。在暂态响应的过渡过程结束后，电路进入稳定状态。在稳态时，响应将按式（6-20）所示的正弦规律变化，且与外施正弦激励同频率，称这一状态为正弦稳态。与稳态响应过程相比，过渡过程是非常短暂的，一般在 $t > 4\tau$ 时，就可认为电路已进入正弦稳态，如图 6-3 所示。

根据式（6-20）稳态响应表示式，可得以下结论：稳态响应按与外施正弦激励同频率的正弦规律变化；但是稳态响应的幅值和初相角一般与外施正弦电源的幅值和初相角不同。因此，求解稳态响应的关键，是确定正弦量的振幅和初相角。

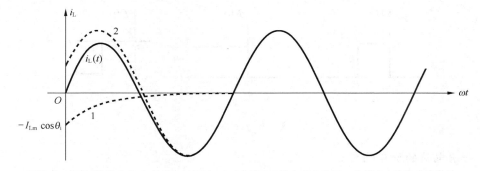

图 6-3 RL 电路的响应 $i_{\text{L}}(t)$，$i_{\text{L}}(0) = 0$，曲线 1：暂态响应分量；曲线 2：稳态响应分量

*6.2 一阶电路的阶跃响应和冲激响应

电路工作在过渡状态时，经常会遇到电压或电流的跃变，在电路分析中常常利用阶跃函

数及冲激函数描述电路中激励和响应的跃变。本节讨论一阶电路在阶跃函数和冲激函数激励下的零状态响应，即阶跃响应和冲激响应。

6.2.1 一阶电路的阶跃响应

1. 阶跃函数

单位阶跃函数（unit step function）用 $\varepsilon(t)$ 表示，其定义为

$$\varepsilon(t) = \begin{cases} 1 , & t > 0 \\ 0 , & t < 0 \end{cases} \tag{6-21}$$

此函数的波形如图 6-4 所示。由定义知，该函数在 $(0_-，0_+)$ 时间内发生单位跃变，在 $t=0$ 时的值未定（可取 $0, \frac{1}{2}$ 或 1）。

在时间 t_0 时发生跃变的单位阶跃函数为延时单位阶跃函数，用 $\varepsilon(t-t_0)$ 表示，其定义为

$$\varepsilon(t-t_0) = \begin{cases} 1 , & t > t_0 \\ 0 , & t < t_0 \end{cases} \tag{6-22}$$

此函数的波形如图 6-5 所示。

图 6-4 单位阶跃函数   图 6-5 延时单位阶跃函数

利用阶跃函数的组合可以方便地表示许多函数。例如图 6-6（a）所示的矩形脉冲函数 $f(t)$ 就可以看成阶跃函数 $f_1(t)$ 和 $f_2(t)$ 的组合，即

$$f(t) = f_1(t) + f_2(t) = A\varepsilon(t) - A\varepsilon(t-t_0)$$

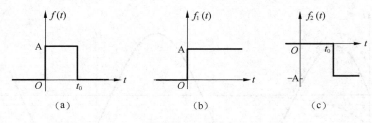

图 6-6 $f(t)$ 的分解

2. 一阶电路的阶跃响应

零状态电路对（单位）阶跃函数的响应称为（单位）阶跃响应，并用 $s(t)$ 表示。如果电路是一阶的，则其响应就是一阶电路的阶跃响应。由于时不变电路的电路参数不随时间变化，因此，若单位阶跃函数作用下的响应为 $s(t)$，则在延时单位阶跃函数作用下的响应为 $s(t-t_0)$，这一性质称为时不变性。如果电路的输入是幅度为 A 的阶跃函数，则根据零状态的比例性可知 $As(t)$ 即为该电路的零状态响应。

例 6-1 给如图 6-7（a）所示 RC 串联电路加一脉冲电压（见图 6-7（b）），试求 $t \geqslant 0$ 电容电压 $u_C(t)$。

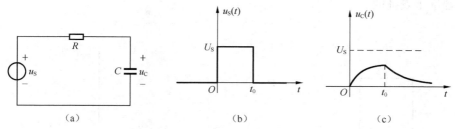

图 6-7 例 6-1 的电路及输入、输出波形

解 此题可用两种方法求解。

方法一 将电路的工作过程分段求解。

在 $0 \leqslant t \leqslant t_0$ 区间为 RC 电路的零状态响应

$$u_C(0_+) = u_C(0_-) = 0, \quad u_C(t) = U_S(1 - e^{-\frac{t}{RC}})$$

在 $t_0 \leqslant t < \infty$ 区间为 RC 电路的零输入响应

$$u_C(t_0) = U_S(1 - e^{-\frac{t_0}{RC}})$$

$$u_C(t) = U_S(1 - e^{-\frac{t_0}{RC}})\ e^{-\frac{t-t_0}{RC}}$$

方法二 将 $u_S(t)$ 用阶跃函数表示，求阶跃响应。

将 $u_S(t)$ 用阶跃函数表示，即 $u_S(t) = U_S\big[\varepsilon(t) - \varepsilon(t - t_0)\big]$

$U_S\varepsilon(t)$ 作用下的零状态响应为 $u_C'(t) = U_S(1 - e^{-\frac{t}{RC}})\ \varepsilon(t)$

$-U_S\varepsilon(t - t_0)$ 作用下的零状态响应为 $u_C''(t) = -U_S(1 - e^{-\frac{t-t_0}{RC}})\ \varepsilon(t - t_0)$

利用叠加定理，得

$$u_C(t) = u_C'(t) + u_C''(t) = U_S\left[(1 - e^{-\frac{t}{RC}})\ \varepsilon(t) - (1 - e^{-\frac{t-t_0}{RC}})\ \varepsilon(t - t_0)\right]$$

电容电压 $u_C(t)$ 的波形如图 6-7（c）所示。

6.2.2 一阶电路的冲激响应

1. 冲激函数

单位冲激函数（unit impulse function）用 $\delta(t)$ 表示，其数学定义为

$$\left.\begin{array}{l} \delta(t) = 0, \ t \neq 0 \\[2mm] \displaystyle\int_{-\infty}^{\infty} \delta(t)\,\mathrm{d}t = 1 \end{array}\right\} \tag{6-23}$$

单位冲激函数又称为 δ 函数，它在 $t \neq 0$ 处为零，但在 $t=0$ 时为奇异。单位冲激函数可看作是如图 6-8 所示矩形脉冲 $p_\Delta(t)$ 在 $\Delta \to 0$ 时的极限。当其宽度 Δ 趋于零时，则脉冲的幅度 $\dfrac{1}{\Delta}$

就变为无限大，而面积仍为 1。这时函数就成为式（6-23）所定义的单位冲激函数。单位冲激函数的图形如图 6-9 所示。冲激函数所包含的面积称为其强度，δ 函数是用它的强度而不是用它的幅度来表征的。

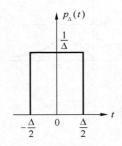

图 6-8　矩形脉冲 $p_\Delta(t)$

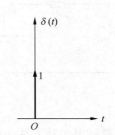

图 6-9　单位冲激函数 $\delta(t)$

常数 A 与 $\delta(t)$ 的乘积称为冲激函数，此冲激函数的积分，

$$\int_{-\infty}^{\infty} A\delta(t)\,\mathrm{d}t = A\int_{0_-}^{0_+} \delta(t)\,\mathrm{d}t = A$$

表明函数 $A\delta(t)$ 面积为 A，A 是该函数的强度。 $A\delta(t)$ 的波形如图 6-10 所示。
延时 t_0 出现的单位冲激函数可记为 $\delta(t-t_0)$，图形如图 6-11 所示。

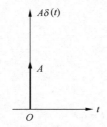

图 6-10　$A\delta(t)$ 的图形

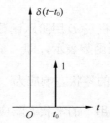

图 6-11　$\delta(t-t_0)$ 的图形

下面介绍冲激函数的两个重要性质：
（1）冲激函数是阶跃函数的导数。
根据单位冲激函数 $\delta(t)$ 的定义，可得

$$\int_{-\infty}^{t} \delta(\xi)\,\mathrm{d}\xi = \begin{cases} 1, & t>0 \\ 0, & t<0 \end{cases}$$

可见它符合式（6-21）单位阶跃函数 $\varepsilon(t)$ 的定义，因此有 $\displaystyle\int_{-\infty}^{t} \delta(\xi)\,\mathrm{d}\xi = \varepsilon(t)$

从而可得
$$\frac{\mathrm{d}\varepsilon(t)}{\mathrm{d}t} = \delta(t)$$
（6-24）

亦即单位冲激函数是单位阶跃函数的导数。
（2）冲激函数的筛分性。
若函数 $f(t)$ 在 $t=0$ 处连续，有　$f(t)\delta(t) = f(0)\delta(t)$

若函数 $f(t)$ 在 $t=t_0$ 处连续，有　　$f(t)\delta(t-t_0)=f(t_0)\delta(t-t_0)$

利用冲激函数的筛分性，可以得到两个重要的积分公式

$$\int_{-\infty}^{\infty}f(t)\delta(t)\mathrm{d}t=f(0)\int_{-\infty}^{\infty}\delta(t)\mathrm{d}t=f(0) \tag{6-25}$$

$$\int_{-\infty}^{\infty}f(t)\delta(t-t_0)\mathrm{d}t=f(t_0)\int_{-\infty}^{\infty}\delta(t-t_0)\mathrm{d}t=f(t_0) \tag{6-26}$$

式（6-25）、式（6-26）说明，δ 函数能把 $f(t)$ 在冲激存在时刻的函数值"筛选"出来，这一性质称为冲激函数的筛分性。

2. 一阶电路的冲激响应

零状态电路对单位冲激函数的响应称为单位冲激响应，并用 $h(t)$ 表示。求冲激响应时，可以分两个阶段进行：

（1）在 $t=0_-$ 到 $t=0_+$ 的区间内，这是电路在冲激函数 $A\delta(t)$ 作用下引起的零状态响应，电容电压或电感电流发生跃变，而储能元件得到能量。

（2）电路中的响应相当于由初始状态引起的零输入响应。

例 6-2　如图 6-12（a）所示 RC 并联电路，试求此电路在冲激电流源 $A\delta(t)$ 激励下的零状态响应。

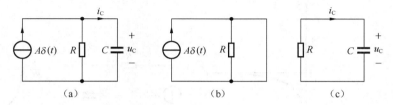

图 6-12　例 6-2 的电路

解　在 $t=0_-$ 到 $t=0_+$ 的区间内，电容支路相当于短路，等效电路如图 6-12（b）所示。冲激电流 $A\delta(t)$ 全部通过电容，对电容充电，致使电容电压发生变化，其值为

$$u_C(0_+)=\frac{1}{C}\int_{-\infty}^{0_+}i_C(\tau)\mathrm{d}\tau=\frac{1}{C}\int_{-\infty}^{0_+}A\delta(\tau)\mathrm{d}\tau=\frac{A}{C}$$

$t\geqslant 0_+$ 时，冲激电流源相当于开路，等效电路如图 6-12（c）所示。

列出图 6-12（c）的 KVL 方程 $u_C+u_R=0$

$$\frac{\mathrm{d}u_C(t)}{\mathrm{d}t}+\frac{1}{RC}u_C(t)=0$$

求解以上微分方程，得电容电压为 $u_C=u_C(0_+)\,e^{-\frac{t}{\tau}}=\dfrac{A}{C}e^{-\frac{t}{\tau}}$

式中 $\tau=RC$，为 RC 并联电路的时间常数，电容电压以 $\dfrac{A}{C}$ 为初始值按指数规律衰减。

综合以上情况，可得　　　　$u_C=u_C(0_+)\,e^{-\frac{t}{\tau}}\varepsilon(t)=\dfrac{A}{C}e^{-\frac{t}{\tau}}\varepsilon(t)$

电容电流为　　　　$i_C(t)=C\dfrac{\mathrm{d}u_C(t)}{\mathrm{d}t}=C\dfrac{\mathrm{d}}{\mathrm{d}t}\left[\dfrac{A}{C}e^{-\frac{t}{\tau}}\varepsilon(t)\right]$

$$= -\frac{A}{RC}e^{-\frac{t}{\tau}}\varepsilon(t) + Ae^{-\frac{t}{\tau}}\delta(t) = -\frac{A}{RC}e^{-\frac{t}{\tau}}\varepsilon(t) + A\delta(t)$$

上式说明了 $t < 0$ 时电容电流为零。$t = 0$ 时只有冲激电流 $A\delta(t)$ 通过电容，（因为冲激电流值很大，因而上式中 $t = 0$ 时第一项为有限值可以忽略）。$t > 0$ 时，电容电流以 $-\frac{A}{RC}$ 为初始值按指数规律衰减。u_C 和 i_C 的波形如图 6-13（a）、图 6-13（b）所示。

根据线性时不变电路的重要性质，如果激励 x 产生的响应为 y，那么激励 dx/dt 产生的响应为 dy/dt；激励 $\int x dt$ 将产生的响应为 $\int y dt + K$，K 为积分常数。因为 $\varepsilon(t)$ 和 $\delta(t)$ 的关系为

$$\delta(t) = \frac{d\varepsilon(t)}{dt} \quad , \quad \varepsilon(t) = \int_{-\infty}^{t} \delta(\tau)d\tau$$

所以线性时不变电路的冲激响应是它的阶跃响应的导数，表示为

$$h(t) = \frac{ds(t)}{dt} \quad , \quad s(t) = \int_{-\infty}^{t} h(\tau)d\tau \tag{6-27}$$

例 6-3 如图 6-14（a）所示 RC 串联电路，设 $u_C(0) = 0V$。输入函数为 $\delta(t)$，试以电容电压 $u_C(t)$ 为响应，求冲激响应。

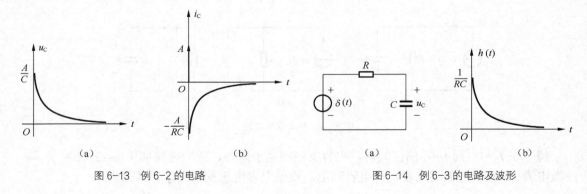

图 6-13　例 6-2 的电路　　　　　　图 6-14　例 6-3 的电路及波形

解　该 RC 串联电路在 $\varepsilon(t)$ 作用下的零状态响应为

$$s(t) = (1 - e^{-\frac{t}{RC}})\varepsilon(t)$$

根据式（6-27）得冲激响应

$$h(t) = \frac{ds(t)}{dt} = \frac{d}{dt}\left[(1 - e^{-\frac{t}{RC}})\varepsilon(t) \right]$$

$$= \delta(t) - \left[e^{-\frac{t}{RC}}\delta(t) - \frac{1}{RC}e^{-\frac{t}{RC}}\varepsilon(t) \right] = \frac{1}{RC}e^{-\frac{t}{RC}}\varepsilon(t)$$

冲激响应的波形如图 6-14（b）。

*6.3　一阶动态电路的应用

在电子技术中，一阶电路有着广泛的应用，例如积分电路、耦合电路、微分电路等。本节将对这些电路作一简单介绍。

6.3.1 积分电路

如果把 RC 联成如图 6-15 所示电路，而电路的时间常数 $\tau \gg t_w$，则此 RC 电路在脉冲序列作用下，电路的输出 u_o 将是和时间 t 基本上成直线关系的三角波电压，如图 6-16 所示。

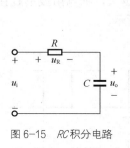

图 6-15　RC 积分电路

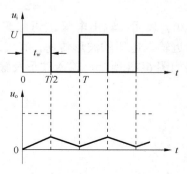

图 6-16　RC 积分电路的波形

由于 $\tau \gg t_w$，因此在整个脉冲持续时间内（脉宽 t_w 时间内），电容两端电压 $u_C = u_o$ 缓慢增长。当 u_C 还远未增长到稳态值，而脉冲已消失（$t = t_w = T/2$）。然后电容缓慢放电，输出电压 u_o（即电容电压 u_C）缓慢衰减。u_C 的增长和衰减虽仍按指数规律变化，由于 $\tau \gg t_w$，其变化曲线尚处于指数曲线的初始阶段，近似为直线段。所以输出 u_o 为三角波电压。

因为充放电过程非常缓慢，所以有

$$\left. \begin{aligned} u_o &= u_C \ll u_R \\ u_i &= u_R + u_o \approx u_R = iR \\ i &= \frac{u_R}{R} \approx \frac{u_i}{R} \end{aligned} \right\} \tag{6-28}$$

$$u_o = u_C = \frac{1}{C} \int i \, \mathrm{d}t \approx \frac{1}{RC} \int u_i \, \mathrm{d}t \tag{6-29}$$

式（6-29）表明：输出电压 u_o 近似地与输入电压 u_i 对时间的积分成正比。因此称为 RC 积分电路（integrating circuit）。积分电路在电子技术中被广泛应用。

应该注意的是，在输入周期性矩形脉冲信号作用下，RC 积分电路必须满足两个条件：

（1）时间常数远大于输入脉冲的宽度，即 $\tau \gg t_w$；

（2）从电容两端取输出电压 u_o。才能把矩形波变换成三角波。

同样地，也可以利用 RL 一阶电路实现对输入信号的积分运算，如图 6-17 所示电路，电路的输出电压取自 R。

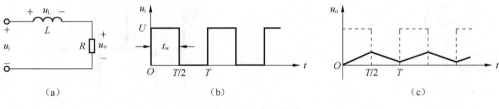

（a）　　　　　　　　　　（b）　　　　　　　　　　（c）

图 6-17　RL 积分电路

6.3.2 耦合电路

在分析 RC 积分电路时指出，当 R、C 都很大，使得 $\tau = RC \gg t_w$ 时，电容充电很慢，在矩形脉冲存在的时间内，输入电压 u_i 主要加在电阻 R 上。若输出电压 u_o 取自电阻 R 两端，则有

$$u_o = u_R = u_i - u_C \approx u_i \tag{6-30}$$

式（6-30）表明：输出电压 u_o 近似等于输入电压 u_i，从信号传输的角度来看，输出波形将以比较接近输入电压的波形传递，其接近程度取决于 τ。τ 越大，则输出波形越接近于输入波形。电路如图 6-18 所示，输入波形及输出波形如图 6-19 所示。

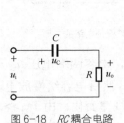

图 6-18　RC 耦合电路

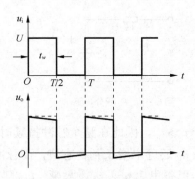

图 6-19　RC 耦合电路的波形

在电子技术中，常用较大的电容 C 和电阻 R 组成如图 6-18 所示电路，作为两级放大器之间的 RC 耦合电路。在实际的耦合电路中，由于 R 是固定的（它等于后一级放大电路的输入电阻），为了使输出波形更接近于输入波形，减小信号传递过程中的失真，常选用容量较大的电容组成 RC 耦合电路。

6.3.3 微分电路

把 RC 联成如图 6-20 所示电路。设 $u_C(0_-) = 0$，输入信号 u_i 是占空比为 50% 的脉冲序列。所谓占空比是指 t_w / T 的比值，其中 t_w 是脉冲持续时间（脉冲宽度），T 是周期。u_i 的脉冲幅度为 U，其输入波形如图 6-21 所示。在 $0 \leqslant t < t_w$ 时，电路相当于接入阶跃电压。由 RC 电路的充电过程，其输出电压为

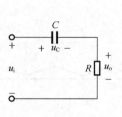

图 6-20　RC 微分电路

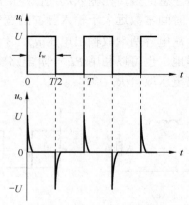

图 6-21　RC 微分电路的波形

$$u_{\text{o}} = Ue^{-\frac{t}{\tau}}, 0 \leq t < t_w$$

当时间常数 $\tau \ll t_w$ 时（一般取 $\tau < 0.2 t_w$），电容的充电过程很快完成，输出电压也跟着很快衰减到零，因而输出 u_{o} 是一个峰值为 U 的正尖脉冲，波形如图 6-21 所示。

在 $T > t \geq t_w$ 时，输入信号 u_i 为零，输入端短路，电路相当于电容初始电压值为 U 的放电过程，其输出电压为

$$u_{\text{o}} = -Ue^{\frac{t-t_w}{\tau}}, \ T > t \geq t_w$$

当时间常数 $\tau \ll t_w$ 时，电容的放电过程很快完成，输出 u_{o} 是一个峰值为 $-U$ 的负尖脉冲，波形如图 6-21 所示。

因为 $\tau \ll t_w$，电路充放电很快，除了电容刚开始充电或放电的一段极短的时间外，有

$$u_i = u_{\text{C}} + u_{\text{o}} \approx u_{\text{C}} \tag{6-31}$$

因而输出电压

$$u_{\text{o}} = iR = RC\frac{\mathrm{d}u_{\text{C}}}{\mathrm{d}t} \approx RC\frac{\mathrm{d}u_i}{\mathrm{d}t} \tag{6-32}$$

式（6-32）表明：输出电压 u_{o} 近似地与输入电压 u_i 对时间的微分成正比，因此习惯上称这种电路为微分电路（differentiating circuit）。在电子技术中，常用微分电路把矩形波变换成尖脉冲，作为触发器的触发信号，或用来触发可控硅（晶闸管），用途非常广泛。

应该注意的是，在输入周期性矩形脉冲信号作用下，RC 微分电路必须满足两个条件：
（1）时间常数远小于输入脉冲的宽度，即 $\tau \ll t_w$；
（2）从电阻两端取输出电压 u_{o}。

与 RC 电路类似，RL 电路也可以构成微分电路。如图 6-22（a）所示电路，设电感上的初始储能为零，电路的输出电压取自电感 L。

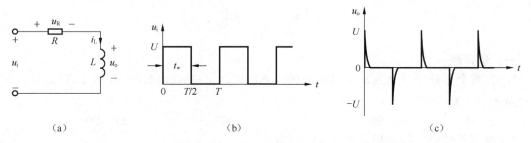

图 6-22　RL 微分电路

当时间常数 $\tau \ll t_w$ 时（一般取 $\tau < 0.2 t_w$），电路的暂态过程将持续很短时间，因此，在脉冲期间，以稳态为主，即

$$u_{\text{o}} \ll u_{\text{R}}, \quad u_i = u_{\text{R}} + u_{\text{o}} \approx u_{\text{R}} \tag{6-33}$$

因而输出电压

$$u_{\text{o}} = L\frac{\mathrm{d}i_{\text{L}}}{\mathrm{d}t} = L\frac{\mathrm{d}}{\mathrm{d}t}\left(\frac{u_{\text{R}}}{R}\right) \approx \frac{L}{R}\frac{\mathrm{d}u_i}{\mathrm{d}t} \tag{6-34}$$

实现了对输入电压的微分运算，称该电路为 RL 微分电路，输入输出波形如图 6-22（b）、图 6-22（c）所示。

本 章 小 结

正弦电流（电压）是交流动态电路中使用最广泛的一种交流电，正弦电流（电压）的瞬时表示式可由正弦电流（电压）的振幅、初相角和角频率三个要素完全确定，正弦量的三要素是正弦量之间进行比较和区分的依据，而相位差则是区分两个同频率正弦量的重要标志。

本章分析了在正弦激励下的一阶动态电路，该电路的响应由两部分组成，一个是暂态响应分量，也就是对应齐次微分方程的通解，当 t 趋于无穷大时，理论上该项趋于零。另一个是稳态响应分量，也就是非齐次微分方程的特解。这个电路存在两种工作状态，首先是达到稳态前的过渡状态，在此期间电路的响应由暂态响应分量和稳态响应分量共同构成，此时响应不是按正弦规律变化的。过渡过程与稳态响应过程相比，非常短暂。在暂态响应的过渡过程结束后，电路进入稳定状态。稳态响应按与外施正弦激励同频率的正弦规律变化；稳态响应的幅值和初相角一般与外施正弦电源的幅值和初相角不同。因此，求解稳态响应的关键，是确定正弦量的振幅和初相角。

零状态电路对单位阶跃函数的响应称为单位阶跃响应，并用 $s(t)$ 表示。其求解方法与普通直流激励相同。零状态电路对单位冲激函数的响应称为单位冲激响应，并用 $h(t)$ 表示。因为 $\varepsilon(t)$ 和 $\delta(t)$ 的关系为

$$\delta(t) = \frac{\mathrm{d}\varepsilon(t)}{\mathrm{d}t}, \quad \varepsilon(t) = \int_{-\infty}^{t} \delta(\tau)\mathrm{d}\tau$$

所以对线性时不变电路的冲激响应是它的阶跃响应的导数。

即

$$h(t) = \frac{\mathrm{d}s(t)}{\mathrm{d}t}, \quad s(t) = \int_{-\infty}^{t} h(\tau)\mathrm{d}\tau$$

习 题

一、选择题

1. 若两个正弦量分别为 $u_1 = -5\cos(100t + 60°)\mathrm{V}$ ，$u_2 = 5\sin(100t + 60°)\mathrm{V}$ ，则 u_1 与 u_2 的相位差为（ ）。

    A．$0°$ B．$90°$ C．$-90°$ D．$180°$

2. 以下正弦量之间的相位差是 $45°$ 的为（ ）。

    A．$\cos(\omega t + 30°)$ ，$\cos(\omega t - 15°)$ B．$\sin(\omega t + 45°)$ ，$\cos\omega t$

    C．$\sin(\omega t + 75°)$ ，$\sin(2\omega t + 30°)$ D．$\cos(\omega t + 45°)$ ，$\cos 2\omega t$

3. 某正弦交流电流的初相 $\varphi = 30°$ ，在 $t = 0$ 时，$i(0) = 10\mathrm{A}$，则该电流的三角函数式为（ ）。

    A．$i = 20\cos(100\pi t + 30°)\mathrm{A}$ B．$i = 10\cos(50\pi t + 30°)\mathrm{A}$

    C．$i = 14.14\cos(50\pi t + 30°)\mathrm{A}$ D．$i = 28.28\cos(100\pi t + 30°)\mathrm{A}$

4. 单位冲激函数 $\delta(t)$ 是（ ）。

    A．偶函数   B．奇函数   C．非奇非偶函数   D．奇异函数，无奇偶性

5. 已知电流波形如图 x6.1 所示，则电流用阶跃函数表示为（ ）。

A．$3\varepsilon(t-1)-2\varepsilon(t-3)-\varepsilon(t-4)$ B．$3\varepsilon(t-1)-\varepsilon(t-3)+\varepsilon(t-4)$

C．$3\varepsilon(t-1)-\varepsilon(t-3)-\varepsilon(t-4)$ D．$3\varepsilon(t-1)-\varepsilon(t-3)$

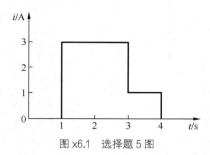

图 x6.1 选择题 5 图

6．单位阶跃函数 $\varepsilon(t)$ 具有（　　　）。

    A．周期性   B．抽样性   C．单边性   D．收敛性

二、填空题

1．正弦量的三个要素是指_____、_____和_____。

2．两个同频率正弦量的相位差等于它们的_____之差。

3．已知某正弦电流 $i = 7.07\cos(314t-30°)\text{A}$，则该正弦电流的有效值是_____A，频率是_____Hz。

4．单位冲激信号：是指在 $t\neq 0$ 的时候，信号量恒为_____，在 $t=0$ 的时候，信号量为_____，但是信号在时间上的积分为_____。

5．积分电路与微分电路是电子线路中常见的电路，在周期性矩形脉冲信号作用下，RC 微分电路必须满足两个条件_____和_____；RC 积分电路必须满足的两个条件是_____和_____。

6．已知线性电路的单位冲激响应为 $h(t)$，则单位阶跃响应 $s(t)$ 为_____。

三、计算题

1．（1）绘出函数 $u(t) = 20\cos(1000t-60°)\text{V}$ 的波形图；（2）该函数的最大值、有效值、角频率、频率、周期和初相角各为多少？（3）此函数分别与以下两个函数的相位差角为多少？$i_1(t) = \cos 1000t\ \text{A}$，$u_2(t) = 20\sin(1000t-60°)\text{V}$。

2．已知 $i_1 = 10\sqrt{2}\cos 10t\ \text{A}$，$i_2(t) = 20(\cos 10t + \sqrt{3}\sin 10t)\text{A}$，求 $i_1(t)$ 和 $i_2(t)$ 的相位差，并确定 $i_1(t)$ 是超前还是滞后于 $i_2(t)$。

3．已知图 x6.2 中，$u_S = 2\sin t\text{V}$，$i_S = e^{-t}\text{A}$，$R_1 = 1\Omega$，$R_2 = 1\Omega$，用叠加定理求解图中的电流 i。

4．如图 x6.3 所示电路，已知 $u_S(t) = 100\sqrt{2}\cos(t+30°)\text{V}$，$t=0$ 是开关闭合，$i_L(0_-)=0\text{A}$，求（1）$i_L(t)$ 的表示式；（2）$t=1.785\text{s}$ 时的 $i_L(t)$；（3）稳态时电源电压和电流的相位差。

5．如图 x6.4 所示电路，已知 $u_S(t) = 100\sqrt{2}\cos(\omega t)\text{V}$，$i(t) = 4\sqrt{2}\cos(\omega t-60°)\text{A}$，求电压源发出的平均功率。

6．如图 x6.5 所示电路，其中 $R = 2\Omega$，$L = 1\text{H}$，$C = 0.01\text{F}$，若电路的输入电流源为（1）$i_S = 2\sin(2t+\dfrac{\pi}{3})\ \text{A}$；（2）$i_S = e^{-t}\text{A}$。试求两种情况下，当 $t>0$ 时 $u_R+u_L+u_C$。

7．RL 串联电路如图 x6.6 所示，激励为电压源 $u_S(t)$，响应为电流 $i_L(t)$，试求其冲击响应 $h(t)$。

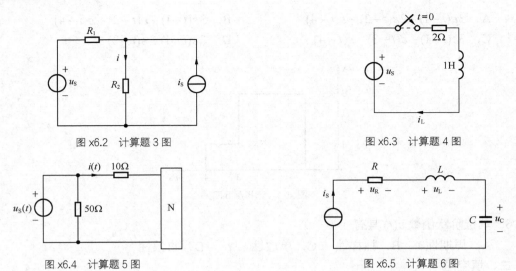

图 x6.2 计算题 3 图

图 x6.3 计算题 4 图

图 x6.4 计算题 5 图

图 x6.5 计算题 6 图

8. 当激励 $\varepsilon(t)$ 为单位阶跃函数时，求图 x6.7 中电路产生的零状态响应。

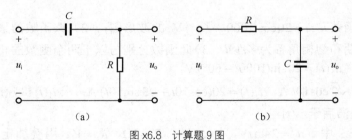

图 x6.6 计算题 7 图

图 x6.7 计算题 8 图

9. 请观察图 x6.8 中 a、b 两个电路图，指出哪一个为一阶积分电路，哪一个为一阶微分电路，并画出输出电压 u_0 的波形。

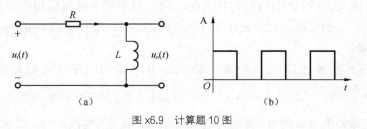

（a）   （b）

图 x6.8 计算题 9 图

10. 如图 x6.9（a）所示，若输入 $u_i(t)$ 是一个理想的方波（如图 x6.9（b）所示），则请画出理想的微分电路输出 $u_o(t)$ 输出的波形。

（a）   （b）

图 x6.9 计算题 10 图

第7章 正弦稳态电路分析

本章主要内容：本章首先介绍基尔霍夫定律和元件 VAR 的相量形式；然后引入阻抗、导纳以及电路相量模型的概念，并介绍正弦稳态电路的分析方法及正弦稳态电路的功率，包括有功功率、无功功率以及视在功率和复功率、最大功率传输问题等。

7.1 复数

复数（complex numbers）是分析计算正弦稳态交流电路的一种重要工具。

一个复数可以用多种形式表示。复数 A 的代数形式为

$$A = a_1 + \mathrm{j}a_2 \tag{7-1}$$

其中 a_1 叫做复数的实部，a_2 叫做复数的虚部，且 a_1 和 a_2 全是实数，即 $a_1 = \mathrm{Re}(A)$，$a_2 = \mathrm{Im}(A)$；$\mathrm{j} = \sqrt{-1}$ 称为虚单位。

复数 A 的三角形式写为

$$A = |A|\cos\theta + \mathrm{j}|A|\sin\theta = |A|(\cos\theta + \mathrm{j}\sin\theta) \tag{7-2}$$

其中 $\theta = \arctan\dfrac{a_2}{a_1}$ 为复数 A 的辐角，$|A|$ 为复数 A 的模。

由欧拉公式 $e^{\mathrm{j}\theta} = \cos\theta + \mathrm{j}\sin\theta$，得到复数 A 的指数形式

$$A = |A|\cos\theta + \mathrm{j}|A|\sin\theta = |A|(\cos\theta + \mathrm{j}\sin\theta) = |A|e^{\mathrm{j}\theta} \tag{7-3}$$

复数 A 的极坐标形式为

$$A = |A|\underline{/\theta} \tag{7-4}$$

一个复数 A 还可以在复平面上表示，如图 7-1 所示。其中从原点 O 指向点 A 的有向线段长度等于复数 A 的模 $|A|$，且 $|A| = \sqrt{a_1^2 + a_2^2}$，有向线段与横轴正方向的夹角为复数 A 的辐角 θ。

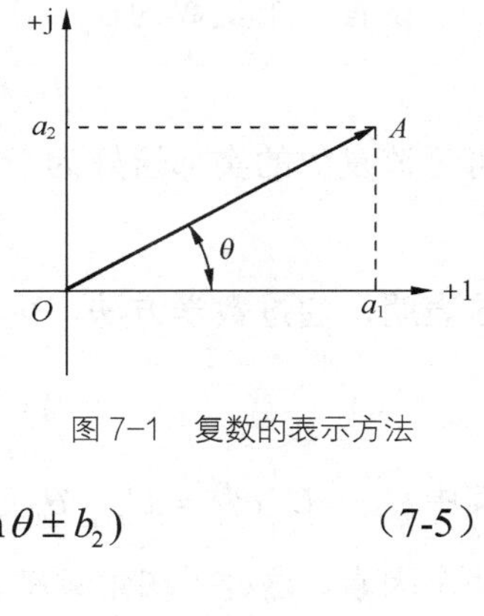

图 7-1 复数的表示方法

复数要进行相加或相减运算，最好用代数形式。例如，有两个复数 A 和 B，且 $A = a\underline{/\theta}$，$B = b_1 + \mathrm{j}b_2$，则

$$A \pm B = a\underline{/\theta} \pm (b_1 + \mathrm{j}b_2) = (a\cos\theta \pm b_1) + \mathrm{j}(a\sin\theta \pm b_2) \tag{7-5}$$

两个复数相乘或相除时，用代数形式表示为

$$A \cdot B = (a_1 + \mathrm{j}a_2)(b_1 + \mathrm{j}b_2) = (a_1b_1 - a_2b_2) + \mathrm{j}(a_1b_2 + a_2b_1) \tag{7-6}$$

$$\frac{A}{B} = \frac{a_1 + \mathrm{j}a_2}{b_1 + \mathrm{j}b_2} = \frac{(a_1 + \mathrm{j}a_2)(b_1 - \mathrm{j}b_2)}{(b_1 + \mathrm{j}b_2)(b_1 - \mathrm{j}b_2)} = \frac{(a_1b_1 + a_2b_2) + \mathrm{j}(a_2b_1 - a_1b_2)}{b_1^2 + b_2^2} \tag{7-7}$$

在进行复数的乘除运算时，用指数形式或极坐标形式更为方便，其中两个复数相乘时，其模相乘，辐角相加；两个复数相除时，其模相除，辐角相减。即

$$A \cdot B = |A|e^{\mathrm{j}\theta_1} \cdot |B|e^{\mathrm{j}\theta_2} = |A||B|e^{\mathrm{j}(\theta_1 + \theta_2)} = |A||B| \underline{/\theta_1 + \theta_2} \tag{7-8}$$

$$\frac{A}{B} = \frac{|A|e^{\mathrm{j}\theta_1}}{|B|e^{\mathrm{j}\theta_2}} = \frac{|A|}{|B|}e^{\mathrm{j}(\theta_1 - \theta_2)} = \frac{|A|}{|B|} \underline{/\theta_1 - \theta_2} \tag{7-9}$$

另外，在进行复数的加减运算时，还可以在复平面采用平行四边形法则进行。

复数 $e^{\mathrm{j}\theta} = 1\underline{/\theta}$ 是一个模等于 1 而辐角为 θ 的复数，称为旋转因子（rotating factor）。因为任意复数 A 乘以 $e^{\mathrm{j}\theta} = 1\underline{/\theta}$，等于把复数 A 逆时针旋转一个角度 θ，而 A 的模 $|A|$ 不变。

另外可得，$e^{\mathrm{j}\pi/2} = \mathrm{j}$，$e^{-\mathrm{j}\pi/2} = -\mathrm{j}$，$e^{\mathrm{j}\pi} = -1$。这样 $\pm\mathrm{j}$ 和 -1 都可以看成是旋转因子。例如，一个复数 A 乘以 j 等于把复数 A 逆时针旋转 $\pi/2$。

若两个复数的实部相等，虚部互为相反数，则这两个复数叫做共轭复数（conjugate），复数 A 的共轭复数用 A^* 表示。在 $A = a_1 + \mathrm{j}a_2$ 时，它的共轭复数为 $A^* = a_1 - \mathrm{j}a_2$。可见两个共轭复数的模相等，辐角互为相反数。

例 7-1 把下列复数化为极坐标形式。

（1）$A = 30 - \mathrm{j}40$； （2）$A = -5.7 + \mathrm{j}16.9$； （3）$A = 32 + \mathrm{j}41$； （4）$A = -8 - \mathrm{j}7$。

解 （1）$A = 30 - \mathrm{j}40 = 50\underline{/-53.1°}$ （2）$A = -5.7 + \mathrm{j}16.9 = 17.84\underline{/108.6°}$

（3）$A = 32 + \mathrm{j}41 = 52\underline{/52°}$ （4）$A = -8 - \mathrm{j}7 = 10.63\underline{/-138.8°}$

7.2 相量法基础

由正弦激励下一阶动态电路的分析可知，在正弦稳态时，如果所有的激励都是同频率的正弦量，则电路中各支路的电压和电流将按与激励同频率的正弦规律变化，这样，电路中的电压和电流只需确定两个要素：振幅和初相角。相量法（phasor method）就是一种用来确定正弦量的振幅和初相的较简便方法。

设有一个复数为 $U_\mathrm{m}e^{\mathrm{j}(\omega t + \theta_\mathrm{u})}$，其对应的三角形式为

$$U_\mathrm{m}e^{\mathrm{j}(\omega t + \theta_\mathrm{u})} = U_\mathrm{m}\cos(\omega t + \theta_\mathrm{u}) + \mathrm{j}U_\mathrm{m}\sin(\omega t + \theta_\mathrm{u}) \tag{7-10}$$

可见该复数的实部恰好为一个正弦电压，设该正弦电压为 $u(t)$，则有

$$u(t) = U_\mathrm{m}\cos(\omega t + \theta_\mathrm{u}) = \mathrm{Re}[U_\mathrm{m}e^{\mathrm{j}(\omega t + \theta_\mathrm{u})}] \tag{7-11}$$

这表明，通过数学方法，可以把一个正弦量与一个复数一一对应起来，即

$$u(t) = \mathrm{Re}[U_\mathrm{m}e^{\mathrm{j}(\omega t + \theta_\mathrm{u})}] = \mathrm{Re}(U_\mathrm{m}e^{\mathrm{j}\theta_\mathrm{u}}e^{\mathrm{j}\omega t}) = \mathrm{Re}(\dot{U}_\mathrm{m}e^{\mathrm{j}\omega t})$$

其中 $\dot{U}_\mathrm{m} = U_\mathrm{m}e^{\mathrm{j}\theta_\mathrm{u}} = U_\mathrm{m}\underline{/\theta_\mathrm{u}}$ 是一个与时间无关的复值常数，它包含了正弦电压的振幅和初相角两个因素，这样，在角频率 ω 已知时，正弦电压 $u(t)$ 就可以完全确定。因此 $\dot{U}_\mathrm{m}$ 便是一个足以

表征正弦电压的复值常数，称为正弦电压 $u(t)$ 的振幅相量，记作

$$\dot{U}_{\mathrm{m}} = U_{\mathrm{m}} e^{j\theta_{\mathrm{u}}} = U_{\mathrm{m}} \underline{/\theta_{\mathrm{u}}} \tag{7-12}$$

再由正弦量的振幅和有效值之间的关系可得

$$\dot{U}_{\mathrm{m}} = U_{\mathrm{m}} e^{j\theta_{\mathrm{u}}} = U_{\mathrm{m}} \underline{/\theta_{\mathrm{u}}} = \sqrt{2}\, U \underline{/\theta_{\mathrm{u}}} = \sqrt{2}\dot{U}$$

即正弦电压的有效值相量为

$$\dot{U} = U e^{j\theta_{\mathrm{u}}} = U \underline{/\theta_{\mathrm{u}}} \tag{7-13}$$

振幅相量和有效值相量之间的关系为

$$\dot{U}_{\mathrm{m}} = \sqrt{2}\dot{U} \tag{7-14}$$

在实际中，所涉及的大多数是正弦量的有效值，因此一般所说的相量都是指有效值相量，并简称为相量。用振幅相量时，需加下标 m。相量 $\dot{U}$ 上所加的小黑点是用来与普通复数相区别的记号。

相量是一个复数，可以在复平面上用有向线段来表示，这种用来表示相量的图称为相量图（phasor diagram）。图 7-2 给出了电压相量 $\dot{U}$ 的相量图，图中有向线段的长度为相量的模，即正弦量的有效值，有向线段与横轴的夹角为相量的辐角，即正弦量的初相角。

复数 $U_{\mathrm{m}} e^{j(\omega t+\theta_{\mathrm{u}})} = \dot{U}_{\mathrm{m}} e^{j\omega t}$ 中的 $e^{j\omega t}$ 是一个随时间变化而旋转的因子，该旋转因子在复平面上以原点为中心，以角速度 ω 不断旋转。这样复数 $U_{\mathrm{m}} e^{j(\omega t+\theta_{\mathrm{u}})}$ 可以理解为相量 $\dot{U}_{\mathrm{m}}$ 乘以旋转因子 $e^{j\omega t}$，并在复平面上不断旋转，如图 7-3 所示。

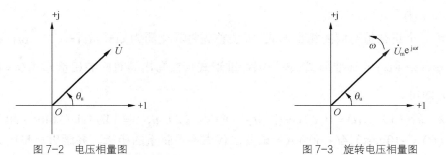

图 7-2　电压相量图　　　　图 7-3　旋转电压相量图

可以看出，正弦电压 $u(t)$ 在任何时刻的瞬时值等于对应的旋转相量 $U_{\mathrm{m}} e^{j(\omega t+\theta_{\mathrm{u}})}$ 同一时刻在实轴上的投影，其几何意义可以用图 7-4 说明。图 7-4（a）表示了旋转相量 $\dot{U}_{\mathrm{m}} e^{j\omega t}$ 在 $t=0$、$t=t_1$ 两个不同时刻的位置。在 $t=0$ 时，$\dot{U}_{\mathrm{m}} e^{j\omega t}$ 在实轴上的投影为 $U_{\mathrm{m}}\cos\theta_{\mathrm{u}}$，其数值恰好为正弦电压 $u(t)=U_{\mathrm{m}}\cos(\omega t+\theta_{\mathrm{u}})$ 在 $t=0$ 时的值。在 $t=t_1$ 时，旋转相量 $\dot{U}_{\mathrm{m}} e^{j\omega t}$ 由 $t=0$ 时的位置逆时针旋转一个角度 ωt_1，与实轴的夹角变为 $(\omega t_1+\theta_{\mathrm{u}})$，在实轴上的投影为 $U_{\mathrm{m}}\cos(\omega t_1+\theta_{\mathrm{u}})$，该数值恰好为正弦电压 $u(t)=U_{\mathrm{m}}\cos(\omega t+\theta_{\mathrm{u}})$ 在 $t=t_1$ 时的值。对任何时刻 t，旋转相量 $U_{\mathrm{m}} e^{j(\omega t+\theta_{\mathrm{u}})}$ 与实轴的夹角为 $(\omega t+\theta_{\mathrm{u}})$，其在实轴上的投影等于该旋转相量所代表的正弦量在同一时刻的瞬时值。如果把旋转相量 $U_{\mathrm{m}} e^{j(\omega t+\theta_{\mathrm{u}})}$ 在实轴上的各个不同时刻的投影在图 7-4（b）中逐点描绘

出来，便可得到一条正弦波曲线，旋转相量旋转一周，正弦曲线也变化一个周期。

在正弦电路中，如果所有的激励都是同频率的正弦量，则当电路处于稳态时，各个支路的响应也是和激励同频率的正弦量，从而在每一个表示正弦量的相量中都有相同的旋转因子 $e^{j\omega t}$，即各旋转相量的旋转角速度是相同的，这样在任何时刻它们之间的相对位置就保持不变。因此，当只需要考虑它们的大小和相位时，可以不需要考虑它们在旋转，而只需指明它们的初始位置，从而画出各正弦量的相量就足够了，这样画出的图就是所说的相量图。同时，在表示式中可以省去 $e^{j\omega t}$，只用代表正弦量的相量 $\dot{U}_m$ 或 $\dot{U}$ 来表示正弦电压就可以了。

可见，只有具有相同频率的正弦量才可以画在同一个相量图上，因为它们省去了相同的旋转因子 $e^{j\omega t}$；不同频率的正弦量具有不同的旋转因子 $e^{j\omega t}$，一般不能画在同一个相量图上。

每个正弦量都有与之对应的相量，相应地，在角频率 ω 已知时，知道了相量也就可以立刻写出它所代表的正弦量。需要注意，相量只是用来表征或代表正弦量，并不等于正弦量。要表示对应关系，可以用符号 $\Leftrightarrow$ 表示，即 $\dot{U} \Leftrightarrow u(t)$。

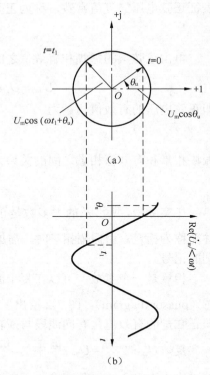

图 7-4 复数 $U_m e^{j(\omega t + \theta_u)}$ 及其在实轴上的投影

要表示一个正弦量对应的相量形式，需要首先将其化简为如式 $u(t) = \sqrt{2}U\cos(\omega t + \theta_u)$（或 $i(t) = \sqrt{2}I\cos(\omega t + \theta_i)$）的标准形式，再根据标准形式直接写出其对应的相量形式 $\dot{U} = U\underline{/\theta_u}$（或 $\dot{I} = I\underline{/\theta_i}$）即可。

例 7-2 若（1）$u_1(t) = 10\sqrt{2}\cos(314t + 30°)$ V，（2）$u_2(t) = 14.14\sin(3140t + 30°)$ V，（3）$i_1(t) = -10\cos(314t + 60°)$ A，试写出代表各正弦量的相量，并画出相量图。

解 （1）$u_1(t) = 10\sqrt{2}\cos(314t + 30°)$ V 本身为标准形式，因此可直接写出电压 $u_1(t)$ 对应的相量形式为 $\dot{U}_1 = 10e^{j30°} = 10\underline{/30°} = (8.66 + j5)$V。

（2）$u_2(t) = 14.14\sin(3140t + 30°) = 10\sqrt{2}\cos(3140t - 60°)$ V

则代表 $u_2(t)$ 的相量为 $\dot{U}_2 = 10e^{-j60°} = 10\underline{/-60°} = (5 - j8.66)$V

（3）$i_1(t) = -10\cos(314t + 60°) = 10\cos(314t - 120°)$ A

则代表 $i_1(t)$ 的相量为 $\dot{I}_1 = \dfrac{10}{\sqrt{2}}e^{-j120°} = \dfrac{10}{\sqrt{2}}\underline{/-120°} = (-3.54 - j6.12)$A

各正弦量对应的相量图如图 7.5 所示。其中 $u_1(t)$、$i_1(t)$ 为同频率的正弦量，可以画在一个相量图中，如图 7-5（a）所示，而 $u_2(t)$ 与 $u_1(t)$、$i_1(t)$ 频率不同，需要画在另一个相量图中，如图 7-5（b）所示。

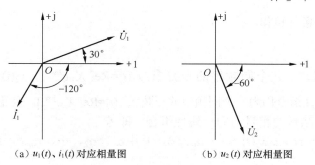

(a) $u_1(t)$、$i_1(t)$ 对应相量图　　　　（b) $u_2(t)$ 对应相量图

图 7-5　例 7-2 相量图

　　用相量代表正弦时间函数可将同频率正弦量之间的运算转换为相量的运算，从而使正弦量之间的运算得到简化，下面介绍几个有关的引理。

　　引理 1　唯一性引理　两个同频率的正弦量相等的充要条件是它们的相量形式对应相等。即有任意两个同频率的正弦量

$$x_1(t) = \sqrt{2} X_1 \cos(\omega t + \theta_1) = \mathrm{Re}[\sqrt{2}\, \dot{X}_1 e^{\mathrm{j}\omega t}]$$

$$x_2(t) = \sqrt{2} X_2 \cos(\omega t + \theta_2) = \mathrm{Re}[\sqrt{2}\, \dot{X}_2 e^{\mathrm{j}\omega t}]$$

对应的相量形式分别为 $\dot{X}_1 = X_1 \underline{/\theta_1}$、$\dot{X}_2 = X_2 \underline{/\theta_2}$，则对所有时刻 t，两个正弦量相等的充要条件是：

$$\dot{X}_1 = \dot{X}_2$$

　　证明：（1）充分性

　　因为 $\dot{X}_1 = \dot{X}_2$，则 $\sqrt{2}\,\dot{X}_1 = \sqrt{2}\,\dot{X}_2$，所以在所有的时刻 t

$$\sqrt{2}\,\dot{X}_1 e^{\mathrm{j}\omega t} = \sqrt{2}\,\dot{X}_2 e^{\mathrm{j}\omega t}$$

根据复数相等的条件可得

$$\mathrm{Re}[\sqrt{2}\,\dot{X}_1 e^{\mathrm{j}\omega t}] = \mathrm{Re}[\sqrt{2}\,\dot{X}_2 e^{\mathrm{j}\omega t}]$$

　　也就是　　　　　　　　　　　　　$x_1(t) = x_2(t)$

　　（2）必要性

　　因为对所有的时刻 t，两个正弦量都相等，即

$$\mathrm{Re}[\sqrt{2}\,\dot{X}_1 e^{\mathrm{j}\omega t}] = \mathrm{Re}[\sqrt{2}\,\dot{X}_2 e^{\mathrm{j}\omega t}]$$

或者

$$\mathrm{Re}[\dot{X}_1 e^{\mathrm{j}\omega t}] = \mathrm{Re}[\dot{X}_2 e^{\mathrm{j}\omega t}]$$

则在 $t = 0$ 时，由 $e^{\mathrm{j}\omega t}\big|_{t=0} = 1$，可得

$$\mathrm{Re}[\dot{X}_1] = \mathrm{Re}[\dot{X}_2]$$

又在 $t = \pi/2\omega$ 时，由 $e^{\mathrm{j}\omega t}\big|_{t=\pi/2\omega} = \mathrm{j}$，可得

$$\mathrm{Re}[\mathrm{j}\dot{X}_1] = \mathrm{Re}[\mathrm{j}\dot{X}_2]$$

即

$$\mathrm{Im}[\dot{X}_1] = \mathrm{Im}[\dot{X}_2]$$

根据复数相等的条件可得

$$\dot X_1 = \dot X_2$$

引理 2　线性引理　n 个同频率的正弦量 $x_1(t)=\mathrm{Re}[\dot X_1 e^{\mathrm{j}\omega t}]$、$x_2(t)=\mathrm{Re}[\dot X_2 e^{\mathrm{j}\omega t}]$、$\cdots$、$x_n(t)=\mathrm{Re}[\dot X_n e^{\mathrm{j}\omega t}]$ 的线性组合仍为一个同频率的正弦量 $x(t)=\mathrm{Re}[\dot X e^{\mathrm{j}\omega t}]$，且正弦量 $x(t)=\mathrm{Re}[\dot X e^{\mathrm{j}\omega t}]$ 的相量形式为各个正弦量的相量的同一线性组合。即若

$$x(t)=\alpha_1 x_1(t)+\alpha_2 x_2(t)+\cdots+\alpha_n x_n(t)，\text{其中}\alpha_1、\alpha_2、\cdots、\alpha_n\text{均为实常数}$$

则

$$\dot X =\alpha_1 \dot X_1+\alpha_2 \dot X_2+\cdots+\alpha_n \dot X_n$$

证明：
$$x(t)= \mathrm{Re}[\dot X e^{\mathrm{j}\omega t}]=\alpha_1 x_1(t)+\alpha_2 x_2(t)+\cdots+\alpha_n x_n(t)$$
$$= \alpha_1\mathrm{Re}[\dot X_1 e^{\mathrm{j}\omega t}]+\alpha_2\mathrm{Re}[\dot X_2 e^{\mathrm{j}\omega t}]+\cdots+\alpha_n\mathrm{Re}[\dot X_n e^{\mathrm{j}\omega t}]$$
$$= \mathrm{Re}[\alpha_1 \dot X_1 e^{\mathrm{j}\omega t}]+ \mathrm{Re}[\alpha_2 \dot X_2 e^{\mathrm{j}\omega t}]+\cdots+ \mathrm{Re}[\alpha_n \dot X_n e^{\mathrm{j}\omega t}]$$
$$= \mathrm{Re}[\alpha_1 \dot X_1 e^{\mathrm{j}\omega t}+\alpha_2 \dot X_2 e^{\mathrm{j}\omega t}+\cdots+\alpha_n \dot X_n e^{\mathrm{j}\omega t}]$$
$$= \mathrm{Re}[(\alpha_1 \dot X_1+\alpha_2 \dot X_2+\cdots+\alpha_n \dot X_n) e^{\mathrm{j}\omega t}]$$

则可得

$$\dot X =\alpha_1 \dot X_1+\alpha_2 \dot X_2+\cdots+\alpha_n \dot X_n$$

即 $x(t)=\alpha_1 x_1(t)+\alpha_2 x_2(t)+\cdots+\alpha_n x_n(t)$ 的相量形式 $\dot X$ 可用 $\alpha_1 \dot X_1+\alpha_2 \dot X_2+\cdots+\alpha_n \dot X_n$ 来表示。

引理 3　微分引理　若正弦量 $x(t)=\sqrt2 X\cos(\omega t+\theta)$ 的相量形式为 $\dot X=X\angle\theta$，则 $\mathrm{j}\omega\dot X$ 为正弦量 $\dfrac{\mathrm{d}x(t)}{\mathrm{d}t}$ 的相量形式。

证明：由

$$x(t)=\sqrt2 X\cos(\omega t+\theta)=\mathrm{Re}[\sqrt2 Xe^{\mathrm{j}\theta}e^{\mathrm{j}\omega t}]=\mathrm{Re}[\sqrt2 \dot X e^{\mathrm{j}\omega t}]$$

则

$$\frac{\mathrm{d}x(t)}{\mathrm{d}t}=\frac{\mathrm{d}[\sqrt2 X\cos(\omega t+\theta)]}{\mathrm{d}t}=-\sqrt2 X\omega\sin(\omega t+\theta)$$
$$=\sqrt2 X\omega\cos(\omega t+\theta+90°)=\mathrm{Re}[\sqrt2 X\omega e^{\mathrm{j}\theta}e^{\mathrm{j}90°}e^{\mathrm{j}\omega t}]$$
$$=\mathrm{Re}[\sqrt2\mathrm{j}\omega Xe^{\mathrm{j}\theta}e^{\mathrm{j}\omega t}]=\mathrm{Re}[\sqrt2\mathrm{j}\omega \dot X e^{\mathrm{j}\omega t}]$$

即正弦量 $\dfrac{\mathrm{d}x(t)}{\mathrm{d}t}$ 的相量形式为

$$\mathrm{j}\omega\dot X=\omega X\angle\theta+90°$$

其模是 ωX，辐角超前于原正弦量相量角 90°。

例 7-3　如下两个同频率的正弦电压 $u_1(t)$、$u_2(t)$，求 $2u_1+\dfrac{\mathrm{d}u_2}{\mathrm{d}t}$。

$$u_1(t)=10\sqrt2\cos(2t+30°)\text{ V}，\quad u_2(t)=20\sqrt2\cos(2t-120°)\text{ V}$$

解　写出已知正弦量的相量形式如下

$$\dot{U}_1 = 10 \underline{/30^\circ} = (8.66 + j5)\text{V}, \quad \dot{U}_2 = 20 \underline{/-120^\circ} = (-10 - j17.32)\text{V}$$

设 $u = 2u_1 + \dfrac{\mathrm{d}u_2}{\mathrm{d}t} = 2u_1 + u_3$，根据引理 2 可得 $\dot{U} = 2\dot{U}_1 + \dot{U}_3$，再根据引理 3 可得，$u_3 = \dfrac{\mathrm{d}u_2}{\mathrm{d}t}$ 对应的相量形式为

$$\dot{U}_3 = \mathrm{j}\omega\dot{U}_2 = 2 \times 20 \underline{/-120^\circ + 90^\circ} = 40 \underline{/-30^\circ} = (34.64 - \mathrm{j}20)\text{V}$$

因此

$$\dot{U} = 2\dot{U}_1 + \dot{U}_3 = 2(8.66 + \mathrm{j}5) + (34.64 - \mathrm{j}20) = 51.96 - \mathrm{j}10 = 52.91 \underline{/-10.89^\circ}\ \text{V}$$

则 $u = 2u_1 + \dfrac{\mathrm{d}u_2}{\mathrm{d}t} = 2u_1 + u_3$ 的瞬时表示式为 $u(t) = 52.91\sqrt{2}\cos(2t - 10.89^\circ)\ \text{V}$。

可见，采用相量形式进行同频率正弦量之间的运算时，可以免去求导和复杂的三角运算，只需进行复数的运算即可，因此，今后一般都采用相量形式进行正弦稳态电路的求解。

7.3 基尔霍夫定律的相量形式

由前述讨论可知，利用相量法可使同频率正弦量之间的运算得到简化。本节讨论如何采用相量法对单一频率正弦稳态电路进行分析，以简化电路正弦稳态响应求解过程。其基本思路是通过建立电路相量形式的约束关系，使我们不必列写电路时域方程就能直接写出电路的相量方程，进而简化分析过程。本节就来讨论 KCL、KVL 定律的相量形式。

7.3.1 基尔霍夫电流定律（KCL）的相量形式

对于集总电路的任一个节点，根据 KCL 定律可得

$$\sum_{k=1}^{n} i_k(t) = 0 \tag{7-15}$$

若电路是在单一频率 ω 的正弦激励下，则电路进入正弦稳态时，各支路的电流都将是同频率的正弦量。设 $i_k(t)$ 对应的相量形式为 $\dot{I}_k$（或 $\dot{I}_{km}$），则对任何时刻 t，根据引理 1 及引理 2 可得

$$\sum_{k=1}^{n} \dot{I}_{km} = 0 \quad \text{或} \quad \sum_{k=1}^{n} \dot{I}_k = 0 \tag{7-16}$$

（7-16）式表明，在正弦稳态电路中，流入（或流出）各节点的各支路电流的有效值（或振幅）相量形式代数和恒等于零，这就是相量形式的 KCL 定律。在列写相量形式的 KCL 方程时，各电流可以是振幅相量也可以是有效值相量。且在规定了各支路电流的参考方向后，仍需先规定流出（或流入）电流前取"+"号，则流入（或流出）电流前取"−"号。

7.3.2 基尔霍夫电压定律（KVL）的相量形式

对于集总电路的任何一个回路，根据 KVL 定律可得

$$\sum_{k=1}^{n} u_k(t) = 0 \tag{7-17}$$

若电路是在单一频率 ω 的正弦激励下，则电路进入正弦稳态时，各支路电压都是同频率

的正弦量。设 $u_k(t)$ 对应的相量形式为 $\dot{U}_k$（或 $\dot{U}_{km}$），则对任何时刻 t，根据引理 1 及引理 2 可得

$$\sum_{k=1}^{n} \dot{U}_{km} = 0 \quad \text{或} \quad \sum_{k=1}^{n} \dot{U}_k = 0 \tag{7-18}$$

这就是相量形式的 KVL 定律。式（7-18）表明，在单一频率的正弦稳态电路中，沿每个回路各支路电压降的有效值（或振幅）相量形式代数和恒等于零。在列写相量形式的 KVL 方程时，凡支路电压降参考方向与回路绕行方向一致的电压项前取 "+" 号，否则取 "−" 号。

例 7-4 如图 7-6（a）所示电路，已知

$$i_1(t) = 10\sqrt{2}\cos(\omega t + 30°)\,\text{A}, \quad i_2(t) = 5\sqrt{2}\sin\omega t\,\text{A},$$

$$u_1(t) = -10\sqrt{2}\cos(\omega t + 30°)\,\text{V}, \quad u_2(t) = 8\sqrt{2}\cos(\omega t + 90°)\,\text{V},$$

试求电流源电流 $\dot{I}_s$ 及其两端电压 $\dot{U}$，并写出其瞬时值表示式。

解 采用相量法分析电路时，需要先写出已知量的相量形式，即

由 $i_1(t) = 10\sqrt{2}\cos(\omega t + 30°)\,\text{A}$ 得 $\dot{I}_1 = 10\underline{/30°}\,\text{A}$

由 $i_2(t) = 5\sqrt{2}\sin\omega t = 5\sqrt{2}\cos(\omega t - 90°)\,\text{A}$ 得 $\dot{I}_2 = 5\underline{/-90°}\,\text{A}$

同理得

$$\dot{U}_1 = 10\underline{/-150°}\,\text{V} \quad \dot{U}_2 = 8\underline{/90°}\,\text{V}$$

列出图 7-6（a）所示电路中节点 1 相量形式的 KCL 方程为

$$-\dot{I}_1 + \dot{I}_2 + \dot{I}_s = 0$$

则

$$\dot{I}_s = \dot{I}_1 - \dot{I}_2 = 10\underline{/30°} - 5\underline{/-90°}$$

$$= 8.66 + \text{j}5 - (-\text{j}5) = 8.66 + \text{j}10 = 13.23\underline{/49.1°}\,\text{A}$$

写出电流 $\dot{I}_s$ 对应的瞬时值表示式为

$$i_s(t) = 13.23\sqrt{2}\cos(\omega t + 49.1°)\,\text{A}$$

根据 KVL 定律，以顺时针为绕行方向，列出回路 1 相量形式的 KVL 方程为

$$\dot{U}_1 - \dot{U}_2 - \dot{U} = 0$$

代入已知量 $\dot{U}_1$、$\dot{U}_2$，求得

$$\dot{U} = \dot{U}_1 - \dot{U}_2 = 10\underline{/-150°} - 8\underline{/90°}$$

$$= -8.66 - \text{j}5 - \text{j}8 = -8.66 - \text{j}13 = 15.62\underline{/-123.7°}\,\text{V}$$

电压 $u(t)$ 的瞬时表示式为

$$u(t) = 15.62\sqrt{2}\cos(\omega t - 123.7°)\,\text{V}$$

运用相量图求解方法如下：在复平面上画出已知的电流相量 $\dot{I}_1$ 和 $\dot{I}_2$，如图 7-6（b）所示，再用相量运算的平行四边形法则，求得电流相量 $\dot{I}_s$。可见，相量图简单直观，虽然不够精确，但是可以用来检验计算的结果是否基本正确。根据相量图，还可以清楚地看出各正弦量的相

位关系。电压相量图如图 7-6（c）所示。

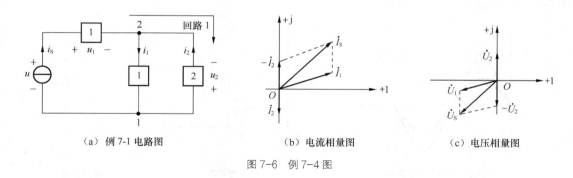

（a）例 7-1 电路图　　　　（b）电流相量图　　　　（c）电压相量图

图 7-6　例 7-4 图

7.4　相量模型

7.4.1　基本元件伏安关系的相量形式

1. 线性电阻元件

在单一频率 ω 正弦稳态电路中，设流过线性电阻元件的电流为 $i_R(t)$，两端电压为 $u_R(t)$，且

$$i_R(t) = \sqrt{2}I_R\cos(\omega t + \theta_i) \Leftrightarrow \dot{I}_R = I_R\underline{/\theta_i}$$

$$u_R(t) = \sqrt{2}U_R\cos(\omega t + \theta_u) \Leftrightarrow \dot{U}_R = U_R\underline{/\theta_u}$$

则在关联参考方向下，可得

$$u_R(t) = \sqrt{2}U_R\cos(\omega t + \theta_u) = Ri_R(t) = \sqrt{2}RI_R\cos(\omega t + \theta_i) \qquad (7\text{-}19)$$

式（7-19）表明，在单一频率正弦稳态电路中，电阻元件两端电压与电流为同频率正弦量，且上式反映的是线性电阻元件电压与电流瞬时值之间的关系，称为时域关系，波形如图 7-7（a）所示。再根据 7.2 节所述引理 1、引理 2 可得，线性电阻元件电压、电流相量形式之间关系为

$$\dot{U}_R = R\dot{I}_R \quad \text{或} \quad U_R\underline{/\theta_u} = RI_R\underline{/\theta_i} \qquad (7\text{-}20)$$

式（7-20）就是线性电阻元件 VAR 的相量形式。根据其 VAR 的相量形式可得，在正弦稳态电路中电阻元件两端电压的有效值与流过电阻的电流有效值之间符合欧姆定律；电阻元件两端电压与流过电阻的电流是同相位的。即

$$\left.\begin{array}{l} U_R = RI_R \\ \theta_u = \theta_i \end{array}\right\} \qquad (7\text{-}21)$$

反映电阻元件相量关系的相量图如图 7-7（b）所示。

元件的相量模型：如果把元件两端电压及流过元件的电流均用相量形式表示出来，元件参数用电压相量与电流相量之比进行标注，所得的电路称为元件的相量模型。在元件的相量模型中，元件的单位都是欧姆（Ω）。

由式（7-20）可知，电阻元件电压相量与电流相量之比为常数 R，因此电阻元件相量模

型参数仍然标注为 R，单位欧姆（Ω），但其两端电压及流过的电流需用相量形式标注，如图 7-7（c）所示。

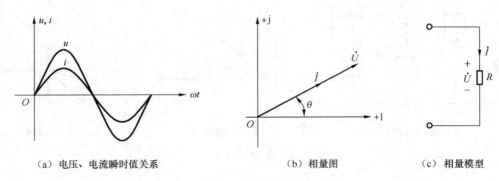

（a）电压、电流瞬时值关系　　　（b）相量图　　　（c）相量模型

图 7-7　线性电阻元件

2. 线性电感元件

在关联参考方向时，线性电感元件两端电压与流过的电流满足

$$u_L(t) = L\frac{\mathrm{d}i_L(t)}{\mathrm{d}t}$$

当流过电感的电流随时间按正弦规律变化时，即

$$i_L(t) = \sqrt{2}I_L\cos(\omega t + \theta_i)$$

可得电感两端电压

$$u_L(t) = L\frac{\mathrm{d}}{\mathrm{d}t}[\sqrt{2}I_L\cos(\omega t + \theta_i)] = -\sqrt{2}\omega L I_L\sin(\omega t + \theta_i)$$
$$= \sqrt{2}\omega L I_L\cos(\omega t + \theta_i + 90°) = \sqrt{2}U_L\cos(\omega t + \theta_u) \tag{7-22}$$

上式表明，当通过电感的电流为正弦量时，电感电压也是同频率的正弦量，且电感电压超前于电流 90°。反映电感元件电压、电流瞬时值关系的波形图如图 7-8（a）所示。

根据 7.2 节所述微分引理，若 $i_L(t)$ 对应相量形式为 $\dot{I}_L$，则 $\dfrac{\mathrm{d}i_L(t)}{\mathrm{d}t}$ 对应的相量形式为 $\mathrm{j}\omega\dot{I}_L$，从而 $u_L(t) = L\dfrac{\mathrm{d}i_L(t)}{\mathrm{d}t}$ 对应的相量形式为

$$\dot{U}_L = \mathrm{j}\omega L\dot{I}_L \tag{7-23}$$

这就是电感元件 VAR 的相量形式，相量图如图 7-8（b）所示。

由式（7-23）得

$$U_L\underline{/\theta_u} = \mathrm{j}\omega L I_L\underline{/\theta_i} = \omega L I_L\underline{/\theta_i + 90°}$$

由此得电感元件电压、电流有效值之间以及辐角之间的关系为

$$\left.\begin{array}{l}U_L = \omega L I_L \\ \theta_u = \theta_i + 90°\end{array}\right\} \tag{7-24}$$

由式（7-24）可知，与电阻元件不同的是，电感元件电压与电流有效值之间的关系不仅与 L 有关而且与角频率 ω 有关。在电流有效值一定的条件下，ω 越大，电压有效值越大；ω 越小，电压有效值越小。当 $\omega = 0$ 时，相当于直流电源激励，电感两端电压等于零，电感元件

相当于短路线；当 $\omega \to \infty$ 时，相当于突然合闸，此时 $\omega L \to \infty$，$u_L \to \infty$，电感元件相当于开路。因此，电感元件有通直流、阻交流，通低频、阻高频的特性。同时，电感电流滞后于电压的角度为 $90°$，这与波形图反映的是一致的。

由式（7-23）可进一步得 $\dot{U}_L / \dot{I}_L = j\omega L$，这样用相量模型表示电感元件时，电感元件上标注为 $j\omega L$，$j\omega L$ 不再是一个常数，而是随频率改变发生变化的量，单位为欧姆（Ω），如图 7-8（c）所示。

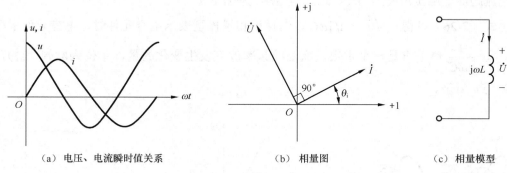

（a）电压、电流瞬时值关系　　　　（b）相量图　　　　（c）相量模型

图 7-8　线性电感元件

3. 线性电容元件

在关联参考方向时，电容元件电压、电流满足

$$i_C(t) = C\frac{du_C(t)}{dt}$$

当电容两端电压随时间按正弦规律变化时，即

$$u_C(t) = \sqrt{2}U_C\cos(\omega t + \theta_u)$$

则流过电容的电流为

$$i_C(t) = C\frac{d}{dt}[\sqrt{2}U_C\cos(\omega t + \theta_u)] = -\sqrt{2}\omega C U_C\sin(\omega t + \theta_u) \tag{7-25}$$
$$= \sqrt{2}\omega C U_C\cos(\omega t + \theta_u + 90°) = \sqrt{2}I_C\cos(\omega t + \theta_i)$$

上式表明电容元件的电压与电流是同一频率的正弦时间函数。反映电容元件电压、电流瞬时值关系的波形图如图 7-9（a）所示。

要得出电容元件 VAR 的相量形式，可利用对偶原理从电感元件的 VAR 推出。把电感元件 VAR 相量形式中的对偶元素互换，可得

$$\dot{I}_C = j\omega C\dot{U}_C \tag{7-26}$$

这就是电容元件 VAR 的相量形式，其相量图如图 7-9（b）所示。

另外，由式（7-26）得

$$I_C\underline{/\theta_i} = j\omega C U_C\underline{/\theta_u} = \omega C U_C\underline{/\theta_u + 90°}$$

由此得电容元件电压与电流有效值之间以及辐角之间的关系为

$$\left.\begin{aligned} I_C &= \omega C U_C \\ \theta_i &= \theta_u + 90° \end{aligned}\right\} \quad \text{或} \quad \left.\begin{aligned} U_C &= \frac{I_C}{\omega C} \\ \theta_u &= \theta_i - 90° \end{aligned}\right\} \tag{7-27}$$

上式表明，电压与电流有效值之间的关系不仅与 C 有关而且与角频率 ω 有关。在 C 一定时，对一定的电压 U 来说，频率越高则 I 越大，也就是说电流越容易通过；频率越低则 I 越小，电流也就越难通过。当 $\omega = 0$，即直流时，$1/\omega C \to \infty$，电容元件相当于开路；当 $\omega \to \infty$，即高频时，$1/\omega C \to 0$，电容元件相当于短路，体现了电容元件隔直流、通交流的特性。另外，电容电流超前于电压角度为 90°，正好与电感元件相反。

由式（7-26）可得 $\dot{U}_C / \dot{I}_C = 1/\mathrm{j}\omega C$，这样用相量模型表示电容元件时，电容元件上标注为 $\dfrac{1}{\mathrm{j}\omega C}$，$\dfrac{1}{\mathrm{j}\omega C}$ 也不再是一个常数，而是随频率改变发生变化的量，单位为欧姆（Ω），如图 7-9（c）所示。

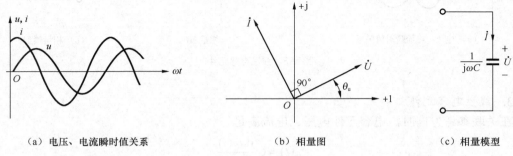

（a）电压、电流瞬时值关系　　　　　（b）相量图　　　　　（c）相量模型

图 7-9　线性电容元件

例 7-5 如图 7-10（a）所示电路，已知 V_1 表读数为 30 V，V_2 表读数为 80 V，V_3 表读数为 40 V，求 V 表的读数。

解 求解前，首先弄清楚各电压表的读数指的是各支路电压的有效值，且各支路电压有效值是不满足 KVL 定律的。如果电路中接有电流表同样如此。

设电流源电流为 $\dot{I}_s = I_s \angle 0°$ A，并根据电压表 V_1 读数为 30 V 可知，电压 u_1 的有效值为 30 V，由此得

$$\dot{U}_1 = R\dot{I}_s = U_1 \angle 0° = 30 \angle 0° \text{ V}$$

同样，由 V_2 表读数为 80 V，V_3 表读数为 40 V，可得

$$\dot{U}_2 = \mathrm{j}\omega L \dot{I}_s = U_2 \angle 90° = 80 \angle 90° = \mathrm{j}80 \text{V}$$

$$\dot{U}_3 = \frac{\dot{I}_s}{\mathrm{j}\omega C} = U_3 \angle -90° = 40 \angle -90° = -\mathrm{j}40 \text{ V}$$

列出电路相量形式的 KVL 方程为

$$\dot{U}_1 + \dot{U}_2 + \dot{U}_3 = 30 + \mathrm{j}80 + (-\mathrm{j}40) = 30 + \mathrm{j}40 = 50 \angle 53.13° \text{ V}$$

则电压 $u(t)$ 有效值为 50 V，所以电压表 V 的读数为 50 V。相量图如图 7-10（b）所示。

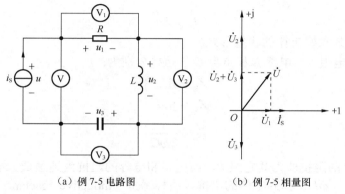

（a）例 7-5 电路图   （b）例 7-5 相量图

图 7-10   例 7-5 电路图及相量图

7.4.2   阻抗和导纳

1. 阻抗

如图 7-11（a）所示是一个含有线性电阻、电容或电感等元件，但不含有独立源的单口网络。

当在该端口施以正弦电压时，端口电流将是同频率的正弦量。我们把端口电压相量 $\dot{U} = U\underline{/\theta_{\mathrm{u}}}$ 与端口电流相量 $\dot{I} = I\underline{/\theta_{\mathrm{i}}}$ 之比定义为该端口的复阻抗，简称阻抗（impedance）。阻抗用大写字母 Z 表示，在电路中用图 7-11（b）所示的符号来表示，即

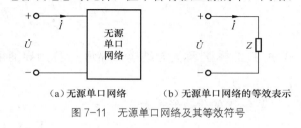

（a）无源单口网络   （b）无源单口网络的等效表示

图 7-11   无源单口网络及其等效符号

$$Z = \frac{\dot{U}}{\dot{I}} = \frac{U}{I}\underline{/\theta_{\mathrm{u}} - \theta_{\mathrm{i}}} = |Z|\underline{/\theta_{Z}} \tag{7-28}$$

式中 Z 的模 $|Z|$ 称为阻抗模，辐角 θ_{Z} 称为阻抗角。阻抗的单位是欧姆（Ω）。

由定义式可得：$|Z| = \dfrac{U}{I}$，$\theta_{Z} = \theta_{\mathrm{u}} - \theta_{\mathrm{i}}$。

阻抗 Z 也可以表示为代数形式，即

$$Z = R + \mathrm{j}X \tag{7-29}$$

其实部 $\mathrm{Re}[Z] = |Z|\cos\theta_{Z} = R$ 称为电阻，虚部 $\mathrm{Im}[Z] = |Z|\sin\theta_{Z} = X$ 称为电抗（reactance）。由此可知，单口网络的阻抗与其电阻和电抗分量三者构成了直角三角形关系，称为阻抗三角形（impedance triangle）。

再来看上述所讨论的 3 种基本元件 VAR 的相量形式，在关联参考方向时，它们分别为

$$\dot{U}_{\mathrm{R}} = R\dot{I}_{\mathrm{R}}$$

$$\dot{U}_{\mathrm{L}} = \mathrm{j}\omega L\dot{I}_{\mathrm{L}}$$

$$\dot{U}_{\mathrm{C}} = \frac{1}{\mathrm{j}\omega C}\dot{I}_{\mathrm{C}}$$

则 3 种基本元件 VAR 的相量形式可统一表示为

$$\dot{U} = Z \dot{I} \tag{7-30}$$

式（7-30）称为欧姆定律的相量形式。

3 种基本元件电阻 R、电感 L 和电容 C 的阻抗分别为：

$$\left. \begin{aligned} Z_R &= R \\ Z_L &= j\omega L \\ Z_C &= \frac{1}{j\omega C} \end{aligned} \right\} \tag{7-31}$$

由此知电阻 R 的阻抗即为其电阻 R，而电感和电容的阻抗为纯虚数。电感阻抗的虚部可用 X_L 表示，且 $X_L = \omega L$，称为电感的电抗，简称感抗（inductive reactance）；电容阻抗的虚部用 X_C 表示，且 $X_C = -\frac{1}{\omega C}$，称为电容的电抗，简称容抗（capacitive reactance）。可以看出，感抗和容抗全是频率 ω 的函数。

2. 导纳

阻抗的倒数定义为复导纳（admittance），简称导纳，用 Y 表示，即

$$Y = \frac{1}{Z} = \frac{\dot{I}}{\dot{U}} = \frac{I}{U} \underline{/\theta_i - \theta_u} = |Y| \underline{/\theta_Y} \tag{7-32}$$

式中 Y 的模 $|Y|$ 称为导纳模，辐角 θ_Y 称为导纳角。导纳的单位为西门子（S），且 $|Y| = \frac{I}{U}$，$\theta_Y = \theta_i - \theta_u$。

导纳 Y 的代数形式为

$$Y = G + jB \tag{7-33}$$

其实部 $\mathrm{Re}[Y] = |Y|\cos\theta_Y = G$ 称为电导（conductance），虚部 $\mathrm{Im}[Y] = |Y|\sin\theta_Y = B$ 称为电纳（susceptance）。由此可知，单口网络的导纳与其电导和电纳三者构成了直角三角形关系，称为导纳三角形（admittance triangle）。

3 种基本元件的导纳分别为

$$\left. \begin{aligned} Y_R &= G = \frac{1}{R} \\ Y_L &= \frac{1}{j\omega L} = -j\frac{1}{\omega L} \\ Y_C &= j\omega C \end{aligned} \right\} \tag{7-34}$$

可见，电阻 R 的导纳即为其电导 G，而电感和电容的导纳仍为纯虚数，其虚部用 B 表示。其中 $B_L = -\frac{1}{\omega L}$，称为电感的电纳，简称感纳（inductive susceptance）；$B_C = \omega C$，称为电容的电纳，简称容纳（capacitive susceptance）。

用导纳表示的欧姆定律相量形式为

$$\dot{I} = Y\dot{U} \tag{7-35}$$

根据阻抗和导纳的定义可知，同一个单口网络或者同一个二端元件的阻抗与导纳是互为倒数的。

7.4.3 相量模型

基尔霍夫定律的相量形式与3种基本元件VAR的相量形式是列写电路相量方程的基本依据，也是对电路中各电压、电流变量所施加的全部约束。可以看出，基尔霍夫定律以及各元件 VAR 的时域和相量形式在形式上是一致的，差别仅在于在相量形式中各支路使用的是相应电压和电流的相量，并且表明各元件的参数也是用阻抗和导纳表示的。这样，如果把原时域模型电路中的各支路电压和电流用相应的相量形式表示出来，各元件参数用相应的阻抗和导纳表示出来后所得到的模型就是原电路的相量模型。

需要注意的是，相量模型只是一种假想的模型，是对正弦稳态电路进行分析的一种有效工具。这是因为在相量模型中，各支路的电压、电流都是代表原电路各正弦电压、电流的相量，但由于实际中并不存在用虚数来计量的电压和电流，也没有一个元件的参数会是虚数，因此相量模型只是一种假想的模型。另外，相量模型只适用于对输入是单一频率的正弦稳态电路进行分析。

下面来分析图 7-12（a）所示 *RLC* 串联电路的等效阻抗。

要求出等效阻抗，可将各元件参数用阻抗来表示，各支路电压、电流也用相量形式代替，从而得到图 7-12（b）所示 *RLC* 串联电路的相量模型。由图可得

$$\dot{U} = \dot{U}_R + \dot{U}_L + \dot{U}_C$$

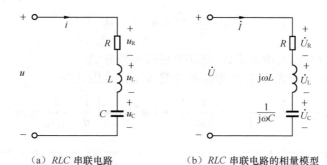

（a）*RLC* 串联电路　　　（b）*RLC* 串联电路的相量模型

图 7-12　*RLC* 串联电路及其等效相量模型

将 $\dot{U}_R = R\dot{I}$、$\dot{U}_L = j\omega L\dot{I}$ 及 $\dot{U}_C = \dfrac{1}{j\omega C}\dot{I}$ 代入上式得

$$\dot{U} = \left(R + j\omega L + \frac{1}{j\omega C}\right)\dot{I}$$

则 *RLC* 串联电路的等效阻抗为

$$Z = \frac{\dot{U}}{\dot{I}} = R + j\omega L + \frac{1}{j\omega C} = R + j\left(\omega L - \frac{1}{\omega C}\right)$$

$$= \sqrt{R^2 + (\omega L - \frac{1}{\omega C})^2}\ \diagup\arctan\frac{\omega L - \dfrac{1}{\omega C}}{R}$$

其等效阻抗模

$$|Z| = \sqrt{R^2 + (\omega L - \frac{1}{\omega C})^2}$$

辐角

$$\theta = \arctan \frac{\omega L - \dfrac{1}{\omega C}}{R}$$

这样，当 $\theta > 0°$ 时，其等效阻抗的虚部 $X > 0$，单口网络呈现感性；当 $\theta < 0°$ 时，其等效阻抗的虚部 $X < 0$，单口网络呈现容性；当 $\theta = 0°$ 时，其等效阻抗的虚部 $X = 0$，单口网络等效为一个电阻。

根据 RLC 串联电路等效阻抗的表示式可得

$$Z = Z_R + Z_L + Z_C$$

同理可得，对由 n 个阻抗串联组成的单口网络，其等效阻抗为

$$Z_{eq} = Z_1 + Z_2 + \cdots + Z_n = \sum_{k=1}^{n} Z_k \tag{7-36}$$

与分压电阻电路相似，对由 n 个阻抗串联组成的单口网络，若 $\dot{U}$ 为 n 个串联阻抗的总电压，则第 k 个阻抗的电压 $\dot{U}_k$ 为

$$\dot{U}_k = \frac{Z_k}{Z_{eq}} \dot{U}, k = 1, 2, \cdots, n \tag{7-37}$$

下面来分析图 7-13（a）所示 RLC 并联电路的等效导纳。

如图 7-13（b）所示为 RLC 并联电路的相量模型，由图可得

$$\dot{I} = \dot{I}_R + \dot{I}_L + \dot{I}_C = \frac{1}{R}\dot{U}_R + \frac{1}{j\omega L}\dot{U}_L + j\omega C \dot{U}_C = \left(\frac{1}{R} + \frac{1}{j\omega L} + j\omega C \right) \dot{U}$$

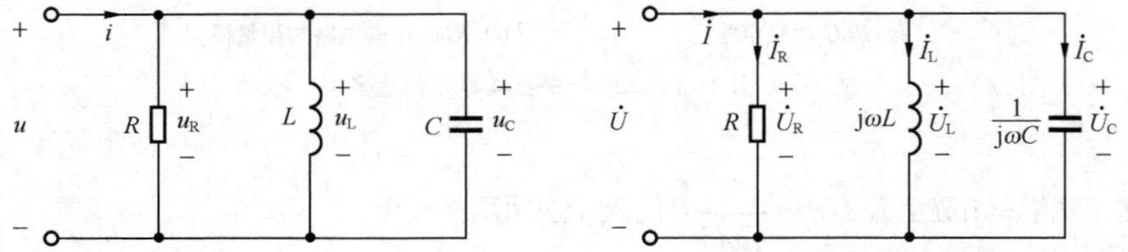

（a）RLC 并联电路　　　　　　　　（b）RLC 并联电路对应相量模型

图 7-13　RLC 并联电路

则

$$Y = \frac{\dot{I}}{\dot{U}} = \frac{1}{R} + j\omega C + \frac{1}{j\omega L} = Y_G + Y_C + Y_L = G + j\left(\omega C - \frac{1}{\omega L} \right)$$

$$= \sqrt{G^2 + (\omega C - \frac{1}{\omega L})^2} \Big/ \arctan \frac{\omega C - \dfrac{1}{\omega L}}{G}$$

其等效导纳模

$$|Y| = \sqrt{G^2 + \left(\omega C - \frac{1}{\omega L}\right)^2}$$

辐角

$$\theta_Y = \arctan \frac{\omega C - \dfrac{1}{\omega L}}{G}$$

这样，当 $\theta_Y > 0°$ 时，其等效导纳的虚部 $\omega C - \dfrac{1}{\omega L} > 0$，单口网络呈现容性；当 $\theta < 0°$ 时，其等效导纳的虚部 $\omega C - \dfrac{1}{\omega L} < 0$，单口网络呈现感性；当 $\theta = 0°$ 时，其等效导纳的虚部 $\omega C - \dfrac{1}{\omega L} = 0$，单口网络等效为一个电导。

同理，对由 n 个导纳并联组成的单口网络，其等效导纳为

$$Y = Y_1 + Y_2 + \cdots + Y_n = \sum_{k=1}^{n} Y_k \tag{7-38}$$

若 $\dot{I}$ 为 n 个并联导纳的总电流，则第 k 个导纳的电流 $\dot{I}_k$ 为

$$\dot{I}_k = \frac{Y_k}{Y_{eq}} \dot{I}, k = 1, 2, \cdots, n \tag{7-39}$$

另外要注意的是，任意一个单口网络等效阻抗的实部不一定只由网络中的电阻元件来决定，虚部也不一定只由电感和电容元件来决定，它们都应该由网络内各元件参数以及频率等共同决定。

7.5　正弦稳态电路的分析

根据电路的相量模型，可以把线性电阻电路的分析方法运用到正弦稳态电路的分析中，以建立相量形式的电路方程，进而通过求解复数方程得到电路的稳态响应，这种方法称为相量法，相量法是用于分析正弦稳态电路的一种主要方法。

相量形式的电路方程和电阻电路的电路方程是一样的，也是线性代数方程，只是所得的方程系数一般是复数，这样，用于分析线性电阻电路的各种方法、原理和定理等，如网孔分析法、节点分析法、叠加定理和戴维南定理等都可以推广运用到正弦稳态电路的相量法分析中。

7.5.1　一般正弦稳态电路的分析

用相量法分析正弦稳态电路的基本步骤归纳如下：

（1）写出各已知正弦量相应的相量形式。

（2）根据原电路的时域模型得出电路的相量模型。

在相量模型中，各元件的参数均用其相应的阻抗或导纳来表示，即电阻元件的 R 或 G 保持不变，电感元件用其阻抗 $j\omega L$ 或用其导纳 $1/j\omega L$ 来代替，电容元件用其阻抗 $1/j\omega C$ 或用其导纳 $j\omega C$ 来代替。对正弦电压源或电流源，也采用相应的相量形式来标注，各支路电压、电

流用相量形式代替，参考方向保持不变。

（3）根据相量模型建立相量方程，求出各响应相量。求解时，可以运用网孔分析法、节点分析法、叠加定理和戴维南、诺顿定理等对原电路的相量模型进行分析。

（4）将所求得的各支路响应相量形式变换成相应的时域表达式。

下面通过例子来说明网孔分析法、节点分析法、叠加定理和戴维南定理等在正弦稳态电路分析中的应用。

例 7-6 图 7-14（a）所示电路，试用网孔分析法求电流 $i_1(t)$。已知

$$u_{S1}(t) = 40\sqrt{2}\cos 400t \text{ V}, \quad u_{S2}(t) = 30\sqrt{2}\cos(400t + 90°) \text{ V},$$

$$i_{S1}(t) = 5\sqrt{2}\cos(400t + 180°) \text{ A}, \quad i_{S2}(t) = 6\sqrt{2}\cos(400t - 90°) \text{ A},$$

解 （1）写出已知量的相量形式为

$$\dot{U}_{S1} = 40\underline{/0°} \text{ V}, \quad \dot{U}_{S2} = 30\underline{/90°} = \text{j}30 \text{ V}$$

$$\dot{I}_{S1} = 5\underline{/180°} = -5 \text{ A}, \quad \dot{I}_{S2} = 6\underline{/-90°} = -\text{j}6 \text{ A}$$

（2）画出原电路的相量模型如图 7-14（b）所示，其中

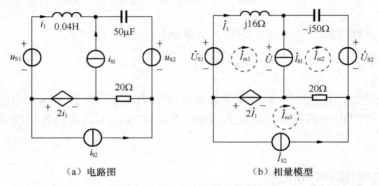

（a）电路图　　　　　　　　　　　（b）相量模型

图 7-14　例 7-6 电路图及相量模型

$$\text{j}\omega L = \text{j} \times 400 \times 0.04 = \text{j}16\Omega, \quad \frac{1}{\text{j}\omega C} = \frac{1}{\text{j} \times 400 \times 50 \times 10^{-6}} = -\text{j}50\Omega$$

（3）根据网孔分析法列出电路的网孔方程如下

$$\text{j}16\dot{I}_{m1} = -\dot{U} + 2\dot{I}_1 + \dot{U}_{S1}$$

$$(20 - \text{j}50)\dot{I}_{m2} - 20\dot{I}_{m3} = -\dot{U}_{S2} + \dot{U}$$

$$\dot{I}_{m3} = -\dot{I}_{S2} = \text{j}6$$

又有

$$\dot{I}_{S1} = \dot{I}_{m2} - \dot{I}_{m1}$$

求解以上方程组可得

$$\dot{I}_1 = \dot{I}_{m1} = 5.53\underline{/13.29°} \text{ A}, \quad \dot{I}_{m2} = 1.32\underline{/73.76°} \text{ A}$$

（4）所求电流的时域表示式为

$$i_1(t) = 5.53\sqrt{2}\cos(400t + 13.29°) \text{ A}$$

例 7-7 图 7-15（a）所示电路，试用节点分析法求各节点电压。已知

$i_s(t) = \sqrt{2}\cos t$ A，$u_{S1}(t) = 2\sqrt{2}\cos t$ V，$u_{S2}(t) = 4\sqrt{2}\cos(t+90°)$ V。

解 原电路的相量模型如图 7-15（b）所示，图中标出了参考节点及独立节点，其中 $\dot{I}_s = 1\underline{/0°}$ A，$\dot{U}_{S1} = 2\underline{/0°}$ V，$\dot{U}_{S2} = 4\underline{/90°}$ V。设流过受控电压源的电流为 $\dot{I}$，利用节点分析法列写节点方程如下

$$\dot{U}_1 = \dot{U}_{S1} = 2\underline{/0°} \text{ V}$$

$$\left(\frac{1}{20} + \frac{1}{2} + \frac{1}{-j2}\right)\dot{U}_2 - \frac{1}{20}\dot{U}_1 - \frac{1}{-j2}\dot{U}_3 = -\dot{I}$$

$$\left(\frac{1}{2} + \frac{1}{j2} + \frac{1}{-j2}\right)\dot{U}_3 - \frac{1}{-j2}\dot{U}_2 - \frac{1}{2}\dot{U}_4 = \dot{I}_s + \dot{I}$$

$$\dot{U}_4 = \dot{U}_{S2} = 4\underline{/90°} \text{ V}$$

又

$$\dot{U}_2 - \dot{U}_3 = 5\dot{I}_1$$

$$\dot{I}_1 = \frac{\dot{U}_2}{2}$$

联立以上方程解得 $\dot{U}_2 = 2.94\underline{/-43.74°}$ V，$\dot{U}_3 = 4.41\underline{/136.26°}$ V。

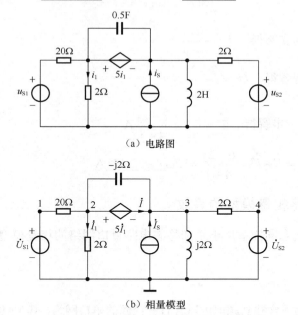

（a）电路图

（b）相量模型

图 7-15 例 7-7 电路图及相量模型

例 7-8 图 7-16（a）所示电路，其中 $\dot{I}_s = 1\underline{/0°}$ A，$\dot{U}_s = 1\underline{/0°}$ V，试用叠加定理求电流 $\dot{I}$。

解 $\dot{U}_s$ 单独作用时的等效电路如图 7-16（b）所示，由图列两个网孔的网孔方程如下

$$(-j1+1))\dot{I}_1' - \dot{I}' = -2\dot{I}_1' + \dot{U}_s$$

$$(2+j1)\dot{I}' - \dot{I}_1' = 2\dot{I}_1'$$

联立以上两个方程解得　　$\dot{I}' = \dfrac{3}{4+j}$ A

$\dot{I}_s$ 单独作用时的等效电路如图 7-16（c）所示，由图知用节点分析法求解较容易。以下面节点为参考节点，列节点 1、2 节点电压方程如下

$$\left(\dfrac{1}{1}+\dfrac{1}{j1}\right)\dot{U}_1 - \dfrac{\dot{U}_2}{1} = \dot{I}_s$$

$$\left(\dfrac{1}{1}+\dfrac{1}{1}+\dfrac{1}{-j1}\right)\dot{U}_2 - \dfrac{\dot{U}_1}{1} - \dfrac{2\dot{I}_1''}{1} = 0$$

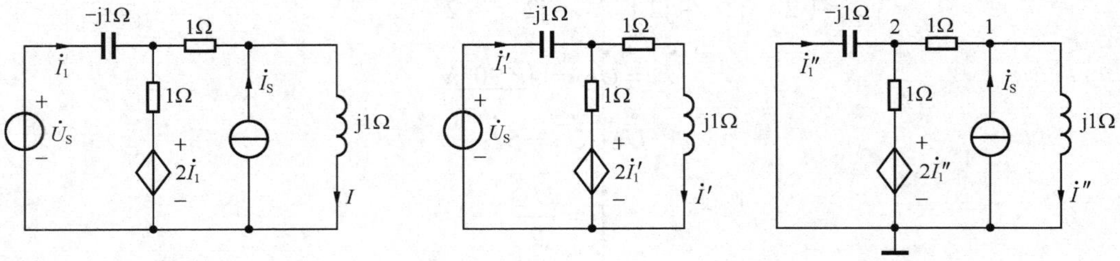

图 7-16　例 7-8 电路图

再根据受控源控制支路得　　$\dot{I}_1'' = -\dfrac{\dot{U}_2}{-j1}$

联立以上 3 个方程解得　　$\dot{U}_1 = \dfrac{2+3j}{4+j}$ A

再由电感 VAR 进一步解得　　$\dot{I}'' = \dfrac{\dot{U}_1}{j1} = \dfrac{3-2j}{4+j}$ A

则根据叠加定理得　　$\dot{I} = \dot{I}' + \dot{I}'' = \dfrac{6-2j}{4+j} = 1.53\underline{/-32.47°}$ A

7.5.2　单口网络相量模型的等效

单口网络等效的概念同样适用于正弦稳态电路单口网络的相量模型。下面分两种情况进行说明。

1. 无源单口网络

图 7-17（a）所示为不含独立源但可以含有受控源的单口网络，其 VAR 可以表示为 $\dot{U} = Z\dot{I}$，其中 Z 称为无源单口网络的等效阻抗或输入阻抗，一般为复数，可以写为

$$Z = \dfrac{\dot{U}}{\dot{I}} = R + jX = |Z|\underline{/\theta_z} \tag{7-40}$$

其中的 R 和 X 分别称为等效阻抗的电阻和电抗分量，它们都是由网络中各元件参数和频率共同决定的函数。其等效相量模型可表示为 R 和 jX 的串联组合，如图 7-17（b）所示。

另外，对无源单口网络来说，其 VAR 也可以表示为 $\dot{I} = Y\dot{U}$，其中 Y 称为单口网络的等

效导纳或输入导纳，可以写为

$$Y = \frac{\dot I}{\dot U} = G + jB = |Y| \underline{/\theta_Y} \tag{7-41}$$

其中的 G 和 B 分别称为等效导纳的电导和电纳分量，它们也是网络中各元件参数和频率的函数。其等效相量模型可表示为 G 和 jB 的并联组合，如图 7-17（c）所示。

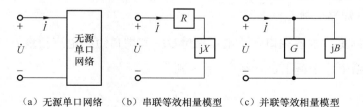

（a）无源单口网络　　（b）串联等效相量模型　　（c）并联等效相量模型

图 7-17　无源单口网络及其两种等效相量模型

对同一个无源单口网络来说，其阻抗和导纳互为倒数，即

$$Z = \frac{1}{Y} \tag{7-42}$$

例 7-9　图 7-18（a）所示单口网络，求 $\omega = 3 \, \text{rad/s}$ 时单口网络的等效阻抗、等效导纳及其相应的等效电路。

解　$\omega = 3 \, \text{rad/s}$ 时，原单口网络的相量模型如图 7-18（b）所示。由图可得

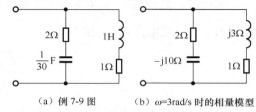

（a）例 7-9 图　　（b）$\omega=3$rad/s 时的相量模型

图 7-18　例 7-9 单口网络及其等效相量模型

$$Z(j3) = (2 - j10) // (1 + j3) = \frac{(2 - j10)(1 + j3)}{2 - j10 + 1 + j3} = \frac{32 - j4}{3 - j7} = (2.14 + j3.66)\Omega$$

则串联形式的等效相量模型如图 7-19（a）所示，与其对应的时域电路如图 7-19（b）所示。需要注意的是，这两个单口网络只在 $\omega = 3 \, \text{rad/s}$ 的正弦稳态时才是等效的。

单口网络的等效导纳为

$$Y(j3) = \frac{1}{Z} = \frac{1}{2.14 + j3.66} = \frac{2.14 - j3.66}{(2.14 + j3.66)(2.14 - j3.66)} = (0.119 - j0.204)\,\text{S}$$

则并联形式的等效相量模型如图 7-19（c）所示，与其对应的时域电路如图 7-19（d）所示。其中 $1/0.119 = 8.403\Omega$；再由 $1/\omega L = 0.204$ 解得 $L = 1/(3 \times 0.204) = 1.634\text{H}$。

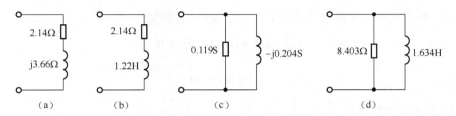

（a）　　　　　（b）　　　　　（c）　　　　　（d）

图 7-19　例 7-6 的两种等效电路

2. 含源单口网络

根据戴维南定理，在正弦稳态电路中，对含有独立源的单口网络相量模型，可以等效为

一个电压源 $\dot{U}_{\text{OC}}$ 和等效阻抗 Z_{eq} 的串联组合，其中电压源的电压 $\dot{U}_{\text{OC}}$ 是原单口网络相量模型的开路电压，等效阻抗 Z_{eq} 为原网络中所有独立源置零时单口网络的等效阻抗。

求解开路电压 $\dot{U}_{\text{OC}}$ 时，究竟选用什么方法来求解，可根据具体电路来选择。等效阻抗的求解方法总结如下：

（1）用 $Z_{\text{eq}} = \dfrac{\text{开路电压}\dot{U}_{\text{OC}}}{\text{短路电流}\dot{I}_{\text{SC}}}$ 方法。

特别要注意的是，求解端口开路电压相量 $\dot{U}_{\text{OC}}$ 和端口短路电流相量 $\dot{I}_{\text{SC}}$ 时，独立源仍需保留在原单口网络中。求解出 $\dot{U}_{\text{OC}}$ 和 $\dot{I}_{\text{SC}}$ 后，则

$$Z_{\text{eq}} = \frac{\dot{U}_{\text{OC}}}{\dot{I}_{\text{SC}}} \tag{7-43}$$

（2）用外施电源的方法。

求解时，先把独立源置零，再在端口外施一个电压源 $\dot{U}_{\text{S}}$（或电流源 $\dot{I}_{\text{S}}$），求解出端口电流表示式 $\dot{I}$（或电压 $\dot{U}$），则

$$Z_{\text{eq}} = \frac{\dot{U}_{\text{S}}}{\dot{I}} \quad \text{或} \quad Z_{\text{eq}} = \frac{\dot{U}}{\dot{I}_{\text{S}}} \tag{7-44}$$

（3）设受控源控制量等于 1 的方法。

求解时，先把独立源置零，再设受控源的控制量等于 1，（即如果是 VCVS 或 VCCS 则控制支路是电压，因此设控制支路的电压为 $1\angle 0°$ V；如果是 CCVS 或 CCCS 则设控制支路的电流为 $1\angle 0°$ A），然后根据具体电路结构求出端口电压和电流的数值，则端口电压和电流的比值就是其等效阻抗。这种方法只适用于求解含有受控源的无源单口网络的等效阻抗。

（4）如果单口网络在把独立源置零后，只含有一些阻抗或导纳的组合，则直接用串并联公式或△-Y 间的等效变换计算即可。这种方法不适用于含有受控源的单口网络。

例 7-10 图 7-20（a）所示单口网络，试用戴维南定理求出其戴维南等效电路。在 $\omega = 1\,\text{rad/s}$ 时，画出其等效电路的时域模型。

解 （1）求开路电压 $\dot{U}_{\text{OC}}$。在端口开路时，可把图 7-20（a）所示单口网络等效变换为图 7-20（b）所示电路。设回路电流为 $\dot{I}$，列出 KVL 方程如下

$$\text{j}5\dot{I} + 4\dot{U}_1 + \dot{U}_1 - 10\angle 0° = 0$$

其中

$$\dot{U}_1 = 0.5(1 + \text{j})\dot{I}$$

联立以上两个方程解得 $\dot{I} = \dfrac{4}{1 + \text{j}3}\,\text{A}$，则

$$\dot{U}_{\text{OC}} = \text{j}5\dot{I} + 4\dot{U}_1 = \text{j}5\dot{I} + 4 \times 0.5(1 + \text{j})\dot{I} = \frac{8 + \text{j}28}{1 + \text{j}3} = 9.2 + \text{j}0.4 = 9.209\angle 2.49°\,\text{V}$$

（2）求等效阻抗。

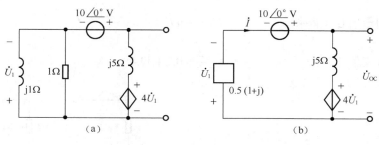

图 7-20　例 7-10 图

第一种方法：用 $Z_{\text{eq}} = \dfrac{\text{开路电压}\dot{U}_{\text{OC}}}{\text{短路电流}\dot{I}_{\text{SC}}}$。

开路电压已经求出，下面求短路电流，端口短路时的等效电路如图 7-21 所示。

列出回路 1 的 KVL 方程如下

$$-10\angle 0° + 0.5(1+\text{j})\dot{I} = 0$$

解方程得

$$\dot{I} = \frac{20}{1+\text{j}}\,\text{A}$$

再列右边回路 KVL 方程得

$$\text{j}5\times(\dot{I}-\dot{I}_{\text{SC}}) + 4\dot{U}_1 = \text{j}5\times(\dot{I}-\dot{I}_{\text{SC}}) + 4\times 0.5(1+\text{j})\dot{I} = 0$$

代入 $\dot{I}$ 解得

$$\dot{I}_{\text{SC}} = \frac{8+\text{j}28}{-1+\text{j}}\,\text{A}$$

则

$$Z_{\text{eq}} = \frac{\dot{U}_{\text{OC}}}{\dot{I}_{\text{SC}}} = \frac{8+\text{j}28}{1+\text{j}3} \div \frac{8+\text{j}28}{-1+\text{j}} = (0.2 + \text{j}0.4)\,\Omega$$

第二种方法：外施电源法。将独立源置零，在端口外施一个电压源，如图 7-22 所示。

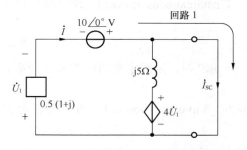

图 7-21　单口网络端口短路时的等效电路

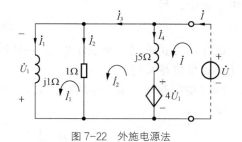

图 7-22　外施电源法

由图列出 3 个网孔的网孔方程为

$$(1+\text{j}1)\dot{I}_1 - \dot{I}_2 = 0$$

$$(1+\text{j}5)\dot{I}_2 - \dot{I}_1 - \text{j}5\dot{I} = 4\dot{U}_1$$

$$j5\dot{I} - j5\dot{I}_2 + 4\dot{U}_1 = \dot{U}$$

再由受控源控制量所在支路得

$$\dot{U}_1 = -j1\dot{I}_1$$

联立以上四个方程解得

$$\frac{\dot{U}}{\dot{I}} = \frac{1 + j2}{5} = 0.2 + j0.4$$

则

$$Z_{eq} = \frac{\dot{U}}{\dot{I}} = (0.2 + j0.4)\,\Omega$$

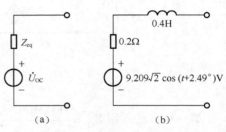

求出开路电压及等效组抗后即可得到原单口网络的戴维南等效相量模型如图 7-23（a）所示。在 $\omega = 1\,\mathrm{rad/s}$ 时的等效时域模型如图 7-23（b）所示。

图 7-23　戴维南等效电路

7.6　正弦稳态电路的功率

从本节开始讨论正弦稳态电路的功率问题。由前面分析知，在正弦稳态时，正弦稳态电路各支路电压和电流都是随时间变化的正弦量，这样电路在每一时刻的功率和能量也是瞬时变化的，但我们通常关心的并不是它们的瞬时值而是电路消耗功率的平均值以及储藏能量的平均值，因而与线性电阻电路比较起来，正弦稳态电路的功率要复杂的多，下面来详细讨论。

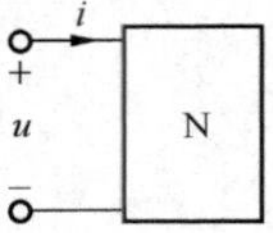

图 7-24　单口网络

如图 7-24 所示单口网络，在正弦稳态时，其端口电压和电流是同频率的正弦量，设

$$u(t) = U_m \cos(\omega t + \theta_u) = \sqrt{2}U \cos(\omega t + \theta_u)$$

$$i(t) = I_m \cos(\omega t + \theta_i) = \sqrt{2}I \cos(\omega t + \theta_i)$$

则在电压、电流为关联参考方向时，网络在任一瞬间吸收的功率等于电压与电流瞬时值的乘积，该乘积是一个随时间变化的量，称为瞬时功率（instantaneous power）。瞬时功率用小写字母 p 表示，写作

$$p(t) = u(t)i(t) \tag{7-45}$$

这样，当 $p>0$ 时，则表示单口网络吸收功率；当 $p<0$ 时，则表示单口网络释放功率。瞬时功率的单位是瓦特。

瞬时功率在一个周期内的平均值，叫做平均功率（average power），用大写字母 P 表示，即

$$P = \frac{1}{T}\int_0^T p(t)\mathrm{d}t = \frac{1}{T}\int_0^T u(t)i(t)\mathrm{d}t \tag{7-46}$$

平均功率代表了电路实际所消耗的功率，所以又称为有功功率（active power），习惯上常把"平均"或"有功"二字省略，简称为功率，单位为瓦特（W）。通常所说的功率都指平均功率而言。例如，某灯泡额定电压为 220V，功率为 40W 时，表示该灯泡接在 220V 电源时，其消耗的平均功率为 40W。

7.6.1　元件的功率

下面对 3 种基本元件的功率和能量问题进行讨论。

1. 电阻的平均功率

在正弦稳态时，电阻上的电压和电流是同相位的，可设 $\theta_u = \theta_i = 0°$，这样

$$u(t) = U_m \cos \omega t = \sqrt{2}U \cos \omega t$$

$$i(t) = I_m \cos \omega t = \sqrt{2}I \cos \omega t$$

则在电压、电流为关联参考方向时，电阻所吸收的瞬时功率为

$$p_R(t) = u(t)i(t) = U_m \cos \omega t \times I_m \cos \omega t = U_m I_m \cos^2 \omega t$$

$$= \frac{1}{2}U_m I_m (1 + \cos 2\omega t) = UI(1 + \cos 2\omega t) = UI + UI \cos 2\omega t \qquad (7\text{-}47)$$

（7-47）式中，UI 是一个与时间无关的量，在端口电压、电流一定的条件下是一个常量；$UI \cos 2\omega t$ 则是随时间作两倍频率变化的周期量。绘出电压、电流及功率 p 随时间变化的波形如图 7-25 所示。由图可以看出，电阻元件瞬时功率在任何时刻始终大于等于零，这样无论在电流的正半周期还是负半周期，电阻元件始终是吸收功率和消耗能量的，电阻元件是耗能元件。

将电阻元件的瞬时功率代入平均功率的定义式可得

$$P = \frac{1}{T}\int_0^T p_R(t)\mathrm{d}t = \frac{1}{T}\int_0^T UI(1 + \cos 2\omega t)\mathrm{d}t = UI$$

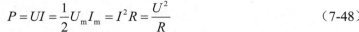

图 7-25　电阻元件的电压、电流及功率波形图

把电压、电流有效值之间关系 $U = RI$ 代入上式可进一步得

$$P = UI = \frac{1}{2}U_m I_m = I^2 R = \frac{U^2}{R} \qquad (7\text{-}48)$$

由此可见，在正弦稳态电路中，电阻的平均功率计算公式与直流电阻电路中电阻的功率计算公式完全相同，但必须注意在正弦稳态电路中，U、I 都是指有效值而言的。

2. 电容的平均功率、平均储能

在正弦稳态时，电容上的电流超前于电压 90°，可设 $\theta_u = 0°$，此时有 $\theta_i = 90°$，则

$$u(t) = U_m \cos \omega t = \sqrt{2}U \cos \omega t$$

$$i(t) = I_m \cos(\omega t + 90°) = -\sqrt{2}I \sin \omega t$$

则电容的瞬时功率为

$$p_C(t) = u(t)i(t) = -\sqrt{2}U \cos \omega t \times \sqrt{2}I \sin \omega t = -UI \sin 2\omega t \qquad (7\text{-}49)$$

图 7-26 给出了电容元件电压、电流及瞬时功率波形图，由图可见，电容的瞬时功率是以 2ω 为角频率的正弦量，且功率时正时负，但功率曲线与横轴所围面积上半部分与下半部分相等，因此这种功率反映的是能量的交换而不是能量的消耗。在一段时间内，电容元件从电路中吸收电能并将其转化为电场能量存储起来，在此期间 p 为正值；在另一段时间内，又将所储存的电场能量向外电路释放出去，在此期间 p 为负值；之后按此规律周而复始的循环下去。

电容元件的平均功率为

$$P = \frac{1}{T}\int_0^T p_C(t)\mathrm{d}t = \frac{1}{T}\int_0^T (-UI\sin 2\omega t)\mathrm{d}t = 0$$

（7-50）

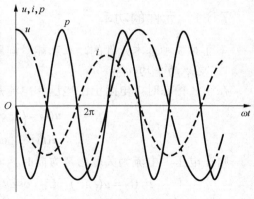

图 7-26 电容的电压、电流及瞬时功率波形图

上式表明电容元件的平均功率等于零，电容元件既不会产生功率，也不会消耗功率。

电容元件的瞬时储能为

$$w_C(t) = \frac{1}{2}Cu^2(t) = \frac{1}{2}C(\sqrt{2}U\cos\omega t)^2$$

$$= \frac{1}{2}CU^2 \times 2\cos^2\omega t = \frac{1}{2}CU^2(1+\cos 2\omega t)$$

（7-51）

波形如图 7-27 所示。可以看出，电容元件的瞬时储能是以 2ω 为角频率变化的周期量，但在任何时刻其瞬时储能 $w_C(t) \geqslant 0$。

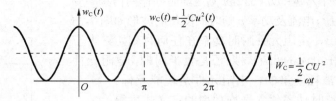

图 7-27 电容的能量波形图

电容的平均储能

$$W_C = \frac{1}{T}\int_0^T w_C(t)\mathrm{d}t = \frac{1}{2}CU^2$$

（7-52）

3. 电感的平均功率、平均储能

在正弦稳态时，电感上的电压超前于电流 90°，可设 $\theta_u = 0°$，有 $\theta_i = -90°$，则

$$u(t) = U_m\cos\omega t = \sqrt{2}U\cos\omega t$$

$$i(t) = I_m\cos(\omega t - 90°) = \sqrt{2}I\sin\omega t$$

瞬时功率为

$$p_L(t) = u(t)i(t) = \sqrt{2}U\cos\omega t \times \sqrt{2}I\sin\omega t = UI\sin 2\omega t$$

（7-53）

波形如图 7-28 所示。

平均功率为

$$P = \frac{1}{T}\int_0^T p_L(t)\mathrm{d}t = \frac{1}{T}\int_0^T UI\sin 2\omega t\mathrm{d}t = 0$$

（7-54）

上式表明电感元件既不会产生功率，也不会消耗功率。当瞬时功率大于零时，它吸收功率，当瞬时功率小于零时，它释放功率，但在一个周期内，其所吸收的功率和释放的功率相等，因此平均功率为零。

电感的瞬时储能为

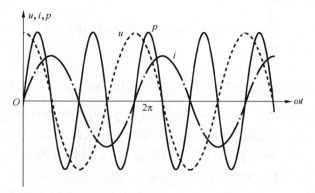

图 7-28   电感元件的功率波形图

$$w_L(t) = \frac{1}{2}Li^2(t) = \frac{1}{2}L(\sqrt{2}I\sin\omega t)^2$$
$$= \frac{1}{2}LI^2 \times 2\sin^2\omega t = \frac{1}{2}LI^2(1-\cos 2\omega t) \tag{7-55}$$

波形如图 7-29 所示。可以看出，电感元件的瞬时储能也是以 2ω 为角频率变化的周期量，但在任何时刻其瞬时储能 $w_L(t) \geqslant 0$。

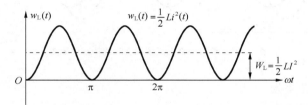

图 7-29   电感的能量波形图

电感的平均储能

$$W_L = \frac{1}{T}\int_0^T w_L(t)\mathrm{d}t = \frac{1}{2}LI^2 \tag{7-56}$$

平均储能越大，说明储能元件进行能量交换的数值也越大。

7.6.2   单口网络的有功功率、无功功率、视在功率和复功率

1. 有功功率

如图 7-30 所示单口网络，在正弦稳态时，其端口电压和电流为关联参考方向，且电压超前于电流的相位为 θ。设单口网络端口电压、电流分别为

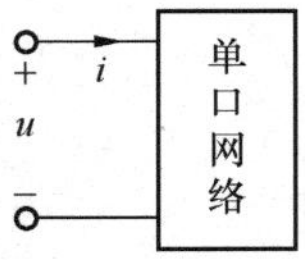

$$i(t) = I_m\cos\omega t$$
$$u(t) = U_m\cos(\omega t + \theta)$$

图 7-30   单口网络

则网络在任一时刻的功率为

$$p(t) = u(t)i(t) = U_m\cos(\omega t + \theta) \times I_m\cos\omega t = U_m I_m\cos(\omega t + \theta)\cos\omega t$$

利用三角公式

$$\cos\alpha\cos\beta = \frac{1}{2}[\cos(\alpha+\beta)+\cos(\alpha-\beta)]$$

则有

$$p(t)=\frac{1}{2}U_\text{m}I_\text{m}[\cos(2\omega t+\theta)+\cos\theta]=UI\cos(2\omega t+\theta)+UI\cos\theta \qquad (7\text{-}57)$$

式（7-57）中，$UI\cos(2\omega t+\theta)$ 是一个随时间以 2ω 角频率变化的正弦分量，$UI\cos\theta$ 是一个常量，两项相加的波形如图 7-31 所示。由图可见，瞬时功率 p 时正时负，$p>0$ 时，单口网络从外电路吸收功率，外电路给网络提供能量；$p<0$ 时，网络向外电路释放功率，单口网络给外电路提供能量。瞬时功率的这种变化规律表明了网络与外部电路间存在着能量的交换。如果在一个周期中，$p>0$ 的部分大于 $p<0$ 的部分，则说明网络吸收的功率大于其所释放的功率，表明了网络内存在着能量的消耗，这是由网络内所包含的电阻元件引起的。

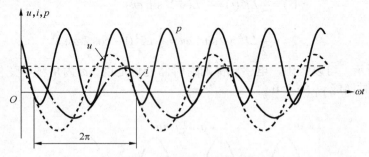

图 7-31　单口网络在正弦稳态时的功率波形图

单口网络的平均功率为

$$P=\frac{1}{T}\int_0^T p(t)\mathrm{d}t=\frac{1}{T}\int_0^T UI[\cos(2\omega t+\theta)+\cos\theta]\mathrm{d}t=UI\cos\theta \qquad (7\text{-}58)$$

若单口网络内只含有电容或电感元件，此时 $\theta=\pm90°$，因而 $P=0$；若只含有电阻元件，此时 $\theta=0°$，因而 $P=UI$，与前面推导结论一致。

另外，对无源单口网络来说，其端口电压、电流满足 $U=I|Z|$，且 $Z=|Z|\underline{/\theta}$，其中 Z 为无源单口网络的等效阻抗，θ 为无源单口网络的等效阻抗角，则得

$$P=UI\cos\theta=I^2|Z|\cos\theta=I^2\operatorname{Re}Z \qquad (7\text{-}59)$$

进一步由单口网络的等效导纳

$$Y=\frac{1}{Z}=\frac{1}{|Z|\underline{/\theta}}=\frac{1}{|Z|}\underline{/-\theta}=\frac{1}{|Z|}\cos(-\theta)+\mathrm{j}\frac{1}{|Z|}\sin(-\theta)$$

则

$$|Y|=\frac{1}{|Z|},\quad \operatorname{Re}Y=\frac{1}{|Z|}\cos(-\theta)=\frac{1}{|Z|}\cos\theta$$

$$P=UI\cos\theta=U\times\frac{U}{|Z|}\cos\theta=U^2\times\frac{1}{|Z|}\cos\theta=U^2\operatorname{Re}Y \qquad (7\text{-}60)$$

式（7-59）、式（7-60）表明，欲求解无源单口网络的平均功率，可根据所给网络已知条件的不同，选用上式中不同的公式进行求解。若端口电流、电压均已知，直接利用 $P=UI\cos\theta$ 求解即可；在端口电流已知时，若能求得单口网络的等效阻抗，则可利用 $P=I^2\operatorname{Re}Z$ 求解其

平均功率；端口电压已知时，可通过求解单口网络的等效导纳，利用 $P = U^2 \mathrm{Re} Y$ 求解其平均功率。

2. 无功功率

无功功率（reactive power）用大写字母 Q 表示，其定义式为

$$Q = UI \sin \theta \qquad (7\text{-}61)$$

无功功率表示了无源单口网络中电抗分量与外电路之间存在着能量的往返转移，其数值表示了单口网络中储能元件与外电路间能量交换的最大值，反映了网络与电源往返交换能量的程度。根据瞬时功率表示式

$$p(t) = u(t)i(t) = U_{\mathrm{m}} \cos(\omega t + \theta) \times I_{\mathrm{m}} \cos \omega t = UI[\cos(2\omega t + \theta) + \cos \theta]$$
$$= UI \cos 2\omega t \cos \theta - UI \sin 2\omega t \sin \theta + UI \cos \theta$$
$$= UI \cos \theta (1 + \cos 2\omega t) - UI \sin \theta \sin 2\omega t$$

式中 $UI \cos \theta (1 + \cos 2\omega t)$ 始终为正值，反映了单口网络从外电路吸收的功率，其平均值恰好为网络的平均功率，$UI \sin \theta \sin 2\omega t$ 则反映出单口网络与外电路交换能量的特性，其振幅恰好为单口网络的无功功率 $UI \sin \theta$，平均值为零。

无功功率也具有功率的量纲，但为了区别于有功功率，将其基本单位取为乏（var），即无功伏安。

对电阻元件来说，其 $\theta = 0°$，因此纯电阻支路的无功功率 $Q = 0$。

纯电感支路的无功功率为

$$Q_{\mathrm{L}} = UI \sin 90° = UI = \frac{U^2}{\omega L} = \omega L I^2 = 2\omega \times \frac{1}{2} L I^2 = 2\omega W_{\mathrm{L}} \qquad (7\text{-}62)$$

纯电容支路的无功功率为

$$Q_{\mathrm{C}} = -UI = -\frac{I^2}{\omega C} = -\omega C U^2 = -2\omega \times \frac{1}{2} C U^2 = -2\omega W_{\mathrm{C}} \qquad (7\text{-}63）$$

由式（7-62）、式（7-63）可以看出，电感吸收的无功功率为正，电容吸收的无功功率为负，这是因为选取了 $\theta = \theta_{\mathrm{u}} - \theta_{\mathrm{i}}$，若选取 $\theta = \theta_{\mathrm{i}} - \theta_{\mathrm{u}}$，则有相反的结果。这样，对感性电路来说，其电压超前电流，所以 $Q>0$，对容性电路来说，其电流超前电压，所以 $Q<0$。另外，在同一电压（或同一电流）下，Q_{C} 和 Q_{L} 仅差一个负号，说明了感性和容性元件的无功功率是互补的。电感元件释放（吸收）能量的时刻恰好是电容元件吸收（释放）能量的时刻。

同样，对无源单口网络来说，可将 $U = I|Z|$ 代入无功功率定义式得

$$Q = UI \sin \theta = I^2 |Z| \sin \theta = I^2 \mathrm{Im} Z$$

再由 $\mathrm{Im} Y = \frac{1}{|Z|} \sin(-\theta) = -\frac{1}{|Z|} \sin \theta$ 可得

$$Q = UI \sin \theta = U \times \frac{U}{|Z|} \sin \theta = U^2 \times \frac{1}{|Z|} \sin \theta = -U^2 \mathrm{Im} Y$$

可见，对无源单口网络来说，计算无功功率时，也可根据不同情况分别选用以下公式：

$$Q = UI \sin \theta = I^2 \mathrm{Im} Z = -U^2 \mathrm{Im} Y \qquad (7\text{-}64)$$

3. 视在功率

视在功率（apparent power）是单口网络端口电压有效值与端口电流有效值的乘积，用大

写字母 S 表示，即

$$S = UI = \frac{1}{2} U_m I_m \qquad (7\text{-}65)$$

视在功率表明了单口网络可能达到的最大功率，在实际应用中常用来表示一个发电设备的容量。视在功率的单位为伏安（V·A）。

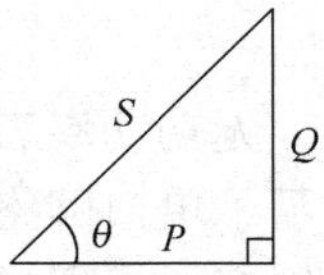

有功功率 P、无功功率 Q 与视在功率 S 三者之间可构成一个直角三角形，称为功率三角形（power triangle），如图 7-32 所示。功率三角形与阻抗三角形相似，把阻抗三角形各边乘上端口电流有效值的平方 I^2，就可得到功率三角形，即

图 7-32　功率三角形

$$P = I^2 R，\quad Q = I^2 X = I^2(X_L - X_C)，\quad S = I^2|Z|$$

显然，对无源单口网络来说，计算其视在功率时，也可根据情况选用以下公式：

$$S = UI = I^2|Z| = U^2|Y| \qquad (7\text{-}66)$$

4. 功率因数

单口网络平均功率表示式中的 $\cos\theta$ 表示了功率的利用程度，称为功率因数（power factor），记作 λ，即

$$\lambda = \cos\theta \qquad (7\text{-}67)$$

其中 $\theta = \theta_u - \theta_i$ 为单口网络端口电压、电流的相位差角，称为功率因数角。

当单口网络呈现纯电阻特性时，功率因数角为零，因而 $\cos\theta = 1$，此时 $P = UI$，功率利用程度最高。

当单口网络呈现容性或感性时，功率因数角 $0° < |\theta| < 90°$，无论 θ 是正是负，总有 $0 < \cos\theta < 1$，因此 $P < UI$。

当单口网络是纯电抗元件时，$|\theta| = 90°$，$\cos\theta = 0$，$P = 0$。表明电抗元件不消耗能量，所以称电感、电容为无损元件。

如果单口网络内含有独立源，θ 就是端口电压与电流的相位差角，此时 P 可能为正值，也可能为负值。

另外，由平均功率定义式可得，功率因数也可表示为

$$\lambda = \cos\theta = \frac{P}{UI} = \frac{P}{S} \qquad (7\text{-}68)$$

在实际用电设备中，大多数负载是感性负载，功率因数一般在 0.75～0.85，轻载时低于 0.5。这样，在传送相同功率的情况下，负载的功率因数低，则流过负载的电流就必然相对地大，电源设备向负载提供的电流也就要大，从而使线路上电压降和功率损耗增加，电能消耗也较大，降低了输电效率。另一方面，在电源电压、电流一定的情况下，功率因数越小，电源输出功率也就越低，降低了电源输出功率的能力，所以有必要提高功率因数。在实际中，通常是在用电设备的配电房中集中配置一定的电容元件，使各电感设备上的无功功率与电容的无功功率互补，称为感性负载无功功率的补偿。

例 7-11　图 7-33（a）所示单口网络，已知端口电流 $i(t) = 5\sqrt{2}\cos(200t + 23.13°)\,\text{A}$，求单口网络的 P、Q、S 以及 λ。

解　图 7-33（a）所示为一个无源单口网络，且端口电流已知，因此可先求出其等效阻抗，根据图 7-33（b）所示相量模型可得其等效阻抗为

$$Z = 3 + \frac{(3+j4)(-j25)}{3+j4+(-j25)} = 3 + \frac{100-j75}{3-j21} = 3 + \frac{125 \angle -36.87°}{21.21 \angle -81.87°}$$

$$= 3 + 5.89 \angle 45° = 7.16 + j4.16 = 8.28 \angle 30.16° \ \Omega$$

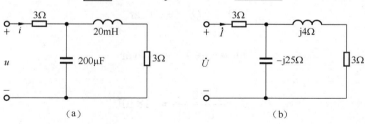

图 7-33　例 7-11 图

单口网络各功率量求解如下：

$$P = I^2 \text{Re}Z = 5^2 \times 7.16 = 179 \text{ W}$$

$$Q = I^2 \text{Im}Z = 5^2 \times 4.16 = 104 \text{ Var}$$

$$S = UI = I^2 |Z| = 5^2 \times 8.28 = 207 \text{ V} \cdot \text{A}$$

$$\lambda = \cos\theta = \cos 30.16° = 0.86$$

例 7-12　日常使用的日光灯电路，它的电路模型实质是一个电阻和一个电感元件串联组成的，功率因数小于 1，要求线路提供的电流较大，要提高日光灯电路的功率因数，可在输入端并联一个适当数值的电容元件以抵消电感分量，使其端口特性接近于纯电阻而使功率因数接近于 1。图 7-34（a）所示电路中，在 $f = 50\text{Hz}$ 时，试求在端口 a、b 并联多大的电容时，可使功率因数提高到 1。

解　由图 7-34（a）可知

$$\dot{I} = \dot{I}_1 = \frac{10 \angle 0°}{5+j5} = \sqrt{2} \angle -45° = 1.414 \angle -45° \text{ A}$$

此时电路的相量图如图 7-34（b）所示。

日光灯电路所吸收的平均功率为

$$P = UI \cos\theta = 10 \times 1.414 \times \cos[0° -(-45°)] = 10\text{W}$$

功率因数为

$$\lambda = \cos\theta = \cos[0° -(-45°)] = 0.707$$

可见，功率因数较低。此时

$$\dot{U}_{\text{L}} = j\omega L \dot{I} = j5 \times \sqrt{2} \angle -45° = 5\sqrt{2} \angle 45° \text{ V}$$

$$Q_{\text{L}} = U_{\text{L}} I_{\text{L}} = 5\sqrt{2} \times \sqrt{2} = 10 \text{ var}$$

要提高功率因数，可在端口 a、b 并联一个电容，如图 7-34（c）所示。

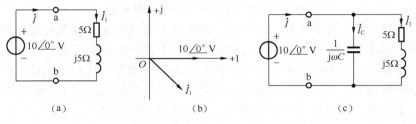

图 7-34　例 7-12 图

此时电源提供的无功功率为

$$Q = Q_L + Q_C$$

当 $\lambda = 1$ 时，$Q=0$，因此

$$Q_C = -Q_L = -10 \text{ var}$$

由式（7-63）有

$$Q_C = -\omega C U^2 = -10 \text{var}$$

则

$$C = \frac{10}{314 \times 10^2} = 318 \ \mu\text{F}$$

此时电源提供的电流为

$$\dot{I} = \dot{I}_1 + \dot{I}_C = \dot{I}_1 + j\omega C \dot{U}$$
$$= 1.414 \underline{/-45°} + j314 \times 318 \times 10^{-6} \times 10 \underline{/0°} = 1\underline{/0°} \text{ A}$$

可见电源提供的电流已经由 1.414A 下降为 1A。

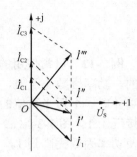

图 7-35　提高功率因数的相量图

另外，由 $\dot{I}_C = j\omega C \dot{U}$ 可知，在单一频率正弦稳态电路中，若单口网络端口电压一定，则增大 C 可使 $\dot{I}_C$ 增大，此处恰好使 $I_C = I_1 \sin\theta$，如图 7-35 中的 $\dot{I}_{C2}$，此时电源提供的电流为图 7-35 中的 $\dot{I}''$，电路的功率因数为 1；若 C 较小，则 $I_C < I_1 \sin\theta$，功率因数小于 1，如图 7-35 中的 $\dot{I}_{C1}$，此时电源提供的电流为图 7-35 中的 $\dot{I}'$；但若增大 C 较多，使 $I_C > I_1 \sin\theta$ 时，功率因数反而会下降，且使电路呈现容性，如图 7-35 中的 $\dot{I}_{C3}$，此时电源提供的电流为图 7-35 中的 $\dot{I}'''$。一般并联电容时不必将功率因数提高到 1，这样会使电容设备的投资增加，通常使功率因数达到 0.9 左右即可。

5. 复功率

复（数）功率（complex power）是一个可以把单口网络的有功功率、无功功率和视在功率以及功率因数角用一个表示式紧密联系起来的量，其表示符号为 $\tilde{S}$，设 $\dot{U} = U\underline{/\theta_u}$ 为单口网络端口电压相量，$\dot{I} = I\underline{/\theta_i}$ 为端口电流相量，其共轭复数为 $(\dot{I})^* = I\underline{/-\theta_i}$，则单口网络的复功率 $\tilde{S}$ 定义为端口电压相量与端口电流相量共轭复数的乘积，即

$$\tilde{S} = \dot{U}(\dot{I})^* = U\underline{/\theta_u} \times I\underline{/-\theta_i} = UI\underline{/\theta_u - \theta_i}$$
$$= UI\underline{/\theta} = UI(\cos\theta + j\sin\theta) = P + jQ$$

（7-69）

可以看出，复功率的实部是有功功率 P，虚部是无功功率 Q，模是视在功率 S，辐角为功率因数角 θ，因此复功率把有关功率的概念运用一个式子表示了出来。

必须明确指出，复功率是用来计算功率的复数量，它本身不代表正弦量，也不是功率，但引进了复功率的概念，用于分析正弦稳态电路的相量分析法也可以用于研究功率，简化了功率的计算。复功率的单位与视在功率相同，也是伏安（V·A）。

表 7-1 给出了有关正弦稳态单口网络功率的各种计算公式。

表 7-1   正弦稳态单口网络功率的各种计算公式

名　　称	公　　式
瞬时功率 $p(t)$	$p(t) = u(t)i(t)$
平均功率 P （有功功率）	$P = UI\cos\theta = I^2\,\mathrm{Re}\,Z = U^2\,\mathrm{Re}\,Y = \mathrm{Re}[\dot{U}(\dot{I})^*]$
无功功率 Q	$Q = UI\sin\theta = I^2\,\mathrm{Im}\,Z = -U^2\,\mathrm{Im}\,Y = \mathrm{Im}[\dot{U}(\dot{I})^*]$
视在功率 S	$S = UI = \sqrt{P^2 + Q^2} = \dfrac{P}{\cos\theta} = \dfrac{Q}{\sin\theta} = I^2|Z| = U^2|Y| = \left|\dot{U}(\dot{I})^*\right|$
复功率 $\tilde{S}$	$\tilde{S} = \dot{U}(\dot{I})^* = P + \mathrm{j}Q$
功率因数 λ	$\lambda = \cos\theta = \dfrac{P}{UI} = \dfrac{P}{S} = \dfrac{R}{|Z|} = \dfrac{G}{|Y|}$

对于正弦稳态电路来说，由于有功功率和无功功率都是守恒的，所以复功率也守恒。也就是说由电路中每个独立电源发出的复功率的总和等于电路中其它电路元件所吸收的复功率的总和。

设电路有 b 条支路，其中第 k 条支路的电压、电流分别记为 $\dot{U}_k$、$\dot{I}_k$，则根据复功率守恒可得

$$\sum_{k=1}^{b} \tilde{S}_k = \sum_{k=1}^{b} \dot{U}_k(\dot{I}_k)^* = \sum_{k=1}^{b}(P_k + \mathrm{j}Q_k) = 0 \qquad (7\text{-}70)$$

即

$$\left.\begin{array}{c} \displaystyle\sum_{k=1}^{b} P_k = 0 \\[2mm] \displaystyle\sum_{k=1}^{b} Q_k = 0 \end{array}\right\} \qquad (7\text{-}71)$$

上式说明，在正弦稳态下电路的所有支路的有功功率之和为零，无功功率之和也为零。表明了电路中由各电源所发出的有功功率的总和等于电路中其余电路元件所吸收的有功功率总和；由各电源所发出的无功功率之和等于电路中其余电路元件所吸收的无功功率总和。

例 7-13 图 7-36（a）所示电路，求 2Ω 电阻吸收的平均功率 P，并求出 Q_C、Q_L 以及 $\omega = 1\,\mathrm{rad/s}$ 时的 W_C、W_L。

解 要求出电阻吸收的平均功率，需要先求出流过电阻的电流相量或电阻两端的电压相量，此处采用网孔分析法求流过电阻的电流 $\dot{I}$。设两个网孔电流分别为 $\dot{I}_1$、$\dot{I}_2$，方向如图 7-36（b）所示。列出网孔方程如下：

$$(2-\mathrm{j}2)\,\dot{I}_1 - 2\dot{I}_2 = 20\angle 0°$$

$$(2+\mathrm{j}2)\,\dot{I}_2 - 2\dot{I}_1 = -30\angle 0°$$

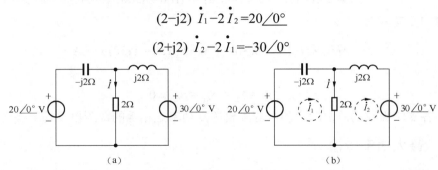

图 7-36　例 7-13 图

联立方程解得

$$\dot{I}_1 = -5 + j10 = 11.18\ \underline{/116.57^\circ}\ \text{A}$$

$$\dot{I}_2 = -5 + j15 = 15.81\ \underline{/108.43^\circ}\ \text{A}$$

则

$$\dot{I} = \dot{I}_1 - \dot{I}_2 = -j5 = 5\ \underline{/-90^\circ}\ \text{A}$$

$$P = I^2 R = 25 \times 2 = 50\text{W}$$

$$Q_\text{C} = -\frac{I_1^2}{\omega C} = I_1^2 X_\text{C} = 11.18^2 \times (-2) = -250\ \text{var}$$

$$Q_\text{L} = \omega L I_1^2 = 2 \times 11.18^2 = 500\ \text{var}$$

下面求平均贮能。由 $\omega = 1\,\text{rad/s}$，$\omega L = 2$，$1/\omega C = 2$ 得：$L = 2\text{H}$，$C = 0.5\text{F}$。则

$$W_\text{L} = \frac{1}{2} L I_2^2 = \frac{1}{2} \times 2 \times 15.81^2 = 250\ \text{J}$$

$$U_\text{C} = \frac{I_\text{C}}{\omega C} = \frac{I_1}{\omega C} = 11.18 \times 2 = 22.36\ \text{V}$$

$$W_\text{C} = \frac{1}{2} C U_\text{C}^2 = \frac{1}{2} \times 0.5 \times 22.36^2 = 125\ \text{J}$$

例 7-14　求例 7-13 所示电路中各支路的复功率，并检验复功率是否守恒。

解　首先求电容所在支路的复功率。电容两端电压为

$$\dot{U}_1 = \dot{I}_1(-j2) = (-5 + j10)(-j2) = (20 + j10)\ \text{V}$$

则电容元件的复功率为

$$\tilde{S}_1 = \dot{U}_1(\dot{I}_1)^* = (20 + j10)(-5 - j10) = -j250\ \text{V} \cdot \text{A}$$

电阻元件的复功率为

$$\tilde{S}_\text{R} = \dot{U}(\dot{I})^* = (-j5 \times 2) \times j5 = 50\ \text{V} \cdot \text{A}$$

电感元件的复功率为

$$\tilde{S}_2 = \dot{U}_2(\dot{I}_2)^* = j2 \times \dot{I}_2 \times (\dot{I}_2)^* = j2 \times I_2^2 = j2 \times 15.81^2 = j500\ \text{V} \cdot \text{A}$$

左侧电压源的复功率为

$$\tilde{S}_\text{S1} = \dot{U}_\text{S1}(-\dot{I}_1)^* = 20(5 - j10)^* = (100 + j200)\ \text{V} \cdot \text{A}$$

右侧电压源的复功率为

$$\tilde{S}_\text{S2} = \dot{U}_\text{S2} \times (\dot{I}_2)^* = 30(-5 - j15) = (-150 - j450)\ \text{V} \cdot \text{A}$$

可以看出

$$\tilde{S}_1 + \tilde{S}_2 + \tilde{S}_\text{R} + \tilde{S}_\text{S1} + \tilde{S}_\text{S2} = 0$$

也就是各支路吸收的总复功率和电源发出的复功率是相等的，所以复功率是守恒的。

7.6.3　最大功率传输

最大功率传输问题是直流电阻电路中的一个重要问题。在正弦稳态电路中，若正弦电源

及其内阻抗保持不变，电路中接入怎样的负载，才可使负载获得的功率最大，仍是需要关注的问题。

如图 7-37（a）所示电路为一个含源单口网络外接一个可变负载，则在含源单口网络一定时，根据戴维南定理，可将图 7-37（a）简化为图 7-37（b）所示等效电路。电路中的电流为

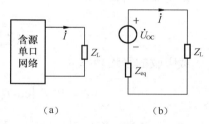

（a）　　　　　（b）

图 7-37　说明最大功率传输的电路

$$\dot{I} = \frac{\dot{U}_{oc}}{Z_{eq} + Z_{L}}$$

首先来看当负载表示为代数形式，且负载的电阻与电抗均可独立变化时的情况。此时设

$$Z_{eq} = R_{eq} + jX_{eq} , \quad Z_{L} = R_{L} + jX_{L}$$

则电流的有效值为

$$I = \frac{U_{oc}}{\sqrt{(R_{eq} + R_{L})^2 + (X_{eq} + X_{L})^2}}$$

负载吸收的平均功率为

$$P = I^2 R_{L} = \frac{U_{oc}^2 R_{L}}{(R_{eq} + R_{L})^2 + (X_{eq} + X_{L})^2}$$

可以看出 X_{L} 仅在分母出现，这样，对任何的 R_{L}，要使平均功率为最大，当 $X_{L} = -X_{eq}$ 时分母极小，这样可先确定 X_{L} 值为 $X_{L} = -X_{eq}$。在 X_{L} 确定后，功率 P 表示式变为

$$P = \frac{U_{oc}^2 R_{L}}{(R_{eq} + R_{L})^2}$$

为确定 P 为最大时的 R_{L} 值，可求出 P 对 R_{L} 的导数，得

$$\frac{dP}{dR_{L}} = U_{oc}^2 \frac{(R_{eq} + R_{L})^2 - 2(R_{eq} + R_{L})R_{L}}{(R_{eq} + R_{L})^4}$$

令上式等于零，解得

$$R_{L} = R_{eq}$$

因此负载获得最大平均功率时，负载阻抗应满足的条件是：

$$\left. \begin{array}{l} X_{L} = -X_{eq} \\ R_{L} = R_{eq} \end{array} \right\} \tag{7-72}$$

即负载阻抗与电源内阻抗或单口网络的等效阻抗成共轭复数时，负载可获得最大平均功率。满足这一条件时，称负载阻抗和电源内阻抗为最大功率匹配或共轭匹配，简称负载与电源匹配。在这种条件下负载所获得的最大平均功率为

$$P_{max} = \frac{U_{oc}^2}{4R_{eq}} \tag{7-73}$$

由于负载也可表示为极坐标形式，此时负载的模和辐角均可独立的变化，但讨论起来比较复杂，此处假定负载的模可调而辐角不变。设负载

$$Z_{L} = |Z_{L}| \angle \theta_{L} = |Z_{L}| \cos\theta_{L} + j|Z_{L}| \sin\theta_{L}$$

于是电流的有效值为

$$I = \frac{U_{oc}}{\sqrt{(R_{eq} + |Z_L|\cos\theta_L)^2 + (X_{eq} + |Z_L|\sin\theta_L)^2}}$$

负载吸收的平均功率为

$$P = I^2 |Z_L|\cos\theta_L = \frac{U_{oc}^2 |Z_L|\cos\theta_L}{(R_{eq} + |Z_L|\cos\theta_L)^2 + (X_{eq} + |Z_L|\sin\theta_L)^2}$$

在 $|Z_L|$ 可变时，要使平均功率为最大，可对变量 $|Z_L|$ 求导，则

$$\frac{\mathrm{d}P}{\mathrm{d}|Z_L|} = U_{oc}^2 \cos\theta_L \left\{ \frac{(R_{eq} + |Z_L|\cos\theta_L)^2 + (X_{eq} + |Z_L|\sin\theta_L)^2}{[(R_{eq} + |Z_L|\cos\theta_L)^2 + (X_{eq} + |Z_L|\sin\theta_L)^2]^2} \right.$$
$$\left. - \frac{2|Z_L|[\cos\theta_L(R_{eq} + |Z_L|\cos\theta_L) + \sin\theta_L(X_{eq} + |Z_L|\sin\theta_L)]}{[(R_{eq} + |Z_L|\cos\theta_L)^2 + (X_{eq} + |Z_L|\sin\theta_L)^2]^2} \right\}$$

使

$$\frac{\mathrm{d}P}{\mathrm{d}|Z_L|} = 0$$

可解得

$$|Z_L|^2 = R_{eq}^2 + X_{eq}^2$$

即

$$|Z_L| = \sqrt{R_{eq}^2 + X_{eq}^2} \tag{7-74}$$

也就是负载阻抗模与电源内阻抗模相等是此种情况下负载获得最大平均功率的条件，此时称为模匹配。但是一般情况下此时获得的最大功率都小于共轭匹配时获得的功率，所以这一情况并非为可能获得的最大功率值。如果阻抗角也可调节，还能使负载获得更大一些的功率。

在电子和通信设备中，常常要求满足共轭匹配，以使负载获得最大平均功率。此时，如果负载不能任意变化，可以在含源单口网络与负载之间插入一个匹配网络以满足负载获得最大平均功率的条件。

例 7-15 图 7-38（a）所示电路，已知 $i_S(t) = 4\sqrt{2}\cos 10t$ A，如果外接一个可调负载 Z_L，求负载阻抗为何值时可使负载获得最大平均功率，最大平均功率值为多少？

解 去掉负载 Z_L 后原电路成为一个含源单口网络，其相量模型如图 7-38（b）所示。要使负载获得最大平均功率，首先需要将去掉负载后的含源单口网络简化为其戴维南等效电路。根据图 7-38（b）可得开路电压

$$\dot{U}_{OC} = \dot{I}_s \times [j2 // (6 - j4)] = 4 \times (0.6 + j2.2) = 2.4 + j8.8 = 9.12\underline{/74.74°}\text{ V}$$

独立源置零后的无源单口网络如图 7-38（c）所示。由图可知，其等效阻抗为

$$Z_{eq} = 1 - j0.5 + j2 // (6 - j4) = 1 - j0.5 + (0.6 + j2.2) = (1.6 + j1.7)\Omega$$

原电路的戴维南等效电路如图 7-38（d）所示。

根据最大功率传递定理，负载要获得最大平均功率，其值应与含源单口网络的等效阻抗共轭匹配，即

$$Z_L = Z_{eq}^* = (1.6 - j1.7)\Omega$$

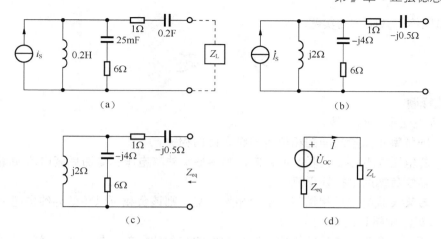

图 7-38 例 7-12 图

此时负载获得的最大平均功率为

$$P_{\max} = \frac{9.12^2}{4 \times 1.6} = 13 \text{ W}$$

本 章 小 结

线性时不变动态电路在单一频率的正弦激励下，随着时间的延长，电路将处于正弦稳定状态，电路中的各支路电压、电流将是与激励同频率的正弦量，这种电路称为正弦稳态电路。

本章首先介绍了正弦稳态电路两类约束的相量形式：KCL 定律、KVL 定律及 3 种基本二端元件 VAR 的相量形式，然后引入了阻抗、导纳的概念，阻抗指的是端口电压相量与端口电流相量的比值，同一单口网络（或二端元件）的导纳与阻抗互为倒数。

相量模型是把原时域模型电路中的各支路电压和电流用相应的相量形式表示出来，各元件参数用相应的阻抗和导纳表示出来后所得到的模型。相量模型只是一种假想的模型，是对单一频率正弦稳态电路进行分析的一种有效工具。对无源单口网络来说，其等效相量模型为一个等效阻抗，含源单口网络的等效相量模型为单口网络的戴维南等效电路相量形式。用相量模型分析正弦稳态电路的主要步骤如下：（1）画出时域电路的相量模型；（2）列出相量方程并求解；（3）写出所求变量的时域表示式。其中网孔分析法、节点分析法、叠加定理以及戴维南定理等用于正弦稳态电路的分析方法是重点掌握的内容。

正弦稳态电路的功率问题较复杂，对一个单口网络来说，平均功率 P 表示了一个单口网络实际消耗的功率，无功功率 Q 反映了单口网络与外界交换能量的规模，功率因数 λ 则体现了功率的利用程度，其值越大，功率利用程度越高，视在功率 S 表明了单口网络可能达到的最大功率，复功率 $\tilde{S}$ 是一个可以把 P、Q、S 及 λ 运用一个式子紧密联系起来的量，$\tilde{S}$ 的引入，简化了有关功率的求解过程。

最大功率传输问题也是本章重点掌握的内容。一个含源单口网络向可变负载传输最大平均功率的条件是：负载阻抗与电源内阻抗呈共轭匹配，其最大平均功率的计算与直流电阻电路的最大功率计算公式形式相同，但使用的是端口开路电压或短路电流的有效值，等效电阻指的是单口网络等效阻抗的实部。

习　　题

一、选择题

1. 下列说法中正确的是（　　　）。

    A. 同频率正弦量之间的相位差与频率密切相关

    B. 若电压与电流取关联参考方向，则感性负载的电压相量滞后其电流相量90°

    C. 容性负载的电抗为正值

    D. 若某负载的电压相量与其电流相量正交，则该负载可以等效为纯电感或纯电容

2. 下列说法中错误的是（　　　）。

    A. 两个同频率正弦量的相位差等于它们的初相位之差，是一个与时间无关的常数

    B. 对一个 RL 串联电路来说，其等效复阻抗总是固定的复常数

    C. 电容元件与电感元件消耗的平均功率总是零，电阻元件消耗的无功功率总是零

    D. 有功功率和无功功率都满足功率守恒定律，视在功率不满足功率守恒定律

3. 已知 RC 并联电路的电阻电流 $I_R = 6A$，电容电流 $I_C = 8A$，则该电路的端电流 I 为（　　　）。

    A. 2A   B. 14A   C. $\sqrt{14}$A   D. 10A

4. 已知 RLC 串联电路的电阻电压 $U_R = 4V$，电感电压 $U_L = 3V$，电容电压 $U_C = 6V$，则端电压 U 为（　　　）。

    A. 13V   B. 7V   C. 5V   D. 1V

5. 已知某电路的电源频率 $f = 50Hz$，复阻抗 $Z = 60\underline{/30°}\ \Omega$，若用 RL 串联电路来等效，则电路等效元件的参数为（　　　）。

    A. $R = 51.96\Omega$，$L = 0.6H$ B. $R = 30\Omega$，$L = 51.96H$

    C. $R = 51.96\Omega$，$L = 0.096H$ D. $R = 30\Omega$，$L = 0.6H$

6. 已知电路如图 x7.1 所示，则下列关系式总成立的是（　　　）。

    A. $\dot{U} = (R + j\omega C)\dot{I}$ B. $\dot{U} = (R + \omega C)\dot{I}$

    C. $\dot{U} = \left(R + \dfrac{1}{j\omega C}\right)\dot{I}$ D. $\dot{U} = \left(R - \dfrac{1}{j\omega C}\right)\dot{I}$

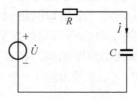

图 x7.1　选择题 5 图

二、填空题

1. 电感的电压相量_____于电流相量π/2，电容的电压相量_____于电流相量π/2。

2. 当取关联参考方向时，理想电容元件的电压与电流的时域关系式为_____，相量关系式为_____。

3. 若电路的导纳 $Y = G + jB$，则阻抗 $Z = R + jX$ 中的电阻分量 $R=$_____，电抗分量 $X=$_____（用 G 和 B 表示）。

4. 正弦电压为 $u_1 = -10\cos\left(100\pi t + \frac{3\pi}{4}\right)$ V，$u_2 = 10\cos\left(100\pi t + \frac{\pi}{4}\right)$ V，则 $u_1(t)$ 的相量为_____，$u_1(t) + u_2(t) =$_____。

5. 若某 RL 串联电路在某频率下的等效复阻抗为 $(1 + j2)\Omega$，且其消耗的有功功率为 9W，则该串联电路的电流有效值为_____A，该电路吸收的无功功率为_____var。

6. 在采用三表法测量交流电路参数时，若功率表、电压表和电流表的读数均为已知（P、U、I），则阻抗角为 $\phi_Z =$ _____。

三、计算题

1. 已知某二端元件的电压、电流采用的是关联参考方向，若其电压、电流的瞬时值表示式分别为

（1） $u_1(t)=15\cos(100t + 30°)$V，$i_1(t)=3\sin(100t + 30°)$A；

（2） $u_2(t)=10\sin(400t + 50°)$V，$i_2(t)=2\cos(400t + 50°)$A；

（3） $u_3(t)=10\cos(200t + 60°)$V，$i_3(t)=5\sin(200t + 150°)$A；

试判断每种情况下二端元件分别是什么元件？

2. 求如图 x7.2 所示单口网络的等效阻抗和等效导纳。

3. 如图 x7.3 所示电路，各电压表的读数分别为：V_1 表读数为 20V，V_2 表读数为 40V，V_3 表读数为 100V，求 V 表读数；若维持 V_1 表读数不变，而把电源频率提高一倍，V 表读数又为多少？

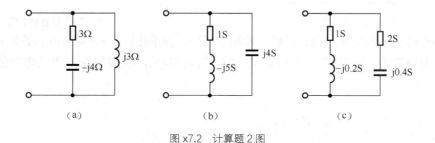

（a）　　　　　（b）　　　　　（c）

图 x7.2　计算题 2 图

4. 如图 x7.4 所示电路，已知 $U = 220$V，$\omega=314$rad/s，求 i_1、i_2、i。

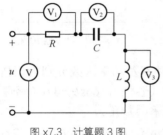

图 x7.3　计算题 3 图

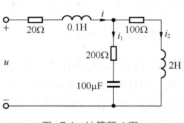

图 x7.4　计算题 4 图

5. 如图 x7.5 电路，已知 $u_1(t)=5\sqrt{2}\cos 2t\mathrm{V}$，$u_2(t)=5\sqrt{2}\cos(2t+30°)\mathrm{V}$，用网孔分析法求各网孔电流。

6. 如图 x7.6 电路，已知 $u_\mathrm{S}(t)=4\cos 100t\mathrm{V}$，$i_\mathrm{S}(t)=4\sin(100t+90°)\mathrm{A}$，试用节点分析法求电流 i。

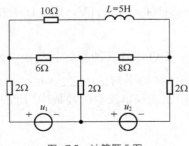

图 x7.5　计算题 5 图

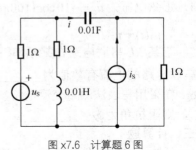

图 x7.6　计算题 6 图

7. 如图 x7.7 所示电路，试用（1）网孔分析法，（2）节点分析法，（3）叠加定理，（4）戴维南定理，求电流 $\dot{I}$。

8. 如图 x7.8 所示电路，求其戴维南等效相量模型。

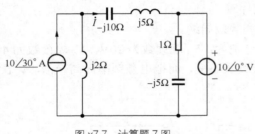

图 x7.7　计算题 7 图

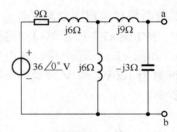

图 x7.8　计算题 8 图

9. 如图 x7.9 所示电路，求其诺顿等效相量模型，并求出在 $\omega=5\mathrm{rad/s}$ 时的等效时域模型。

10. 如图 x7.10 所示电路，已知 $u_\mathrm{S}(t)=220\sqrt{2}\cos 50t\mathrm{V}$，求各支路电流及电源的有功功率和无功功率。

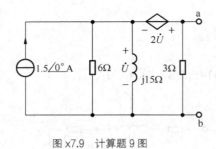

图 x7.9　计算题 9 图

图 x7.10　计算题 10 图

11. 如图 x7.11 所示电路有 3 个负载，它们的平均功率及功率因数分别为：P_1=220 W，P_2=220 W，P_3= 180 W，$\cos\theta_1$=0.75（感性），$\cos\theta_2$=0.8（容性），$\cos\theta_3$=0.6（感性），且端口电压 $U=220\,\mathrm{V}$，$f=50\,\mathrm{Hz}$，求电路端口总电流 I 及总功率因数角。

12. 如图 x7.12 电路，R_1=3Ω，R_2=5Ω，C=4mF，L_1=2mH，L_2=4mH，$i_\mathrm{S}(t)=5\sqrt{2}\cos 1000t\mathrm{A}$，

$u_s(t)=10\sqrt{2}\cos 1000t\,\text{V}$，求电压源、电流源产生的有功功率和无功功率。

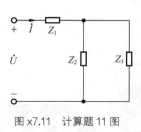

图 x7.11 计算题 11 图

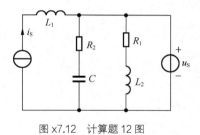

图 x7.12 计算题 12 图

13．如图 x7.13 电路，已知 $\dot{I}_s=0.2\underline{/0°}\,\text{A}$，$R=250\Omega$，$X_C=-250\Omega$，$\beta=0.5$，为使负载获得最大平均功率，负载阻抗 Z_L 应为多少？负载所获得的最大平均功率为多少？

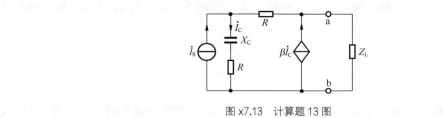

图 x7.13 计算题 13 图

第 8 章 三相电路

本章主要内容：电能的产生、传输和分配大多采用的是三相正弦交流电形式。由三相正弦交流电源供电的电路称为三相电路。本章主要介绍三相交流电源的产生、特点、三相电路电源和负载的连接形式、三相电路中相电压和线电压之间的关系以及对称和不对称三相电路的分析计算方法。

8.1 三相电路概述

在电力系统输配电过程中，普遍采用由三相交流发电机产生交流电压并经三相输电线路完成交流电的传输，即采用由三相电源、三相输电线路和三相负载组成的三相电力系统。三相交流电与单相交流电相比，在发电、输电以及电能转换为机械能等方面都具有明显的优越性。例如在相同尺寸时，三相发电机比单相发电机的输出功率大；传输电能时，在电气指标（距离、功率等）相同时，三相电路（three-phase circuit）比单相电路（single-phase circuit）可以节省 1/4 的金属材料。前面章节研究的单相交流电也是由三相系统中的一相提供的。

由三相交流发电机同时产生的三个频率相同、振幅相等而相位不同的三个正弦电压，称为三相电源。如果三个正弦电压之间的相位差为 120°，就称为对称三相电源。如图 8-1 所示为对称三相电源的波形图。工程上一般将正极性端分别记为 A、B、C，负极性端分别记为 X、Y、Z。每一个电压源称为一相，三个电压源分别称为 A 相、B 相、C 相，分别用黄色、绿色、红色标记。如图 8-2 所示为三相交流发电机产生的对称三相电源。

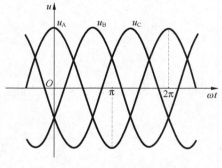

图 8-1 三相对称电源的波形

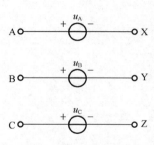

图 8-2 三相对称电源

若以 A 相作为参考，则对称三相电源中各相电压的瞬时值可分别表示为

$$u_A(t) = \sqrt{2}U \cos \omega t$$

$$u_B(t) = \sqrt{2}U \cos(\omega t - 120°)$$

$$u_C(t) = \sqrt{2}U \cos(\omega t - 240°) = \sqrt{2}U \cos(\omega t + 120°)$$

相量表示式为

$$\left.\begin{aligned}
\dot{U}_A &= U\angle 0° = Ue^{j0°} = U \\
\dot{U}_B &= U\angle -120° = Ue^{-j120°} = U\left(-\frac{1}{2} - j\frac{\sqrt{3}}{2}\right) \\
\dot{U}_C &= U\angle 120° = Ue^{j120°} = U\left(-\frac{1}{2} + j\frac{\sqrt{3}}{2}\right)
\end{aligned}\right\} \qquad (8\text{-}1)$$

相量图如图 8-3 所示。不难证明：

$$\left.\begin{aligned}
u_A(t) + u_B(t) + u_C(t) &= 0 \\
\dot{U}_A + \dot{U}_B + \dot{U}_C &= 0
\end{aligned}\right\} \qquad (8\text{-}2)$$

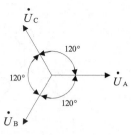

图 8-3 相量图

在三相交流电源中，通常将三相交流电源依次出现最大值的先后顺序称为三相电源的相序（phase sequence）。如果相序依次出现的顺序为 A、B、C，称之为正序（sequence），反之称为逆序（reverse sequence）。电力系统一般采用正序。

8.2 三相电路的连接

在三相交流电路（three-phase alternative circuit）中，每一相电源的电压称为相电压（phase voltage），其有效值记为 U_P。三相电源的连接方式有星（Y）形和三角（△）形两种，流过每相电源的电流称为相电流，有效值记为 I_P。三相负载也有星（Y）形和三角（△）形两种连接方式。三相电源与三相负载之间通过传输线相连，两传输线之间的电压称为线电压（line voltage），其有效值记为 U_L，流过传输线的电流称为线电流，有效值记为 I_L。

8.2.1 三相电源的连接

1. 星形连接（star connection）

在低压供电系统中，星形连接是最常见的连接方式。如图 8-4 所示，从三个电源正极性端 A、B、C 引出的传输线称为相线（phase wire）或端线，俗称火线（fire wire）；三个电源负极性端 X、Y、Z 连在一起形成公共的端点 N，称为中点或中性点（neutral point）。从 N 点引出的线称为中线或零线（neutral wire），零线接地也称地线（ground），一般用黑色标记。没有中线的三相输电系统称为三相三线制（three phase three wire system），有中线的三相输电系统称为三相四线制（three phase four wire system）。

由图 8-4 易知，线电流等于相电流。线电压（任意两条相线之间的电压）$\dot{U}_{AB}$、$\dot{U}_{BC}$、$\dot{U}_{CA}$ 与相电压（相线与中线之间的电压）之间的关系为：

$$\left.\begin{aligned} \dot{U}_{AB} &= \dot{U}_A - \dot{U}_B \\ \dot{U}_{BC} &= \dot{U}_B - \dot{U}_C \\ \dot{U}_{CA} &= \dot{U}_C - \dot{U}_A \end{aligned}\right\} \tag{8-3}$$

相量图如 8-5 所示。

将式（8-1）代入式（8-3），得

$$\left.\begin{aligned} \dot{U}_{AB} &= \sqrt{3}U_P \underline{/30°} = U_L \underline{/30°} \\ \dot{U}_{BC} &= \sqrt{3}U_P \underline{/-90°} = U_L \underline{/-90°} \\ \dot{U}_{CA} &= \sqrt{3}U_P \underline{/150°} = U_L \underline{/150°} \end{aligned}\right\} \tag{8-4}$$

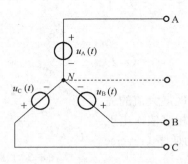

图 8-4 三相电源的星（Y）形连接

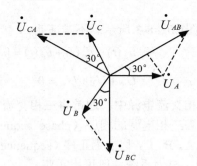

图 8-5 相、线电压相量图

由图 8-4 知相电压有效值 $U_P = U$，线电压有效值 $U_L = U_{AB} = U_{BC} = U_{CA}$。由此可见，如果相电压是对称的，则线电压也是对称的，而且线电压的有效值是相电压有效值的 $\sqrt{3}$ 倍，即 $U_L = \sqrt{3}U_P$。常见的供电系统中，相电压 $U_P = 220\text{V}$，线电压 $U_L = 380\text{V}$。

需要特别指出的是：凡是三相设备（包括电源和负载）铭牌上标出的额定电压指的是线电压。如三相四线制供电系统中，380/220V 就是指线电压为 380V，相电压为 220V。

2. 三角（△）形连接（delta connection）

如果将对称三相电源的三个相电压顺次连接，即 X 与 B、Y 与 C、Z 与 A 相接形成一个回路，并从三个连接点 A、B、C 处引出三根相线，就构成了三角形连接方式。如图 8-6 所示。

在三角形的连接方式中，线电压等于相电压，即 $u_L = u_P$，由式（8-2）知，其回路总电压 $u_A(t) + u_B(t) + u_C(t) = 0$，相量图如图 8-7（a）所示。

如果三相电源中，有某相电压源的极性接反了，三个相电压的和将不再为零，电源回路中将产生较大的电流，导致烧坏三相发电机等事故的发生。如 C 相接反，回路总电压

$$\dot{U} = \dot{U}_A + \dot{U}_B + \dot{U}_C = -2\dot{U}_C$$

相当于有一个大小为相电压两倍的电压源作用于闭合回路，相量图如图 8-7（b）所示。

显然，采用三角形连接的三相电源从端点引出三根导线向用户供电，是三相三线制供电方式。

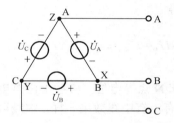

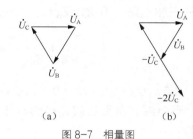

图 8-6　三相电源的三角（△）形连接　　　　　　图 8-7　相量图

8.2.2　三相负载的连接

在三相电路中，用电设备的额定电压应与电源的电压相符，否则设备不能正常工作。在三相电路中，负载也有星形和三角形两种连接方式，如图 8-8（a）所示。当三相负载的额定电压等于三相电源线电压的 $1/\sqrt{3}$ 时，三相负载采用星形连接方式；当三相负载的额定电压等于电源的线电压时，三相负载采用三角形连接方式。

每一个负载称为三相负载的一相，如果三个负载都具备相同的参数，即负载阻抗的模和辐角完全相同时，则称为对称三相负载（three phase symmetry load）。否则称为不对称三相负载。

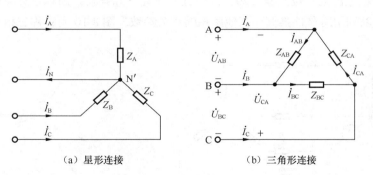

（a）星形连接　　　　　　　　　　（b）三角形连接

图 8-8　三相负载的连接

8.3　对称三相电路的计算

三相电路实际上是正弦交流电路的一种特殊形式，因此，正弦交流电路的分析方法对三相电路完全适用。由对称三相电源和对称三相负载组成的三相电路称为对称三相电路（three phase symmetry circuit）。星形电源和星形负载连接而成的三相四线制对称电路可简化如图 8-9 所示。其中 $\dot{U}_A$、$\dot{U}_B$、$\dot{U}_C$ 组成对称三相电源；$Z_A = Z_B = Z_C = Z = |Z| \underline{/\varphi}$ 组成对称三相负载，Z_l 为传输线等效阻抗，Z_N 为中线等效阻抗。

以 N 点为参考节点，A、B、C 点的节点电压分别为相电压 $\dot{U}_A$、$\dot{U}_B$、$\dot{U}_C$，N′点的节点电压方程为：

$$\left(\frac{1}{Z_l + Z_A} + \frac{1}{Z_l + Z_B} + \frac{1}{Z_l + Z_C} + \frac{1}{Z_N}\right)\dot{U}_{N'} - \frac{1}{Z_l + Z_A}\dot{U}_A - \frac{1}{Z_l + Z_B}\dot{U}_B - \frac{1}{Z_l + Z_C}\dot{U}_C = 0$$

由于是对称三相电路，有 $Z_A = Z_B = Z_C = Z = |Z| \underline{/\varphi}$，整理得

$$\left(\frac{3}{Z_1 + Z} + \frac{1}{Z_N}\right)\dot{U}_{N'} - \frac{1}{Z_1 + Z}(\dot{U}_A + \dot{U}_B + \dot{U}_C) = 0$$

由式（8-2）$\dot{U}_A + \dot{U}_B + \dot{U}_C = 0$，知 $\dot{U}_{N'} = 0$，即 N′点和 N 点等电位，中线上没有电流流过，表明，在星形电源和星形负载连接的对称三相电路中，有没有中线效果一样，中线可以省去。求得相电流

则：

$$\dot{I}_A = \frac{\dot{U}_A}{Z_A + Z_1} = \frac{\dot{U}_A}{Z + Z_1} = \frac{U_P \underline{/0°}}{|Z'| \underline{/\varphi'}} = \frac{U_P}{|Z'|} \underline{/(0° - \varphi')} = I_P \underline{/-\varphi'}$$

$$\dot{I}_B = \frac{\dot{U}_B}{Z_B + Z_1} = \frac{\dot{U}_B}{Z + Z_1} = \frac{U_P \underline{/-120°}}{|Z'| \underline{/\varphi'}} = I_P \underline{/(-120° - \varphi')}$$

$$\dot{I}_C = \frac{\dot{U}_C}{Z_C + Z_1} = \frac{\dot{U}_C}{Z + Z_1} = \frac{U_P \underline{/120°}}{|Z'| \underline{/\varphi'}} = I_P \underline{/(120° - \varphi')}$$

可见，三个相电流的相位互差 120°，而且 $I_A = I_B = I_C = I_P$，所以在计算时只需要计算其中的一相，便可以利用对称性推算出其他两相的相关参数。图 8-10 为对称三相负载的相量图。

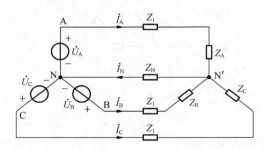

图 8-9　对称三相电路

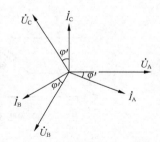

图 8-10　对称负载的相量图

例 8-1　有一星形连接的对称三相电路如图 8-11 所示，每相阻抗 $R = 30\Omega$，$X_L = 40\Omega$，设电源线电压 $u_{AB} = 380\sqrt{2}\cos(\omega t + 30°)\text{V}$，试求各相电流的瞬时表达式。

解　该三相电路为对称三相电路，只需计算一相（如 A 相），其他两相便可推知。

由式（8-4）知，$U_A = \frac{U_{AB}}{\sqrt{3}} = \frac{380}{\sqrt{3}} = 220\text{V}$，$\dot{U}_A$

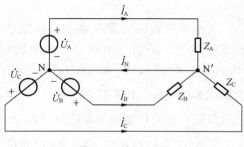

图 8-11　例 8-1 图

比 $\dot{U}_{AB}$ 滞后 30°，所以 $u_A = 220\sqrt{2}\cos\omega t\text{V}$，

A 相电流 $I_A = \frac{U_A}{|Z_A|} = \frac{220}{\sqrt{30^2 + 40^2}} = \frac{220}{50} = 4.4\text{A}$

A 相阻抗角 $\varphi = \arctan \dfrac{X_L}{R} = \arctan \dfrac{40}{30} = 53.1°$

由此可得： $i_A = 4.4\sqrt{2}\cos(\omega t - 53°)\text{A}$

$$i_B = 4.4\sqrt{2}\cos(\omega t - 53° - 120°) = 4.4\sqrt{2}\cos(\omega t - 173°)\text{A}$$

$$i_C = 4.4\sqrt{2}\cos(\omega t - 53° + 120°) = 4.4\sqrt{2}\cos(\omega t + 67°)\text{A}$$

例 8-2 对称三相电源的线电压 $U_L = 380\text{V}$，对称三相负载作三角形连接，每相阻抗为 $Z = (16 + \text{j}12)\Omega$，试求各相负载的相电流 I_P 和线电流 I_L。

解 负载作三角形连接时，不论电源是三角形还是星形连接，各相负载的电压等于电源的线电压。设负载线电压和相电压有效值分别为 U_L 和 U_P，有 $U_P = U_L = 380\text{V}$。

各相负载的阻抗为 $Z = 16 + \text{j}12 = 20\underline{/36.9°}\ \Omega$

负载各相电流的有效值为 $I_P = \dfrac{U_P}{|Z|} = \dfrac{380}{20} = 19\text{A}$

各线电流的有效值为 $I_L = \sqrt{3}I_P = \sqrt{3} \times 19 = 32.9\text{A}$

在分析计算对称三相负载为三角形连接方式、线路阻抗不能忽略的电路时，往往可以根据星形-三角形阻抗等效互换关系，将三角形负载连接转换为星形负载连接方式的三相电路，其转换关系为 $Z_Y = \dfrac{Z_\Delta}{3}$。再利用对称星形三相电路的分析方法进行计算。

例 8-3 对称三相电路如图 8-12（a）所示，已知 $Z = (19.2 + \text{j}14.4)\Omega$，线路阻抗 $Z_L = (3 + \text{j}4)\Omega$，对称线电压 $U_L = 380\text{V}$。求负载端的线电压、线电流和相电流。

解 将该电路变换为对称的星形电路，如图 8-12（b）所示。图中 Z' 为三角形负载变换为星形负载的等效阻抗。

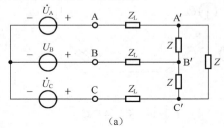
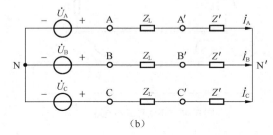

(a)   (b)

图 8-12 例 8-3 图

$$Z' = \frac{Z}{3} = \frac{19.2 + \text{j}14.4}{3}\Omega = (6.4 + \text{j}4.8)\Omega$$

因 $U_L = 380\text{V}$，可知，相电压有效值 $U_P = U_L/\sqrt{3} = 220\text{V}$，有 $U_A = U_B = U_C = 220\text{V}$。

令 $\dot{U}_A = 220\underline{/0°}\text{V}$，由于 $U_{NN'} = 220\text{V}$，计算得负载端的线电流为：

$$\dot{I}_A = \frac{\dot{U}_A}{Z_L + Z'} = 17.1\underline{/-43.2°}\ \text{A}\ ; \quad \dot{I}_B = 17.1\underline{/-163.2°}\ \text{A}\ ; \quad \dot{I}_C = 17.1\underline{/76.8°}\ \text{A}$$

$$\dot{U}_{A'N'} = \dot{I}_A Z' = 136.8\underline{/-6.3°}\ \text{V}$$

根据线电流与相电流的关系，有

$$\dot{U}_{A'B'} = \dot{U}_{A'N'}\sqrt{3}\cdot\underline{/30°} = 236.9\underline{/23.7°}\ \text{V}$$

$$\dot{U}_{B'C'} = 236.9\underline{/-96.3°}\ V$$

$$\dot{U}_{C'A'} = 236.9\underline{/143.7°}\ V$$

根据负载端的线电压可以求出负载中的相电流为

$$\dot{I}_{A'B'} = \frac{\dot{U}_{A'B'}}{Z} = 9.9\underline{/-13.2°}\ A\ ,\quad \dot{I}_{B'C'} = 9.9\underline{/-133.2°}\ A\ ,\quad \dot{I}_{C'A'} = 9.9\underline{/106.8°}\ A$$

8.4 不对称三相电路的计算

三相电路中，只要电源或负载端有一部分不对称，就称为不对称三相电路。其分析方法与对称三相电路有所不同。

图 8-13 所示星-星形式的连接电路中，三相电源对称，但三相负载不对称。每相负载电流、电压关系式为 $\dot{I}_A = \dfrac{\dot{U}_A}{Z_A}$，$\dot{I}_B = \dfrac{\dot{U}_B}{Z_B}$，$\dot{I}_C = \dfrac{\dot{U}_C}{Z_C}$。显然三个电流不再对称，且 $\dot{I}_N = \dot{I}_A + \dot{I}_B + \dot{I}_C \neq 0$，此时中线不可省去。

例 8-4 图 8-14 所示的不对称三相电路，已知 $\dot{U}_A = 220\underline{/0°}\ V$，$\dot{U}_B = 220\underline{/-120°}\ V$，$\dot{U}_C = 220\underline{/120°}V$，如果 $Z_a = 484\ \Omega$，$Z_b = 242\ \Omega$，$Z_c = 121\ \Omega$，各相负载的额定电压为 220 V，试求各相负载实际承受的电压是多少？

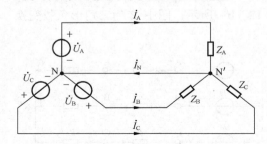

图 8-13 不对称三相电路

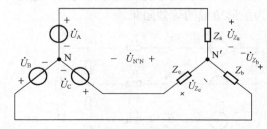

图 8-14 例 8-4 电路

解 设各相负载的电压分别为 $\dot{U}_{Z_a}$、$\dot{U}_{Z_b}$、$\dot{U}_{Z_c}$

选 N 点为参考节点，列 N′ 点的节点电压方程

$$\left(\frac{1}{Z_a} + \frac{1}{Z_b} + \frac{1}{Z_c}\right)\dot{U}_{N'N} - \frac{\dot{U}_A}{Z_a} - \frac{\dot{U}_B}{Z_b} - \frac{\dot{U}_C}{Z_c} = 0$$

将已知条件代入，有 $\dot{U}_{N'N} = \dfrac{\dfrac{220}{484} + \dfrac{220\underline{/-120°}}{242} + \dfrac{220\underline{/-120°}}{121}}{\dfrac{1}{484} + \dfrac{1}{242} + \dfrac{1}{121}}$

$$= (-62.86 + j54.43)V = 83.15\underline{/139.1°}\ V$$

各相负载实际承受的电压分别为：

$$\dot{U}_{Z_a} = \dot{U}_A - \dot{U}_{N'N} = 220 - (-62.86 + j54.43) = 288.0\underline{/-10.9°}\ V$$

$$\dot{U}_{Z_b} = \dot{U}_B - \dot{U}_{N'N} = -110 - j190.5 - (-62.86 + j54.43) = 249.5 \underline{/-100.9°} \text{ V}$$

$$\dot{U}_{Z_c} = \dot{U}_C - \dot{U}_{N'N} = -110 + j190.5 - (-62.86 + j54.43) = 144.0 \underline{/-109.1°} \text{ V}$$

可见，在星-星连接的三相电路中，当负载不对称时，如果中线断开，此时负载相电压与电源相电压发生偏离，各相负载均不能工作在额定电压下，出现欠压或过压故障，负载容易损害。因此在三相负载不对称的情况下，必须要有中线，才能使得三相负载的相电压对称，保证负载正常工作。

8.5 三相电路的功率

三相负载消耗的总功率（总有功功率）等于各相功率（有功功率）之和。即

$$P = P_A + P_B + P_C = U_A I_A \cos\varphi_A + U_B I_B \cos\varphi_B + U_C I_C \cos\varphi_C$$

当三相负载对称时，$P = 3U_P I_P \cos\varphi$。实际三相电路中，测量线电压和线电流较为方便，因此三相电路总功率常用线电压与线电流计算。

当负载为星形连接时，由前述知识可知，$U_L = \sqrt{3}U_P$，$I_L = I_P$，总功率式可表示为

$$P = \sqrt{3}U_L I_L \cos\varphi \tag{8-5}$$

当负载为三角形连接时，由前述知识，$U_L = U_P$，$I_L = \sqrt{3}I_P$，总功率可表示为

$$P = \sqrt{3}U_L I_L \cos\varphi \tag{8-6}$$

因此，对于三相对称负载，无论是星形还是三角形连接，都有 $3U_P I_P = \sqrt{3}U_L I_L$，因此

$$P = 3U_P I_P \cos\varphi = \sqrt{3}U_L I_L \cos\varphi \tag{8-7}$$

在三相电路中，总的瞬时功率为各相负载瞬时功率之和，即 $p = p_A + p_B + p_C$。将各相负载的瞬时电压和瞬时电流值代入瞬时功率计算式，可进一步证明对称三相电路，负载所消耗的总瞬时功率是恒定的，且等于负载的总有功功率（功率），即

$$p = p_A + p_B + p_C = P = \sqrt{3}U_L I_L \cos\varphi$$

表明对于对称三相电路，虽然每相电流（或电压）随时间变化，但总功率是恒定的。这是对称三相电路的一个优越性能。习惯上把这一性能称为瞬时功率平衡。

类似，可求出三相对称负载的无功功率为

$$Q = 3U_P I_P \sin\varphi = \sqrt{3}U_L I_L \sin\varphi \tag{8-8}$$

三相对称负载的视在功率为

$$S = \sqrt{P^2 + Q^2} = 3U_P I_P = \sqrt{3}U_L I_L \tag{8-9}$$

当三相负载不对称时，负载的有功功率、无功功率分别为各相负载的有功功率、无功功率的代数和，即

$$P = P_A + P_B + P_C, \quad Q = Q_A + Q_B + Q_C, \quad S = \sqrt{P^2 + Q^2}$$

例 8-5 某三相对称负载 $Z = (6 + j8)\Omega$，接于线电压 $U_L = 380\text{V}$ 的三相对称电源上。求（1）负载星形连接时的有功功率；（2）负载三角形连接时的有功功率。

解 $Z = 6 + j8 = 10\angle53.13°$ 即：$|Z| = 10\Omega, \varphi = 53.13°$

（1）负载星形连接时：$U_P = \dfrac{U_L}{\sqrt{3}} = \dfrac{380}{\sqrt{3}} = 220\text{V}$

$$I_L = I_P = \frac{U_P}{|Z|} = \frac{220}{10} = 22\text{A}$$

$$P_Y = \sqrt{3}U_L I_L \cos\varphi = \sqrt{3} \times 380 \times 22\cos53.13° = 8688\text{W} = 8.688\text{kW}$$

（2）负载三角形连接时：$U_L = U_P = 380\text{V}$

$$I_P = \frac{U_P}{|Z|} = \frac{380}{10} = 38\text{A}，\quad I_L = \sqrt{3}I_P = \sqrt{3} \times 38 = 65.82\text{A}$$

$$P_\triangle = \sqrt{3}U_L I_L \cos\varphi = \sqrt{3} \times 380 \times 65.82\cos53.13° = 25998\text{W} \approx 26\text{kW}$$

读者可自行证明：U_L 一定时，同一负载接成星形时的功率 P_Y 与接成三角形时的功率 $P_\triangle$ 间的关系为 $P_\triangle = 3P_Y$。

本 章 小 结

三相交流发电机产生的三相正弦交流电压是对称的，其幅值、频率相等，相位互差120°。经过电力网、变压器传输分配到用户。我国低压电力系统普遍使用的三相四线制供电方式可以为用户提供两种电源电压，即线电压 $U_L = 380\text{V}$ 和相电压 $U_P = 220\text{V}$。

当负载为星形连接时，每相负载的相电流等于线电流，线电压是相电压的 $\sqrt{3}$ 倍（无论负载对称与否），线电压超前相应的相电压30°；当负载为三角形连接时，线电压等于相电压，负载对称时，线电流是相电流的 $\sqrt{3}$ 倍，线电流滞后相应的相电流30°，负载不对称时，线电流不等于相电流的 $\sqrt{3}$ 倍。

三相电路的分析计算是以单相交流电路为基础的。对称三相电路可以先计算出其中的一相，其他两相可根据对称关系直接得出。

三相电路的总功率为各相功率之和，也就是三相电路中所有器件消耗的功率之和。当三相负载对称时，不论 Y 形还是△形连接，其计算公式分别为：

有功功率：$\quad P = 3U_P I_P \cos\varphi = \sqrt{3}U_L I_L \cos\varphi$

无功功率：$\quad Q = 3U_P I_P \sin\varphi = \sqrt{3}U_L I_L \sin\varphi$

视在功率：$\quad S = \sqrt{P^2 + Q^2} = 3U_P I_P = \sqrt{3}U_L I_L$

当三相负载不对称时，其功率计算公式分别为：

$$P = P_A + P_B + P_C，\quad Q = Q_A + Q_B + Q_C，\quad S = \sqrt{P^2 + Q^2}$$

习 题

一、选择题

1. 某三相四线制供电电路中，相电压为 220V，则线电压为（　　）。

   A．220V   B．311V   C．380V   D．190V

2. 三相四线制电路，已知 $\dot{I}_A = 10\underline{/20°}$ A，$\dot{I}_B = 10\underline{/-100°}$ A，$\dot{I}_C = 10\underline{/140°}$ A，则中性线电流 $\dot{I}_N$ 为（　　）。

    A．10A　　　　　　B．0A　　　　　　C．30A　　　　　　D．$10\sqrt{3}$ A

3. 一台三相电动机绕组作星形联结，接到线电压为 380V 的三相电源上，测得线电流 $I_1 = 10$A，则电动机每组绕组的阻抗为（　　）Ω。

    A．38　　　　　　B．22　　　　　　C．66　　　　　　D．11

4. 对称三相电路负载作三角形联结，电源线电压为 380V，负载复阻抗 $Z = (8 - j6)\Omega$，则线电流为（　　）A。

    A．38　　　　　　B．22　　　　　　C．0　　　　　　D．65.82

5. 对称三相电源接对称三相负载，负载三角形联结，A 相线电流 $\dot{I}_A = 38.1\underline{/-66.9°}$ A，则 B 相线电流 $\dot{I}_B = $（　　）A。

    A．$22\underline{/-36.9°}$　　B．$38.1\underline{/-186.9°}$　　C．$38.1\underline{/53.1°}$　　D．$22\underline{/83.1°}$

6. 如图 x8.1 所示电路，若已知某对称三相电路线电压，$\dot{U}_{AC} = 173.2\underline{/-30°}$ V 线电流 $\dot{I}_B = 2\underline{/-150°}$ A，则该电路的三相功率 P 等于（　　）。

    A．0W　　　　　　B．300W　　　　　　C．433W　　　　　　D．520W

图 x8.1　选择题 6

二、填空题

1. 若正序对称三相电源电压 $u_A = U_m \cos\left(\omega t + \dfrac{\pi}{2}\right)$V，则 $u_B = $ _____V。

2. 对称三相电路是指三相电源_____和三相负载_____的电路。

3. 星形联结时，线电压是相电压的_____倍，且相位_____相应的相电压_____；三角形联结时，线电流是相电流的_____倍，且相位_____相应的相电流_____。

4. 在对称三相电路中，设线电压和线电流分别为 U_L、I_L，每一相的功率因数都是 $\cos\varphi$，则三相电路的总功率_____。

5. 如图 x8.2 所示对称三相三角形联结电路中，若已知线电流 $\dot{I}_A = 10\underline{/60°}$ A，则相电流 $\dot{I}_{BC} = $ _____。

6. 如图 x8.3 所示对称三相线路中，已知线电流 $I_L = 17.32$A，若此时图中 m 点处发生断路，则此时 $I_A = $ _____A，$I_B = $ _____A，$I_C = $ _____A。

三、计算题

1. 有一电源和负载都是星形连接的对称三相电路，已知电源相电压为 220V，负载每相阻抗模 $|Z| = 10\Omega$，试求负载的相电流和线电流，电源的相电流和线电流。

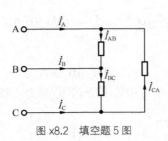

图 x8.2　填空题 5 图

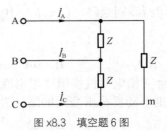

图 x8.3　填空题 6 图

2．有一个三相四线制照明电路，相电压为 220V，已知三相的照明灯组分别由 34、45、56 只白炽灯并联组成，每只白炽灯的功率都是 100W，求三个线电流和中线电流有效值。

3．在图 x8.4 所示的三相电路中，$R = X_C = X_L = 25\Omega$，接于线电压为 220V 的对称三相电源上，求各相线中的电流。

4．试分析图 x8.5 所示的对称三相电路，在下述两种情况下的各线电流、相电流和有功功率的变化情况。

（1）工作中在 M 处断线　　（2）工作中在 N 处断线

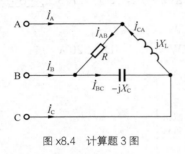

图 x8.4　计算题 3 图

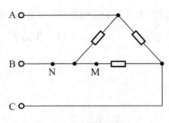

图 x8.5　计算题 4 图

5．图 x8.6 所示为对称的 Y-Y 三相电路，其中电压表的读数为 1143.16V，$Z = (15 + j15\sqrt{3})\Omega$，$Z_L = (1 + j2)\Omega$，求图示电路电流表的读数和线电压 U_{AB}。

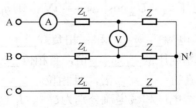

图 x8.6　计算题 5 图

6．某幢楼房有 3 层，计划在每层安装 10 盏 220V、100W 的白炽灯，用 380V 的三相四线制电源供电。

（1）画出合理的电路图；

（2）若所有白炽灯同时点燃，求线电流和中性线电流；

（3）如果只有第 1 层和第 2 层点燃时，求中性线电流。

7．△接法的三相对称电路，线电压为 380V，每相负载的电阻 $R = 24\Omega$，感抗 $X_L = 18\Omega$，求负载的相电流，并画出各线电压，线电流的相量图。

8．一台 380V，△接法的三相异步电动机，运行时测得输入功率为 50kW，功率因数为

0.7。为了使功率因素提高到 0.9，采用一组△接的电容器进行补偿，

试问：（1）每相电容器的电容值是多少？耐压能力为多大？

（2）电路提高功率因数后线电流为多大？

9．一台额定电压为 380V，额定功率为 4kW，功率因数为 0.84，效率为 0.89 的三相异步电动机，由线电压为 380V 的三相四线制电源供电。

试问：（1）电动机绕组应如何连接？

（2）若在 B 相线和中性线间再接一个 220V，6kW 的单相电阻炉，试画出电路图，并计算 B 相输电线电流及中线电流。

10．已知对称三相电路的星形负载阻抗 $Z = (165 + j84)\Omega$，端线阻抗 $Z_1 = (2 + j1)\Omega$，中线阻抗 $Z_N = (1 + j1)\Omega$，线电压 $U_1 = 380V$，求负载端的电流和线电压，并作电路的相量图。

11．如图 x8.7 所示三相电路中，已知 $Z_1 = 22 \angle{-60°}\,\Omega$，$Z_2 = 11\angle{0°}\ \Omega$，电源线电压为 380V，问：（1）各仪表的读数是多少？（2）两组负载共消耗多少功率？

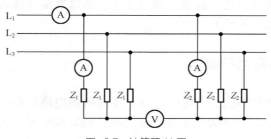

图 x8.7　计算题 11 图

第 9 章　电路的频率响应

本章主要内容：首先讨论在多个正弦激励下稳态电路的分析方法，然后引入网络函数的概念，运用网络函数详细讨论 RLC 串、并联电路的频率响应以及谐振现象，接着讨论非正弦周期激励下稳态电路的响应问题，最后介绍用于表示电路频率特性的波特图，以及由动态元件构成的滤波器电路及其频率响应。

9.1　正弦激励下稳态电路的响应

含有多个正弦电源激励的线性非时变电路，要求解该电路达到稳态时的响应，需要分两种不同情况分别进行讨论。一种情况是各正弦电源的频率都相同；另一种情况是各正弦电源的频率不相同。

9.1.1　同频率正弦激励下稳态电路的响应

当正弦稳态电路中各个正弦电源的频率都相同时，电路的响应还是同频率的正弦量，这与本教材第 7 章讨论的正弦稳态电路情况是完全相同的，因此第 7 章所述的网孔分析法、节点分析法、叠加定理以及戴维南定理等都可以用来分析同频率正弦激励下稳态电路的响应，此处不再详述。

9.1.2　不同频率正弦激励下稳态电路的响应

当同一电路中各个正弦电源的频率不相同时，可用线性电路的叠加定理对电路进行分析。在运用叠加定理时，由于各不同频率正弦量激励下电路的响应分量是不同频率的正弦量，不同频率的正弦量之和不再是正弦量，这表明，在不同频率正弦量激励下，电路的响应不再按正弦规律变化。因此在用线性电路的叠加定理分析时，需要首先求解出各响应分量的时域表示式，这些时域表示式为一些不同频率正弦量，再把这些不同频率正弦量相加就是所求电路的响应。这里需要注意的是，不同频率正弦量的时域表示式可以相加，但它们的相量形式是不能相加的，因为相加是无意义的。

如图 9-1 所示电路含有多个独立源，且各个电源的频率不同，若要求某支路电流 $i_k(t)$，仍可用相量法求各响应分量 $\dot{I}_{k1}$、$\dot{I}_{k2}$，…，但需要根据各自相应的相量模型分别求解，如图 9-2 所示，再写出各响应分量相应的时域表示式 $i_{k1}(t)$、$i_{k2}(t)$，…，最后运用叠加定理得

$$i_k(t) = i_{k1}(t) + i_{k2}(t) + \cdots$$

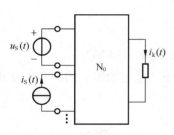
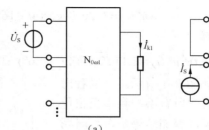
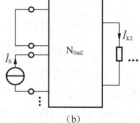

图 9-1　含有多个独立源的电路　　　　图 9-2　不同频率独立源分别作用时的相量模型

其中

$$i_{k1}(t) = \sqrt{2}I_{k1}\cos(\omega_1 t + \theta_1)$$

$$i_{k2}(t) = \sqrt{2}I_{k2}\cos(\omega_2 t + \theta_2)$$

$$\cdots$$

例 9-1　如图 9-3（a）所示电路，已知 $u_S(t) = 4\sqrt{2}\cos 2t$ V，$i_S(t) = 4\sqrt{2}\cos 4t$ A，求 $u_C(t)$。

解　题中两个正弦电源的频率不同，不能画出两个独立源共同作用时的相量模型。但是在求解每一个独立源单独作用的响应时，仍可根据各自的相量模型进行求解。

（1）$u_S(t)$ 单独作用时，相应的相量模型如图 9-3（b）所示，其中

$$j\omega L = j \times 2 \times 1 = j2\,\Omega, \quad \frac{1}{j\omega C} = \frac{1}{j \times 2 \times 1} = -j0.5\,\Omega。$$

则可得

$$\dot{U}'_C = \frac{4\angle 0°}{1 + j2 - j0.5} \times (-j0.5) = -0.92 - j0.62 = 1.11\angle{-146°}\ \text{V}$$

所以

$$u'_C(t) = 1.11\sqrt{2}\cos(2t - 146°)\ \text{V}$$

（2）$i_S(t)$ 单独作用时，相应的相量模型如图 9-3（c）所示，其中

$$j\omega L = j \times 4 \times 1 = j4\,\Omega, \quad \frac{1}{j\omega C} = \frac{1}{j \times 4 \times 1} = -j0.25\,\Omega。$$

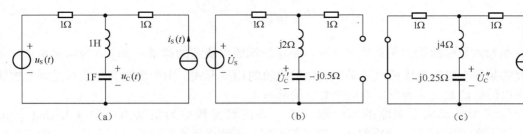

图 9-3　例 9-1

则可得

$$\dot{U}''_C = \frac{4\angle 0°}{1 + j4 - j0.25} \times (-j0.25) = -0.25 - j0.067 = 0.26\angle{-165°}\ \text{V}$$

所以

$$u_C''(t) = 0.26\sqrt{2}\cos(4t - 165°)\ \text{V}$$

（3）由叠加定理得

$$u_C(t) = u_C'(t) + u_C''(t) = [1.11\sqrt{2}\cos(2t - 146°) + 0.26\sqrt{2}\cos(4t - 165°)]\ \text{V}$$

绘出 $u_C(t)$ 的波形如图 9-4 所示。可以看出，两个不同频率正弦量相加得到的是一个非正

弦周期量，但这并不表明所有不同频率正弦量相加得到的都是周期量，叠加结果是否是周期量，要根据两个正弦量的频率之间关系来判断。

设有两个不同频率的正弦量 $i_{k1}(t)$、$i_{k2}(t)$，其周期分别为 T_1、T_2，则 $f_1 = 1/T_1$，$f_2 = 1/T_2$。在 $f_1 = rf_2 (r \neq 1)$ 时，若 r 为有理数，则一定存在一个公周期 T_C，在每一个公周期内包含着整数个 T_1 和 T_2，即

$$T_C = mT_1 = nT_2，m、n\ \text{为恰当的正整数，且}\ m=rn$$
（9-1）

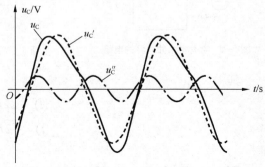

图 9-4 两个不同频率正弦量的叠加

两个正弦量叠加后得到的 $i_k(t)$ 就是一个以 T_C 为周期的非正弦量。在例 9-1 中 $r = 0.5$，可得 $T_C = T_1 = 2T_2$。

若 $f_1 = rf_2 (r \neq 1)$，但 r 为无理数时，则响应 $i_k(t)$ 将是非周期性的。

9.2 正弦稳态的网络函数

当电路中包含储能元件时，由于储能元件的阻抗是频率的函数，这就使同一电路对不同频率的激励信号会产生不同的响应，这种同一电路的响应随频率的改变而发生变化的现象是用电路的频率特性来描述的；在电路分析中，频率特性则又是通过正弦稳态电路的网络函数来讨论的。下面首先来看网络函数的定义。

对单输入单输出电路来说，正弦稳态网络函数指的是响应（输出）相量与激励（输入）相量之比，记作 $H(j\omega)$，即

$$H(j\omega) = \frac{响应相量}{激励相量} = \frac{\dot{R}(j\omega)}{\dot{E}}$$
（9-2）

其中 $\dot{E}$ 是输入正弦激励的相量形式，可以是电压源或电流源的相量，$\dot{R}(j\omega)$ 为响应相量，是要研究的某条支路的电压或流过某条支路的电流的相量形式，由于激励和响应都是频率的函数，所以网络函数又称为频率响应函数，简称频响。

当响应和激励属于电路的同一端口时，该网络函数称为策动点函数（driving point function）或驱动点函数。根据输入、输出的不同，策动点函数又分为以下两种：策动点阻抗函数和策动点导纳函数。策动点阻抗函数的输入是电流源，输出是电压；策动点导纳函数的输入是电压源，输出是电流。如图 9-5（a）、（b）所示。

当响应和激励属于电路的不同端口时，则该网络函数称为转移函数（transfer function）。根据输入、输出的不同，转移函数分为以下 4 种：电压转移函数、电流转移函数、转移阻抗函数和转移导纳函数。电压转移函数的输入、输出为两个不同端口的电压；电流转移函数的

输入、输出为两个不同端口的电流；转移阻抗函数的输入是电流，输出为电压；转移导纳函数的输入是电压，输出为电流，如图 9-5（c）、（d）、（e）、（f）所示。

网络函数 $H(j\omega)$ 是频率 ω 的复值函数，表征了在单一正弦激励作用下，响应相量随频率 ω 变化的情况，写作

$$H(j\omega) = |H(j\omega)| e^{j\theta(\omega)} = |H(j\omega)| \underline{/\theta(\omega)} \tag{9-3}$$

其中 $|H(j\omega)|$ 是 $H(j\omega)$ 的模，它是 ω 的实函数，反映了响应与激励的幅值之比（或有效值之比）随 ω 变化的规律，称作电路的幅频特性。以 ω 为横轴，$|H(j\omega)|$ 为纵轴，绘出 $|H(j\omega)|$ 随 ω 的变化曲线称为幅频特性曲线。

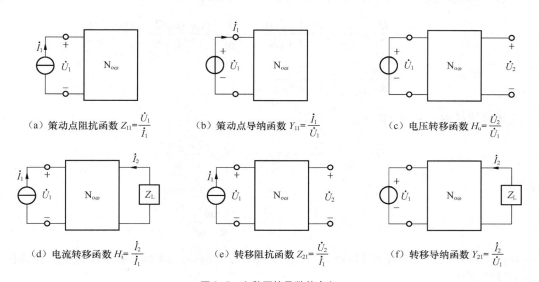

（a）策动点阻抗函数 $Z_{11}=\dfrac{\dot{U}_1}{\dot{I}_1}$　　（b）策动点导纳函数 $Y_{11}=\dfrac{\dot{I}_1}{\dot{U}_1}$　　（c）电压转移函数 $H_u=\dfrac{\dot{U}_2}{\dot{U}_1}$

（d）电流转移函数 $H_i=\dfrac{\dot{I}_2}{\dot{I}_1}$　　（e）转移阻抗函数 $Z_{21}=\dfrac{\dot{U}_2}{\dot{I}_1}$　　（f）转移导纳函数 $Y_{21}=\dfrac{\dot{I}_2}{\dot{U}_1}$

图 9-5　六种网络函数的定义

$\theta(\omega)$ 是 $H(j\omega)$ 的辐角，它也是 ω 的实函数，反映了响应与激励的相位差随 ω 变化的规律。以 ω 为横轴，$\theta(\omega)$ 为纵轴，绘出 $\theta(\omega)$ 随 ω 的变化曲线称为相频特性曲线。

根据幅频特性曲线和相频特性曲线可以直观看出电路对不同频率激励所呈现出的不同特性，在电子和通信工程中被广泛采用。分析电路的频率特性，就是分析电路的幅频特性和相频特性，这些都需要根据网络函数来确定。下面就来讨论网络函数的求解方法。

网络函数 $H(j\omega)$ 是由电路的结构和参数来决定的，与电路的输入无关。在电路的结构和参数已知的条件下，求解电路的网络函数可以用外施电源法。另外，求解策动点阻抗或导纳时，如果只有阻抗或导纳的串并联组合，则直接用阻抗的串并联公式或 Y-△ 的等效变换计算即可。求解转移函数时，可以用分压、分流公式直接进行计算。

实际电路的网络函数还可用实验的方法来确定，如果电路的内部结构及元件参数不太清楚，但输入、输出端钮可以触及时，可以将一个正弦信号发生器接到被测电路的输入端，用示波器观测输入、输出波形，在信号发生器频率改变时，测得不同频率下的输出与输入幅度之比，即可求得 $|H(j\omega)|$，再从输出和输入的相位差可进一步确定 $\theta(\omega)$。

例 9-2　求如图 9-6（a）所示电路在负载端开路时的策动点阻抗 $\dot{U}_1/\dot{I}_1$ 和转移阻抗 $\dot{U}_2/\dot{I}_1$。
解　单口网络的相量模型如图 9-6（b）所示。

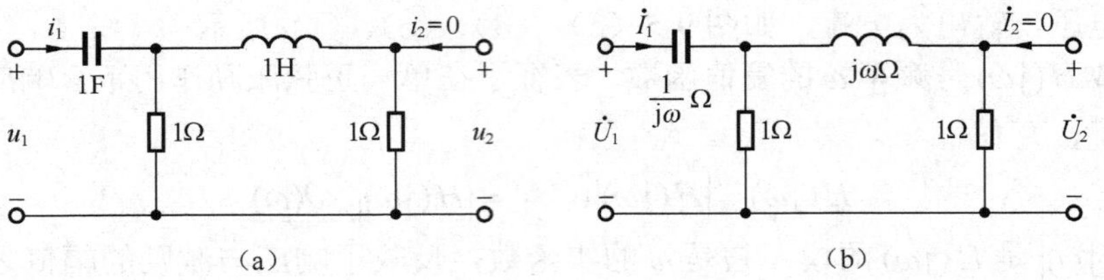

图 9-6 例 9-2

求解策动点阻抗时，可以直接利用阻抗的串并联公式，即

$$Z_{11}=\frac{\dot{U}_1}{\dot{I}_1}=\frac{1}{j\omega}+\frac{1\times(1+j\omega)}{1+1+j\omega}=-j\frac{1}{\omega}+\frac{(1+j\omega)(2-j\omega)}{4+\omega^2}$$

$$=\frac{2+\omega^2}{4+\omega^2}-j\frac{4}{(4+\omega^2)\omega}$$

求转移阻抗时，可外加电流源 $\dot{I}_1$，则

$$\dot{U}_2=\frac{1\times\dot{I}_1}{1+1+j\omega}\times1=\frac{1}{2+j\omega}\dot{I}_1=\frac{2-j\omega}{4+\omega^2}\dot{I}_1$$

由此得

$$Z_{21}=\frac{\dot{U}_2}{\dot{I}_1}=\frac{2}{4+\omega^2}-j\frac{\omega}{4+\omega^2}$$

可以看出，所求的策动点阻抗和转移阻抗皆是频率 ω 的函数，随着频率 ω 的改变，相应的阻抗也会发生变化。

9.3 *RLC* 电路的频率响应

当正弦激励的频率变化时，*RLC* 电路的响应也会发生相应的变化，*RLC* 电路的响应随频率变化的这种关系，称为 *RLC* 电路的频率响应（frequency response）。本节就来研究 *RLC* 串联电路和并联电路的频率响应。

RLC 串联电路如图 9-7 所示，其中输入为电源电压 $u_S(t)$，输出为电阻电压 $u_R(t)$。这样，当 $\omega=0$ 时，电容开路，电感短路，$u_R(t)=0$；当 $\omega\to\infty$ 时，电容短路，电感开路，$u_R(t)=0$。当 ω 在 $0\to\infty$ 之间变化时，电容和电感均有有限的阻抗，电路电流不再为零，R 上会有一定的输出电压。

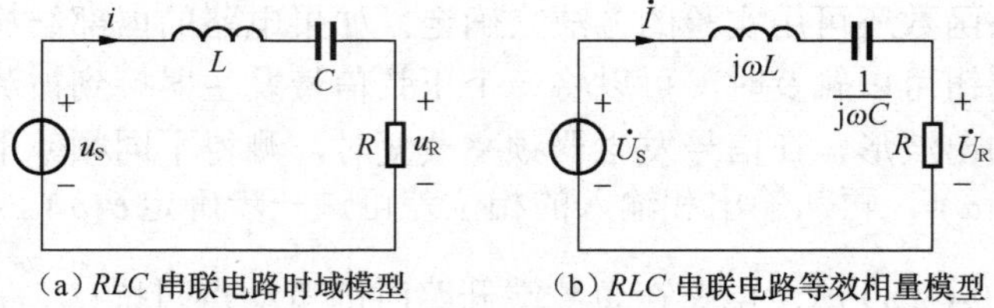

图 9-7 *RLC* 串联电路

电路的电压转移函数为

$$H(\mathrm{j}\omega) = \frac{\dot{U}_R}{\dot{U}_S} = \frac{R}{R + \mathrm{j}\omega L + \dfrac{1}{\mathrm{j}\omega C}} = \frac{R}{\dfrac{\mathrm{j}\omega CR + (\mathrm{j}\omega)^2 LC + 1}{\mathrm{j}\omega C}} = \frac{\mathrm{j}\omega CR}{1 - \omega^2 LC + \mathrm{j}\omega CR} \qquad (9\text{-}4)$$

$$= \frac{\omega CR}{\sqrt{(1 - \omega^2 LC)^2 + (\omega CR)^2}} \Big/\!\!\underline{90° - \arctan \dfrac{\omega CR}{1 - \omega^2 LC}}$$

所以

$$\left| H(\mathrm{j}\omega) \right| = \frac{\omega CR}{\sqrt{(1 - \omega^2 LC)^2 + (\omega CR)^2}} \qquad (9\text{-}5)$$

$$\theta = 90° - \arctan \frac{\omega CR}{1 - \omega^2 LC} \qquad (9\text{-}6)$$

根据式（9-5）、式（9-6）绘出 RLC 串联电路的幅频特性曲线和相频特性曲线，如图 9-8 所示。

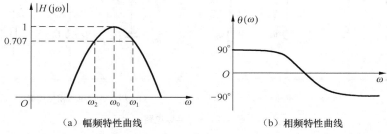

（a）幅频特性曲线　　　　　　　　　　　　（b）相频特性曲线

图 9-8　RLC 串联电路的幅频特性曲线和相频特性曲线

由 $\left| H(\mathrm{j}\omega) \right|$ 可知，当 $\omega = 0$ 或 $\omega = \infty$ 时，$\left| H(\mathrm{j}\omega) \right| = 0$；当 $1 - \omega^2 LC = 0$ 时，即 $\omega = \omega_0 = \dfrac{1}{\sqrt{LC}}$ 时，$\left| H(\mathrm{j}\omega) \right| = 1$ 达到最大值；当 ω 高于或低于 ω_0 时，$\left| H(\mathrm{j}\omega) \right|$ 均将下降，并最终趋于零。可见该电路具有带通（band pass）滤波的特性，其中的 ω_0 称为中心频率。

为了表明 RLC 电路对不同频率信号的选择性，通常将 $\left| H(\mathrm{j}\omega) \right| \geqslant 1/\sqrt{2}$ 所对应的频率范围定义为通频带，在 $\left| H(\mathrm{j}\omega) \right| = 1/\sqrt{2}$ 时，电路所损耗的功率恰好为 $\left| H(\mathrm{j}\omega) \right| = 1$ 时的一半，因此转移函数 $\left| H(\mathrm{j}\omega) \right| = 1/\sqrt{2}$ 时所对应的两个频率点 ω_1、ω_2 分别称为上半功率频率和下半功率频率（half-power frequencies），前者高于中心频率也称为上截止频率（upper cutoff frequency），后者低于中心频率也称为下截止频率（lower cutoff frequency）。

在 $\left| H(\mathrm{j}\omega) \right| = \dfrac{1}{\sqrt{2}}$ 时，可得 $1 - \omega^2 LC = \pm \omega CR$，即

$$\omega^2 LC \pm \omega CR - 1 = 0$$

解得

$$\omega = \frac{\mp CR \pm \sqrt{(CR)^2 + 4LC}}{2LC}$$

因为 ω 应始终为正值，所以上式开方项前均取正号，则得两个截止频率为

$$\left.\begin{aligned} \omega_1 &= \frac{R}{2L} + \sqrt{\left(\frac{R}{2L}\right)^2 + \frac{1}{LC}} \\ \omega_2 &= -\frac{R}{2L} + \sqrt{\left(\frac{R}{2L}\right)^2 + \frac{1}{LC}} \end{aligned}\right\} \tag{9-7}$$

ω_0 与 ω_1、ω_2 的关系为 $\omega_0 = \sqrt{\omega_1 \cdot \omega_2}$，可见 ω_0 并不是位于 ω_1 与 ω_2 之间的中心位置。

上截止频率和下截止频率的差值就是通频带，通频带的宽度即带宽（bandwidth）为

$$BW = \omega_1 - \omega_2 = \frac{R}{L} \tag{9-8}$$

下面来分析 RLC 并联电路的频率响应。

如图 9-9 所示电路是由 RLC 并联组成的单口网络，设该单口网络的等效导纳为 Y，则

$$Y = \frac{1}{R} + j\omega C + \frac{1}{j\omega L}$$

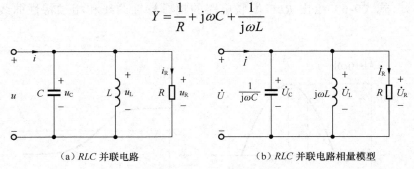

（a）RLC 并联电路   （b）RLC 并联电路相量模型

图 9-9 RLC 并联电路

若输出取自电流 $\dot{I}_R$，则电流转移函数为

$$H(j\omega) = \frac{\dot{I}_R}{\dot{I}} = \frac{\frac{1}{R}\dot{U}}{Y\dot{U}} = \frac{\frac{1}{R}}{\frac{1}{R} + j\omega C + \frac{1}{j\omega L}} = \frac{j\omega LG}{1 - \omega^2 LC + j\omega LG} \tag{9-9}$$

比较式（9-9）与 RLC 串联电路的电压转移函数式（9-4）可知，如果把式（9-4）中的各参数用它们的对偶元素代替，也可得到式（9-9）。

由电流转移函数知

$$|H(j\omega)| = \frac{\omega LG}{\sqrt{(1 - \omega^2 LC)^2 + (\omega LG)^2}} \tag{9-10}$$

$$\theta = 90° - \arctan\frac{\omega LG}{1 - \omega^2 LC} \tag{9-11}$$

同理，在 $|H(j\omega)| = \frac{1}{\sqrt{2}}$ 时，两个截止频率分别为

$$\left.\begin{aligned} \omega_1 &= \frac{G}{2C} + \sqrt{\left(\frac{G}{2C}\right)^2 + \frac{1}{LC}} \\ \omega_2 &= -\frac{G}{2C} + \sqrt{\left(\frac{G}{2C}\right)^2 + \frac{1}{LC}} \end{aligned}\right\} \tag{9-12}$$

因此 RLC 并联电路的带宽为

$$BW = \omega_1 - \omega_2 = \frac{G}{C} \qquad (9\text{-}13)$$

对于 RLC 电路来说，可以用品质因数来衡量其幅频特性曲线的陡峭程度，所谓品质因数（quality factor）指的是中心频率对带宽的比值，通常用 Q 来表示，即

$$Q = \frac{\omega_0}{\omega_1 - \omega_2} \qquad (9\text{-}14)$$

在 ω_0 一定时，带宽 BW 与品质因数 Q 成反比，Q 越大，BW 越小，通频带越窄，曲线越尖锐，电路对偏离中心频率信号的抑制能力越强，对信号的选择性越好；反之，Q 越小，带宽 BW 越大，通频带越宽，曲线越平坦，电路对信号的选择性越差。所以品质因数 Q 是描述电路频率选择性优劣的物理量。

对 RLC 串联电路来说，其品质因数 Q 为

$$Q = \frac{\omega_0 L}{R} \qquad (9\text{-}15)$$

如图 9-10 所示为 RLC 串联电路对不同 Q 值的幅频特性曲线和相频特性曲线。

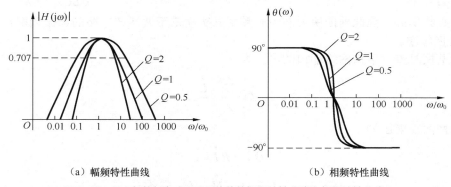

（a）幅频特性曲线　　　　　　　　　　　（b）相频特性曲线

图 9-10　RLC 串联电路对不同 Q 值的的幅频特性曲线和相频特性曲线

对 RLC 并联电路来说，其品质因数 Q 为

$$Q = \frac{\omega_0 C}{G} \qquad (9\text{-}16)$$

9.4　谐振

谐振是正弦稳态电路的一种特定的工作状态，利用谐振电路进行选频，使电路具有带通滤波的特性，在实际中具有非常实用的价值。

9.4.1　串联谐振

如图 9-11 所示为 RLC 串联组成的单口网络，从端口 a、b 看进去的等效阻抗为

$$Z = R + j\omega L - j\frac{1}{\omega C} = R + j\left(\omega L - \frac{1}{\omega C}\right) = |Z(j\omega)| \underline{/\theta(\omega)} \qquad (9\text{-}17)$$

其中

$$|Z(\mathrm{j}\omega)| = \sqrt{R^2 + \left(\omega L - \frac{1}{\omega C}\right)^2} \qquad (9\text{-}18)$$

$$\theta(\omega) = \arctan\frac{\omega L - \dfrac{1}{\omega C}}{R} \qquad (9\text{-}19)$$

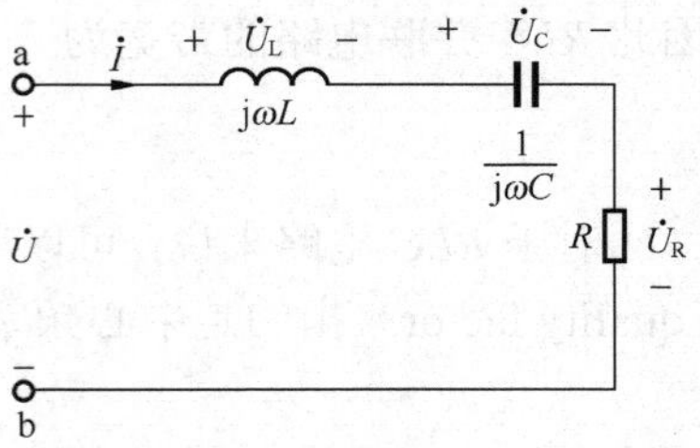

图 9-11 *RLC* 串联谐振电路

可见，*RLC* 串联电路的等效阻抗是频率 ω 的函数，当等效阻抗的虚部为零时，端口电压和电流将是同相的，且在端口外施一定的电压时，端口电流将达到最大值，此时，称电路达到了谐振（resonance）状态。谐振时，电路的等效阻抗是一个纯电阻，且阻抗的模达到最小值。

根据谐振条件，即 $\omega L - \dfrac{1}{\omega C} = 0$，此时，

$$\omega = \frac{1}{\sqrt{LC}} \qquad (9\text{-}20)$$

则称 $\omega = \dfrac{1}{\sqrt{LC}}$ 为谐振频率（resonant frequency），可见谐振频率 $\omega = \dfrac{1}{\sqrt{LC}}$ 恰好等于带通滤波电路的中心频率 ω_0，因此前面所说的中心频率其实就是带通滤波电路的谐振频率，今后都用 ω_0 表示谐振频率。

串联谐振时流过单口网络端口的电流为

$$\dot{I} = \frac{\dot{U}}{Z} = \frac{\dot{U}}{R} \qquad (9\text{-}21)$$

则电阻元件两端电压为

$$\dot{U}_\mathrm{R} = R\dot{I} = \dot{U} \qquad (9\text{-}22)$$

又由

$$\dot{U} = \dot{U}_\mathrm{L} + \dot{U}_\mathrm{C} + \dot{U}_\mathrm{R}$$

可得

$$\dot{U}_\mathrm{L} + \dot{U}_\mathrm{C} = 0$$

这表明串联谐振时，电容电压和电感电压大小相等方向相反，且两者的电压分别为

$$\dot{U}_\mathrm{C} = \frac{\dot{I}}{\mathrm{j}\omega_0 C} = -\mathrm{j}\frac{1}{\omega_0 RC}\dot{U} \qquad (9\text{-}23)$$

$$\dot{U}_\mathrm{L} = \mathrm{j}\omega_0 L\dot{I} = \mathrm{j}\omega_0 L\frac{\dot{U}}{R} \qquad (9\text{-}24)$$

可见 $\dfrac{1}{\omega_0 RC} = \dfrac{\omega_0 L}{R}$，再由上节串联电路品质因数可得，串联谐振时的品质因数可进一步表示为

$$Q = \frac{\omega_0 L}{R} = \frac{1}{\omega_0 RC} \qquad (9\text{-}25)$$

此时

$$\dot{U}_\mathrm{C} = -\mathrm{j}Q\dot{U}, \quad \dot{U}_\mathrm{L} = \mathrm{j}Q\dot{U}, \quad \omega_0 L + \frac{1}{\mathrm{j}\omega_0 C} = 0$$

可见，串联谐振时，电容和电感串联组合的等效阻抗等于零，电容和电感串联组合的支路相当于短路。此时电路等效为纯电阻，电阻两端的电压与端口电压相等，但电感和电容电

压却为端口电压的 Q 倍，所以串联谐振又称为电压谐振。谐振时的相量图如图 9-12 所示。

　　例 9-3　如图 9-13 所示电路，已知 $U_S = 10V$，$L = 50mH$，$C = 1\mu F$，$R = 10\Omega$，求电路的谐振频率 ω_0、品质因数 Q，谐振时电路中的电流 I 以及电感和电容上的电压 U_L、U_C。

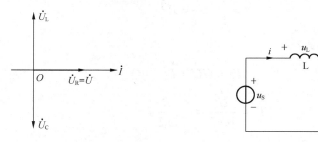

图 9-12　串联谐振时的相量图　　　　　　图 9-13　例 9-3 电路图

　　解　谐振频率 ω_0 为

$$\omega_0 = \frac{1}{\sqrt{LC}} = \frac{1}{\sqrt{50 \times 10^{-3} \times 1 \times 10^{-6}}} = 4472 \text{ rad/s}$$

品质因数

$$Q = \frac{\omega_0 L}{R} = \frac{4472 \times 50 \times 10^{-3}}{10} = 22.36$$

谐振时电路中的电流为

$$I = \frac{U_S}{R} = \frac{10}{10} = 1 \text{ A}$$

谐振时电感和电容上的电压

$$U_L = U_C = QU_S = 22.36 \times 10 = 223.6V$$

9.4.2　并联谐振

　　下面再来分析图 9-14 所示 RLC 并联组合电路，从端口 a、b 看进去的等效导纳为

$$Y = \frac{1}{R} + j\omega C - j\frac{1}{\omega L} = G + j\left(\omega C - \frac{1}{\omega L}\right) \qquad (9\text{-}26)$$

如果在端口外接一个电流源，在电流源的电流一定时，端口两端电压为

$$\dot{U} = \frac{\dot{I}}{Y} = \frac{\dot{I}}{G + j\left(\omega C - \frac{1}{\omega L}\right)}$$

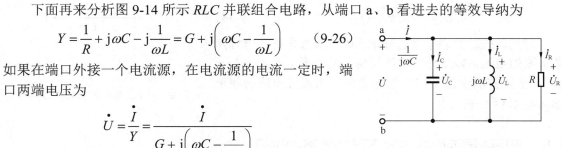

图 9-14　RLC 并联谐振电路

　　可见，当 $\omega C - \dfrac{1}{\omega L} = 0$ 时，等效导纳的虚部为零，单口网络端口两端的电压将达到最大值，而且电压与电流同相，电路进入了谐振状态。谐振时，单口网络的等效导纳 $Y = G$ 的模达到最小值，而等效阻抗 $Z = 1/G = R$ 的模则达到最大值。

　　现在来求解 RLC 并联电路的谐振频率，根据 $\text{Im}[Y] = 0$ 得

$$\omega C - \frac{1}{\omega L} = 0 \Rightarrow \omega = \omega_0 = \frac{1}{\sqrt{LC}} \qquad (9\text{-}27)$$

可见，RLC 串联电路和 RLC 并联电路的谐振频率都是由元件 L 和 C 的参数来决定的，与外

施激励无关，所以谐振现象是电路的一种固有特性。

并联谐振时，单口网络端口两端电压为

$$\dot{U} = \frac{\dot{I}}{Y} = \frac{\dot{I}}{G} = R\dot{I} \qquad (9\text{-}28)$$

此时各元件上流过的电流分别为

$$\dot{I}_G = G\dot{U} = \dot{I} \qquad (9\text{-}29)$$

$$\dot{I}_L = \frac{\dot{U}}{j\omega_0 L} = -j\frac{R}{\omega_0 L}\dot{I} \qquad (9\text{-}30)$$

$$\dot{I}_C = j\omega_0 C\dot{U} = j\omega_0 CR\dot{I} \qquad (9\text{-}31)$$

将 ω_0 代入式（9-30）、式（9-31）可知 $\dot{I}_L + \dot{I}_C = 0$，两者相量和为零，表明谐振时流过电容和电感的电流大小相等方向相反，此时 $j\omega_0 C + \dfrac{1}{j\omega_0 L} = 0$，电容和电感的导纳和等于零，电容和电感并联的支路相当于开路，单口网络等效为纯电导，流过电导的电流与外施电流源电流相等。

谐振时的品质因数

$$Q = \frac{\omega_0 C}{G} = \omega_0 RC = \frac{R}{\omega_0 L} = R\sqrt{\frac{C}{L}} \qquad (9\text{-}32)$$

将 GCL 并联电路的品质因数 Q 代入式（9-30）、式（9-31）可得

$$\dot{I}_L = -j\frac{R}{\omega_0 L}\dot{I} = -jQ\dot{I} \qquad (9\text{-}33)$$

$$\dot{I}_C = j\omega_0 CR\dot{I} = jQ\dot{I} \qquad (9\text{-}34)$$

可见，RLC 并联电路达到谐振时，流过电感和电容两条支路的电流恰好是外施电流源电流的 Q 倍，即 $I_L = I_C = QI$，所以并联谐振又称为电流谐振。谐振时电路的相量图如图 9-15 所示。

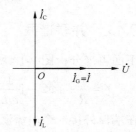

图 9-15 GCL 并联电路谐振时的相量图

9.5 非正弦周期函数激励下稳态电路的响应

至此，外施激励为一个或多个按正弦规律变化的正弦稳态电路的响应已做了分析，但在实际中，还会出现大量的非正弦量。这些按非正弦规律变化的电压或电流，如果能按一定规律周而复始地变动，就称为非正弦周期量（nonsinusoid）。

非正弦周期激励下稳态电路的响应，可以应用叠加定理进行分析。分析时首先应用傅立叶级数（fourier series）把非正弦周期信号分解为许多不同频率的正弦量之和，然后应用相量法分别计算各不同频率正弦量作用下的响应，再将这些响应分量的瞬时表示式相加就可求得所需结果。其实质是把非正弦周期电路的计算转化为一系列正弦电路的计算，这样仍可利用

相量法进行分析。

应用傅立叶级数，可以把非正弦周期信号分解为一个直流分量和一系列频率成整数倍的正弦成分之和，其中频率与非正弦周期信号频率相同的分量称为基波（fundamental component）或一次谐波分量（the first harmonic），其他各项统称为高次谐波（higher-order harmonic），即 2 次、3 次、4 次、…、n 次谐波。

如图 9-16 给出了几种典型的非正弦周期量的波形，它们的傅立叶级数展开式分别为：

如图 9-16（a）所示矩形波（rectangle wave）：

$$f(t) = \frac{4A}{\pi}\left(\sin\omega t + \frac{1}{3}\sin 3\omega t + \frac{1}{5}\sin 5\omega t + \cdots + \frac{1}{k}\sin k\omega t + \cdots\right) \quad k \text{ 为奇数}$$

如图 9-16（b）所示等腰三角波（isosceles triangle wave）：

$$f(t) = \frac{8A}{\pi^2}\left(\sin\omega t - \frac{1}{9}\sin 3\omega t + \frac{1}{25}\sin 5\omega t - \cdots + \frac{(-1)^{\frac{k-1}{2}}}{k^2}\sin k\omega t + \cdots\right) \quad k \text{ 为奇数}$$

如图 9-16（c）所示锯齿波（sawtooth wave）：

$$f(t) = \frac{A}{2} - \frac{A}{\pi}\left(\sin\omega t + \frac{1}{2}\sin 2\omega t + \frac{1}{3}\sin 3\omega t + \cdots + \frac{1}{k}\sin k\omega t + \cdots\right)$$

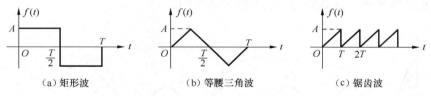

（a）矩形波　　　　　　　（b）等腰三角波　　　　　　（c）锯齿波

图 9-16　几种典型的非正弦周期信号

例 9-4　如图 9-17（a）所示 RLC 电路，已知 $R=10\Omega$，$\omega L=10\Omega$，$1/\omega C=20\Omega$，外施电压源 $u_S(t) = 10 + 10\sqrt{2}\cos\omega t + 5\sqrt{2}\cos(3\omega t + 30°)$ V，求电路中的电流 $i(t)$。

解　（1）直流分量 $U_{S1}=10$V 单独作用时的等效电路如图 9-17（b）所示，由图可得

$$i_1(t) = 0 \text{ A}$$

（2）基波分量作用时的相量模型如图 9-17（c）所示，其中

$$\dot{U}_{S2} = 10\underline{/0°}\text{ V}, \quad j\omega L = j10\Omega, \quad 1/j\omega C = -j20\Omega,$$

则

$$\dot{I}_2 = \frac{\dot{U}_{S2}}{10 + j10 - j20} = \frac{10\underline{/0°}}{10 - j10} = 0.707\underline{/45°}\text{ A}$$

所以

$$i_2(t) = 0.707\sqrt{2}\cos(\omega t + 45°) \text{ A}$$

（3）3 次谐波分量作用时的相量模型如图 9-17（d）所示，其中

$$\dot{U}_{S3} = 5\underline{/30°}\text{ V}, \quad j3\omega L = j30\Omega, \quad 1/j3\omega C = -j\frac{20}{3} = -j6.67\Omega,$$

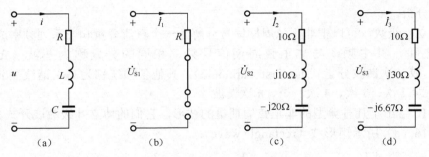

图 9-17 例 9-4

则

$$\dot{I}_3 = \frac{\dot{U}_{S3}}{10 + j30 - j6.67} = \frac{5\angle 30°}{10 + j23.33} = 0.197\angle -36.8° \text{ A}$$

所以

$$i_3(t) = 0.197\sqrt{2}\cos(3\omega t - 36.8°) \text{ A}$$

（4）由叠加定理得，电路中的电流为

$$i(t) = i_1(t) + i_2(t) + i_3(t) = [0.707\sqrt{2}\cos(\omega t + 45°) + 0.197\sqrt{2}\cos(3\omega t - 36.8°)] \text{ A}$$

绘出 $i(t)$ 的波形如图 9-18 所示。由图可以看出，在非正弦周期激励下，稳态电路的响应仍为一个非正弦周期量，其周期与一次谐波分量相同。

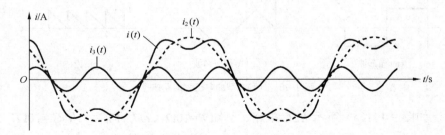

图 9-18 非正弦周期量 $i(t)$ 的波形

下面再来分析这种非正弦周期量的有效值。其有效值可根据第 6 章给出的周期量有效值定义式求解。设非正弦周期电压为

$$u(t) = U_0 + \sum_{k=1}^{\infty} U_{km}\cos(k\omega t + \theta_k)$$

则该电压的有效值为

$$U = \sqrt{\frac{1}{T}\int_0^T u^2(t)\mathrm{d}t}$$

其中

$$u^2(t) = [U_0 + \sum_{k=1}^{\infty} U_{km}\cos(k\omega t + \theta_k)]^2$$

$$= U_0^2 + \sum_{k=1}^{\infty} U_{km}^2\cos^2(k\omega t + \theta_k) + 2U_0\sum_{k=1}^{\infty} U_{km}\cos(k\omega t + \theta_k)$$

$$+2\sum_{k=1}^{\infty}\sum_{\substack{n=1\\n\neq k}}^{\infty}U_{km}\cos(k\omega t+\theta_k)U_{nm}\cos(n\omega t+\theta_n) \tag{9-35}$$

将式（9-35）代入有效值定义式，可得

$$U=\sqrt{U_0^2+\frac{1}{2}\sum_{k=1}^{\infty}U_{km}^2}=\sqrt{U_0^2+\sum_{k=1}^{\infty}U_k^2}=\sqrt{U_0^2+U_1^2+U_2^2+U_3^2+\cdots} \tag{9-36}$$

这就是非正弦周期电压信号的有效值计算式，它等于各次谐波有效值平方和的平方根。同理，如果用 I 代表非正弦周期电流的有效值，则

$$I=\sqrt{\sum_{k=0}^{\infty}I_k^2}=\sqrt{I_0^2+I_1^2+I_2^2+I_3^2+\cdots} \tag{9-37}$$

下面再来分析非正弦周期电路中平均功率的计算问题。

设如图 9-19 所示二端网络 N 的端口电压、电流是非正弦周期量，即

$$u(t)=U_0+\sum_{k=1}^{\infty}U_{km}\cos(k\omega t+\theta_{uk})$$

$$i(t)=I_0+\sum_{k=1}^{\infty}I_{km}\cos(k\omega t+\theta_{ik})$$

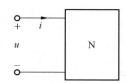

图 9-19 非正弦周期量作用下的二端网络

则其平均功率为

$$P=\frac{1}{T}\int_0^T u(t)i(t)\mathrm{d}t=\frac{1}{T}\int_0^T\left[U_0+\sum_{k=1}^{\infty}U_{km}\cos(k\omega t+\theta_{uk})\right]\times\left[I_0+\sum_{k=1}^{\infty}I_{km}\cos(k\omega t+\theta_{ik})\right]\mathrm{d}t$$

其中电压和电流的乘积展开后为下面 4 项：

$$U_0I_0;$$

$$U_0\sum_{k=1}^{\infty}I_{km}\cos(k\omega t+\theta_{ik})\quad\text{以及}\quad I_0\sum_{k=1}^{\infty}U_{km}\cos(k\omega t+\theta_{uk});$$

$$\sum_{k=1}^{\infty}U_{km}\cos(k\omega t+\theta_{uk})I_{km}\cos(k\omega t+\theta_{ik});$$

$$\sum_{p=1}^{\infty}U_{pm}\cos(p\omega t+\theta_{up})\sum_{q=1}^{\infty}I_{qm}\cos(q\omega t+\theta_{iq})\,(\,p\neq q\,)_{\circ}$$

以上 4 项对时间 t 在周期 T 内积分可得

$$\frac{1}{T}\int_0^T U_0I_0\mathrm{d}t=U_0I_0;$$

$$\frac{1}{T}\int_0^T\sum_{k=1}^{\infty}U_{km}\cos(k\omega t+\theta_{uk})I_{km}\cos(k\omega t+\theta_{ik})\mathrm{d}t=\sum_{k=1}^{\infty}U_kI_k\cos(\theta_{uk}-\theta_{ik})$$

$$=\sum_{k=1}^{\infty}U_kI_k\cos\theta_k;$$

其余两项的积分结果为零。

这样可以得到网络所吸收的平均功率为

$$P=U_0I_0+\sum_{k=1}^{\infty}U_kI_k\cos\theta_k=P_0+\sum_{k=1}^{\infty}P_k=\sum_{k=0}^{\infty}P_k \tag{9-38}$$

上式表明，非正弦周期电路的平均功率等于直流分量与各次谐波产生的平均功率之和。在非正弦周期电路中，叠加定理对平均功率是适用的。

例 9-5 图 9-19 所示二端网络的端口电压、电流分别为

$$u(t) = [10 + 5\cos\omega t + 10\cos 2\omega t + 2\cos 3\omega t]\ \text{V}$$

$$i(t) = [1 + 10\cos(\omega t - 60°) + 10\cos(3\omega t - 45°)]\ \text{A}$$

试求该二端网络吸收的平均功率。

解 由式（9-38）得

$$P = U_0 I_0 + \sum_{k=1}^{3} U_k I_k \cos\theta_k = P_0 + U_1 I_1 \cos\theta_1 + U_2 I_2 \cos\theta_2 + U_3 I_3 \cos\theta_3$$

其中

$$P_0 = U_0 I_0 = 10 \times 1 = 10\ \text{W}$$

$$P_1 = U_1 I_1 \cos(\theta_{u1} - \theta_{i1}) = \frac{5}{\sqrt{2}} \times \frac{10}{\sqrt{2}} \cos 60° = 12.5\ \text{W}$$

由

$$\dot{U}_2 = \frac{10}{\sqrt{2}} \angle 0°\ \text{V}, \quad \dot{I}_2 = 0\ \text{A}$$

可得

$$P_2 = 0\ \text{W}$$

$$P_3 = U_3 I_3 \cos(\theta_{u3} - \theta_{i3}) = \frac{2}{\sqrt{2}} \times \frac{10}{\sqrt{2}} \cos 45° = 7.07\ \text{W}$$

则

$$P = P_0 + P_1 + P_2 + P_3 = 10 + 12.5 + 0 + 7.07 = 29.57\text{W}$$

*9.6 波特图

前面分析网络函数的幅频特性时，采用的方法是直接根据网络函数绘制特性曲线，这在网络函数较复杂或者频率范围较宽时，不是很方便的。本节将介绍一种可以快速得到幅度和相位随频率变化近似曲线的新方法，这就是波特图法（bode diagram）。

在介绍波特图作法之前，先了解一下分贝（Bel）这个度量单位，分贝是用来量度两个功率的比值的，其定义式如下：

$$\text{dB} = 10\log_{10}\frac{P_2}{P_1} \tag{9-39}$$

这样，如果两个功率相等（$P_2 = P_1$），则 dB=0；如果 $P_2 > P_1$，则 dB>0；如果 $P_2 < P_1$，则 dB<0。如果 P_2、P_1 为相等值的电阻所吸收，则

$$\text{dB} = 10\log_{10}\frac{P_2}{P_1} = 10\log_{10}\frac{U_2^2/R}{U_1^2/R} = 10\log_{10}\frac{I_2^2 R}{I_1^2 R}$$

$$= 20\log_{10}\frac{U_2}{U_1} = 20\log_{10}\frac{I_2}{I_1} \tag{9-40}$$

可见，分贝只是用来表示功率比或是相等电阻的电压比或电流比，不过目前分贝已用于表示电压比或电流比而不论有关的电阻是否相等。电压比或电流比与分贝数的关系如表 9-1

所示。值得注意的是，当 A 变化 1 倍时，分贝数将变化 6 dB。当 A 变化 10 倍时，分贝数将变化 20 dB。例如，当 A 从 1 增加到 10 时，分贝数将增加 20 dB。

表 9-1 电压比或者电流比与分贝数的关系

比值 A	0.001	0.01	0.1	0.2	0.707	1	2	3	10	20	100	1000
$20\log_{10}A$(dB)	−60	−40	−20	−14	−3	0	6	9.5	20	26	40	60

正是因为分贝数可以用来表示电压比和电流比，所以也可以用分贝数来表示电路的网络函数。设网络函数为

$$H(j\omega) = |H(j\omega)|e^{j\theta(\omega)}$$

两端取以十为底的对数，可得

$$\log_{10}[H(j\omega)] = \log_{10}|H(j\omega)| + \log_{10}[e^{j\theta(\omega)}]$$
$$= \log_{10}|H(j\omega)| + j\theta(\omega)\log_{10}e \tag{9-41}$$

这表明网络函数的对数仍是一个复数函数，其实部是网络函数的模取以十为底的对数，当网络函数是电压比或者电流比时，式（9-41）的实部乘以 20 就可以用分贝为单位，这样如果用 $M(\omega)$ 表示以分贝为单位的幅频特性时，则

$$M(\omega) = 20\log_{10}|H(j\omega)| \tag{9-42}$$

式（9-42）的虚部为网络函数的辐角乘以系数 $\log_{10}e$，如果对虚部取自然对数，则虚部恰好为网络函数的辐角。对网络函数取自然对数，可得

$$\ln[H(j\omega)] = \ln|H(j\omega)| + \ln[e^{j\theta(\omega)}] = \ln|H(j\omega)| + j\theta(\omega) \tag{9-43}$$

式（9-43）的虚部恰好为网络函数的辐角，当网络函数为电压比或电流比时，$\ln|H(j\omega)|$ 的单位为奈培（Neper），奈培和分贝换算关系为

$$1\text{Np} \approx 8.68\text{dB}$$

或者说

$$分贝数 \approx 8.68 \text{ 奈培数}$$

如果坐标系的横轴和纵轴都采用对数坐标来绘制幅频特性曲线和相频特性曲线，所得的曲线分别称为幅频波特图和相频波特图，统称为波特图，波特图也称为渐近线（asymptotes）图。

下面介绍几个典型网络函数的波特图。

（1）网络函数为

$$H(j\omega) = 1 + j\frac{\omega}{\omega_C}$$

则

$$M(\omega) = 20\log_{10}\left|1 + j\frac{\omega}{\omega_C}\right| = 20\log_{10}\sqrt{1 + \left(\frac{\omega}{\omega_C}\right)^2}\ \text{dB} \tag{9-44}$$

$$\theta(\omega) = \arctan\frac{\omega}{\omega_C} \tag{9-45}$$

首先看幅频波特图，由式（9-44）知，在 $\omega \ll \omega_C$ 时

$$M(\omega)\big|_{\omega \ll \omega_C} \approx 20\log_{10}1 = 0\ \text{dB}$$

因此在这一频率范围内，$M(\omega)$ 近似为一条 0dB 的直线。在 $\omega \gg \omega_\text{C}$ 时

$$M(\omega)\big|_{\omega \gg \omega_\text{C}} \approx 20\log_{10}\frac{\omega}{\omega_\text{C}} = 20(\log_{10}\omega - \log_{10}\omega_\text{C})\,\text{dB}$$

$M(\omega)$ 为一条斜率为 20dB/dec 的直线。其斜率为 20 意味着频率每增加十倍，$M(\omega)$ 相应就增加 20dB，或者说 $\log_{10}\omega$ 每增加 1，$M(\omega)$ 就相应增加 20dB，因此这条直线斜率常表示为 20dB/十倍频程（decade），即 20dB/dec。有时采用另一种说法 6dB/倍频程（octave），即 6dB/dec。这是因为频率每增加一倍，$\log_{10}\omega$ 就增加 0.3，$M(\omega)$ 则相应增加 6dB。这条直线与横轴交于 $\log_{10}\omega = \log_{10}\omega_\text{C}$ 处，该点的频率 ω_C 称为转折频率（break frequency）。$M(\omega)$ 曲线可以用这两条直线组成的折线来近似代替，如图 9-20 所示。图中也画出了实际的 $M(\omega)$ 曲线，可以看出，用这样的折线做近似代替是有误差的。其最大误差发生在转折频率处，误差最大值为 3.01dB。

下面看其相频波特图。在 $\omega \ll \omega_\text{C}$ 时，$\theta(\omega) \approx 0°$；在 $\omega \gg \omega_\text{C}$ 时，$\theta(\omega) \approx 90°$；在 $\omega = \omega_\text{C}$ 时，$\theta(\omega) = 45°$。因此其相频波特图可以用以下三段直线组成的折线来近似代替：在 $\omega \leqslant 0.1\,\omega_\text{C}$ 范围内，用 $\theta(\omega) = 0°$ 的直线来近似；在 $0.1\omega_\text{C} \leqslant \omega \leqslant 10\omega_\text{C}$ 的范围内，用一条斜率为 45°/dec 的直线来近似；在 $\omega \geqslant 10\omega_\text{C}$ 的范围，用 $\theta(\omega) = 90°$ 的直线来近似，如图 9-21 所示。用折线近似，最大误差发生在 $\omega = 0.1\,\omega_\text{C}$ 和 $\omega = 10\,\omega_\text{C}$ 处，误差值最大为 5.7°。

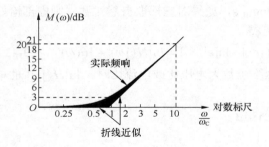

图 9-20　$H(\text{j}\,\omega) = 1 + \text{j}\dfrac{\omega}{\omega_\text{C}}$ 的幅频波特图

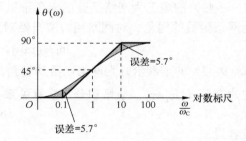

图 9-21　$H(\text{j}\,\omega) = 1 + \text{j}\dfrac{\omega}{\omega_\text{C}}$ 的相频波特图

（2）网络函数为

$$H(\text{j}\omega) = \frac{1}{1 + \text{j}\dfrac{\omega}{\omega_\text{C}}}$$

则

$$M(\omega) = 20\log_{10}\left|\frac{1}{1 + \text{j}\dfrac{\omega}{\omega_\text{C}}}\right| = -20\log_{10}\sqrt{1 + \left(\frac{\omega}{\omega_\text{C}}\right)^2}\,\text{dB} \tag{9-46}$$

$$\theta(\omega) = -\arctan\frac{\omega}{\omega_\text{C}} \tag{9-47}$$

式（9-44）、式（9-45）与式（9-46）、式（9-47）只差一个负号，因此要得到这种情况的幅频波特图和相频波特图，可以将图 9-20 和图 9-21 的曲线围绕横轴旋转 180° 获得，纵坐标的值

改变符号即可，如图 9-22 所示。

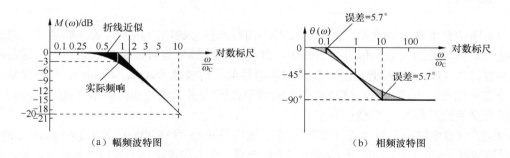

（a）幅频波特图   （b）相频波特图

图 9-22　$H(\mathrm{j}\omega)=\dfrac{1}{1+\mathrm{j}\dfrac{\omega}{\omega_{\mathrm{C}}}}$ 的幅频波特图和相频波特图

（3）任何一个分子、分母由 $\left(1+\mathrm{j}\dfrac{\omega}{\omega_{\mathrm{C}}}\right)$ 形式的因子组合而成的网络函数，可以将其转换成

前两种波特图相加减的组合形式，从而利用前面的方法做出波特图。设网络函数为

$$H(\mathrm{j}\omega)=K\frac{\left(1+\mathrm{j}\dfrac{\omega}{z_1}\right)\left(1+\mathrm{j}\dfrac{\omega}{z_2}\right)\cdots\left(1+\mathrm{j}\dfrac{\omega}{z_m}\right)}{\left(1+\mathrm{j}\dfrac{\omega}{p_1}\right)\left(1+\mathrm{j}\dfrac{\omega}{p_2}\right)\cdots\left(1+\mathrm{j}\dfrac{\omega}{p_n}\right)}$$

则 $H(\mathrm{j}\omega)$ 的分贝数 $M(\omega)$ 为

$$M(\omega)=8.68\ln\left|H(\mathrm{j}\omega)\right|=20\log_{10}\left|H(\mathrm{j}\omega)\right|=20\log_{10}K+20\log_{10}\left|1+\mathrm{j}\dfrac{\omega}{z_1}\right|$$

$$+20\log_{10}\left|1+\mathrm{j}\dfrac{\omega}{z_2}\right|+\cdots+20\log_{10}\left|1+\mathrm{j}\dfrac{\omega}{z_m}\right|-20\log_{10}\left|1+\mathrm{j}\dfrac{\omega}{p_1}\right|$$

$$-20\log_{10}\left|1+\mathrm{j}\dfrac{\omega}{p_2}\right|-\cdots-20\log_{10}\left|1+\mathrm{j}\dfrac{\omega}{p_n}\right|$$

这样 $M(\omega)$ 的渐近线图形为

$$20\log_{10}\left|1+\mathrm{j}\dfrac{\omega}{\omega_{\mathrm{C}}}\right|\quad\text{和}\quad20\log_{10}\left|\dfrac{1}{1+\mathrm{j}\dfrac{\omega}{\omega_{\mathrm{C}}}}\right|$$

形式的各个因子的渐近线纵坐标相加获得。而相频波特图则根据下式（9-48）把 $H(\mathrm{j}\omega)$分子分
母的各个因子的相频波特图相加减得到。

$$\theta=\arctan\dfrac{\omega}{z_1}+\arctan\dfrac{\omega}{z_2}+\cdots+\arctan\dfrac{\omega}{z_m}-\arctan\dfrac{\omega}{p_1}-\arctan\dfrac{\omega}{p_2}-\cdots-\arctan\dfrac{\omega}{p_n}$$

把 $H(\mathrm{j}\omega)$分子分母的各个因子的相频波特图相加减就可获得。

*9.7 滤波器

由电路的频率响应特性知，同一电路对不同频率信号的响应是不同的，如果所构造的电路可使一定频率范围的输入信号得到输出，而使其他的频率信号被衰减或阻断，则这种电路就称为滤波器（filter）。能通过滤波器的频率信号范围构成通带（pass-bands），而被衰减的频率信号则不能在输出端输出，这些被衰减的频率范围构成了滤波器的阻带（stop-bands）。通带与阻带交界点的频率称为截止频率。

根据滤波器电路中是否含有有源器件，可将滤波器分为两种类型：无源滤波器（passive filters）和有源滤波器（active filters）。无源滤波器是由电感、电容和电阻等无源器件通过串、并联组合而构成的，但是由于受到尺寸和实际性能的限制，电感在某些频率范围是不适用的；因而也就限制了其使用范围。有源滤波器的构成除电容和电阻等无源元件外还包含运算放大器等有源器件。

另外，按滤波器通带和阻带在频率内的位置，滤波器又可分为：低通（low-pass）、高通（high-pass）、带通（band-pass）和带阻（band-stop）等类别，下面分别进行介绍。

9.7.1 低通滤波器

低通滤波器能让低于截止频率的信号通过，同时抑制高于截止频率的信号通过。其特性可以用幅频特性曲线来表示，理想低通滤波器的幅频响应曲线如图 9-23（a）所示，但这种幅频特性实际上是无法实现的，因为电压转移函数总是 $j\omega$ 的有理函数，故其模值 $|H(j\omega)|$ 应是 ω 的连续函数，除非它在所有频率上均是常数，所以一个实际低通滤波器的幅频特性只能以一定的精度接近于理想特性，图 9-23（b）所示是实际低通滤波器的幅频响应曲线。图中 $0 < \omega < \omega_C$ 区间为通带，$\omega > \omega_C$ 区间为阻带，ω_C 为截止角频率，通带取 $|H(j\omega)|$ 下降为最大值的 $1/\sqrt{2}$ 倍时所对应的频率。

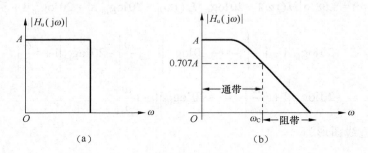

图 9-23 低通滤波器的幅频特性曲线

例 9-6 一阶 RC 低通电路如图 9-24 所示，已知 $R = 1\text{k}\Omega$，$C = 0.01\mu\text{F}$，试绘出其电压转移函数的幅频波特图和相频波特图。

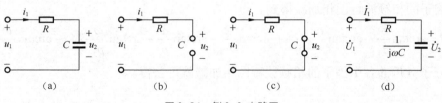

图 9-24 例 9-6 电路图

解　首先定性分析其频率响应。在频率很低时，即 $\omega \to 0$ 时，电容的阻抗 $Z_C = 1/j\omega C \to \infty$，电容所在支路相当于开路，因此 $u_2 = u_1$，如图 9-24（b）所示。在频率很高时，即 $\omega \to \infty$ 时，电容的阻抗 $Z_C = 1/j\omega C \to 0$，电容所在支路相当于短路，因此 $u_2 = 0$，如图 9-24（c）所示。这样在输入一定时，从输出端口得到低频率信号的幅度较大而得到高频率信号的幅值则随着频率的增大逐渐减小，因此具有低通滤波的作用。

根据图 9-24（d）所示相量模型可得电压转移函数为

$$H(j\omega) = \frac{\dot{U}_2}{\dot{U}_1} = \frac{\dfrac{1}{j\omega C}}{R + \dfrac{1}{j\omega C}} = \frac{1}{1 + j\omega RC}$$

则

$$\left| H(j\omega) \right| = \frac{1}{\sqrt{1 + (\omega RC)^2}}$$

对上式来说，在 $\omega = 0$ 时，$\left| H(j\omega) \right| = 1$，在 $\omega = \dfrac{1}{RC}$ 时，$\left| H(j\omega) \right| = \dfrac{1}{\sqrt{2}}$。则可得

$$\omega_C = \frac{1}{RC} = \frac{1}{1 \times 10^3 \times 0.01 \times 10^{-6}} = 10^5 \,\text{rad/s}$$

$$f_C = \frac{1}{2\pi RC} = \frac{1}{2 \times 3.14 \times 1 \times 10^3 \times 0.01 \times 10^{-6}} = 15.9 \,\text{kHz}$$

$$H(j\omega) = \frac{1}{1 + j\dfrac{\omega}{\omega_C}} = \frac{1}{1 + j\dfrac{f}{f_C}}$$

$$M(\omega) = 20\log_{10}\left| H(j\omega) \right| = -20\log_{10}[(1 + (\omega RC)^2]^{\frac{1}{2}}$$

其幅频波特图为：在 $f \leqslant f_C$ 段为一条 0dB 的直线；在 $f \geqslant f_C$ 区域自 f_C 点开始，为一条斜率为 -20dB/dec 的直线，如图 9-25（a）所示。其相频波特图为：在 $f \leqslant 0.1 f_C = 1.59$kHz 段为一条 $\theta = 0°$ 的直线；在 $0.1 f_C = 1.59$kHz 到 $10 f_C = 159$kHz 段为一条斜率为 -45°/dec 的直线；在 $f \geqslant 10 f_C = 159$kHz 段为一条 $\theta = -90°$ 的直线，如图 9-25（b）所示。

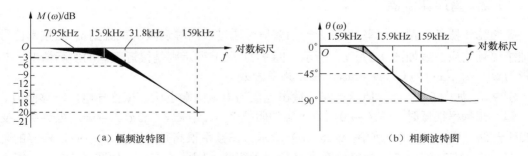

（a）幅频波特图　　　　　　　　　　（b）相频波特图

图 9-25　例 9-6 的幅频波特图和相频波特图

例 9-7　如图 9-26 所示为一个低通有源滤波器电路，试推导其电压转移函数 $\dfrac{\dot{U}_O}{\dot{U}_i}$。

解 在有源滤波器电路中运用了理想运算放大器，理想运算放大器的特性是 $u_+ = u_-$，$i_+ = i_- = 0$。

列写节点方程如下：

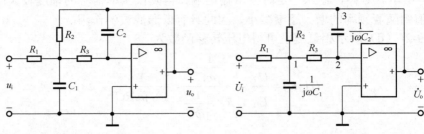

（a）有源低通滤波器时域电路　　　　　（b）有源低通滤波器相量模型

图 9-26　有源低通滤波器电路

节点 1：

$$\left(\frac{1}{R_1} + \frac{1}{R_2} + \frac{1}{R_3} + j\omega C_1\right)\dot{U}_1 - \frac{1}{R_1}\dot{U}_i - \frac{1}{R_2}\dot{U}_3 - \frac{1}{R_3}\dot{U}_2 = 0$$

节点 2：

$$\left(\frac{1}{R_3} + j\omega C_2\right)\dot{U}_2 - \frac{1}{R_3}\dot{U}_1 - j\omega C_2 \dot{U}_3 = 0$$

因为是理想运放，所以　$\dot{U}_2 = \dot{U}_- = \dot{U}_+ = 0$

又　　　　　　　　　　　　　　　　$\dot{U}_3 = \dot{U}_O$

联立以上 4 个方程解得

$$\frac{\dot{U}_O}{\dot{U}_i} = \frac{-\dfrac{1}{R_1 R_3 C_1 C_2}}{(j\omega)^2 + (j\omega)\left(\dfrac{1}{R_1} + \dfrac{1}{R_2} + \dfrac{1}{R_3}\right)\dfrac{1}{C_1} + \dfrac{1}{C_1 C_2 R_2 R_3}}$$

9.7.2　高通滤波器

高通滤波器是让截止频率 ω_c 以上的频率信号通过，同时衰减从直流到 ω_c 的频率信号。其理想幅频响应曲线如图 9-27（a）所示，图 9-27（b）所示则是接近理想的实际情况。其中通带为 $\omega > \omega_c$，阻带为 $0 \leqslant \omega \leqslant \omega_c$，截止频率为 ω_c。

例 9-8　如图 9-28（a）所示电路，输出电压为电阻两端电压，试推导电压转移函数。

解　在频率很低时，即 $f \to 0$ 时，电容的阻抗 $Z_C = 1/j\omega C = 1/j2\pi f C \to \infty$，电容所在支路相当于开路，因此 $u_2 = 0$，如图 9-28（b）所示。在频率很高时，即 $f \to \infty$ 时，电容的阻抗 $Z_C = 1/j\omega C = 1/j2\pi f C \to 0$，电容所在支路相当于短路，因此 $u_2 = u_1$，如图 9-28（c）所示。这样在输入一定时，从输出端口得到低频率信号的幅度较小而得到高频率信号的幅值则随着频率的提高逐渐增大，因此具有高通滤波的作用。

根据图 9-28（d）所示相量模型可得电压转移函数为

$$H(\mathrm{j}\omega) = \frac{\dot{U}_2}{\dot{U}_1} = \frac{R}{R + \dfrac{1}{\mathrm{j}\omega C}} = \frac{\mathrm{j}\omega RC}{1 + \mathrm{j}\omega RC}$$

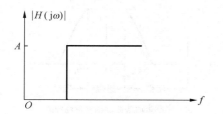 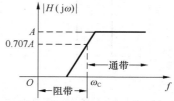

（a）高通滤波器理想幅频特性曲线　　（b）高通滤波器实际幅频特性曲线

图 9-27　高通滤波器的幅频特性曲线

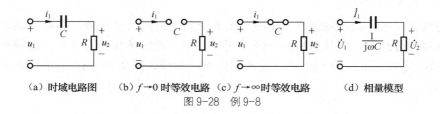

（a）时域电路图　　（b）$f \to 0$ 时等效电路　（c）$f \to \infty$ 时等效电路　　（d）相量模型

图 9-28　例 9-8

则

$$|H(\mathrm{j}\omega)| = \frac{\omega RC}{\sqrt{1 + (\omega RC)^2}}$$

对上式来说，在 $\omega = 0$ 时，$|H(\mathrm{j}\omega)| = 0$；在 $\omega \to \infty$ 时，$|H(\mathrm{j}\omega)| = 1$；在 $\omega = 1/RC$ 时，$|H(\mathrm{j}\omega)| = 1/\sqrt{2}$。所以截止频率为 $\omega_{\mathrm{C}} = 1/RC$。

这样转移函数可写为

$$H(\mathrm{j}\omega) = \frac{\dot{U}_2}{\dot{U}_1} = \frac{\mathrm{j}\omega RC}{1 + \mathrm{j}\omega RC} = \frac{\mathrm{j}\dfrac{\omega}{\omega_{\mathrm{C}}}}{1 + \mathrm{j}\dfrac{\omega}{\omega_{\mathrm{C}}}}$$

9.7.3　带通滤波器

带通滤波器能通过以 ω_0 为中心频率、BW 为带宽的信号，同时衰减其他频率信号。其幅频特性曲线如图 9-29 所示，其中图 9-29（a）所示为理想的带通滤波器幅频特性曲线，如图 9-29（b）所示为接近理想的实际曲线。图中 ω_1 和 ω_2 分别为上截止频率和下截止频率，它们共同决定滤波器的通带，即 $\omega_2 \leqslant \omega \leqslant \omega_1$，通带宽度为 $\omega_1 - \omega_2$，在通带内，输出幅度不小于最大值的 70.7%。两个阻带分别为 $0 \leqslant \omega \leqslant \omega_2$ 和 $\omega \geqslant \omega_1$，在这两个阻带内，输出幅度不超过最大值的 70.7%。

带通滤波器的另一个重要的量是品质因数 Q，$Q = \omega_0 / BW$。对一定的中心频率来说，Q 值越高则通频带越窄，所以 Q 值高也就是滤波器的选择性好。另外，ω_0 与 ω_1、ω_2 之间的关系

为 $\omega_0 = \sqrt{\omega_1 \times \omega_2}$ 。

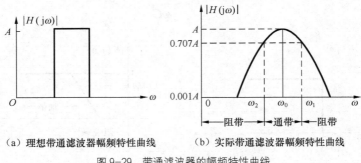

（a）理想带通滤波器幅频特性曲线　　　　（b）实际带通滤波器幅频特性曲线

图 9-29　带通滤波器的幅频特性曲线

9.7.4　带阻滤波器

带阻滤波器（也称陷波滤波器）衰减一个有限频带内的信号分量，同时让此频带外的高频信号和低频信号通过，因此这种滤波器有两种通带：低通带和高通带。其幅频响应曲线如图 9-30 所示，其中如图 9-30（a）所示是理想的响应曲线，图 9-30（b）所示是接近理想的实际响应曲线。

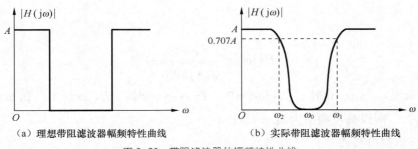

（a）理想带阻滤波器幅频特性曲线　　　　（b）实际带阻滤波器幅频特性曲线

图 9-30　带阻滤波器的幅频特性曲线

本 章 小 结

不同频率正弦激励下电路的稳态响应，可以运用叠加定理求解，稳态响应是否是周期量则要根据频率关系进行判断。非正弦周期激励下稳态响应的求解，可应用傅立叶级数把非正弦周期信号分解为直流分量和各次谐波分量之和，再根据叠加定理进行求解。

非正弦周期电路的平均功率等于直流分量与各次谐波产生的平均功率之和。在非正弦周期电路中，叠加定理对平均功率是适用的。

对单输入单输出电路来说，正弦稳态网络函数是频率的函数，是由电路的结构和参数来决定的，与外施激励无关。

谐振是电路的一种固有特性。对 RLC 串联单口网络来说，在端口电压一定的条件下，当端口电压和电流同相时，端口电流将达到最大值，此时电路达到了谐振状态。谐振时，电容和电感串联组合支路相当于短路，单口网络等效为纯电阻，电阻电压与端口电压相等，电容和电感电压为端口电压的 Q 倍，所以串联谐振又称为电压谐振。对 GCL 并联单口网络来说，在端口电流一定的条件下，在端口电压和电流同相时，端口两端电压将达到最大值，此时电路达到了谐振状态。谐振时，电容和电感并联组合支路相当于开路，单口网络等效为纯电导，流过电导的电流与端口电流相等，流过电容和电感电流则为端口电流的 Q 倍，所以并联谐振又称为电流谐振。

在对数坐标系中所绘制的幅频特性曲线和相频特性曲线称为波特图（也称为渐近线图），这是一种可以快速得到幅频特性曲线和相频特性曲线的方法。任何网络函数的幅频波特图可通过把分子分母的各个因子的渐近线纵坐标相加获得，而相频波特图则是把分子分母的各个因子的相频波特图相加减获得。

滤波器是能通过一定频率范围的输入信号，而使其他频率信号被衰减的装置。按通带和阻带在频率内的位置，滤波器可分为低通、高通、带通和带阻等类别，对不同类别的滤波器，其转移函数的形式是不同的。

习　题

一、选择题

1．处于谐振状态的 RLC 串联电路，当电源频率升高时，电路将呈（　　　）。

    A．电阻性　　　　　　　　　　　　　B．电感性

    C．电容性　　　　　　　　　　　　　D．视电路元件参数而定

2．RLC 串联电路中，发生谐振时测得电阻两端电压为 6V，电感两端电压为 8V，则电路总电压是（　　　）。

    A．8V　　　　　　B．10V　　　　　　C．6V　　　　　　D．14V

3．$R = 5\Omega$、$L = 50\text{mH}$，与电容 C 串联，接到频率为 1KHz 的正弦电压源上，为使电阻两端电压达到最大，电容应该为（　　　）。

    A．$5.066\mu\text{F}$　　　B．$0.5066\mu\text{F}$　　　C．$20\mu\text{F}$　　　D．$2\mu\text{F}$

4．下列关于谐振说法中不正确的是（　　　）。

    A．RLC 串联电路由感性变为容性的过程中，必然经过谐振点

    B．串联谐振时阻抗最小，并联谐振时导纳最小

    C．串联谐振又称为电压谐振，并联谐振又称为电流谐振

    D．串联谐振电路不仅广泛应用于电子技术中，也广泛应用于电力系统中

5．如图 x9.1 所示 RLC 并联电路，$\dot{I}_\text{s}$ 保持不变，发生并联谐振的条件为（　　　）。

    A．$\omega L = \dfrac{1}{\omega C}$　　　B．$\text{j}\omega L = \dfrac{1}{\text{j}\omega C}$　　　C．$L = \dfrac{1}{C}$　　　D．$R + \text{j}\omega L = \dfrac{1}{\text{j}\omega C}$

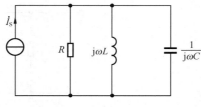

图 x9.1　选择题 5 图

6. 若 $i = i_1 + i_2$，且 $i_1 = 10\sin\omega t A$，$i_2 = 10\sin(2\omega t + 90°)A$，则 i 的有效值为（　　）。

　A. $20A$　　　　　B. $20\sqrt{2}A$　　　　　C. $10A$　　　　　D. $10/\sqrt{2}A$

二、填空题

1. 在含有 L、C 的电路中，出现总电压、电流同相位的现象，这种现象称为_____。

2. RLC 串联电路发生谐振时，电路中的角频率 $\omega_0 =$ _____，$f_0 =$ _____。

3. $R = 10\Omega$，$L = 1H$，$C = 100\mu F$，串联谐振时，电路的等效阻抗 $Z =$ _____，品质因数 $Q =$ _____。

4. 对某 RLC 并联电路端口外加电流源供电，改变 ω 使该端口处于谐振状态时，_____达到最大，_____达到最小，品质因数 $Q =$ _____。

5. 两个同频率正弦电流 i_1 和 i_2 的有效值均为 6A，若 i_1 超前 i_2，且 $i_1 + i_2$ 的有效值为 6A，则 i_1 和 i_2 之间的相位差为_____。

6. 如图 x9.2 所示电路，已知 $u(t) = (10 + 5\sqrt{2}\cos 3\omega t)V$，$R = \omega L = 5\Omega$，$1/\omega C = 45\Omega$，电压表和电流表均测有效值，则电压表读数为_____V，和电流表为_____A。

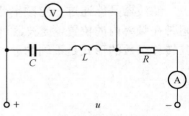

图 x9.2　填空题 6 图

三、计算题

1. 图题 x9.3 所示电路，已知 $i_S(t) = 6A$，$u_S(t) = 15\sqrt{2}\cos t\,V$，求电压 $u(t)$。

2. 图题 x9.4 所示电路，$i_S(t) = 10 + 6\sqrt{2}\cos\omega t + 3\sqrt{2}\cos 2\omega t + 2\sqrt{2}\cos 3\omega t\,A$，$R = 2\Omega$，$L = 3H$，$C_1 = 10\mu F$，$C_2 = 5\mu F$，$\omega = 500\text{rad/s}$，求电容 C_1 两端电压的瞬时表示式。

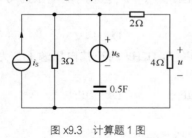

图 x9.3　计算题 1 图

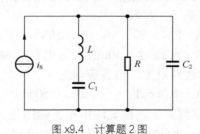

图 x9.4　计算题 2 图

3. 如图 x9.5 所示 RLC 串联组成的单口网络，已知 $R = 75\Omega$，$\omega L = 100\Omega$，$\dfrac{1}{\omega C} = 200\Omega$，端口电压为 $u(t) = 100 + 100\sqrt{2}\cos\omega t + 50\sqrt{2}\cos(2\omega t + 30°)\,V$，试计算电路中的电流 $i(t)$ 及其有效值，并求出单口网络所吸收的平均功率。

4. 如图 x9.6 所示电路，求 $\dfrac{\dot{I_2}}{\dot{I_1}}$。

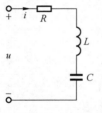

图 x9.5　计算题 3 图

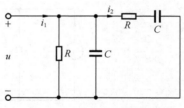

图 x9.6　计算题 4 图

5．RLC 串联组成的单口网络如图 x9.7 所示，已知 $R = 100\Omega$，$L = 0.1\text{mH}$，$C = 10\text{pF}$，求谐振频率 ω_0，品质因数 Q 以及带宽 BW。

6．RLC 并联电路如图 x9.8 所示，已知 $i_s(t) = 10\cos(10^5 t + 30°)$ A，$R = 10\text{k}\Omega$，$L = 1\text{mH}$，$C = 0.1\mu\text{F}$，求 $u(t)$、$i_R(t)$、$i_L(t)$ 以及 $i_C(t)$。

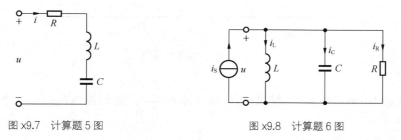

图 x9.7　计算题 5 图　　　　　　　　图 x9.8　计算题 6 图

7．如图 x9.9 所示电路，求电路的谐振角频率 ω_0。

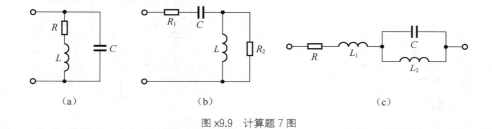

（a）　　　　　　　　（b）　　　　　　　　（c）

图 x9.9　计算题 7 图

8．如图 x9.10 所示电路，已知 $R = 10\Omega$，$L = 10\text{mH}$，在 $f = 100\text{kHz}$ 时，通过负载 R 的电流为零，$f = 50\text{kHz}$ 时，通过负载 R 的电流达到最大值，求 C_1、C_2。

9．如图 x9.11 所示电路，已知 $R_1 = R_2 = 50\Omega$，$C_1 = 5\mu\text{F}$，$C_2 = 10\mu\text{F}$，$L_1 = 0.2\text{H}$，$L_2 = 0.1\text{H}$。若电流 $\dot{I}_2 = 0$，求 $\dot{I}_1$、$\dot{I}_3$、$\dot{I}_4$ 以及 $\dot{U}_1$、$\dot{U}_2$。

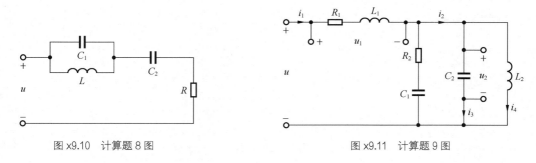

图 x9.10　计算题 8 图　　　　　　　　图 x9.11　计算题 9 图

10．如图 x9.12 所示电路，已知 $R = 10\text{k}\Omega$，$C = 0.02\mu\text{F}$，试推导电压转移函数 $\dfrac{\dot{U}_2}{\dot{U}_1}$，并绘出幅频波特图和相频波特图。

11．如图 x9.13 所示电路，试推导 $\dfrac{\dot{U}_2}{\dot{U}_1}$，若用该电路设计一个 $\omega_C = 1000\text{rad/s}$ 的低通滤波

器，试确定 R、C 的参数值。

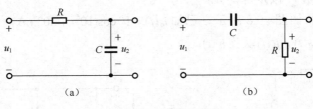

（a）　　　　　　　　　（b）

图 x9.12　计算题 10 图

12．如图 x9.14 所示电路，试推导电压转移函数 $\dfrac{\dot{U}_2}{\dot{U}_1}$，若用该电路设计一个低通滤波器，

试确定各元件参数值，要求 $H_{\mathrm{u}}(\mathrm{j}\omega)=\dfrac{1}{(\mathrm{j}\omega)^2+1.414\mathrm{j}\omega+1}$。

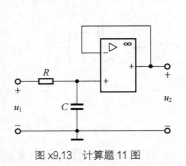

图 x9.13　计算题 11 图

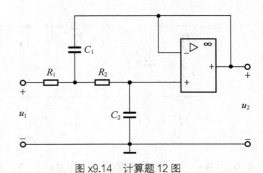

图 x9.14　计算题 12 图

第 **10** 章 含有耦合电感和理想变压器 电路的分析

本章主要内容：耦合电感和理想变压器在实际中应用广泛。本章介绍耦合电感和理想变压器的伏安特性及互感、耦合系数等概念；并介绍含有耦合电感、空心变压器、理想变压器的电路分析方法。

10.1 耦合电感的伏安关系式

由第 5 章电感元件的知识可知，对图 10-1 所示的电感线圈（inductive coil），当流过线圈的电流 i 随时间变化时，在线圈两端将产生感应电压，称为自感电压（self-induction voltage）。当自感电压与电流为关联参考方向时，根据电磁感应定律（law of induction），自感电压与线圈中电流的关系可表示为：

$$u = L \frac{\mathrm{d}i}{\mathrm{d}t}$$

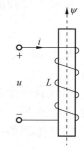

图 10-1　电感线圈

10.1.1 耦合电感

实际电路中，常常遇到一些两线圈相邻的现象。如收音机、电视机中使用的中低频变压器（中周），振荡线圈等。当任意一个线圈中通过电流时，必然会在其自身线圈中产生自感磁链（self-induction flux），同时自感磁链的一部分也必然会穿过相邻线圈。即穿过每个线圈的磁链不仅与线圈本身电流有关，也与相邻线圈的电流有关，根据两个线圈的绕向、电流参考方向和两线圈的相对位置，按右手螺旋法则可判定电流产生的磁链方向和两线圈的相互交链情况。这种载流线圈之间磁链相互作用的物理现象称为磁耦合（magnetic coupling）或互感现象。具有磁耦合的线圈称为耦合电感（coupled inductance）线圈或互感线圈。耦合电感线圈的理想化模型称为耦合电感或互感。如图 10-2 所示为两个相邻的线圈 N_1、N_2，设流过线圈 N_1、N_2 的电流分别为 i_1、i_2，电流 i_1 产生的，穿过自身线圈 N_1 的磁链 ψ_{11} 称为自感磁链，穿过线圈 N_2 的磁链 ψ_{21} 称为互感磁链。同理，电流 i_2 产生的，穿过自身线圈 N_2 的磁链 ψ_{22} 称为自感磁链，穿过线圈 N_1 的磁链 ψ_{12} 称为互感磁链。

每个耦合线圈中的磁链等于自感磁链与互感磁链两部分的代数和。设 N_1 线圈中的磁链为 ψ_1，N_2 线圈中的磁链为 ψ_2，在图 10-2 所示方向下有：

$$\psi_1 = \psi_{11} + \psi_{12}$$
$$\psi_2 = \psi_{21} + \psi_{22}$$

如果图 10-2 中，线圈 N_2 的电流方向与图示相反，即从 2′ 端流入、2 端流出，有

$$\psi_1 = \psi_{11} - \psi_{12}$$
$$\psi_2 = -\psi_{21} + \psi_{22}$$

可见，电流流入线圈的方向不同，互感磁链极性不同。类似可知，线圈绕向不同、线圈的相对位置不同，互感磁链极性也不相同。因此，两个耦合线圈的磁链可表示为：

$$\psi_1 = \psi_{11} \pm \psi_{12}$$
$$\psi_2 = \pm \psi_{21} + \psi_{22}$$

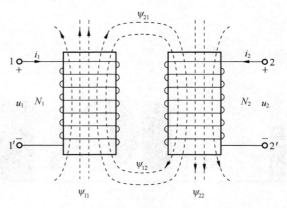

图 10-2 互感线圈

上式中，如果互感磁链与自感磁链方向一致，表明互感可以使自感磁链所在线圈的磁场增强，互感磁链前取"+"号；如果互感磁链与自感磁链方向相反，表明互感使自感磁链所在线圈的磁场削弱，互感磁链前取"−"号。

由 5.1.2 知，自感磁链 $\psi_{11} = L_1 i_1$，$\psi_{22} = L_2 i_2$，其中 L_1、L_2 为 N_1 线圈和 N_2 线圈的自感（self-induction）。

类似，互感磁链 ψ_{12}、ψ_{21} 分别为：

$$\psi_{12} = M_{12} i_2 , \quad \psi_{21} = M_{21} i_1$$

其中 M_{12}、M_{21} 称为互感系数，简称互感（mutual inductance）。单位为亨利（Henry），简记为 H。

当只有两个线圈存在耦合时，可以证明 $M_{12} = M_{21} = M$，M 为常数。其大小表明一个线圈中的电流在另一个线圈中建立磁场的能力。M 越大，能力越强。

耦合电感的磁链可表示为：

$$\psi_1 = L_1 i_1 \pm M i_2$$
$$\psi_2 = L_2 i_2 \pm M i_1$$

$$(10\text{-}1)$$

式（10-1）反映了两个线圈之间的耦合作用。两个耦合线圈之间的耦合紧密程度，可以用耦合系数（couple number）k 表示，其定义为两个线圈的互感磁链与自感磁链的比值的几何平均值。即

$$k = \sqrt{\frac{|\psi_{12}|}{\psi_{11}} \cdot \frac{|\psi_{21}|}{\psi_{22}}}$$

将自感磁链和互感磁链的表达式代入上式，得

$$k = \frac{M}{\sqrt{L_1 L_2}}$$

$$(10\text{-}2)$$

对于耦合线圈而言，每个线圈的互感磁链总是小于或等于自感磁链的，因此 $k \leqslant 1$，则 $M \leqslant \sqrt{L_1 L_2}$。

当 $k=1$ 时，称耦合线圈为全耦合状态（total coupling state），最紧密无漏磁（leakage magnetic flux）现象，互感系数最大；当 $k=0$ 时，称耦合线圈为无耦合状态，线圈间互不影响。因此，耦合系数 k 的取值范围为：$0 \leqslant k \leqslant 1$。

10.1.2　耦合电感的伏安关系及电路模型

如果耦合电感每个电感线圈端电压降的参考方向与磁链的参考方向符合右手螺旋法则，如图 10-2 所示，此时电感线圈的端电压、电流为关联参考方向，根据电磁感应定律，有 $u_1 = \dfrac{\mathrm{d}\psi_1}{\mathrm{d}t}$，$u_2 = \dfrac{\mathrm{d}\psi_2}{\mathrm{d}t}$，将式（10-1）代入得：

$$u_1 = L_1 \frac{\mathrm{d}i_1}{\mathrm{d}t} \pm M \frac{\mathrm{d}i_2}{\mathrm{d}t}$$
$$u_2 = L_2 \frac{\mathrm{d}i_2}{\mathrm{d}t} \pm M \frac{\mathrm{d}i_1}{\mathrm{d}t}$$
（10-3）

式（10-3）为耦合电感的伏安关系式，可由 L_1、L_2、M 三个参数来描述，其中 L_1、L_2 为自感系数，M 为互感系数；$L_1 \dfrac{\mathrm{d}i_1}{\mathrm{d}t}$ 和 $L_2 \dfrac{\mathrm{d}i_2}{\mathrm{d}t}$ 称为自感电压，分别记作 u_{11} 和 u_{22}。$M \dfrac{\mathrm{d}i_2}{\mathrm{d}t}$ 和 $M \dfrac{\mathrm{d}i_1}{\mathrm{d}t}$ 称为互感电压，分别记作 u_{12} 和 u_{21}，则式（10-3）可表示为：

$$u_1 = u_{11} \pm u_{12}$$
$$u_2 = u_{22} \pm u_{21}$$

在耦合电感线圈的相对位置、绕向和电流的流入方向确定的情况下，式（10-3）中互感电压的极性可确定。但在实际应用中，线圈往往是密封的，看不到实际绕向，互感电压的极性难以确定，而且在电路图中绘出绕向也不方便。为此，引入同名端的概念。如图 10-3 所示为耦合电感电路模型，其中"•"表示同名端。耦合电感的同名端可通过实验方法确定；在耦合电感的一个线圈（如 L_1）的一端（如 a），输入正值且为增长的电流（如 i_1），在另一个线圈（如 L_2）将产生互感电压，将电流流入端和互感电压的高电位端（如 c）做相同的标记，通常用"•"（或"*"）表示，标有标记的一对端钮称为同名端（copolarity terminal），另一对没有标记的也为同名端（如图 10-3（a）a、c 端和 b、d 端）；有标记和没有标记的一对端钮称为异名端（anisotropy terminal）（如图 10-3（a）a、d 端和 b、c 端）。

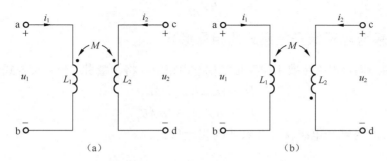

图 10-3　耦合电感的电路模型

利用同名端可判定耦合电感互感电压的参考极性，方法如下：当电流（如 i_1）从线圈的同名端流入时，在另一线圈上所产生的互感电压的参考极性由同名端指向另一端（如由 c 端指向 d 端，即互感电压的"+"极性端与同名端一致）。互感电压的极性确定后，耦合电感的伏安关系式便可列出。图 10-3（a）所示的伏安关系式为：

$$u_1 = L_1 \frac{\mathrm{d}i_1}{\mathrm{d}t} + M \frac{\mathrm{d}i_2}{\mathrm{d}t}$$

$$u_2 = L_2 \frac{\mathrm{d}i_2}{\mathrm{d}t} + M \frac{\mathrm{d}i_1}{\mathrm{d}t}$$

（10-4）

图 10-3（b）所示耦合电感的伏安关系式为：

$$u_1 = L_1 \frac{\mathrm{d}i_1}{\mathrm{d}t} - M \frac{\mathrm{d}i_2}{\mathrm{d}t}$$

$$u_2 = L_2 \frac{\mathrm{d}i_2}{\mathrm{d}t} - M \frac{\mathrm{d}i_1}{\mathrm{d}t}$$

（10-5）

上式表明：

（1）耦合电感端口电压为自感电压与互感电压的代数和。

（2）自感电压与本线圈电流有关，其正负号取决于各线圈本身的电压电流是否为关联参考方向。若关联，则为正；非关联，则为负。

（3）一个线圈的互感电压与相邻线圈的电流有关，其正负号取决于相邻线圈的电流方向和同名端位置。当相邻线圈的电流从同名端流入时，在该线圈上产生的互感电压的参考极性由同名端指向另一端。

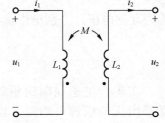

例 10-1 如图 10-4 所示耦合线圈，写出其端口的伏安关系式。

图 10-4 例 10-1 图

解 （1）i_1 与 u_1 为关联参考方向，自感电压为正；i_2 从带"·"的同名端流入，在 L_1 上产生的互感电压"+"极性端与 L_1 的同名端一致，即下"+"上"–"，与 u_1 极性相反，互感电压为负，有

$$u_1 = L_1 \frac{\mathrm{d}i_1}{\mathrm{d}t} - M \frac{\mathrm{d}i_2}{\mathrm{d}t}$$

（2）i_2 与 u_2 非关联参考方向，自感电压为负；i_1 从不带"·"的同名端流入，在 L_2 上产生的互感电压"+"极性端与同名端一致，即上"+"下"–"，与 u_2 极性相同，互感电压为正，有

$$u_2 = -L_2 \frac{\mathrm{d}i_2}{\mathrm{d}t} + M \frac{\mathrm{d}i_1}{\mathrm{d}t}$$

10.1.3 耦合电感伏安关系式的相量形式

实际电路中，耦合电感主要工作在正弦稳态电路中，将相量引理分别代入式（10-3），得到

$$\dot{U}_1 = \mathrm{j}\omega L_1 \dot{I}_1 \pm \mathrm{j}\omega M \dot{I}_2$$

$$\dot{U}_2 = \mathrm{j}\omega L_2 \dot{I}_2 \pm \mathrm{j}\omega M \dot{I}_1$$

（10-6）

式（10-6）即为耦合电感伏安关系式的相量形式。

10.2 耦合电感的去耦等效电路

在分析求解含有耦合电感的电路时，耦合电感的互感作用可用受控源等效。对于有一个

公共端的耦合电感，也可用三个没有耦合作用的电感元件等效。

10.2.1　用受控源表示的耦合电感的去耦等效电路

由 10.1.2 知，图 10-3（a）所示电路的伏安关系式为：

$$u_1 = L_1\frac{\mathrm{d}i_1}{\mathrm{d}t} + M\frac{\mathrm{d}i_2}{\mathrm{d}t}$$
$$u_2 = L_2\frac{\mathrm{d}i_2}{\mathrm{d}t} + M\frac{\mathrm{d}i_1}{\mathrm{d}t}$$

（10-7）

互感电压的作用用 CCVS（电流控制电压源）表示，式（10-7）对应的等效电路可用图 10-5（b）表示（为方便比较，将图 10-3（a）重画于图 10-5（a））。由于图 10-5（b）与图 10-5（a）伏安关系式完全相同，根据等效电路的概念，图 10-5（b）与图 10-5（a）等效。可见，耦合电感的互感作用可用受控源等效。式（10-7）对应的相量形式为式（10-8），可知，用受控源表示的耦合电感相量形式的去耦等效电路如图 10-5（c）所示。

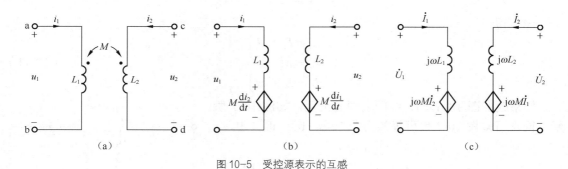

图 10-5　受控源表示的互感

$$\dot{U}_1 = \mathrm{j}\omega L_1\dot{I}_1 + \mathrm{j}\omega M\dot{I}_2$$
$$\dot{U}_2 = \mathrm{j}\omega L_2\dot{I}_2 + \mathrm{j}\omega M\dot{I}_1$$

（10-8）

10.2.2　有一个公共端的耦合电感的去耦等效电路（T 型电路去耦）

对于耦合电感元件两个互感支路有公共节点的电路，可以将含耦合电感元件变换为无耦等效电路来进行分析计算。如图 10-6（a）所示为有一个公共端的耦合电感元件，可以用三个电感元件组成的 T 形网络来等效，如图 10-6（b）所示。

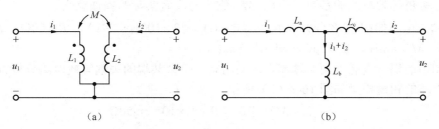

图 10-6　同名端耦合电感及其等效变换

对图 10-6（a）所示电路，由式（10-7）知其端口的 VAR 为

$$u_1 = L_1 \frac{di_1}{dt} + M \frac{di_2}{dt} \left.\begin{array}{c} \\ \\ \\ \end{array}\right\} \tag{10-9}$$
$$u_2 = L_2 \frac{di_2}{dt} + M \frac{di_1}{dt}$$

对图 10-6（b）所示电路，由 KVL 知其端口的 *VAR* 为

$$u_1 = L_a \frac{di_1}{dt} + L_b \frac{d(i_1+i_2)}{dt} = (L_a + L_b)\frac{di_1}{dt} + L_b \frac{di_2}{dt} \left.\begin{array}{c} \\ \\ \\ \end{array}\right\} \tag{10-10}$$
$$u_2 = L_c \frac{di_2}{dt} + L_b \frac{d(i_1+i_2)}{dt} = (L_b + L_c)\frac{di_2}{dt} + L_b \frac{di_1}{dt}$$

因图 10-6（a）和图 10-6（b）等效，其单口网络的伏安关系式应相同，即式（10-9）和式（10-10）相同，其系数有如下关系：

$$L_1 = L_a + L_b$$
$$L_2 = L_c + L_b$$
$$M = L_b$$

整理得

$$\left.\begin{array}{c} L_a = L_1 - M \\ L_b = M \\ L_c = L_2 - M \end{array}\right\} \tag{10-11}$$

如果改变图 10-6（a）中同名端的位置，如图 10-7 所示，同理可知图 10-7 也可等效为图 10-6（b），但其中，

$$\left.\begin{array}{c} L_a = L_1 + M \\ L_b = -M \\ L_c = L_2 + M \end{array}\right\} \tag{10-12}$$

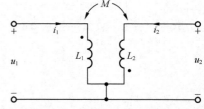

图 10-7　异名端耦合电感及其等效变换

即式（10-11）中 M 前的符号相应改变。需要注意的是：

（1）去耦等效电路只适用于线性耦合电感元件。如果是非线性耦合，去耦等效电路不适用。

（2）去耦等效电路只是对耦合元件端口而言等效，它只能用来分析计算耦合电感元件端口的电流和电压。

（3）T 型电路去耦时，耦合电感元件两个互感支路应有公共节点。

（4）在去耦等效电路的参数中出现 $-M$，它本身没有实际的物理意义。

例 10-2　电路如图 10-8（a）所示，已知 $u_S(t) = \sqrt{2} \times 100\cos 10^4 t$ V，$R = 80\Omega$，$L_1 = 9\text{mH}$，$L_2 = 6\text{mH}$，$M = 4\text{mH}$，$C = 5\mu\text{F}$，求 $i(t)$ 及 $u_C(t)$。

解　图中的耦合电感为同名端耦合，利用有一个公共端的去耦等效电路分析方法，画出去耦等效电路的相量模型如图 10-8（b）所示。

$$j\omega(L_1 - M) = j10^4 \times (9-4) \times 10^{-3} = j50\Omega$$

$$j\omega(L_2 - M) = j10^4 \times (6-4) \times 10^{-3} = j20\Omega$$

$$j\omega M = j40\Omega, \qquad -j\frac{1}{\omega C} = -j\frac{1}{10^4 \times 5 \times 10^{-6}} = -j20\Omega$$

$$j\omega M - j\frac{1}{\omega C} = j(40 - 20) = j20\Omega$$

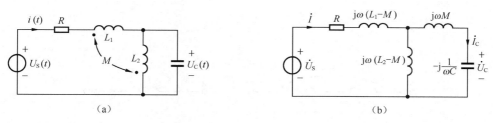

图 10-8　例 10-2 电路图

输入阻抗

$$Z_{\mathrm{i}} = R + j\omega(L_1 - M) + j\omega(L_2 - M)//(j\omega M - j\frac{1}{\omega C}) = 80 + j50 + (j20 // j20)$$

$$= 80 + j60 = 100\underline{/36.9°}\,\Omega$$

$$\dot{I} = \frac{\dot{U}_{\mathrm{S}}}{Z_{\mathrm{i}}} = \frac{100\underline{/0°}}{100\underline{/36.9°}} = 1\underline{/-36.9°}\ \ \mathrm{A}$$

$$\dot{I}_{\mathrm{C}} = \frac{j\omega(L_2 - M)}{j\omega(L_2 - M) + (j\omega M - j\frac{1}{\omega C})}\dot{I} = \frac{1}{2}\dot{I} = 0.5\underline{/-36.9°}\ \mathrm{A}$$

$$\dot{U}_{\mathrm{C}} = -j\frac{1}{\omega C}\dot{I}_{\mathrm{C}} = -j20 \times 0.5\underline{/-36.9°} = 10\underline{/-126.9°}\ \mathrm{V}$$

有：

$$i(t) = \sqrt{2}\cos(10^4 t - 36.9°)\ \mathrm{A}$$

$$u_{\mathrm{C}}(t) = \sqrt{2} \times 10\cos(10^4 t - 126.9°)\ \mathrm{V}$$

10.3　含有耦合电感电路的分析

在含有耦合电感的电路中，其正弦稳态分析仍可采用相量法。而且 KCL 形式不变，但列 KVL 方程时要注意互感的影响。耦合电感每一个线圈上的电压都包含自感电压和互感电压两部分，即耦合电感支路的电压不仅与本支路电流有关，而且还与那些与之具有互感关系的支路电流有关。其伏安关系体现为多种不同形式。

10.3.1　耦合电感电路的串联

图 10-9（a）、（c）所示为耦合电感线圈串联的连接电路，M 表示互感。图 10-9（a）电路中，同一电流依次从 L_1、L_2 两个线圈同名端流入（流出），即两耦合电感线圈异名端相接，称为顺串（sequential series）。图 10-9（b）电路中，同一电流从一个线圈同名端流入，从另一线圈同名端流出，即两耦合线圈同名端相接，称为反串（backward series）。

其伏安关系为：

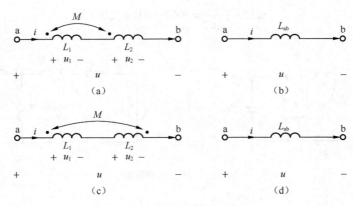

图 10-9　耦合电感的串联及等效

$$u_1 = L_1 \frac{\mathrm{d}i}{\mathrm{d}t} + M \frac{\mathrm{d}i}{\mathrm{d}t}$$

$$u_2 = L_2 \frac{\mathrm{d}i}{\mathrm{d}t} + M \frac{\mathrm{d}i}{\mathrm{d}t}$$

有，

$$u = u_1 + u_2 = (L_1 + L_2 + 2M) \frac{\mathrm{d}i}{\mathrm{d}t} \tag{10-13}$$

对图 10-9（b）所示电路，

$$u = L_{ab} \frac{\mathrm{d}i}{\mathrm{d}t} \tag{10-14}$$

若图 10-9（b）所示电路与图 10-9（a）所示电路等效，两电路端口的伏安关系式相同，即式（10-13）与式（10-14）相同，有，

$$L_{ab} = L_1 + L_2 + 2M \tag{10-15}$$

可以看出，顺串使等效电感加大。

在正弦稳态情况下，根据相量引理可得出式（10-13）的相量形式为：

$$\dot{U} = \dot{U}_1 + \dot{U}_2 = (j\omega L_1 + j\omega L_2 + 2j\omega M)\dot{I} = Z\dot{I}$$

令 $Z = j\omega L_1 + j\omega L_2 + 2j\omega M$，为顺串等效阻抗，可见，互感使阻抗增加。

图 10-9（c）所示电路，其伏安关系为：

$$u_1 = L_1 \frac{\mathrm{d}i}{\mathrm{d}t} - M \frac{\mathrm{d}i}{\mathrm{d}t}$$

$$u_2 = L_2 \frac{\mathrm{d}i}{\mathrm{d}t} - M \frac{\mathrm{d}i}{\mathrm{d}t}$$

$$u = u_1 + u_2 = (L_1 + L_2 - 2M) \frac{\mathrm{d}i}{\mathrm{d}t} = L_{ab} \frac{\mathrm{d}i}{\mathrm{d}t}$$

若图 10-9（d）所示电路与图 10-9（c）等效，同理可得等效电感

$$L_{ab} = L_1 + L_2 - 2M \tag{10-16}$$

表明反串使等效电感减小。

同理可知在正弦稳态情况下，等效阻抗 $Z = j\omega L_1 + j\omega L_2 - 2j\omega M$，表明反串使等效阻抗减小，互感起削弱作用。

例 10-3　已知耦合电感 $L_1 = 16\text{mH}$，$L_2 = 4\text{mH}$，当其耦合系数 $k=0.8$ 时，分别求解两电感顺串和反串时的等效电感。

解　顺串时　　$L = L_1 + L_2 + 2M = L_1 + L_2 + 2k\sqrt{L_1 L_2}$

$$= 16 + 4 + 2 \times 0.8 \times \sqrt{16 \times 4}$$

$$= 20 + 1.6 \times 8 = 20 + 12.8 = 32.8(\text{mH})$$

反串时　　$L = L_1 + L_2 - 2M = L_1 + L_2 - 2k\sqrt{L_1 L_2}$

$$= 16 + 4 - 2 \times 0.8 \times \sqrt{16 \times 4}$$

$$= 20 - 12.8 = 7.2(\text{mH})$$

10.3.2　耦合电感电路的并联

具有耦合关系的两个线圈也可以采用并联形式连接，其并联连接方式也有两种：即同名端相联和异名端相联。

同名端相联即两个线圈同名端连接在一起，称为同侧并联。异名端相联，即两个线圈异名端连接在一起，称为异侧并联。如图 10-10 所示电路，图（a）为同侧并联 ，图（b）为异侧并联。

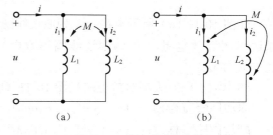

图 10-10　耦合电感的并联

图 10-10（a）伏安关系可表示为：

$$u = L_1 \frac{\mathrm{d}i_1}{\mathrm{d}t} + M \frac{\mathrm{d}i_2}{\mathrm{d}t}$$

$$u = L_2 \frac{\mathrm{d}i_2}{\mathrm{d}t} + M \frac{\mathrm{d}i_1}{\mathrm{d}t}$$

由 KCL 可知：$i = i_1 + i_2$，将 $\dfrac{\mathrm{d}i_1}{\mathrm{d}t}$ 和 $\dfrac{\mathrm{d}i_2}{\mathrm{d}t}$ 解出并代入此式可得：

$$u = \frac{L_1 L_2 - M^2}{L_1 + L_2 - 2M} \frac{\mathrm{d}i}{\mathrm{d}t} = L_{\text{ab}} \frac{\mathrm{d}i}{\mathrm{d}t}$$

其中 L_{ab} 即为同侧并联的等效电感，$L_{\text{ab}} = \dfrac{L_1 L_2 - M^2}{L_1 + L_2 - 2M}$　　　　　　　（10-17）

对图 10-10（b），同理可推导出其等效电感为　$L_{\text{ab}} = \dfrac{L_1 L_2 - M^2}{L_1 + L_2 + 2M}$　　　　　（10-18）

对于上述耦合电感串、并联等效电感的求解也可根据有一个公共端的耦合电感的去耦等效电路推导；也可采用相量模型进行推导。

10.3.3　空心变压器

变压器（transformer）是电路、电子技术中常见的电器设备，是典型的耦合电感应用实例。空心变压器（hollow transformer）由两个耦合线圈绕在同一个非铁磁性材料的芯柱上制成。接电源端的线圈称为原边（或初级）线圈（primary coil），接到负载端的线圈称为副边（或次级）线圈（secondary coil），其电路相量模型如图 10-11（a）所示。原边线圈所在的回路称为原边（或初级）回路，副边线圈所在回路称为副边（或次级）回路。变压器通过磁耦合可将电源能量传递给负载。

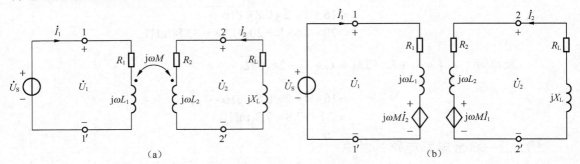

图 10-11　空心变压器相量模型

如图 10-11（a）所示电路，L_1 为原边线圈的等效电感，L_2 为副边线圈的等效电感，R_1 为原边线圈等效电阻，R_2 为副边线圈等效电阻。互感为 M，$\dot{U}_s$ 为电源电压，负载复阻抗 $Z_L = R_L + jX_L$。

图 10-11（a）去耦等效电路如图 10-11（b）所示。

原边回路方程为：　$(R_1 + j\omega L_1)\dot{I}_1 + j\omega M\dot{I}_2 = \dot{U}_1 = \dot{U}_s$

副边回路方程为：　$(R_2 + j\omega L_2)\dot{I}_2 + j\omega M\dot{I}_1 + (R_L + jX_L)\dot{I}_2 = 0$

整理得：

$$j\omega M\dot{I}_1 + (R_2 + j\omega L_2 + R_L + jX_L)\dot{I}_2 = 0$$

设原边回路自阻抗为 Z_{11}，有 $Z_{11} = R_1 + j\omega L_1$

设副边回路自阻抗为 Z_{22}，有 $Z_{22} = R_2 + j\omega L_2 + R_L + jX_L$

令 $Z_M = j\omega M$，则有

$$Z_{11}\dot{I}_1 + Z_M\dot{I}_2 = \dot{U}_1$$
$$Z_M\dot{I}_1 + Z_{22}\dot{I}_2 = 0$$

求解得

$$\dot{I}_1 = \frac{\dot{U}_1}{Z_{11} - \dfrac{Z_M^2}{Z_{22}}} = \frac{\dot{U}_1}{Z_{11} + \dfrac{(\omega M)^2}{Z_{22}}} \tag{10-19}$$

$$\dot{I}_2 = \frac{-Z_M\dot{U}_1}{Z_{11}Z_{22} - Z_M^2} = \frac{-j\omega M\dot{U}_1}{Z_{11}Z_{22} + (\omega M)^2} = \frac{-j\omega M\dot{I}_1}{Z_{22}} \tag{10-20}$$

空心变压器从电源端看进去的输入阻抗为：

$$Z_{in} = \frac{\dot{U}_1}{\dot{I}_1} = Z_{11} - \frac{Z_M^2}{Z_{22}} = Z_{11} + \frac{(\omega M)^2}{Z_{22}} \tag{10-21}$$

其中 $\dfrac{(\omega M)^2}{Z_{22}}$ 称为引入阻抗（或反映阻抗），其大小表明副边的回路阻抗对原边输入阻抗的影响，反映对原边电流的影响程度。若副边不接负载，即 Z_{22} 无穷大，则副边对原边的影响不存在。空心变压器原边等效电路如图 10-12 所示。

将负载与电路的其余部分分开，即将图 10-11（b）的 2、2′ 处分解开，从端口 2、2′ 看，左边电路为一单口网络，可用戴维南定理等效为开路电压源串联电阻支路，由于 $\dot{I}_2 = 0$，开路电压

$$\dot{U}_{\text{OC}} = j\omega M \dot{I}_1 = j\omega M \dot{U}_{\text{s}}/Z_{11}$$

等效阻抗 $Z_{\text{eq}} = R_2 + j\omega L_2 + (\omega M)^2/Z_{11}$

副边等效电路如图 10-13 所示。原边回路以激励源形式对副边产生影响。等效激励源大小、极性和相位与耦合电感同名端、原副边电流参考方向有关。

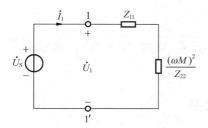

图 10-12 空心变压器原边等效电路

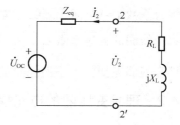

图 10-13 空心变压器副边等效电路

例 10-4 如图 10-14 所示电路，$R_1 = 20\Omega$，$L_1 = 3.6\text{H}$，$L_2 = 0.06\text{H}$，$R_2 = 0.08\Omega$，$R_L = 42\Omega$，$M = 0.465\text{H}$，$u_{\text{s}}(t) = \sqrt{2} \times 115\cos 314t\text{V}$，求 $i_1(t)$，$i_2(t)$。

解 首先计算电路原边回路和副边回路的自阻抗：

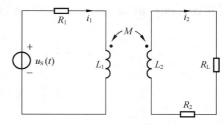

图 10-14 例 10-4 所示电路

$$Z_{11} = R_1 + j\omega L_1 = 20 + j314 \times 3.6 = (20 + j1130)\Omega$$

$$Z_{22} = R_2 + R_L + j\omega L_2 = 42.08 + j18.84 = 46.1\underline{/24.1°}\Omega$$

反映阻抗：

$$\frac{(\omega M)^2}{Z_{22}} = \frac{(314 \times 0.465)^2}{46.1\underline{/24.1°}} = 462.4\underline{/-24.1°} = (422 - j189)\Omega$$

利用式（10-19）计算原边回路的电流

$$\dot{I}_1 = \frac{\dot{U}_{\text{s}}}{Z_{\text{in}}} = \frac{\dot{U}_{\text{s}}}{Z_{11} + \dfrac{(\omega M)^2}{Z_{22}}} = \frac{115\underline{/0°}}{20 + j1130 + 422 - j189} = \frac{115\underline{/0°}}{442 + j941} = \frac{115\underline{/0°}}{1040\underline{/64.8°}} = 110.6\underline{/-64.8°}\text{ mA}$$

利用式（10-20）计算副边回路的电流

$$\dot{I}_2 = \frac{j\omega M \dot{I}_1}{Z_{22}} = \frac{314 \times 0.465\underline{/90°} \times 110.6 \times 10^{-3}\underline{/-64.8°}}{46.1\underline{/24.1°}} = 0.35\underline{/1.1°}\text{A}$$

有

$$i_1(t) = \sqrt{2} \times 110.6\cos(314t - 64.8°)\text{ mA}$$

$$i_2(t) = \sqrt{2} \times 0.35\cos(314t + 1.1°)\text{ A}$$

10.4 理想变压器的伏安关系

变压器是一种应用广泛的多端子磁耦合元件，原边绕组线圈从电源吸收电能并转换为磁场能（magnetic energy），然后再转换成副边绕组线圈回路负载中所需电能，可完成信号或能量的传递，并且具备电压变换、电流变换和阻抗变换的特性。

理想变压器（ideal transformer）是实际变压器满足理想极限条件下的模型。

10.4.1 理想变压器的理想极限条件

1. 耦合系数 $k=1$，即无漏磁，紧耦合。

2. 每个线圈的自感系数 L_1、L_2 无穷大。$M = \sqrt{L_1 L_2}$ 也无穷大，但 $\dfrac{L_1}{L_2}$ 保持不变。

3. 耦合线圈无损耗，不消耗能量。

10.4.2 理想变压器的电路模型及伏安关系

如图 10-15 所示，N_1、N_2 分别为原边和副边线圈的匝数（turn），$n = \dfrac{N_1}{N_2}$，n 称为变比 a 或匝比（ratio of transformation），是原边线圈匝数与副边线圈匝数比（ratio of turn）。

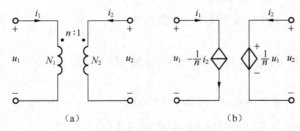

图 10-15　理想变压器模型

1. 电压变换（voltage transformation）

在如图 10-15（a）所示关联参考方向下，若 u_1、u_2 参考方向的"+"极性端都分别设在同名端（即两电压参考极性相对于同名端相同），有

$$\frac{u_1}{u_2} = \frac{N_1}{N_2} = n \qquad u_2 = \frac{u_1}{n} \qquad (10\text{-}22)$$

电压比等于匝数比。若 $N_1 > N_2$，则 $u_1 > u_2$ 为降压变压器；若 $N_1 < N_2$，则 $u_1 < u_2$ 为升压变压器。若 u_1、u_2 参考方向的"+"极性端分别设在异名端（即相对于同名端相反），有

$$\frac{u_1}{u_2} = -\frac{N_1}{N_2} = -n \qquad u_2 = -\frac{u_1}{n} \qquad (10\text{-}23)$$

注意：在进行变压计算时，选用式（10-22）还是式（10-23），取决于两电压参考方向与同名端的位置关系，与两个线圈中的电流参考方向无关。

2. 电流变换（current transformation）

在如图 10-15（a）所示电路中，i_1、i_2 的参考方向都流入同名端，则

$$\frac{i_1}{i_2} = -\frac{N_2}{N_1} = -\frac{1}{n} \quad i_2 = -ni_1 \tag{10-24}$$

匝数比的倒数取负（正），与两线圈上电压极性方向无关。

若 i_1、i_2 的参考方向都流出同名端，式（10-24）仍然成立。

若 i_1、i_2 参考方向一个从同名端流入，另一个从同名端流出，则

$$\frac{i_1}{i_2} = \frac{N_2}{N_1} = \frac{1}{n} \quad i_2 = ni_1 \tag{10-25}$$

式（10-24）和式（10-25）表明电流比为匝数比的倒数，选用哪个式子取决于两电流参考方向与同名端位置。两电流均流入（或流出）同名端，选用式（10-24），否则，选用式（10-25）。

由于理想变压器的变压、变流特性相互独立，且只有匝数比（变比）表示其特性，根据变压、变流关系，其瞬时功率为：

$$p(t) = u_1(t)i_1(t) + u_2(t)i_2(t) = 0$$

故理想变压器具备不储能也不耗能的特点，将能量由原边全部传输到副边。在传输过程中，仅仅将电压、电流按变比作数值变换，属无记忆多端元件，不是动态元件。理想变压器受控源电路模型如图 10-15（b）所示。

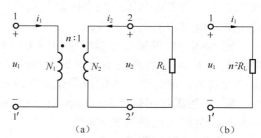

图 10-16　理想变压器的阻抗变换

3. 阻抗变换（impedance transformation）

理想变压器对电压、电流的变换作用也可反映在阻抗变换上。如图 10-16（a）所示，输入电阻 $R_i = \dfrac{u_1}{i_1} = \dfrac{nu_2}{-\dfrac{1}{n}i_2} = -n^2 \left(\dfrac{u_2}{i_2}\right)$

因负载上电压、电流为非关联参考方向，故

$$u_2 = -i_2 R_L \quad R_L = -\frac{u_2}{i_2}$$

有

$$R_i = n^2 R_L \tag{10-26}$$

由式（10-26）可知，在正弦稳态电路中，副边线圈所接负载复阻抗若为 Z_L，折合到原边的输入阻抗 Z_{11} 为 $n^2 Z_L$，也称副边对原边的折合阻抗或等效阻抗（equivalent impedance）。故可利用变压器匝数比改变输入阻抗，实现与电源的匹配，使负载上获得最大功率。如在晶体管收音机中把输出变压器接在扬声器和功率放大器之间，就是要使放大器得到最佳匹配，使负载上获得最大功率。阻抗变换等效电路如图 10-16（b）所示。

注意：（1）如果将原边阻抗折合到副边，则应该将原边阻抗除以 n^2。

（2）若 $Z_L = 0$，则 $Z_{11} = 0$。说明副边短路相当于原边短路。若 $Z_L \to \infty$，则 $Z_{11} \to \infty$。说明副边开路相当于原边开路。

例 10-5　某理想变压器额定电压为 $10000\text{V} / 230\text{V}$，接一感性负载 $Z_L = \text{j}0.996\Omega$，负载额定电压为 230V。设变压器处于额定工作状态，试求：（1）变压器的变比 n；（2）变压器的额定电流 I_{1N} 和 I_{2N}；（3）匹配阻抗 Z_L'。

解　（1）电压的变比　$n = \dfrac{U_{1N}}{U_{2N}} = \dfrac{10000}{230} = 43.5$

（2）变压器额定工作时，$Z_L = \text{j}0.996\Omega$，负载额定电压为 230V，那么

$$I_{2N} = \frac{U_{2N}}{|Z_L|} = \frac{230}{0.996} = 230.92\text{(A)}$$

由变压器的变流关系得 $I_{1N} = \dfrac{I_{2N}}{n} = \dfrac{230.92}{43.5} = 5.31\text{(A)}$

（3）根据变压器的阻抗变换关系，可得匹配的阻抗 Z_L'。

$$Z_L' = n^2 Z_L = (43.5)^2 \times \text{j}0.996 = \text{j}1884.681\Omega$$

10.5 含理想变压器电路的分析

理想变压器在电路中具有非常重要的作用，属于线性非时变无损耗元件。能够按照匝数

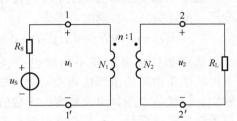

比来完成原、副边回路间的电压变换、电流变换和
阻抗变换。通常可利用理想变压器的端口伏安关系
式来求解电路中的相关参数。

例 10-6 含理想变压器电路如图 10-17 所示，
负载 $R_L = 2\Omega$，信号源内阻 $R_S = 8\Omega$，为使负载上获
得最大功率，理想变压器的匝数比 n 应为多少？

图 10-17 例 10-6 电路

解 当满足阻抗匹配（impedance matching）
关系时，负载上可获得最大功率。

由原边等效电路 $R_i = R_S$

$$R_i = n^2 R_L \qquad \text{即} \quad R_S = n^2 R_L$$
$$8 = n^2 \cdot 2 \qquad n = 2$$

因此，理想变压器匝数比为 2:1。

例 10-7 电路如图 10-18（a）所示，试求电压 $\dot{U}_2$。

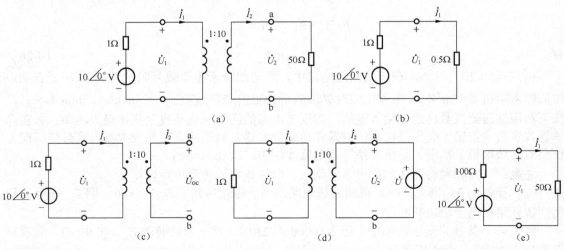

图 10-18 例 10-7 图

解 由图可知，匝数比 $n = \dfrac{1}{10}$。

1. 用回路法求解

由原电路可得 $\qquad \dot{I}_1 \times 1 + \dot{U}_1 = 10\underline{/0^\circ} \qquad \dot{I}_2 \times 50 = \dot{U}_2$

$$\dot{U}_2 = 10\dot{U}_1 \qquad \dot{I}_2 = \frac{1}{10}\dot{I}_1$$

$$\dot{U}_2 = 10\dot{U}_1 = 10(10 - \dot{I}_1) = 100 - 10\dot{I}_1 = 100 - 100\dot{I}_2 = 100 - \frac{100}{50}\dot{U}_2$$

解得 $\dot{U}_2 = 33.3 \underline{/0^\circ}\,\mathrm{V}$

2. 用阻抗变换法求解

副边电阻在原边表现为 $n^2 50 = \dfrac{50}{100} = 0.5\Omega$，得等效原边电路如图 10-18（b）所示

$$\dot{U}_1 = 10\underline{/0^\circ} \times \frac{0.5}{1 + 0.5} = 3.33\underline{/0^\circ}\,\mathrm{V}$$

$$\dot{U}_2 = \frac{1}{n}\dot{U}_1 = 10 \times 3.33\underline{/0^\circ} = 33.3\underline{/0^\circ}\,\mathrm{V}$$

3. 用戴维南定理求解

将图 10-18（a）电路在 a、b 两端开路，如图 10-18（c）所示，求其左侧部分的戴维南等效电路

由于 a、b 两端开路，$\dot{I}_2 = 0$，则 $\dot{I}_1 = 0$，$\dot{U}_1 = 10\underline{/0^\circ}\,\mathrm{V}$

$$\dot{U}_{\mathrm{OC}} = \frac{\dot{U}_1}{n} = 10\dot{U}_1 = 100\underline{/0^\circ}\,\mathrm{V}$$

求戴维南等效电路的等效阻抗时，电压源用短路线取代，外施电压源 $\dot{U}$，如图 10-18（d）所示，利用阻抗变换求得戴维南等效电路如图 10-18（e）所示，故戴维南等效电阻

$$R_0 = \frac{1}{n^2} \times R = 10^2 \times 1 = 100\Omega$$

$$\dot{U}_2 = \frac{50}{100 + 50} \times 100\underline{/0^\circ} = 33.3\underline{/0^\circ}\,\mathrm{V}$$

10.6 理想变压器的实现

理想变压器是从实际变压器中抽象出来的，实际变压器具备 3 个极限条件时可以看成理想变压器，其表征性能唯一的参数是匝数比 n，无论什么时候，也不论其端口连接何种元件，其变压关系和变流关系始终都是成立的。理想变压器可以看作为实际变压器的理想模型，可看成是"理想化"、"极限化"条件下的耦合电感。

在实际工程中，为了近似获得理想变压器的特性，常用磁导率较高的磁性材料作为变压器内部的芯子，并在保证匝数比 N_1/N_2 不变的情况下，通过增加匝数来增大原、副边线圈的自感系数并尽量实现电感之间的磁耦合。

与实际变压器相比，需要特别注意的是：实际变压器有隔断直流的作用，因而不能用来变换直流电压和电流；并且对于正常运行的实际变压器，其副边线圈不允许随便短路或开路，否则容易造成电器设备的损坏，造成严重的事故。

本 章 小 结

耦合电感是线性电路中一种重要的多端元件。耦合电感端电压由自感电压和互感电压两

部分组成。其伏安关系体现为多种不同形式。耦合电感的连接有串联和并联两种方式，其等效电感可根据同名端的位置按照伏安关系进行推导。

变压器是电路、电子技术中常见的电器设备，由原边线圈和副边线圈组成，通过磁耦合将电源能量传递给负载。理想变压器是实际变压器的理想化模型。其主要作用体现为电压变换、电流变换和阻抗变换。

本章介绍了含有耦合电感、空心变压器或理想变压器的电路的基本分析方法。

习　　题

一、选择题

1．两个互感线圈，顺向串联时互感起（　　　）作用，反向串联时互感起（　　　）作用。

    A．削弱，增强   B．增强，增强

    C．削弱，削弱   D．增强，削弱

2．如图 x10.1 所示，该理想变压器的传输方程为（　　　）。

    A．$\dot{U}_1 = n\dot{U}_2$，$\dot{I}_1 = -\dfrac{1}{n}\dot{I}_2$ B．$\dot{U}_1 = n\dot{U}_2$，$\dot{I}_2 = -\dfrac{1}{n}\dot{I}_1$

    C．$\dot{U}_1 = \dfrac{1}{n}\dot{U}_2$，$\dot{I}_1 = n\dot{I}_2$ D．$\dot{U}_1 = \dfrac{1}{n}\dot{U}_2$，$\dot{I}_1 = -n\dot{I}_2$

3．耦合线圈的自感 L_1 和 L_2 分别为 2H 和 8H，则互感 M 至多只能为（　　　）。

    A．8H   B．16H

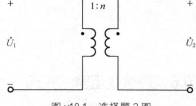

    C．4H   D．6H

4．下列选项中，属于理想变压器特点的是（　　　）。

    A．耦合系数为零

    B．无损耗

    C．互感系数 M 为有限值

    D．变压器吸收的功率不为零

图 x10.1　选择题 2 图

5．两互感线圈同侧相并联时，其等效电感 $L_{eq} = $（　　　）。

    A．$\dfrac{L_1 L_2 - M^2}{L_1 + L_2 - 2M}$ B．$\dfrac{L_1 L_2 - M^2}{L_1 + L_2 + 2M^2}$

    C．$\dfrac{L_1 L_2 - M^2}{L_1 + L_2 - M^2}$ D．$\dfrac{L_1 L_2 - M^2}{L_1 + L_2 + 2M}$

6．两互感线圈顺向串联时，其等效电感 $L_{eq} = $（　　　）。

    A．$L_1 + L_2 - 2M$ B．$L_1 + L_2 + M$

    C．$L_1 + L_2 + 2M$ D．$L_1 + L_2 - M$

二、填空题

1．同一施感电流所产生的自感电压与互感电压的同极性端互为_____，从同名端流入增大的电流，会引起另一线圈同名端的电位_____。

2．两个互感线圈顺向串联时的等效电感为 $L_\text{顺}$，反向串联时的等效电感为 $L_\text{反}$，则互感 $M = $_____。

3．设理想变压器的变比为 n，当 $n>1$ 时为_____变压器，当 $n<1$ 为_____变压器。

4．如图 x10.2 所示正弦稳态电路中，已知 $u_S = 8\sin(10t)$V，$L_1 = 0.5$H，$L_2 = 0.3$H，$M = 0.1$H。可求得 ab 端电压 $u =$ _____。

5．自感为 L_1 和 L_2，互感为 M 的两线圈反相串联时，其等效电感为_____。

6．当流过一个线圈中的电流发生变化时，在线圈本身所引起的电磁感应现象称为_____现象；若本线圈电流的变化在相邻线圈中引起感应电压，则称为_____现象。

三、计算题

1．写出如图 x10.3 所示的各耦合电感的 *VAR* 方程。

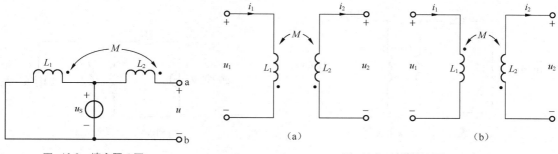

图 x10.2　填空题 4 图

(a)　　　　　　(b)

图 x10.3　计算题 1 图

2．已知如图 x10.4 所示的耦合线圈，$L_1 = 0.5$H，$L_2 = 1.2$H，耦合系数 $k = 0.5$，$i_1 = 2i_2 = 2\sin(100t + 30°)$A。求电压 u_1 和 u_2。

3．耦合电感 $L_1 = 8$H，$L_2 = 6$H，$M = 4$H，试求其串联、并联时的等效电感值。

4．两个耦合线圈如图 x10.5 所示，$L_1 = 6$H，$L_2 = 4$H，$M = 3$H。求：（1）若 L_2 两端短路，求 L_1 端的等效电感值；（2）若 L_1 两端短路，求 L_2 端的等效电感值。

5．已知如图 x10.6 所示的变压器电路 $R_1 = 30\Omega$，$\omega L_1 = 40\Omega$，$\omega L_2 = 120\Omega$，$R_2 = 10\Omega$，$\omega M = 30\Omega$，原边接电源电

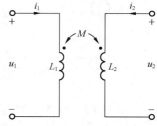

图 x10.4　计算题 2 图

压 $\dot{U}_S = 10\underline{/0°}$V，副边接负载电阻 $R = 90\Omega$。求原边电流 $\dot{I}_1$ 和通过互感耦合传送到副边回路的功率。

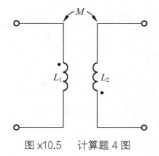

图 x10.5　计算题 4 图

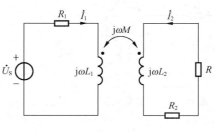

图 x10.6　计算题 5 图

6．如图 x10.7 所示为理想变压器电路，试求电路中的电流 $\dot{I}$。

7. 如图 x10.8 所示的理想变压器电路，试求电路中的电压 $\dot{U}_2$。

8. 如图 x10.9 所示电路，已知 $\dot{U}_s = 10\underline{/0°}\,\text{V}$，$\omega = 10^6\,\text{rad/s}$，$L_1 = L_2 = 1\text{mH}$，$C_1 = C_2 = 1000\text{pF}$，$R_1 = 10\Omega$，$M = 20\mu\text{H}$。负载电阻 R_L 可任意改变，问 R_L 等于多大时其上可获得最大功率，并求出此时的最大功率 P_{Lmax} 及电容 C_2 上的电压有效值 U_{C_2}。

9. 如图 x10.10 所示电路，求电路中的电流 $\dot{I}_1$ 和 $\dot{I}_2$。已知电源的角频率 $\omega = 100\text{rad/s}$。$\dot{U}_s = 10\underline{/0°}\,\text{V}$，$R_1 = 10\Omega$，$L_1 = 40\text{mH}$，$L_2 = 50\text{mH}$，$R_2 = 6\Omega$。

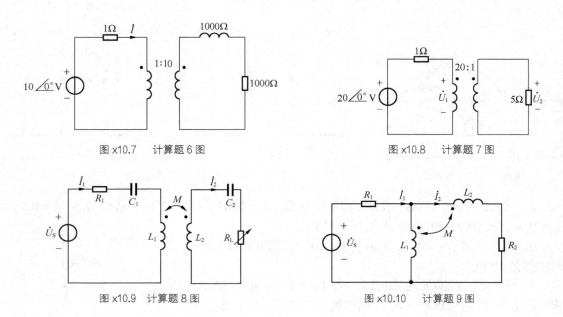

图 x10.7　计算题 6 图　　　　　　　　　　图 x10.8　计算题 7 图

图 x10.9　计算题 8 图　　　　　　　　　　图 x10.10　计算题 9 图

10. 将两个线圈串联起来接到 50 Hz、220 V 的正弦电源上，顺接时电流为 $I = 2.7\text{A}$，吸收的功率为 218.7 W；反接时电流为 7 A，求互感 M。

11. 如图 x10.11 所示电路，求输出电压。

12. 如图 x10.12 所示电路，已知 $L_1 = 6\text{H}$，$L_2 = 4\text{H}$，两耦合线圈顺向串联时，电路的谐振频率是反向串联时谐振频率的 0.5 倍，求互感 M。

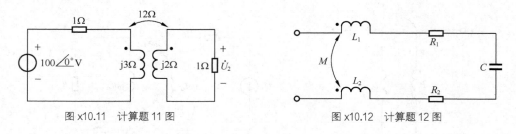

图 x10.11　计算题 11 图　　　　　　　　　　图 x10.12　计算题 12 图

第 **11** 章 双口网络

本章主要内容: 本章介绍双口网络的伏安关系式、双口网络的 Y、Z、T、H 等参数矩阵以及相互之间的关系。另外还介绍了两种等效电路和双口网络的连接。

11.1 双口网络

在实际的电路分析中，常遇到有两个端口四个端钮的四端网络，如图 11-1 所示。图中，1-1'是一对端，2-2'是一对端，每一对端称为一端口，如果满足 $i_{1'} = i_1$，$i_{2'} = i_2$，就称之为双口网络（double-port network）或二端口网络；如果有一个条件不满足，则只能称之为四端网络。

双口网络一定是四端网络，但四端网络不一定是双口网络。本章仅讨论双口网络。

在实际应用中，双口网络可作为电路连接环节，实现能量的分配与转换和信号的控制与传递。例如空心变压器、理想变压器、回转器、负阻抗变换器、晶体管放大电路和电力传输线等。

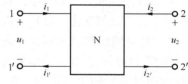

图 11-1 双口网络

11.2 双口网络的伏安关系

在实际应用中，对于双口网络内部结构及内部的电压电流分析并没有多少意义，因为内部网络一般较复杂，无法实现精确分析。双口网络在电路中所起的作用，只需通过分析双口网络外部伏安特性就可得到，而与内部结构无关。

双口网络的伏安特性关系式，可用双口网络的参数来表示。这些参数只与构成双口网络的元件参数及连接方式有关。一旦元件参数和连接方式确定，表征双口网络的参数以及端口上电压、电流的变化规律也就确定了。如果 u_1、i_1 发生变化，则根据伏安关系式就可算出另一端口上的 u_2、i_2。

11.2.1 双口网络的导纳矩阵和阻抗矩阵及其相互关系

1. 双口网络的导纳矩阵（admittance array）（参数）

如图 11-2 所示为一个线性无源双口网络（只含线性 *RLC* 元件，不含独立源，可包含线性受控源），1-1'端口的 $\dot{U}_1$、$\dot{I}_1$，2-2'端口的 $\dot{U}_2$、$\dot{I}_2$ 为关联参考方向。若已知 $\dot{U}_1$、$\dot{U}_2$，利用叠加原理，$\dot{I}_1$ 和 $\dot{I}_2$ 分别等于各个独立源单独作用时所产生的电流之和。

$$\dot{I}_1 = Y_{11}\dot{U}_1 + Y_{12}\dot{U}_2$$
$$\dot{I}_2 = Y_{21}\dot{U}_1 + Y_{22}\dot{U}_2$$

（11-1）

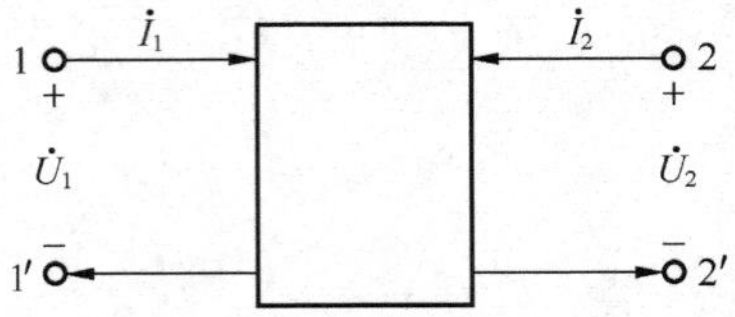

图 11-2　线性无源双口网络

改写成矩阵形式

$$\begin{bmatrix} \dot{I}_1 \\ \dot{I}_2 \end{bmatrix} = \begin{bmatrix} Y_{11} & Y_{12} \\ Y_{21} & Y_{22} \end{bmatrix} \begin{bmatrix} \dot{U}_1 \\ \dot{U}_2 \end{bmatrix} = \boldsymbol{Y} \begin{bmatrix} \dot{U}_1 \\ \dot{U}_2 \end{bmatrix}$$

其中 $\boldsymbol{Y}$ 矩阵称为双口网络的 Y 参数矩阵，而 Y_{11}、Y_{12}、Y_{21}、Y_{22} 称为双口网络的 Y 参数。

$$Y_{11} = \frac{\dot{I}_1}{\dot{U}_1}\bigg|_{\dot{U}_2=0} \qquad Y_{21} = \frac{\dot{I}_2}{\dot{U}_1}\bigg|_{\dot{U}_2=0}$$

$$Y_{12} = \frac{\dot{I}_1}{\dot{U}_2}\bigg|_{\dot{U}_1=0} \qquad Y_{22} = \frac{\dot{I}_2}{\dot{U}_2}\bigg|_{\dot{U}_1=0}$$

Y_{11} 表示端口 2-2′短路时，端口 1-1′处的输入导纳或驱动点（driven position）导纳；Y_{21} 表示端口 2-2′短路时，端口 2-2′与端口 1-1′之间的转移导纳；Y_{12} 表示端口 1-1′短路时，端口 1-1′与端口 2-2′之间的转移导纳，Y_{22} 表示端口 1-1′短路时，端口 2-2′的输入导纳（input admittance）。由于 Y 参数都是在一个端口短路情况下通过计算或测试求得的，所以又称为短路导纳参数（short-circuit admittance parameter）。

在无受控源的双口网络中，总满足互易定理，即两个端口互换位置后与外电路连接，其外部特性将不会有任何变化，有 $Y_{12}=Y_{21}$。若 $Y_{11}=Y_{22}$，则双口网络电气上对称，即两端电气特性一致。

2. 双口网络阻抗矩阵（impedance array）（参数）

如图 11-2 所示双口网络的 $\dot{I}_1$ 和 $\dot{I}_2$ 已知，同理利用叠加原理，$\dot{U}_1$、$\dot{U}_2$ 应等于各个电流源单独作用时产生的电压之和，即

$$\dot{U}_1 = Z_{11}\dot{I}_1 + Z_{12}\dot{I}_2$$
$$\dot{U}_2 = Z_{21}\dot{I}_1 + Z_{22}\dot{I}_2$$

（11-2）

可改写成矩阵形式

$$\begin{bmatrix} \dot{U}_1 \\ \dot{U}_2 \end{bmatrix} = \begin{bmatrix} Z_{11} & Z_{12} \\ Z_{21} & Z_{22} \end{bmatrix} \begin{bmatrix} \dot{I}_1 \\ \dot{I}_2 \end{bmatrix} = \boldsymbol{Z} \begin{bmatrix} \dot{I}_1 \\ \dot{I}_2 \end{bmatrix}$$

其中 $\boldsymbol{Z}$ 矩阵称为双口网络的 Z 参数矩阵，Z_{11}、Z_{12}、Z_{21}、Z_{22} 称为双口网络的 Z 参数。

$$Z_{11} = \frac{\dot{U}_1}{\dot{I}_1}\bigg|_{\dot{I}_2=0} \qquad Z_{21} = \frac{\dot{U}_2}{\dot{I}_1}\bigg|_{\dot{I}_2=0}$$

$$Z_{12} = \frac{\dot{U}_1}{\dot{I}_2}\bigg|_{\dot{I}_1=0} \qquad Z_{22} = \frac{\dot{U}_2}{\dot{I}_2}\bigg|_{\dot{I}_1=0}$$

Z_{11} 表示端口 2-2′开路时，端口 1-1′的开路输入阻抗；Z_{21} 表示端口 2-2′开路时，端口 2-2′与端口 1-1′之间的开路转移阻抗；Z_{12} 表示端口 1-1′开路时，端口 1-1′与端口 2-2′之间的开路转移阻抗；Z_{22} 表示端口 1-1′开路时，端口 2-2′的开路输入阻抗。Z 参数称为开路阻抗参数。

同理，对于线性无受控源的双口网络，互易定理也成立，即 $Z_{12}=Z_{21}$。若 $Z_{11}=Z_{22}$，则双口网络电气上对称。

通过观察，可以看出开路阻抗矩阵 $\boldsymbol{Z}$ 与短路导纳矩阵 $\boldsymbol{Y}$ 之间互为可逆，即

$$\boldsymbol{Z} = \boldsymbol{Y}^{-1} \text{ 或 } \boldsymbol{Y} = \boldsymbol{Z}^{-1}$$

对于含有受控源的线性双口网络，互易定理不成立，因此 $Y_{12} \neq Y_{21}$、$Z_{12} \neq Z_{21}$。

11.2.2 双口网络的混合矩阵和传输矩阵

1. 双口网络的混合矩阵（mixed array）

当双口网络 $\dot{I}_1$，$\dot{U}_2$ 已知时，有如下关系式：

$$\begin{aligned} \dot{U}_1 &= H_{11}\dot{I}_1 + H_{12}\dot{U}_2 \\ \dot{I}_2 &= H_{21}\dot{I}_1 + H_{22}\dot{U}_2 \end{aligned} \tag{11-3}$$

改写成矩阵形式

$$\begin{bmatrix} \dot{U}_1 \\ \dot{I}_2 \end{bmatrix} = \begin{bmatrix} H_{11} & H_{12} \\ H_{21} & H_{22} \end{bmatrix} \begin{bmatrix} \dot{I}_1 \\ \dot{U}_2 \end{bmatrix} = \boldsymbol{H} \begin{bmatrix} \dot{I}_1 \\ \dot{U}_2 \end{bmatrix}$$

其中 $\boldsymbol{H}$ 矩阵称为双口网络的 H 参数矩阵，H_{11}、H_{12}、H_{21}、H_{22} 称为双口网络的 H 参数。

$$H_{11} = \frac{\dot{U}_1}{\dot{I}_1}\bigg|_{\dot{U}_2=0} \qquad H_{12} = \frac{\dot{U}_1}{\dot{U}_2}\bigg|_{\dot{I}_1=0}$$

$$H_{21} = \frac{\dot{I}_2}{\dot{I}_1}\bigg|_{\dot{U}_2=0} \qquad H_{22} = \frac{\dot{I}_2}{\dot{U}_2}\bigg|_{\dot{I}_1=0}$$

H_{11} 表示策动点 1-1′的输入阻抗；H_{21} 表示为 $\dot{I}_2$ 与 $\dot{I}_1$ 的转移电流比；H_{12} 表示 $\dot{U}_1$ 与 $\dot{U}_2$ 的转移电压比；H_{22} 表示策动点 2-2′的输入导纳。H 参数矩阵称为双口网络的混合参数矩阵。

对于线性无受控源的双口网络，互易定理成立，即 $H_{12} = -H_{21}$。对于对称双口网络，由于 $Y_{11} = Y_{22}$ 或 $Z_{11} = Z_{22}$，则有 $H_{11}H_{22} - H_{12}H_{21} = 1$

2. 双口网络的传输矩阵（transport array）

当双口网络 2-2′端口的 $\dot{U}_2$，$\dot{I}_2$ 已知时，有如下关系式：

$$\begin{aligned} \dot{U}_1 &= A\dot{U}_2 + B(-\dot{I}_2) \\ \dot{I}_1 &= C\dot{U}_2 + D(-\dot{I}_2) \end{aligned} \tag{11-4}$$

改写成矩阵形式

$$\begin{bmatrix} \dot{U}_1 \\ \dot{I}_1 \end{bmatrix} = \begin{bmatrix} A & B \\ C & D \end{bmatrix} \begin{bmatrix} \dot{U}_2 \\ -\dot{I}_2 \end{bmatrix}$$

令

$$\boldsymbol{T} = \begin{bmatrix} A & B \\ C & D \end{bmatrix}$$

$$A = \frac{\dot{U}_1}{\dot{U}_2}\bigg|_{\dot{I}_2=0} \qquad B = \frac{\dot{U}_1}{-\dot{I}_2}\bigg|_{\dot{U}_2=0}$$

$$C = \frac{\dot{I}_1}{\dot{U}_2}\bigg|_{\dot{I}_2=0} \qquad D = \frac{\dot{I}_1}{-\dot{I}_2}\bigg|_{\dot{U}_2=0}$$

T 参数矩阵称为双口网络的传输参数矩阵。其中 A、B、C、D 称为双口网络的一般参数、传输参数、T 参数或 A 参数。A 是两个电压的比值；B 是短路转移阻抗（transfer impedance）；C 是开路转移导纳（transfer admittance）；D 是两个电流的比值。

对于线性无受控源的双口网络，互易定理成立，即 $AD - BC = 1$。对于对称双口网络，由于 $Y_{11} = Y_{22}$，则有 $A = D$。

例 11-1 如图 11-3 所示电路，求电路的开路阻抗矩阵 $\mathbf{Z}$。

解 根据求解双口网络的开路阻抗矩阵 $\mathbf{Z}$ 的方法，可得

$$Z_{11} = \left.\frac{\dot{U}_1}{\dot{I}_1}\right|_{\dot{I}_2=0} = \frac{(R + \frac{1}{\mathrm{j}\omega C})\dot{I}_1}{\dot{I}_1} = R + \frac{1}{\mathrm{j}\omega C}$$

$$Z_{21} = \left.\frac{\dot{U}_2}{\dot{I}_1}\right|_{\dot{I}_2=0} = \frac{\frac{1}{\mathrm{j}\omega C}\dot{I}_1}{\dot{I}_1} = \frac{1}{\mathrm{j}\omega C}$$

$$Z_{12} = \left.\frac{\dot{U}_1}{\dot{I}_2}\right|_{\dot{I}_1=0} = \frac{\frac{1}{\mathrm{j}\omega C}\dot{I}_2}{\dot{I}_2} = \frac{1}{\mathrm{j}\omega C}$$

$$Z_{22} = \left.\frac{\dot{U}_2}{\dot{I}_2}\right|_{\dot{I}_1=0} = \frac{(\mathrm{j}\omega L + \frac{1}{\mathrm{j}\omega C})\dot{I}_2}{\dot{I}_2} = \mathrm{j}\omega L + \frac{1}{\mathrm{j}\omega C}$$

则可得开路阻抗矩阵
$$\mathbf{Z} = \begin{bmatrix} R + \dfrac{1}{\mathrm{j}\omega C} & \dfrac{1}{\mathrm{j}\omega C} \\[2mm] \dfrac{1}{\mathrm{j}\omega C} & \mathrm{j}\omega L + \dfrac{1}{\mathrm{j}\omega C} \end{bmatrix}$$

例 11-2 求图示双口网络的 Y，Z 和 T，H 参数矩阵。

解 如图 11-4 所示，根据电路的元件约束（VCR）和结构约束（KVL、KCL），可得：

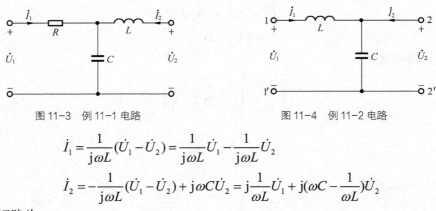

图 11-3　例 11-1 电路　　　　　　　图 11-4　例 11-2 电路

$$\dot{I}_1 = \frac{1}{\mathrm{j}\omega L}(\dot{U}_1 - \dot{U}_2) = \frac{1}{\mathrm{j}\omega L}\dot{U}_1 - \frac{1}{\mathrm{j}\omega L}\dot{U}_2$$

$$\dot{I}_2 = -\frac{1}{\mathrm{j}\omega L}(\dot{U}_1 - \dot{U}_2) + \mathrm{j}\omega C\dot{U}_2 = \mathrm{j}\frac{1}{\omega L}\dot{U}_1 + \mathrm{j}(\omega C - \frac{1}{\omega L})\dot{U}_2$$

则 Y 参数矩阵为
$$\mathbf{Y} = \begin{bmatrix} -\mathrm{j}\dfrac{1}{\omega L} & \mathrm{j}\dfrac{1}{\omega L} \\[2mm] \mathrm{j}\dfrac{1}{\omega L} & \mathrm{j}(\omega C - \dfrac{1}{\omega L}) \end{bmatrix}$$

同理可得

$$\dot{U}_1 = j\omega L\dot{I}_1 + \frac{1}{j\omega C}(\dot{I}_1 + \dot{I}_2) = j(\omega L - \frac{1}{\omega C})\dot{I}_1 + \frac{1}{j\omega C}\dot{I}_2$$

$$\dot{U}_2 = \frac{1}{j\omega C}(\dot{I}_1 + \dot{I}_2) = \frac{1}{j\omega C}\dot{I}_1 + \frac{1}{j\omega C}\dot{I}_2$$

则 Z 参数矩阵为

$$\boldsymbol{Z} = \begin{bmatrix} j(\omega L - \dfrac{1}{\omega C}) & \dfrac{1}{j\omega C} \\ \dfrac{1}{j\omega C} & \dfrac{1}{j\omega C} \end{bmatrix}$$

根据 KVL、KCL 可得出端口 1–1′ 处电压 $\dot{U}_1$ 和电流 $\dot{I}_1$ 为

$$\dot{U}_1 = j\omega L\dot{I}_1 + \dot{U}_2$$

$$\dot{I}_1 = j\omega C\dot{U}_2 - \dot{I}_2$$

结合上面两式可得

$$\dot{U}_1 = j\omega L(j\omega C\dot{U}_2 - \dot{I}_2) + \dot{U}_2 = (1 - \omega^2 LC)\dot{U}_2 - j\omega L\dot{I}_2$$

则 T 参数矩阵为

$$\boldsymbol{T} = \begin{bmatrix} 1 - \omega^2 LC & j\omega L \\ j\omega C & 1 \end{bmatrix}$$

对上面算式进行变形，可得

$$\dot{U}_1 = j\omega L\dot{I}_1 + \dot{U}_2$$

$$\dot{I}_2 = -\dot{I}_1 + j\omega C\dot{U}_2$$

则 H 参数矩阵为

$$\boldsymbol{H} = \begin{bmatrix} j\omega L & 1 \\ -1 & j\omega C \end{bmatrix}$$

以上参数矩阵还可以利用参数矩阵之间的关系进行求解。

11.2.3　各参数矩阵之间的关系

前面所讨论的 Y 参数、Z 参数、T 参数、H 参数之间存在变换关系。因为网络的结构、元件参数不变，只是其端口上的电压与电流的关系用不同的参数矩阵表示而已，根据双口网络的伏安关系可推导出相互的矩阵关系。

$$\boldsymbol{Y} = \begin{bmatrix} Y_{11} & Y_{12} \\ Y_{21} & Y_{22} \end{bmatrix} = \boldsymbol{Z}^{-1} = \begin{bmatrix} \dfrac{Z_{22}}{Z_{11}Z_{22} - Z_{12}Z_{21}} & -\dfrac{Z_{12}}{Z_{11}Z_{22} - Z_{12}Z_{21}} \\ -\dfrac{Z_{21}}{Z_{11}Z_{22} - Z_{12}Z_{21}} & \dfrac{Z_{11}}{Z_{11}Z_{22} - Z_{12}Z_{21}} \end{bmatrix} = \begin{bmatrix} \dfrac{1}{H_{11}} & -\dfrac{H_{12}}{H_{11}} \\ \dfrac{H_{21}}{H_{11}} & \dfrac{H_{11}H_{22} - H_{12}H_{21}}{H_{11}} \end{bmatrix}$$

$$= \begin{bmatrix} \dfrac{D}{B} & -\dfrac{AD - BC}{B} \\ -\dfrac{1}{B} & \dfrac{A}{B} \end{bmatrix}$$

$$Z = \begin{bmatrix} Z_{11} & Z_{12} \\ Z_{21} & Z_{22} \end{bmatrix} = Y^{-1} = \begin{bmatrix} \dfrac{Y_{22}}{Y_{11}Y_{22}-Y_{12}Y_{21}} & -\dfrac{Y_{12}}{Y_{11}Y_{22}-Y_{12}Y_{21}} \\ -\dfrac{Y_{21}}{Y_{11}Y_{22}-Y_{12}Y_{21}} & \dfrac{Y_{11}}{Y_{11}Y_{22}-Y_{12}Y_{21}} \end{bmatrix} = \begin{bmatrix} \dfrac{H_{11}H_{22}-H_{12}H_{21}}{H_{22}} & \dfrac{H_{12}}{H_{22}} \\ -\dfrac{H_{21}}{H_{22}} & \dfrac{1}{H_{22}} \end{bmatrix}$$

$$= \begin{bmatrix} \dfrac{A}{C} & \dfrac{AD-BC}{C} \\ \dfrac{1}{C} & \dfrac{D}{C} \end{bmatrix}$$

$$H = \begin{bmatrix} H_{11} & H_{12} \\ H_{21} & H_{22} \end{bmatrix} = \begin{bmatrix} \dfrac{1}{Y_{11}} & -\dfrac{Y_{12}}{Y_{11}} \\ \dfrac{Y_{21}}{Y_{11}} & \dfrac{Y_{11}Y_{22}-Y_{12}Y_{21}}{Y_{11}} \end{bmatrix} = \begin{bmatrix} \dfrac{Z_{11}Z_{22}-Z_{12}Z_{21}}{Z_{22}} & \dfrac{Z_{12}}{Z_{22}} \\ -\dfrac{Z_{21}}{Z_{22}} & \dfrac{1}{Z_{22}} \end{bmatrix} = \begin{bmatrix} \dfrac{B}{D} & \dfrac{AD-BC}{D} \\ -\dfrac{1}{D} & \dfrac{C}{D} \end{bmatrix}$$

$$T = \begin{bmatrix} A & B \\ C & D \end{bmatrix} = \begin{bmatrix} -\dfrac{Y_{22}}{Y_{21}} & -\dfrac{1}{Y_{21}} \\ -\dfrac{Y_{11}Y_{22}-Y_{12}Y_{21}}{Y_{21}} & -\dfrac{Y_{11}}{Y_{21}} \end{bmatrix} = \begin{bmatrix} \dfrac{Z_{11}}{Z_{21}} & \dfrac{Z_{11}Z_{22}-Z_{12}Z_{21}}{Z_{21}} \\ \dfrac{1}{Z_{21}} & \dfrac{Z_{22}}{Z_{21}} \end{bmatrix}$$

$$= \begin{bmatrix} -\dfrac{H_{11}H_{22}-H_{12}H_{21}}{H_{21}} & -\dfrac{H_{11}}{H_{21}} \\ -\dfrac{H_{22}}{H_{21}} & -\dfrac{1}{H_{21}} \end{bmatrix}$$

对于线性无受控源的双口网络，互易定理成立，则双口网络是互易网络，其中网络参数只有 3 个元独立。若原网络含受控源，则不是互易网络，互易条件不成立。

注：（1）互易条件：$Z_{12}=Z_{21}$，$Y_{12}=Y_{21}$，$H_{12}=-H_{21}$，$AD-BC=1$

（2）对称条件：$Z_{11}=Z_{22}$，$Y_{11}=Y_{22}$，$H_{11}H_{22}-H_{12}H_{21}=1$，$A=D$

11.3 双口网络的等效电路

11.3.1 双口网络的等效电路

对于一个线性无源二端网络（two-terminal network），就其外特性而言，可以等效为一个阻抗或导纳，端口上的伏安特性可以由这个阻抗（或导纳）来表征。对于无源的双口网络（passive double-port network）可以由最简单的双口网络电路来等效。由于无源网络中，参数矩阵只有 3 个参数是独立的，因此最简单的等效电路具有 3 个元件，如 T 形或 Π 形网络，这个等效电路端口的伏安特性与原复杂的双口网络的伏安特性相同。

如果给定双口网络的 Z 参数，且 $Z_{12}=Z_{21}$，确定此双口网络的等效 T 形电路中的 Z_1、Z_2、Z_3 的值，根据 T 形回路电流方程

$$\begin{aligned} \dot{U}_1 &= Z_1\dot{I}_1 + Z_2(\dot{I}_1+\dot{I}_2) \\ \dot{U}_2 &= Z_2(\dot{I}_1+\dot{I}_2) + Z_3\dot{I}_2 \end{aligned} \quad\Leftrightarrow\quad \begin{aligned} \dot{U}_1 &= (Z_{11}-Z_{12})\dot{I}_1 + Z_{12}(\dot{I}_1+\dot{I}_2) \\ \dot{U}_2 &= Z_{12}(\dot{I}_1+\dot{I}_2) + (Z_{22}-Z_{12})\dot{I}_2 \end{aligned}$$

可得：$Z_1=Z_{11}-Z_{12}$，$Z_2=Z_{12}$，$Z_3=Z_{22}-Z_{12}$。等效电路如图 11-5 所示。

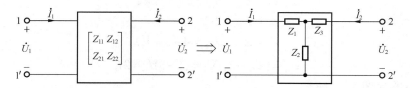

图 11-5　无源网络的 T 形等效

如果给定双口网络的 Y 参数，且 $Y_{12}=Y_{21}$，同理可确定等效 Π 形电路中的 Y_1、Y_2、Y_3 的数值。

可得：$Y_1=Y_{11}+Y_{12}$，$Y_2=-Y_{12}=-Y_{21}$，$Y_3=Y_{22}+Y_{21}$。等效电路如图 11-6 所示。

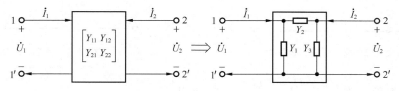

图 11-6　无源网络的 Π 形等效

根据双口网络各个网络参数的关系，可将其他参数转换成 Z 参数或 Y 参数，然后在求得等效后的 T 形网络或 Π 形网络的参数值。

对于对称的双口网络，由于 $Z_{11}=Z_{22}$，$Y_{11}=Y_{22}$，$A=D$，故其等效电路也一定是对称的，且有 $Y_1=Y_3$，$Z_1=Z_3$。

11.3.2　含有受控源的双口网络的等效电路

在含有受控源的双口网络中，如果其中 Z 参数中 $Z_{12}\neq Z_{21}$，Y 参数中 $Y_{12}\neq Y_{21}$，双口网络就不是互易网络，参数矩阵中 4 个元件彼此独立，此时必须用 4 个元件才能表征其端口特性。

若已知 Z 参数，则 $\begin{aligned}\dot U_1&=Z_{11}\dot I_1+Z_{12}\dot I_2\\\dot U_2&=Z_{21}\dot I_1+Z_{22}\dot I_2\end{aligned}$，可变换为：

$$\dot U_1=Z_{11}\dot I_1+Z_{12}\dot I_2$$
$$\dot U_2=Z_{12}\dot I_1+Z_{22}\dot I_2+(Z_{21}-Z_{12})\dot I_1$$

$$\Rightarrow \begin{aligned}\dot U_1&=(Z_{11}-Z_{12})\dot I_1+Z_{12}(\dot I_1+\dot I_2)\\\dot U_2&=(Z_{22}-Z_{12})\dot I_2+Z_{12}(\dot I_1+\dot I_2)+(Z_{21}-Z_{12})\dot I_1\end{aligned}$$

式中的 $(Z_{21}-Z_{12})\dot I_1$ 为电压 $\dot U_2$ 的一个分量，而且是电流 $\dot I_1$ 的函数。因此，可以将其看作一个受 $\dot I_1$ 控制的 CCVS，其等效电路如图 11-7 所示。

例 11-3　现有一双口网络，已知其网络开路阻抗矩阵 $\boldsymbol Z=\begin{bmatrix}8&3\\5&4\end{bmatrix}\Omega$，试问该端口是否有受控源，并求其等效 T 形网络。

解　由 Z 参数矩阵可知：$Z_{12}=3$，$Z_{21}=5$；

$Z_{12}\neq Z_{21}$，则该双口网络端口含有受控源。

$$Z_1 = Z_{11} - Z_{12} = 8 - 3 = 5\Omega$$
$$Z_2 = Z_{12} = 3\Omega$$
$$Z_3 = Z_{22} - Z_{12} = 4 - 3 = 1\Omega$$
$$\dot{U}_d = (Z_{21} - Z_{12})\dot{I}_1 = (5-3)\dot{I}_1 = 2\dot{I}_1$$

等效后电路如图 11-8 所示。

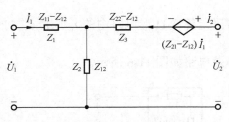

图 11-7 含有受控源的双口网络 T 形等效

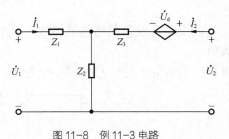

图 11-8 例 11-3 电路

若已知 Y 参数，则 $\begin{aligned}\dot{I}_1 &= Y_{11}\dot{U}_1 + Y_{12}\dot{U}_2 \\ \dot{I}_2 &= Y_{21}\dot{U}_1 + Y_{22}\dot{U}_2\end{aligned}$ ，可变换为

$$\dot{I}_1 = Y_{11}\dot{U}_1 + Y_{12}\dot{U}_2$$
$$\dot{I}_2 = Y_{12}\dot{U}_1 + Y_{22}\dot{U}_2 + (Y_{21} - Y_{12})\dot{U}_1$$

$$\Rightarrow \begin{aligned}\dot{I}_1 &= (Y_{11} - Y_{12})\dot{U}_1 + Y_{12}(\dot{U}_1 + \dot{U}_2) \\ \dot{I}_2 &= (Y_{22} - Y_{12})\dot{U}_2 + Y_{12}(\dot{U}_1 + \dot{U}_2) + (Y_{21} - Y_{12})\dot{U}_1\end{aligned}$$

式中的 $(Y_{21} - Y_{12})\dot{U}_1$ 为电流 $\dot{I}_2$ 的一个分量，而且是电压 $\dot{U}_1$ 的函数。因此，可以将其看作一个受 $\dot{U}_1$ 控制的 VCCS，其等效电路如图 11-9 所示。

例 11-4 已知双口网络的短路导纳矩阵 $\boldsymbol{Y} = \begin{bmatrix} 5 & -2 \\ 0 & 3 \end{bmatrix} \text{S}$ ，试问该端口是否有受控源，并求它的等效 Π 形电路。

解 由 Y 参数矩阵可知：$Y_{12} \neq Y_{21}$ ，则该双口网络中含有受控源。其等效后的 Π 形电路如图 11-10 所示，其中参数方程为

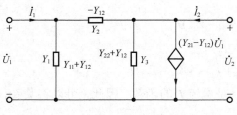

图 11-9 含有受控源的双口网络 Π 形等效

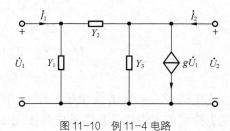

图 11-10 例 11-4 电路

$$\dot{I}_1 = (Y_1 + Y_2)\dot{U}_1 - Y_2\dot{U}_2$$
$$\dot{I}_2 = (-Y_2 + g)\dot{U}_1 + (Y_2 + Y_3)\dot{U}_2$$
$$Y_1 + Y_2 = 5 , \quad -Y_2 = -2 , \quad -Y_2 + g = 0 , \quad Y_2 + Y_3 = 3$$

可得

$$Y_1 = 3S \ , \quad Y_2 = 2S \ , \quad g = Y_2 = 2S \ , \quad Y_3 = 1S \ 。$$

11.4 双口网络的连接

对于一个复杂的双口网络可以看成由若干个简单的双口网络按照某种方式连接而成，通过结构形式所反映的情况，可以简化电路。另外，在实际工程领域，由于电气性能的要求，往往需要将若干个双口网络连接起来，以满足一定的工作需要。

双口网络可按多种不同方式相互连接，有串联、并联、串并联（serial-parallel connection）、并串联（parallel-serial connection）和级联（catenation）。

11.4.1 双口网络的串联

双口网络串联如图 11-11 所示。串联后仍然是个双口网络，满足双口网络的端口特性条件：$\dot{I}_1 = \dot{I}_{1'}$，$\dot{I}_2 = \dot{I}_{2'}$。

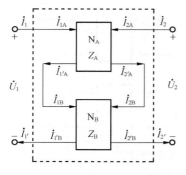

图 11-11 双口网络的串联

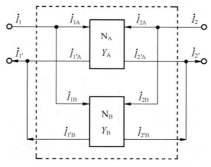

图 11-12 双口网络的并联

连接后，A 网络的端口特性 $\dot{I}_{1A} = \dot{I}_{1'A}$，$\dot{I}_{2A} = \dot{I}_{2'A}$；B 网络的端口特性 $\dot{I}_{1B} = \dot{I}_{1'B}$，$\dot{I}_{2B} = \dot{I}_{2'B}$ 仍然成立。不难通过双口网络的伏安特性推导出：$\boldsymbol{Z} = \boldsymbol{Z}_A + \boldsymbol{Z}_B$。

若串联后不改变每个双口网络的端口特性条件，则这种串联称为有效串联，可直接利用串联后的复合阻抗公式求解。若端口特性条件不成立，原来两个双口网络的端口特性被破坏了，则双口网络的 Z 参数必须重新计算或测量。

11.4.2 双口网络的并联

双口网络并联如图 11-12 所示。满足端口特性条件为有效并联。两个二端口的输入电压和输出电压被分别强制为相同，即 $\dot{U}_{1A} = \dot{U}_{1B} = \dot{U}_1$，$\dot{U}_{2A} = \dot{U}_{2B} = \dot{U}_2$。

复合双口网络的总端口电流应为

$$\dot{I}_1 = \dot{I}_{1A} + \dot{I}_{1B} \ , \quad \dot{I}_2 = \dot{I}_{2A} + \dot{I}_{2B}$$

经推导可得出：$\boldsymbol{Y} = \boldsymbol{Y}_A + \boldsymbol{Y}_B$。

若端口特性条件不成立，同理双口网络的 Y 参数也必须重新计算或测量。另外三端两口网络的串并联总是有效的，如图 11-13 所示。

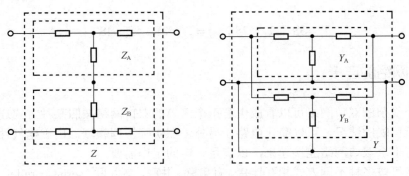

图 11-13　T形网络的串并联

三端两口网络T形串联有效连接时，$Z = Z_A + Z_B$；并联有效连接时 $Y = Y_A + Y_B$。

11.4.3　双口网络的串并联和并串联

双口网络的串并联和并串联，同样遵守双口网络的端口特性条件，为有效连接。其等效连接如图 11-14 所示。

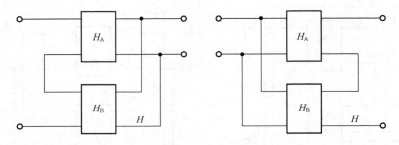

图 11-14　双口网络的串并联和并串联

双口网络的有效串并联时 $H = H_A + H_B$，有效并串联时 $H^{-1} = H^{-1}_A + H^{-1}_B$。

11.4.4　双口网络的级联

两个双口网络按照级联方式连接可构成一个复合双口网络。如图 11-15 所示。

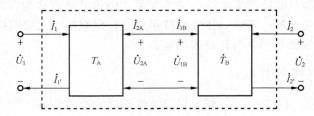

图 11-15　双口网络的级联

$$\begin{bmatrix} \dot{U}_1 \\ \dot{I}_1 \end{bmatrix} = T_A \begin{bmatrix} \dot{U}_{2A} \\ -\dot{I}_{2A} \end{bmatrix} \qquad \begin{bmatrix} \dot{U}_{2A} \\ -\dot{I}_{2A} \end{bmatrix} = \begin{bmatrix} \dot{U}_{1B} \\ \dot{I}_{1B} \end{bmatrix} \qquad \begin{bmatrix} \dot{U}_{1B} \\ \dot{I}_{1B} \end{bmatrix} = T_B \begin{bmatrix} \dot{U}_2 \\ -\dot{I}_2 \end{bmatrix}$$

$$\begin{bmatrix} \dot{U}_1 \\ \dot{I}_1 \end{bmatrix} = T_A \cdot T_B \begin{bmatrix} \dot{U}_2 \\ -\dot{I}_2 \end{bmatrix} \qquad \begin{bmatrix} \dot{U}_1 \\ \dot{I}_1 \end{bmatrix} = T \begin{bmatrix} \dot{U}_2 \\ -\dot{I}_2 \end{bmatrix}$$

$$T = T_A \cdot T_B$$

如果有几个双口网络相级联，则 $T = T_1 \cdot T_2 \cdots T_n = \prod_i^n T_i$，级联总是有效的。

本 章 小 结

　　对于双口网络，主要分析端口的电压和电流，并通过端口电压电流的伏安关系来表征网络的电气特性，不涉及网络内部电路的工作状况。

　　本章重点研究双口网络的 Y、Z、T、H 四组网络参数，这些参数只决定于构成双口网络的元件及它们的连接方式，其中要考虑双口网络是否满足互易条件及对称条件。

　　一般双口网络以分析线性无源网络为主，但也要考虑实际情况，根据实际确定相应等效模型。一般独立参数为 4 个，互易的双口网络为 3 个，对称的双口网络仅为两个。

习 题

一、选择题

1．如图 x11.1 所示二端口网络的 Z 的参数矩阵为（　　　）Ω。

　　A. $\begin{pmatrix} 1/3 & 1/3 \\ 1/3 & 1/3 \end{pmatrix}$　　　　B. $\begin{pmatrix} 1/3 & -1/3 \\ -1/3 & 1/3 \end{pmatrix}$　　　　C. $\begin{pmatrix} 3 & 3 \\ 3 & 3 \end{pmatrix}$　　　　D. $\begin{pmatrix} 3 & -3 \\ -3 & 3 \end{pmatrix}$

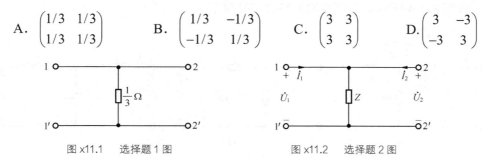

图 x11.1　选择题 1 图　　　　　图 x11.2　选择题 2 图

2．如图 x11.2 所示二端口网络的阻抗矩阵为（　　　）。

　　A. $\begin{pmatrix} Z & 0 \\ 0 & Z \end{pmatrix}$　　　　B. $\begin{pmatrix} Z & Z \\ Z & Z \end{pmatrix}$

　　C. $\begin{pmatrix} 0 & Z \\ Z & 0 \end{pmatrix}$　　　　D. $\begin{pmatrix} 0 & 0 \\ 0 & 0 \end{pmatrix}$

图 x11.3　选择题 3 图

3．如图 x11.3 所示二端口网络的传输参数矩阵为（　　　）。

　　A. $\begin{pmatrix} n & 0 \\ 0 & -1/n \end{pmatrix}$　　B. $\begin{pmatrix} 1/n & 0 \\ 0 & n \end{pmatrix}$　　C. $\begin{pmatrix} 1/n & 0 \\ 0 & -n \end{pmatrix}$　　D. $\begin{pmatrix} n & 0 \\ 0 & 1/n \end{pmatrix}$

4．对于互易二端口网络，下列关系中（　　　）是错误的。

　　A. $Y_{12}=Y_{21}$　　　　B. $Z_{12}=Z_{21}$　　　　C. $H_{12}=H_{21}$　　　　D. $T_{11}T_{22}-T_{12}T_{21}=1$

5．互易二端口网络独立参数的个数为（　　）。

A．2 个　　　　　　B．3 个　　　　　　C．4 个　　　　　　D．1 个

6．测量导纳参数 Y_{11} 时，需要将端口 2-2′（　　）处理，而测量阻抗参数 Z_{12} 时，需要将端口 1-1′（　　）处理。

A．开路，短路　　　B．短路，开路　　　C．开路，开路　　D．短路，短路

二、填空题

1．有两个线性无源二端口网络 N_1 和 N_2，它们的传输参数分别为 T_1 和 T_2，它们按级联方式连接后的新二端口网络的传输参数为 T，则 $T =$ _____。

2．对于所有的时间 t，通过理想回转器两个端口的功率之和等于_____。

3．两个二端口网络进行有效并联时，复合二端口网络的参数和子二端口网络的参数之间的关系是_____。

4．两个二端口网络进行有效串联时，复合二端口网络的参数和子二端口网络的参数之间的关系是_____。

5．互易二端口网络 T 参数满足的互易条件是_____。

6．若一个二端口网络的 Y 参数或 Z 参数存在逆矩阵，则两种参数之间的关系为_____。

三、计算题

1．求图 x11.4 所示双口网络的 Y 参数和 Z 参数。

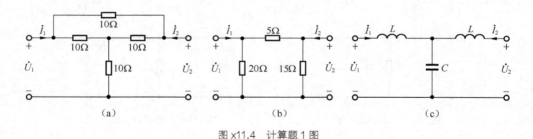

图 x11.4　计算题 1 图

2．求如图 x11.5 所示双口网络的 Y 参数和 Z 参数。

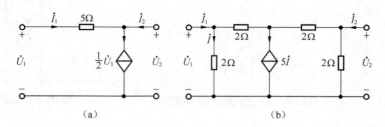

图 x11.5　计算题 2 图

3．如图 x11.6 所示，已知 $\dot{U}_S = 400\underline{/-30°}\text{V}$，$R_S = 100\Omega$，$Z_L = 20\underline{/30°}\Omega$，双口网络的 Y 参数为 $Y_{11} = 0.01\text{S}$，$Y_{12} = -0.02\text{S}$，$Y_{21} = 0.03\text{S}$，$Y_{22} = 0.02\text{S}$，求输出电压 $\dot{U}_2$。

4．求如图 x11.7 所示双口网络的 H 参数。

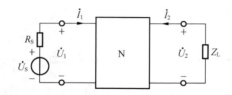

图 x11.6 计算题 3 图

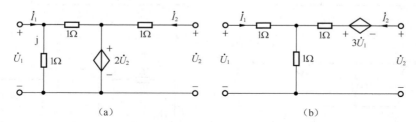

（a）　　　　　　　　　　　　　（b）

图 x11.7 计算题 4 图

5. 求图 x11.8 所示桥 T 形双口网络的 Y 参数。

6. 已知双口网络的 Y 参数矩阵为 $Y = \begin{bmatrix} 1.5 & -1.2 \\ -1.2 & 1.8 \end{bmatrix}$，根据参数矩阵的互换原则，求 H 参数，并说明该双口网络是否含有受控源。

7. 已知双口网络的 T 参数矩阵为 $T = \begin{bmatrix} 1.5 & 4 \\ 0.5 & 2 \end{bmatrix}$，试判

图 x11.8 计算题 5 图

断双口网络是否为互易对称网络，并求此双口网络的 T 形等效和 Π 形等效电路。

8. 如图 x11.9 所示，$T_1 = \begin{bmatrix} 1 & 10 \\ 0 & 1 \end{bmatrix}$，$T_2 = \begin{bmatrix} 1 & 0 \\ 0.05 & 1 \end{bmatrix}$，试求 $\dot{U}_2$，$\dot{I}_2$。

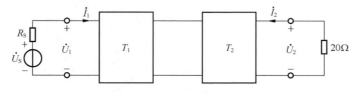

图 x11.9 计算题 8 图

9. 求如图 x11.10 所示电路的 $Z(s)$、$Y(s)$、$H(s)$ 矩阵。

10. 如图 x11.11（a）所示电路是一个二端口网络，已知 $R_1=10\Omega$，$R_2=40\Omega$。试：（1）求此二端口网络的 T 参数；（2）在此二端口网络的两端接上电源和负载，如图 x11.11（b）所示。已知 $R_3=20\Omega$，此时电流 $I_2=2$A。根据 T 参数计算 U_{S1} 及 I_1。

11. 将如图 x11.12 所示二端口网络绘成由两个二端口网络偶连接而成的复合二端口网络，据此求出原二端口网络的 Z 参数。

12. 如图 x11.13 所示二端口网络 N_0 的 Y 参数矩

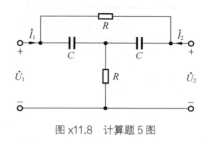

图 x11.10 计算题 9 图

阵为 $Y = \begin{pmatrix} 3 & -1 \\ 20 & 2 \end{pmatrix} S$，求 $\dfrac{U_2}{U_S}$ 的值。

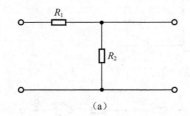

(a)

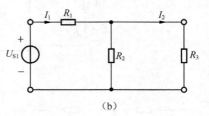

(b)

图 x11.11　计算题 10 图

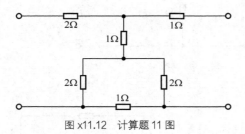

图 x11.12　计算题 11 图

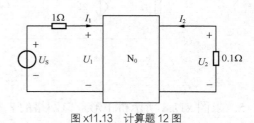

图 x11.13　计算题 12 图

第 12 章　拉普拉斯变换及其应用

本章主要内容：本章介绍分析线性时不变动态电路的拉普拉斯变换方法，主要内容有拉普拉斯变换的定义以及常用信号的拉普拉斯变换，拉普拉斯变换的基本性质，拉普拉斯反变换的部分分式法，还将介绍电路元件和基尔霍夫定律的复频域形式以及线性时不变动态电路的复频域分析法。

12.1　拉普拉斯变换

12.1.1　拉普拉斯变换的定义

拉普拉斯变换（laplace transformation）简称拉氏变换。拉氏变换不仅是分析线性时不变系统的有效工具，而且在其他技术领域中也得到广泛的应用。

一个定义在 $[0, \infty)$ 区间上的实函数 $f(t)$，它的单边拉普拉斯变换 $F(s)$ 定义为

$$F(s) = \int_{0_-}^{\infty} f(t)\ e^{-st} \mathrm{d}t \tag{12-1}$$

其中 $s = \sigma + \mathrm{j}\omega$ 为复数，σ 是使以上积分收敛而选定的一个常数，ω 是角频率变量，复变量 s 又称为复频率（complex frequency）。σ、ω、s 都具有频率的量纲，其单位都为赫兹，故称 $F(s)$ 为 $f(t)$ 的象函数（image function），$f(t)$ 为 $F(s)$ 的原函数（original function）。拉氏变换的积分下限取 0_- 是将 $t=0$ 处可能含有的冲激函数 $\delta(t)$ 包含到了积分变换中。

如果已知象函数 $F(s)$，要求其原函数 $f(t)$，这种由频域到时域的变换，称为拉普拉斯反变换（inverse laplace transformation），简称拉氏反变换，可定义为

$$f(t) = \frac{1}{2\pi\mathrm{j}} \int_{\sigma-\mathrm{j}\infty}^{\sigma+\mathrm{j}\infty} F(s)\ e^{st} \mathrm{d}s \tag{12-2}$$

原函数与它的象函数之间有着一一对应的关系，二者构成拉普拉斯变换对，可以记为

$$F(s) = \mathscr{L}\left[f(t)\right],\ f(t) = \mathscr{L}^{-1}\left[F(s)\right]$$

上述变换的对应关系也经常简记为

$$f(t) \leftrightarrow F(s)$$

原函数一般用小写字母表示，如 $f(t)$、$u(t)$、$i(t)$ 等。象函数一般用大写字母表示，如

$F(s)$ 、 $U(s)$ 、 $I(s)$ 等。

12.1.2 常用信号的拉普拉斯变换

1. 指数函数 $f(t) = e^{at}\varepsilon(t)$（ a 为实数，且 $a > 0$ ）

根据定义有

$$F(s) = \int_{0_-}^{\infty} e^{at}\varepsilon(t) \, e^{-st}\mathrm{d}t = \int_{0_-}^{\infty} e^{-(s-a)\,t}\mathrm{d}t$$

$$= \frac{-1}{s-a} e^{-(s-a)\,t} \Big|_{0}^{\infty} = \frac{1}{s-a}\left[1 - \lim_{t\to\infty} e^{-(s-a)\,t}\right] \tag{12-3}$$

由于 $s = \sigma + \mathrm{j}\omega$，故上式括号内第二项可以写为

$$\lim_{t\to\infty} e^{-(s-a)\,t} = \lim_{t\to\infty} e^{-(\sigma-a)\,t} e^{-\mathrm{j}\omega t} \tag{12-4}$$

只要选择 $\sigma > a$，则 $e^{-(\sigma-a)\,t}$ 将随时间 t 的增长而衰减。当 $t \to \infty$ 时，有

$$\lim_{t\to\infty} e^{-(s-a)\,t} = 0, \quad \sigma > a$$

从而式（12-3）的积分收敛，得到 $f(t)$ 的象函数为

$$F(s) = \frac{1}{s-a} \quad 即 \quad e^{at}\varepsilon(t) \leftrightarrow \frac{1}{s-a} \tag{12-5}$$

当 $\sigma < a$ 时，显然，$e^{-(\sigma-a)\,t}$ 将随时间 t 的增长而增大。当 $t \to \infty$ 时，$\lim\limits_{t\to\infty} e^{-(s-a)t} \to \infty$，从而式（12-3）的积分不收敛，$f(t)$ 的象函数不存在。

当 $\sigma > a$ 时，积分收敛，称为 $F(s)$ 的收敛域。电路分析中所遇到的大多数函数都可进行拉氏变换。一般情况下不再讨论拉氏变换的收敛域。

2. 单位斜坡函数 $f(t) = t\varepsilon(t)$

$$F(s) = \int_{0_-}^{\infty} t\varepsilon(t) \, e^{-st}\mathrm{d}t = \int_{0}^{\infty} te^{-st}\mathrm{d}t = -\frac{t}{s} e^{-st} \Big|_{0}^{\infty} + \int_{0}^{\infty} \frac{e^{-st}}{s}\mathrm{d}t = \frac{1}{s^2}$$

即

$$t\varepsilon(t) \leftrightarrow \frac{1}{s^2} \tag{12-6}$$

3. 单位阶跃函数 $f(t) = \varepsilon(t)$

$$F(s) = \int_{0_-}^{\infty} \varepsilon(t) \, e^{-st}\mathrm{d}t = \int_{0}^{\infty} e^{-st}\mathrm{d}t = \frac{-1}{s} e^{-st} \Big|_{0}^{\infty} = \frac{1}{s}$$

即

$$\varepsilon(t) \leftrightarrow \frac{1}{s} \tag{12-7}$$

由于 $f(t)$ 的单边拉氏变换其积分区间为 $[0_-, \infty)$，故对定义在 $(-\infty, \infty)$ 上的实函数 $f(t)$ 进行单边拉氏变换时，相当于 $f(t)\,\varepsilon(t)$ 的变换。所以常数 1 的拉氏变换与 $\varepsilon(t)$ 的拉氏变换相同，有

$$1 \leftrightarrow \frac{1}{s}$$

同理常数 A 的拉氏变换为 $\dfrac{A}{s}$，即

$$A \leftrightarrow \frac{A}{s}$$

4. 单位冲激函数 $f(t) = \delta(t)$

$$F(s) = \int_{0_-}^{\infty} \delta(t) \, e^{-st}\mathrm{d}t = \int_{0_-}^{0_+} \delta(t) \, e^{-st}\mathrm{d}t = \int_{0_-}^{0_+} \delta(t)\mathrm{d}t = 1$$

即 $$\delta(t) \leftrightarrow 1 \qquad (12\text{-}8)$$

表 12-1 为常用函数及其对应的象函数，以供查阅。

表 12-1　　　　　　　　　　　**常用函数及其对应的象函数**

序号	原函数 $f(t)$ $(t>0)$	象函数 $F(s)$	序号	原函数 $f(t)$ $(t>0)$	象函数 $F(s)$
1	$A\delta(t)$	A	9	$\cos(\omega_0 t)$	$\dfrac{s}{s^2+\omega_0^2}$
2	$\delta'(t)$	s	10	$e^{-at}\sin(\omega_0 t)$	$\dfrac{\omega_0}{(s+a)^2+\omega_0^2}$
3	$\delta''(t)$	s^2	11	$e^{-at}\cos(\omega_0 t)$	$\dfrac{s+a}{(s+a)^2+\omega_0^2}$
4	$A\varepsilon(t)$	$\dfrac{A}{s}$	12	te^{-at}	$\dfrac{1}{(s+a)^2}$
5	Ae^{-at}	$\dfrac{A}{s+a}$	13	t	$\dfrac{1}{s^2}$
6	$1-e^{-at}$	$\dfrac{a}{s(s+a)}$	14	$\dfrac{1}{2}t^2$	$\dfrac{1}{s^3}$
7	$(1-at)e^{-at}$	$\dfrac{s}{(s+a)^2}$	15	$\dfrac{1}{n!}t^n$	$\dfrac{1}{s^{n+1}}$
8	$\sin(\omega_0 t)$	$\dfrac{\omega_0}{s^2+\omega_0^2}$			

12.1.3　拉普拉斯变换的性质

拉普拉斯变换有许多重要性质，下面仅介绍一些在分析线性时不变电路时有用的基本性质，利用这些性质可以容易求得一些比较复杂函数的象函数，同时可以将线性电路在时域内的线性常微分方程变换为复频域内的线性代数方程。

1. 线性性质

若已知 A、B 为两个任意常数，$f_1(t) \leftrightarrow F_1(s)$，$f_2(t) \leftrightarrow F_2(s)$，则

$$Af_1(t)+Bf_2(t) \leftrightarrow AF_1(s)+BF_2(s) \qquad (12\text{-}9)$$

2. 时域微分性质

若 $f(t) \leftrightarrow F(s)$，且函数 $f(t)$ 的导数的拉氏变换存在，则

$$f'(t) \leftrightarrow sF(s)-f(0_-) \qquad (12\text{-}10)$$

进而有

$$f^{(n)}(t) \leftrightarrow s^n F(s)-s^{n-1}f(0_-)-s^{n-2}f'(0_-)-\cdots-f^{(n-1)}(0_-) \qquad (12\text{-}11)$$

应用拉氏变换时域微分性质可以将时域内的微分方程转化为 s 域内的代数方程，并且使系统的初始值 $f(0_-)$、$f'(0_-)$、$f''(0_-)$、……很方便地归并到变换式中去，再对 s 域内的代数方程求解后，就可以通过反变换直接求出系统的全响应。

3. 时域积分性质

若
$$f(t) \leftrightarrow F(s)$$

则
$$\int_{0_-}^{t} f(\tau)\,\mathrm{d}\tau \leftrightarrow \frac{F(s)}{s} \tag{12-12}$$

4. 延时性质

若
$$f(t)\,\varepsilon(t) \leftrightarrow F(s)$$

则
$$f(t-t_0)\,\varepsilon(t-t_0) \leftrightarrow e^{-st_0}F(s) \quad t_0 > 0 \tag{12-13}$$

例 12-1 （1）利用线性性质，求正弦函数 $\sin\omega_0 t$ 和余弦函数 $\cos\omega_0 t$ 的象函数；（2）利用时域微分性质，求余弦函数 $\cos\omega_0 t$ 的象函数。

解 （1）由于 $\sin\omega_0 t = \dfrac{1}{2\mathrm{j}}(e^{\mathrm{j}\omega_0 t} - e^{-\mathrm{j}\omega_0 t})$， $\cos\omega_0 t = \dfrac{1}{2}(e^{\mathrm{j}\omega_0 t} + e^{-\mathrm{j}\omega_0 t})$

利用拉氏变换的线性性质，故

$$\mathscr{L}\left[\sin\omega_0 t\right] = \mathscr{L}\left[\frac{1}{2\mathrm{j}}(e^{\mathrm{j}\omega_0 t} - e^{-\mathrm{j}\omega_0 t})\right] = \frac{1}{2\mathrm{j}}\left(\frac{1}{s-\mathrm{j}\omega_0} - \frac{1}{s+\mathrm{j}\omega_0}\right) = \frac{\omega_0}{s^2 + \omega_0^2}$$

即
$$\sin\omega_0 t \leftrightarrow \frac{\omega_0}{s^2 + \omega_0^2}$$

同理可得
$$\cos\omega_0 t \leftrightarrow \frac{s}{s^2 + \omega_0^2}$$

（2）因为
$$\frac{\mathrm{d}(\sin\omega_0 t)}{\mathrm{d}t} = \omega_0 \cos\omega_0 t$$

所以
$$\cos\omega_0 t = \frac{1}{\omega_0} \cdot \frac{\mathrm{d}(\sin\omega_0 t)}{\mathrm{d}t}$$

$$\mathscr{L}\left[\cos\omega_0 t\right] = \frac{1}{\omega_0} \cdot \mathscr{L}\left[\frac{\mathrm{d}(\sin\omega_0 t)}{\mathrm{d}t}\right] = \frac{1}{\omega_0}\left\{\mathscr{L}\left[\sin\omega_0 t\right] - \sin\omega_0 t\big|_{t=0}\right\}$$

$$= \frac{1}{\omega_0} \cdot \left[s \cdot \frac{\omega_0}{s^2 + \omega_0^2} - 0\right] = \frac{s}{s^2 + \omega_0^2}$$

例 12-2 试计算如图 12-1 所示函数的象函数。

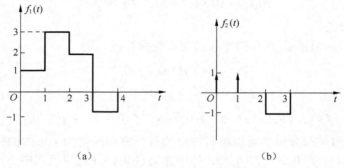

(a)   (b)

图 12-1 例 12-2 的波形

解 由图 12-1（a）可知 $f_1(t)=\varepsilon(t)+2\varepsilon(t-1)-\varepsilon(t-2)-3\varepsilon(t-3)+\varepsilon(t-4)$
利用拉氏变换的延时性质得

$$F_1(s)=\frac{1}{s}+\frac{2}{s}e^{-s}-\frac{1}{s}e^{-2s}-\frac{3}{s}e^{-3s}+\frac{1}{s}e^{-4s}=\frac{1}{s}(1+2e^{-s}-e^{-2s}-3e^{-3s}+e^{-4s})$$

由图 12-1（b）可知 $\qquad f_2(t)=\delta(t)+\delta(t-1)-\varepsilon(t-2)+\varepsilon(t-3)$

利用拉氏变换的延时性质得 $\qquad F_2(s)=1+e^{-s}-\frac{1}{s}e^{-2s}+\frac{1}{s}e^{-3s}$

12.2 拉普拉斯反变换

用拉氏变换求解线性动态电路的时域响应时，需要把求得的响应的拉氏变换反变换为时间函数。拉氏反变换可以用式（12-2）求得，但涉及一个复变函数的积分，比较复杂。如果象函数比较简单，根据表 12-1 可以查出其原函数。对于不能从表中查出原函数的情况，则采用部分分式展开法（partial-fraction-expansion method）求其原函数。

电路响应的象函数通常可以表示为两个实系数 s 的多项式之比，即

$$F(s)=\frac{N(s)}{D(s)}=\frac{b_m s^m+b_{m-1}s^{m-1}+\cdots+b_1 s+b_0}{a_n s^n+a_{n-1}s^{n-1}+\cdots+a_1 s+a_0}$$

式中，m 和 n 为正整数，若 $m<n$，为有理分式。对此形式的象函数可以用部分分式展开法将其表示为许多简单分式之和的形式，而这些简单项的反变换都可以在拉氏变换表中找到。首先求出 $D(s)=0$ 的根，下面分 3 种情况讨论。

1. $D(s)=0$ 的根为 n 个不同实根
若 $D(s)=0$ 的 n 个单实根分别为 s_1、s_2、$\cdots s_n$，于是 $F(s)$ 可以表示为

$$F(s)=\frac{K_1}{s-s_1}+\frac{K_2}{s-s_2}+\cdots+\frac{K_n}{s-s_n}=\sum_{i=1}^n\frac{K_i}{s-s_i} \qquad (12\text{-}14)$$

式中 K_1，K_2,$\cdots$，K_n 为待定系数。将上式两边都乘以 $(s-s_1)$，得

$$(s-s_1)\,F(s)=K_1+(s-s_1)\quad(\frac{K_2}{s-s_2}+\cdots+\frac{K_n}{s-s_n})$$

令 $s=s_1$，则 $\qquad K_1=\left[(s-s_1)\,F(s)\right]_{s=s_1}$
同理可求得 K_2，K_3,$\cdots$，K_n。并用通式表示为

$$K_i=\left[(s-s_i)\,F(s)\right]_{s=s_i} \qquad (12\text{-}15)$$

因为 $\qquad \frac{K_i}{s-s_i}\leftrightarrow K_i e^{s_i t}\quad(i=1,2,\cdots)$

所以原函数为 $\qquad f(t)=\sum_{i=1}^n K_i e^{s_i t} \qquad (12\text{-}16)$

在电路分析中，一般不出现 $m>n$ 的情况，若遇到 $m=n$，要先将 $F(s)$ 的分子分母相除成为常数项与真分式之和的形式，即 $F(s)=K+\frac{N_0(s)}{D(s)}$。

2. $D(s)=0$ 的根有共轭复根
由于 $D(s)$ 是 s 的实系数多项式，若 $D(s)=0$ 出现复根，则必然是成对共轭的。设 $D(s)=0$

中含有一对共轭复根，如 $s_1 = \alpha + j\omega$，$s_2 = \alpha - j\omega$，则 $F(s)$ 的展开式中将含有以下两项

$$\frac{K_1}{s - \alpha - j\omega} + \frac{K_2}{s - \alpha + j\omega}$$

则

$$K_1 = \left[(s - \alpha - j\omega) F(s)\right]_{s = \alpha + j\omega} = |K_1| e^{j\varphi_1}$$

$$K_2 = \left[(s - \alpha + j\omega) F(s)\right]_{s = \alpha - j\omega} = |K_1| e^{-j\varphi_1}$$

其中 K_1，K_2 为共轭复数。$|K_1|$ 为复数 K_1 的模，φ_1 为复数 K_1 的辐角。这时原函数为

$$
\begin{aligned}
f(t) &= K_1 e^{(\alpha + j\omega) t} + K_2 e^{(\alpha - j\omega) t} \\
&= |K_1| e^{j\varphi_1} e^{(\alpha + j\omega) t} + |K_1| e^{-j\varphi_1} e^{(\alpha - j\omega) t} \\
&= |K_1| e^{\alpha t} \left[e^{j(\omega t + \varphi_1)} + e^{-j(\omega t + \varphi_1)} \right] = 2|K_1| e^{\alpha t} \cos(\omega t + \varphi_1)
\end{aligned}
\tag{12-17}
$$

例 12-3 设 $F(s) = \dfrac{s}{s^2 + 2s + 5}$，求 $f(t)$。

解法一 先按一般的方法求解。

因为分母多项式有一对共轭复根，$s_1 = -1 + j2$，$s_2 = -1 - j2$，故

$$F(s) = \frac{s}{s^2 + 2s + 5} = \frac{K_1}{s - (-1 + j2)} + \frac{K_2}{s - (-1 - j2)}$$

$$K_1 = \left[(s - s_1) F(s)\right]_{s = -1 + j2} = \frac{1}{4}(2 + j) = 0.559 e^{j26.57^\circ}$$

同理

$$K_2 = \frac{1}{4}(2 - j) = 0.559 e^{-j26.57^\circ}$$

利用式（12-17），这时原函数为 $f(t) = 1.118 e^{-t} \cos(2t + 26.57^\circ)$ $(t \geq 0)$

解法二 可以先将分母配成二项式的平方，也就是把一对共轭复根作为一个整体考虑。即

$$F(s) = \frac{s}{s^2 + 2s + 5} = \frac{s}{(s+1)^2 + 2^2} = \frac{s+1}{(s+1)^2 + 2^2} - \frac{1}{(s+1)^2 + 2^2}$$

利用表 12-1，得

$$f(t) = e^{-t} \cos 2t - \frac{1}{2} e^{-t} \sin 2t = 1.118 e^{-t} \cos(2t + 26.57^\circ) \quad (t \geq 0)$$

3. $D(s) = 0$ 含有重根

若 $D(s) = 0$ 在 $s = s_1$ 时有三重根，其余为单根，于是 $F(s)$ 可以表示为

$$F(s) = \frac{K_{11}}{(s - s_1)^3} + \frac{K_{12}}{(s - s_1)^2} + \frac{K_{13}}{(s - s_1)} + \left(\frac{K_2}{s - s_2} + \cdots\right) \tag{12-18}$$

式中 K_{11}，K_{12}，K_{13}，K_2，$\cdots$ 为待定系数。将上式两边都乘以 $(s - s_1)^3$，得

$$(s - s_1)^3 F(s) = K_{11} + (s - s_1) K_{12} + (s - s_1)^2 K_{13} + (s - s_1)^3 \left(\frac{K_2}{s - s_2} + \cdots\right) \tag{12-19}$$

令 $s = s_1$，则

$$K_{11} = \left[(s - s_1)^3 F(s)\right]_{s = s_1}$$

对式（12-19）两边求导，得

$$\frac{\mathrm{d}}{\mathrm{d}s}\left[(s - s_1)^3 F(s)\right] = K_{12} + 2(s - s_1) K_{13} + \frac{\mathrm{d}}{\mathrm{d}s}\left[(s - s_1)^3 (\frac{K_2}{s - s_2} + \cdots)\right]$$

令 $s = s_1$，则

$$K_{12} = \frac{\mathrm{d}}{\mathrm{d}s}\left[(s - s_1)^3 F(s)\right]_{s = s_1}$$

用同样的方法可以确定 K_{13} 为

$$K_{13} = \frac{1}{2}\frac{\mathrm{d}^2}{\mathrm{d}s^2}\Big[(s-s_1)^3 F(s)\Big]_{s=s_1}$$

例 12-4　设 $F(s) = \dfrac{s-2}{s(s+1)^3}$，求 $f(t)$。

解　这里 $s=0$ 为单根，$s=-1$ 为三重根，于是 $F(s)$ 可以表示为

$$F(s) = \frac{K_{11}}{(s-s_1)^3} + \frac{K_{12}}{(s-s_1)^2} + \frac{K_{13}}{(s-s_1)} + \frac{K_2}{s}$$

则

$$K_{11} = \Big[(s+1)^3 F(s)\Big]_{s=-1} = 3$$

$$K_{12} = \frac{\mathrm{d}}{\mathrm{d}s}\Big[(s+1)^3 F(s)\Big]_{s=-1} = \frac{\mathrm{d}}{\mathrm{d}s}\Big(\frac{s-2}{s}\Big)\Big|_{s=-1} = 2$$

$$K_{13} = \frac{1}{2}\frac{\mathrm{d}^2}{\mathrm{d}s^2}\Big[(s+1)^3 F(s)\Big]_{s=-1} = \frac{1}{2}\frac{\mathrm{d}^2}{\mathrm{d}s^2}\Big(\frac{s-2}{s}\Big)\Big|_{s=-1} = 2$$

$$K_2 = \Big[sF(s)\Big]_{s=0} = -2$$

于是

$$F(s) = \frac{3}{(s+1)^3} + \frac{2}{(s+1)^2} + \frac{2}{(s+1)} - \frac{2}{s}$$

所以，原函数为

$$f(t) = \Big[\frac{3}{2}t^2 e^{-t} + 2te^{-t} + 2e^{-t} - 2\Big]\varepsilon(t)$$

12.3　线性电路的复频域解法

我们已经知道，通过拉普拉斯变换可以将微分方程变换为代数方程，从而简化了动态电路的求解。但是这种方法仍然需要列出电路的时域方程。事实上，象相量法一样，电路的时域方程的列写可以省去，而按电路结构直接列出其复频域的代数方程，使分析方法变得简单。为此应该首先导出元件的伏安关系及电路基本定律的复频域形式。

12.3.1　电路元件的复频域形式

1. 电阻元件

如图 12-2（a）所示电阻元件的电压电流关系为 $u(t) = R\,i(t)$

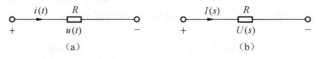

图 12-2　电阻的复频域电路模型

两边取拉氏变换得象函数

$$U(s) = RI(s) \tag{12-20}$$

上式就是电阻元件在复频域中的伏安关系，称为欧姆定律的复频域形式。由式（12-20），画出电阻元件的复频域模型如图 12-2（b）所示。

2. 电感元件

如图 12-3（a）所示电感元件的电压电流关系为 $u(t) = L\dfrac{\mathrm{d}i(t)}{\mathrm{d}t}$

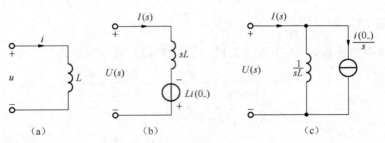

图 12-3　电感的复频域电路模型

两边取拉氏变换，利用微分性质得象函数

$$U(s) = sLI(s) - Li(0_-) \tag{12-21}$$

或

$$I(s) = \frac{1}{sL}U(s) + \frac{i(0_-)}{s} \tag{12-22}$$

由式（12-21）、式（12-22），可以画出电感元件的复频域电路模型如图 12-3（b）、（c）所示。其中 sL 和 $\dfrac{1}{sL}$ 分别为电感元件的运算阻抗和运算导纳，$Li(0_-)$ 和 $\dfrac{i(0_-)}{s}$ 分别表示与电感中初始电流 $i(0_-)$ 有关的附加电压源和附加电流源的数值。电感的两种复频域模型是互相等效的，可以根据选用的电路分析方法选用不同的模型。采用回路分析法时，选用图 12-3（b）较为方便，而采用节点分析法时，选用图 12-3（c）较为方便。

3. 电容元件

如图 12-4（a）所示电容元件的电压电流关系为 $i(t) = C\dfrac{\mathrm{d}u(t)}{\mathrm{d}t}$

两边取拉氏变换，利用微分性质得象函数

$$I(s) = sCU(s) - Cu(0_-) \tag{12-23}$$

或

$$U(s) = \frac{1}{sC}I(s) + \frac{1}{s}u(0_-) \tag{12-24}$$

由式（12-23）、式（12-24），可以画出电容元件的复频域电路模型如图 12-4（c）、图 12-4（b）所示。其中 $\dfrac{1}{sC}$ 和 sC 分别为电容元件的运算阻抗和运算导纳，$Cu(0_-)$ 和 $\dfrac{u(0_-)}{s}$ 分别表示与电容上初始电压 $u(0_-)$ 有关的附加电流源和附加电压源的数值。电容的两种复频域模型也是互相等效的，可以根据选用的电路分析方法选用不同的模型。

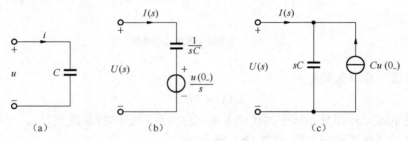

图 12-4　电容的复频域电路模型

4．耦合电感

具有耦合的两个电感线圈如图 12-5（a）所示，其电压电流关系为

$$u_1(t) = L_1 \frac{\mathrm{d}i_1}{\mathrm{d}t} + M \frac{\mathrm{d}i_2}{\mathrm{d}t}, \quad u_2(t) = L_2 \frac{\mathrm{d}i_2}{\mathrm{d}t} + M \frac{\mathrm{d}i_1}{\mathrm{d}t}$$

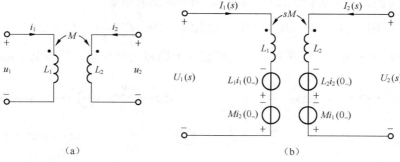

（a）　　　　　　　　　　　　　　　（b）

图 12-5　耦合电感的复频域电路模型

两边取拉氏变换，利用微分性质得象函数

$$U_1(s) = sL_1 I_1(s) + sM I_2(s) - L_1 i_1(0_-) - M i_2(0_-) \tag{12-25}$$

$$U_2(s) = sL_2 I_2(s) + sM I_1(s) - L_2 i_2(0_-) - M i_1(0_-) \tag{12-26}$$

其中 sM 称为互感运算阻抗，$L_1 i_1(0_-)$ 和 $L_2 i_2(0_-)$ 称为自感附加电压源，而 $M i_2(0_-)$ 和 $M i_1(0_-)$ 称为互感附加电压源，耦合电感的复频域电路模型如图 12-5（b）所示。

12.3.2　基尔霍夫定律的复频域形式

基尔霍夫电流定律在时域中的数学表示式为

对任一节点有 $$\sum i(t) = 0$$

两边取拉氏变换，得 $$\sum I(s) = 0 \tag{12-27}$$

式（12-27）称为 KCL 的复频域形式。它表明，对任意节点，流出（或流入）该节点的象电流的代数和为零。

基尔霍夫电压定律在时域中的数学表示式为

对任一回路有 $$\sum u(t) = 0$$

两边取拉氏变换，得 $$\sum U(s) = 0 \tag{12-28}$$

式（12-28）称为 KVL 的复频域形式。它表明，沿任意闭合回路，各段象电压的代数和为零。

显然，基尔霍夫定律的复频域形式与时域形式在形式上相同，差别仅在于一个用象函数为变量，另一个用时域函数为变量。

12.3.3　线性动态电路的复频域分析法

利用电路元件的复频域模型以及基尔霍夫定律的复频域形式可以很方便地求解电路的动态过程。前面导出的各种电路分析方法和定理也可以用于电路的复频域分析。用拉氏变换分析计算线性电路的步骤如下。

（1）由换路前的电路，确定 $t = 0_-$ 时动态元件的初始值 $u_C(0_-)$ 和 $i_L(0_-)$，以确定附加

电源。

（2）把换路后的时域电路变换为复频域电路模型。在复频域电路模型中，各电路元件用复频域模型来表示，已知的电压源、电流源和电路中的各电流、电压均用象函数表示。

（3）在复频域电路模型中，应用电路的各种分析方法求出响应的象函数。

（4）对响应的象函数进行拉氏反变换，求出响应的时域解。

例 12-5　在图 12-6（a）的电路中，已知 $L=4\text{H}$，$C=\dfrac{1}{4}\text{F}$，$U_\text{S}=28\text{V}$，$R_1=12\Omega$，$R_2=R_3=2\Omega$，当 $t=0$ 时 S 断开，开关断开前电路已处于稳态，求 S 断开后的电压 $u_\text{C}(t)$。

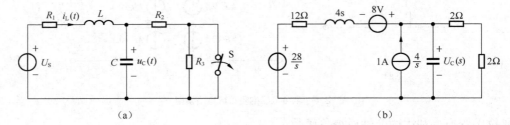

图 12-6　例 12-5 电路图

解　（1）由换路前的电路，确定 $t=0_-$ 时 $i_\text{L}(0_-)$、$u_\text{C}(0_-)$，以确定附加电源。

$$\begin{cases} i_\text{L}(0_-)=\dfrac{U_\text{S}}{R_1+R_2}=\dfrac{28}{12+2}=2\text{A} \\[2mm] u_\text{C}(0_-)=i_\text{L}(0_-)\,R_2=2\times2=4\text{V} \end{cases}$$

（2）复频域电路模型如图 12-6（b）所示。

（3）根据节点分析法列出电路方程为

$$\left(\frac{1}{12+4s}+\frac{1}{4/s}+\frac{1}{2+2}\right)U_\text{C}(s)-\frac{1}{12+4s}\left(\frac{28}{s}+8\right)=1$$

得

$$U_\text{C}(s)=\frac{4(s^2+5s+7)}{s(s^2+4s+4)}=\frac{7}{s}-\frac{3s+8}{(s+2)^2}$$

（4）求 $U_\text{C}(s)$ 的拉氏反变换，得

$$u_\text{C}(t)=\left[7-2(t+1.5)\,e^{-2t}\right]\varepsilon(t)\ \text{V}$$

例 12-6　在图 12-7（a）的电路中，已知 $U=10\text{V}$，$R_1=R_2=5\Omega$，$L_1=L_2=1\text{H}$，$M=0.5\text{H}$，当 $t=0$ 时将开关 S 闭合，求 $t\geqslant0$ 时的 $i_1(t)$、$i_2(t)$。

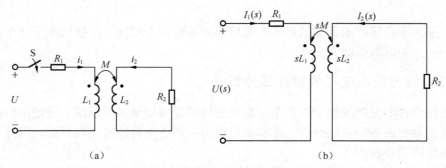

图 12-7　例 12-6 电路图

解 （1）因为当 $t=0_-$ 时开关断开，所以 $i_1(0_-)=i_2(0_-)=0$，无附加电流源。

（2）电路的复频域电路模型如图 12-7（b）所示。

（3）根据网孔分析法列出电路方程为

$$\begin{cases} (R_1+sL_1)I_1(s)+sMI_2(s)=U(s) \\ sMI_1(s)+(R_2+sL_2)I_2(s)=0 \end{cases}$$

代入已知数据，得

$$\begin{cases} (5+s)I_1(s)+0.5sI_2(s)=\dfrac{10}{s} \\ 0.5sI_1(s)+(5+s)I_2(s)=0 \end{cases}$$

解得

$$\begin{cases} I_1(s)=\dfrac{10s+50}{s(0.75s^2+10s+25)}=\dfrac{13.33s+66.67}{s(s^2+13.33s+33.33)} \\ \qquad =\dfrac{13.33s+66.67}{s(s+3.333)(s+10)}=\dfrac{K_1}{s}+\dfrac{K_2}{s+3.333}+\dfrac{K_3}{s+10} \\ I_2(s)=\dfrac{-5}{0.75s^2+10s+25}=\dfrac{-6.667}{s^2+13.33s+33.33} \\ \qquad =\dfrac{-6.667}{(s+3.333)(s+10)}=\dfrac{K_4}{s+3.333}+\dfrac{K_5}{s+10} \end{cases}$$

（4）求 $I_1(s)$ 和 $I_2(s)$ 的拉氏反变换。

$$K_1=\left[sI_1(s)\right]_{s=0}=\left[\frac{13.33s+66.67}{(s+3.333)(s+10)}\right]_{s=0}=2$$

$$K_2=\left[(s+3.333)I_1(s)\right]_{s=-3.333}=\left[\frac{13.33s+66.67}{s(s+10)}\right]_{s=-3.333}=-1$$

$$K_3=\left[(s+10)I_1(s)\right]_{s=-10}=\left[\frac{13.33s+66.67}{s(s+3.333)}\right]_{s=-10}=-1$$

所以 $I_1(s)=\dfrac{2}{s}-\dfrac{1}{s+3.333}-\dfrac{1}{s+10}$

得 $i_1(t)=(2-e^{-3.333t}-e^{-10t})\text{ A} \qquad (t\geqslant0)$

$$K_4=\left[(s+3.333)I_2(s)\right]_{s=-3.333}=\left[\frac{-6.667}{s+10}\right]_{s=-3.333}=-1$$

$$K_5=\left[(s+10)I_2(s)\right]_{s=-10}=\left[\frac{-6.667}{s+3.333}\right]_{s=-10}=1$$

所以 $I_2(s)=-\dfrac{1}{s+3.333}+\dfrac{1}{s+10}$

得 $i_2(t)=(-e^{-3.333t}+e^{-10t})\text{ A} \qquad (t\geqslant0)$

例 12-7 在图 12-8（a）的电路中，已知 $u_S(t)=60\cos(314t-30°)\varepsilon(t)$ V，电路原来未充电，试求 $t>0$ 时的电阻电流 $i_R(t)$。

解 （1）由于电路原来未充电，所以 $i_L(0_-)=0$，无附加电流源。

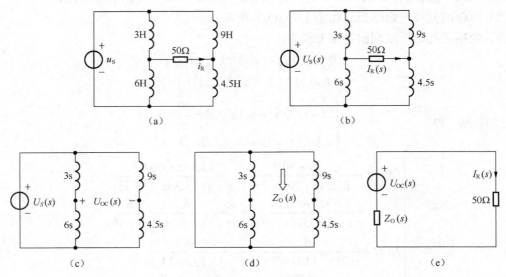

图 12-8　例 12-7 电路图

（2）因为 $u_S(t) = 60\cos(314t - 30°)\,\varepsilon(t) = \left[(30\sqrt{3}\cos 314t + 30\sin 314t)\,\varepsilon(t)\right]$ V，设

$\omega = 314\,\mathrm{rad/s}$，则 $U_S(s) = \dfrac{30\sqrt{3}s}{s^2 + \omega^2} + \dfrac{30\omega}{s^2 + \omega^2} = \dfrac{30\sqrt{3}s + 30\omega}{s^2 + \omega^2}$

相应的复频域电路模型如图 12-8（b）所示。

（3）采用戴维南定理求 $I_R(s)$。首先求开路电压 $U_{OC}(s)$，电路如图 12-8（c）所示。

$$U_{OC}(s) = \frac{6s}{3s + 6s}U_S(s) - \frac{4.5s}{4.5s + 9s}U_S(s) = \frac{1}{3}U_S(s)$$

其次求戴维南等效运算阻抗 $Z_O(s)$，电路如图 12-8（d）所示。

$$Z_O(s) = \frac{3s \cdot 6s}{3s + 6s} + \frac{4.5s \cdot 9s}{4.5s + 9s} = 2s + 3s = 5s$$

戴维南等效电路如图 12-8（e）所示，有

$$I_R(s) = \frac{U_{OC}(s)}{Z_O(s) + 50} = \frac{\frac{1}{3}U_S(s)}{5s + 50} = \frac{\frac{1}{15}}{s + 10} \cdot \frac{30\sqrt{3}s + 30\omega}{s^2 + \omega^2} = \frac{2\sqrt{3}s + 2\omega}{(s + 10)(s^2 + \omega^2)}$$

（4）求 $I_R(s)$ 的拉氏反变换。

$$I_R(s) = \frac{K_1}{s + 10} + \frac{K_2}{s + j\omega} + \frac{K_3}{s - j\omega}$$

$$K_1 = (s + 10)\,I_R(s)\big|_{s = -10} = \frac{2\sqrt{3}s + 2\omega}{(s^2 + \omega^2)}\bigg|_{s = -10} = \frac{-20\sqrt{3} + 2\omega}{10^2 + \omega^2}$$

$$K_2 = (s + j\omega)\,I_R(s)\big|_{s = -j\omega} = \frac{2\sqrt{3}s + 2\omega}{(s + 10)(s - j\omega)}\bigg|_{s = -j\omega} = \frac{(10\sqrt{3} - \omega) + j(\sqrt{3}\omega + 10)}{10^2 + \omega^2}$$

$$K_3 = K_2^{\ *}$$

把 $\omega = 314\mathrm{rad/s}$ 代入，得

$$\begin{cases} K_1 = 6.012 \times 10^{-3} \\ K_2 = -3.006 \times 10^{-3} + \mathrm{j}5.612 \times 10^{-3} = 6.366 \times 10^{-3}\,e^{\mathrm{j}118.2°} \\ K_3 = K_2^* = 6.366 \times 10^{-3}\,e^{-\mathrm{j}118.2°} \end{cases}$$

利用式（12-17），得 $i_{\mathrm{R}}(t) = \left[6.012e^{-10t} + 12.73\cos(314t - 118.2°) \right] \varepsilon(t)$ （mA）

本 章 小 结

1．拉普拉斯变换的定义

一个在 $[0, \infty)$ 区间上的实函数 $f(t)$，它的单边拉普拉斯变换 $F(s)$ 定义为

$$F(s) = \int_{0_-}^{\infty} f(t)\,e^{-st}\mathrm{d}t$$

其中 $s = \sigma + \mathrm{j}\omega$ 为复数，$F(s)$ 为 $f(t)$ 的拉氏变换（或象函数），$f(t)$ 为 $F(s)$ 的拉氏反变换（或原函数）。

拉普拉斯反变换，简称拉氏反变换，可定义为 $f(t) = \dfrac{1}{2\pi\mathrm{j}}\displaystyle\int_{\sigma-\mathrm{j}\infty}^{\sigma+\mathrm{j}\infty} F(s)\,e^{st}\mathrm{d}s$

上述变换的对应关系也经常简记为 $f(t) \leftrightarrow F(s)$

2．常用信号的拉氏变换

$$\delta(t) \leftrightarrow 1 \qquad \varepsilon(t) \leftrightarrow \frac{1}{s} \qquad t\varepsilon(t) \leftrightarrow \frac{1}{s^2} \qquad e^{at} \leftrightarrow \frac{1}{s-a}$$

3．拉普拉斯变换的性质

（1）线性性质 $\qquad \mathrm{A}f_1(t) + \mathrm{B}f_2(t) \leftrightarrow \mathrm{A}F_1(s) + \mathrm{B}F_2(s)$

（2）时域微分性质 $\qquad f'(t) \leftrightarrow sF(s) - f(0_-)$

（3）时域积分性质 $\qquad \displaystyle\int_{0_-}^{t} f(\tau)\,\mathrm{d}\tau \leftrightarrow \frac{F(s)}{s}$

（4）延时性质 $\qquad f(t - t_0)\ \varepsilon(t - t_0) \leftrightarrow e^{-st_0}F(s) \quad t_0 > 0$

4．电路定律的复频域形式

（1）电阻元件 $\qquad U(s) = RI(s)$

（2）电感元件 $\qquad U(s) = sLI(s) - Li(0_-)$

（3）电容元件 $\qquad U(s) = \dfrac{1}{sC}I(s) + \dfrac{1}{s}u(0_-)$

（4）基尔霍夫定律 $\qquad \sum I(s) = 0$ ，$\sum U(s) = 0$

5．线性电路的复频域求解步骤如下：

（1）由换路前的电路，确定 $t=0_-$ 时动态元件的初始值 $u_{\mathrm{C}}(0_-)$ 和 $i_{\mathrm{L}}(0_-)$，以确定附加电源。

（2）把换路后的时域电路变换为复频域电路模型。在复频域电路模型中，各电路元件用复频域模型来表示，已知的电压源、电流源和电路中的各电流、电压均用象函数表示。

（3）在复频域模型中，应用电路的各种分析方法求出响应的象函数。

（4）对响应的象函数进行拉氏反变换，求出响应的时域解。

习　题

一、选择题

1. 对于电感 L 元件，运算阻抗形式为（　　）。

A. $\dfrac{L}{s}$　　　　　B. $\dfrac{s}{L}$　　　　　C. $\dfrac{1}{sL}$　　　　　D. sL

2. 对于电容 C 元件，运算阻抗形式为（　　）。

A. $\dfrac{C}{s}$　　　　　B. $\dfrac{s}{C}$　　　　　C. $\dfrac{1}{sC}$　　　　　D. sC

3. 已知某电容 C 的电压初始值 $u_C(0_-)=20\text{V}$，在运算电路图中由此初始电压引起的附加电压源大小为（　　）。

A. $20s$　　　　　B. $20C$　　　　　C. $\dfrac{20}{s}$　　　　　D. $\dfrac{20}{C}$

4. 已知某电感 L 的电流初始值 $i_L(0_-)=4\text{A}$，在运算电路图中由此初始电流引起的附加电压源大小为（　　）。

A. $4L$　　　　　B. $\dfrac{4}{L}$　　　　　C. $4s$　　　　　D. $\dfrac{4}{s}$

5. 已知某象函数 $F(s)=\dfrac{30(s+1)(s+5)}{s(s+2)^2(s+4)^3}$，如果利用部分分式展开法将它进行拉普拉斯反变换，可将此式展开为（　　）个分式。

A. 2　　　　　B. 3　　　　　C. 5　　　　　D. 6

6. 已知某象函数 $F(s)=\dfrac{(s+2)}{(s+1)(s+3)^3}$，为求它的原函数 $f(t)$，可利用部分分式展开法，将 $F(s)$ 展开为（　　）。

A. $F(s)=\dfrac{A_1}{s+1}+\dfrac{A_2}{(s+3)^3}$

B. $F(s)=\dfrac{A_1}{s+1}+\dfrac{A_2}{(s+3)^3}+\dfrac{A_3}{s+2}$

C. $F(s)=\dfrac{A_1}{s+1}+\dfrac{A_{23}}{s+3}+\dfrac{A_{22}}{(s+3)^2}+\dfrac{A_{21}}{(s+3)^3}$

D. $F(s)=\dfrac{A_1}{s+3}+\dfrac{A_2}{(s+3)^2}+\dfrac{A_3}{(s+3)^3}$

二、填空题

1. 基尔霍夫电流定律的复频域形式为＿＿＿＿，基尔霍夫电压定律的复频域形式为＿＿＿＿。

2. 已知某线性电路中的网络函数 $H(s)=\dfrac{4}{s+2}$，则对应此电路中的单位冲激响应 $h(t)=$ ＿＿＿＿。

3. 已知某线性电路中的单位冲激响应 $h(t)=5e^{-3t}$，则对应的网络函数 $H(s)=$ ＿＿＿＿。

4. 已知某象函数 $F(s)=\dfrac{2}{s(s+2)}$，对应此象函数的原函数 $f(t)=$ ＿＿＿＿。

三、计算题

1. 试求下列函数的单边拉氏变换。

（1）$\delta(t)+e^{-3t}$　　　　（2）$2-e^{-3t}$　　　　（3）$e^{-t}\cos t$

2．求下列函数的拉氏反变换。

（1） $\dfrac{1}{s^2+6s+5}$ 　　　　（2） $\dfrac{s+2}{s(s^2+1)}$ 　　　　（3） $\dfrac{3s+2}{(s+1)(s+2)^2}$

3．试用拉氏变换求解微分方程 $\dfrac{\mathrm{d}y(t)}{\mathrm{d}t}+2y(t)=\sin 2t,\ t\geq 0$ ，初始条件 $y(0_-)=0$ 。

4．已知某象函数 $F(s)=\dfrac{s}{s^2+4^2}$ ，求对应此象函数的原函数 $f(t)$ 。

5．在图 x12.1 的电路中，已知激励信号 $u_\mathrm{s}(t)=20\varepsilon(t)$ V，电路元件参数 $R_1=0.2\Omega$ ， $R_2=1\Omega$ ， $L=0.5\mathrm{H}$ ， $C=1\mathrm{F}$ ，试求零状态响应 $i_\mathrm{L}(t)$ 。

6．在图 x12.2 电路中，已知 $L=0.1\mathrm{H}$ ， $C=0.5\mathrm{F}$ ， $u_\mathrm{s}(t)=e^{-5t}\varepsilon(t)$ V， $R_1=1\Omega$ ， $R_2=R_3=1\Omega$ ，求电流 $i(t)$ 的零状态响应。

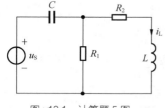　　　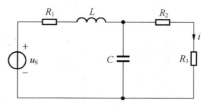

图 x12.1　计算题 5 图　　　　　　　图 x12.2　计算题 6 图

7．如图 x12.3 所示的电路中，已知 $R=1\Omega$ ， $L=0.1\mathrm{H}$ ， $C=\dfrac{1}{3}\mathrm{F}$ ， $i_\mathrm{s}(t)=2\varepsilon(t)\mathrm{A}$ ，初始条件 $u_\mathrm{C}(0_-)=1\mathrm{V}$ ， $i_\mathrm{L}(0_-)=0\mathrm{A}$ ，求 $t\geq 0$ 时电容电压 $u_\mathrm{C}(t)$ 。

8．在图 x12.4 所示的 RLC 并联电路中，已知 $i_\mathrm{s}(t)=0.1\delta(t)$ A ， $R=10\Omega$ ， $L=1\mathrm{H}$ ， $C=1000\mu\mathrm{F}$ 。初始条件为 $u_\mathrm{C}(0_-)=100\mathrm{V}$ ， $i_\mathrm{L}(0_-)=0.1\mathrm{A}$ ，求电路的响应 $u_\mathrm{C}(t)$

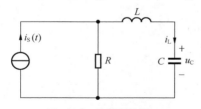　　　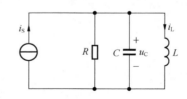

图 x12.3　计算题 7 图　　　　　　　图 x12.4　计算题 8 图

9．在图 x12.5 的电路中，已知 $U_\mathrm{S}=1\mathrm{V}$ ， $R_1=R_2=1\Omega$ ， $L_1=1\mathrm{H}$ ， $L_2=4\mathrm{H}$ ， $M=2\mathrm{H}$ ，电感中原无磁场能量。在 $t=0$ 时将开关 S 闭合，求 $t>0$ 的 $i_1(t)$ 、 $i_2(t)$ 。

10．在图 x12.6 的电路中，已知 $u_\mathrm{s}(t)=e^{-2t}\varepsilon(t)$ V，求电路的零状态响应 $u_\mathrm{L}(t)$ 。

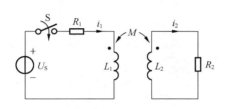　　　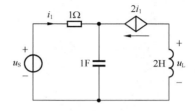

图 x12.5　计算题 9 图　　　　　　　图 x12.6　计算题 10 图

11．在图 x12.7 的电路中，已知 $i_\mathrm{s}(t)=\cos\omega t\varepsilon(t)$ V，求电路的零状态响应 $i_\mathrm{R}(t)$ 。

12．电路如图 x12.8 所示，电路原处于稳态，若开关 S 在 $t=0$ 时闭合，试：（1）画出 $t\geq 0$ 时的运算电路图；（2）在运算电路图中利用结点电压法求出 $t\geq 0$ 时的电容电压 $u_\mathrm{C}(t)$ 。

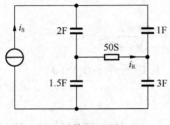

图 x12.7　计算题 11 图

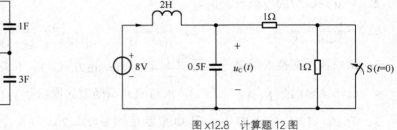

图 x12.8　计算题 12 图

第 **13** 章 非线性电路简介

本章主要内容：本章简要介绍非线性电阻元件、非线性电容元件、非线性电感元件，并举例说明非线性电路方程的建立方法。同时介绍了分析非线性电阻电路常用的分析方法，如图解法、小信号分析法、分段线性化法。与前面讨论线性电路相类似，我们只研究非线性时不变电路。

13.1 非线性电阻元件

线性元件的参数都是不随其电流、电压而改变的常量。如果元件的参数与电流、电压有关，则称该元件为非线性元件。

13.1.1 非线性电阻元件的伏安特性

线性电阻元件的伏安特性曲线为通过 $u\text{-}i$ 平面上坐标原点的直线，它的性能可以用一个电阻值来表示，其伏安特性遵循欧姆定律。非线性电阻元件的电压和电流不成正比，它的电阻值不是常数，其伏安特性不再是通过 $u\text{-}i$ 平面上坐标原点的直线，而是曲线。非线性电阻元件的电路符号如图 13-1 所示，其伏安关系一般可以通过电压和电流的函数关系或曲线来描述。通常为

$$f(u, i) = 0 \qquad\qquad (13\text{-}1)$$

非线性电阻元件一般可分为流控电阻元件（current-controlled resister）、压控电阻元件（voltage-controlled resister）和单调型电阻元件 3 类。

电流控制型电阻元件（简称流控电阻）是一个二端元件，电阻两端电压可以表示为端电流的单值函数，即

$$u = f(i) \qquad\qquad (13\text{-}2)$$

也就是说每给定一个电流值，可以确定唯一的电压值，但是对于同一电压值，电流可能是多值的。充气二极管是具有流控电阻元件特性的典型器件，其伏安特性如图 13-2 所示。

电压控制型电阻元件（简称压控电阻）也是一个二端元件，电阻中的电流可以表示为端电压的单值函数，即

$$i = g(u) \qquad\qquad (13\text{-}3)$$

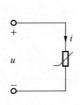

图 13-1 非线性电阻元件

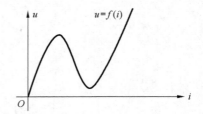

图 13-2 充气二极管的伏安特性

也就是说每给定一个电压值，可以确定唯一的电流值，但是对于同一电流值，电压可能是多值的。隧道二极管是具有压控电阻元件特性的典型器件，其伏安特性如图 13-3 所示。

如果非线性电阻元件的端电压可以表示为电流的单值函数，电流又可以表示为端电压的单值函数，即

$$u = f(i) , \quad i = g(u)$$

同时成立，并且 f 和 g 互为反函数，这样的非线性电阻元件既是流控的又是压控的，称为单调型非线性电阻元件。PN 结二极管是最常见的一种单调型非线性电阻元件，它的伏安特性可以用公式表示为

$$i = I_\mathrm{s}(e^{\frac{qu}{kT}} - 1) \tag{13-4}$$

其中，I_s 是一个与外加电压无关的常数，称为反向饱和电流，取值在微安数量级；q 是电子的电荷量，$q = 1.602 \times 10^{-19}\mathrm{C}$；$k$ 是波尔兹曼常数，$k = 1.38 \times 10^{-23}\mathrm{J/K}$；$T$ 是绝对温度，单位为 K，例如在室温为 25℃时，T=273+25=298K，这时

$$\frac{q}{kT} = \frac{1.602 \times 10^{-19}}{1.38 \times 10^{-23} \times 298} = 38.96\mathrm{V}^{-1}$$

PN 结二极管伏安特性如图 13-4 所示。由伏安特性可以看出，流过二极管的电流随着加在它两端的电压的增加而单调地增加，反之亦然。二极管的伏安特性式又可表示为

$$u = 0.026\ln\left(\frac{i}{I_\mathrm{s}} + 1\right)$$

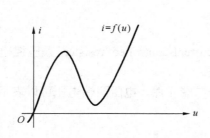

图 13-3 隧道二极管的伏安特性

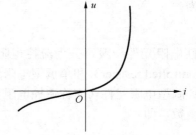

图 13-4 PN 结二极管其伏安特性

为了计算和分析上的需要，我们引入静态电阻 R_s 和动态电阻 R_d 的概念。工作点 Q 处静态电阻（static resistance）定义为该点的电压值与电流值之比，即

$$R_\mathrm{s} = \frac{u}{i}\bigg|_{U_Q, \ I_Q} \tag{13-5}$$

工作点 Q 处动态电阻（dynamic resistance）定义为该点的电压对电流的导数，即

$$R_\mathrm{d} = \frac{\mathrm{d}u}{\mathrm{d}i}\bigg|_{U_Q,\ I_Q} \tag{13-6}$$

显然，伏安特性曲线位于第 I 和第 III 象限时，静态电阻为正；位于第 II 和第 IV 象限时，静态电阻为负。对于单调型非线性电阻，静态电阻总是正的。动态电阻也总是正的。对于电流控制型或电压控制型非线性电阻，在伏安特性的上升部分，动态电阻是正的；在伏安特性的下降部分，动态电阻则是负的。非线性电阻元件的静态电阻和动态电阻都不是常数，而是电压或电流的函数。

当研究非线性电阻元件上的直流电压和直流电流的关系时，应采用静态电阻 R_s；当研究非线性电阻元件上的变化电压和变化电流的关系时，应采用动态电阻 R_d。

例 13-1　在如图 13-5（a）所示电路中，非线性电阻的伏安特性为

$$i = \begin{cases} 0 & u < 0 \\ u^2 & u \geqslant 0 \end{cases}$$

试求电路的静态工作点 Q 及工作点 Q 处的静态电阻 R_s 和动态电阻 R_d。

解　（1）将图 13-5（a）所示非线性电阻以外的电路用戴维南定理等效，如图 13-5（b）所示。

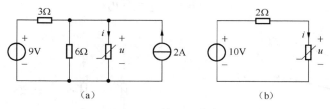

图 13-5　例 13-1 电路

（2）根据 KVL，得 $u = 10 - 2i$，与非线性电阻的伏安特性方程 $i = u^2 (u \geqslant 0)$ 联立求解，得静态工作点 Q 处的电压和电流为 $U_Q = 2\mathrm{V}$，$I_Q = 4\mathrm{A}$。

（3）由静态电阻的定义，得　$R_\mathrm{s} = \dfrac{U_Q}{I_Q} = 0.5\Omega$

由动态电阻的定义，得　$R_\mathrm{d} = \dfrac{1}{\mathrm{d}i/\mathrm{d}u}\bigg|_{u=U_Q} = \dfrac{1}{2u}\bigg|_{u=2} = 0.25\Omega$

13.1.2　非线性电阻元件的串联和并联

至少包含着一个非线性元件的电阻电路称为非线性电阻电路。与线性电阻电路相比，电路不满足叠加定理和齐次定理，但基尔霍夫电压定律和电流定律仍然适用。

1. 非线性电阻元件的串联

如图 13-6（a）所示电路为两个非线性电阻元件的串联，其伏安关系为

$$i_1 = f(u_1)\ ,\quad i_2 = f(u_2)$$

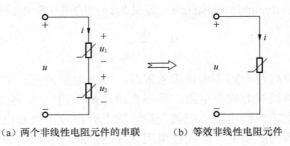

(a) 两个非线性电阻元件的串联　　　　(b) 等效非线性电阻元件

图 13-6　两个非线性电阻元件的串联

根据 KCL 和 KVL 定律得

$$i_1 = i_2 = i$$
$$u = u_1 + u_2 = f_1(i_1) + f_2(i_2) = f(i) \tag{13-7}$$

因此，在图 13-7 中，只要在同一电流下，将 $f_1(i_1)$ 和 $f_2(i_2)$ 曲线上对应的电压值 u_1、u_2 相加，即可得到电压 u。取不同的 i 值，可以逐点求出 u-i 特性 $u = f(i)$，如图 13-7 所示。曲线 $u = f(i)$ 即是图 13-6（b）等效非线性电阻元件的伏安特性。

2. 非线性电阻元件的并联

如图 13-8（a）所示电路为两个非线性电阻元件的并联，其伏安关系为

$$i_1 = f(u_1) \ , \ i_2 = f(u_2)$$

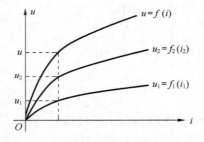

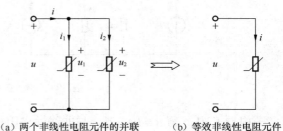

(a) 两个非线性电阻元件的并联　　(b) 等效非线性电阻元件

图 13-7　图 13-6 两个非线性电阻元件的伏安关系　　　　图 13-8　两个非线性电阻元件的并联

根据 KVL 和 KCL 得

$$u_1 = u_2 = u$$
$$i = i_1 + i_2 = f_1(u_1) + f_2(u_2) = f(u) \tag{13-8}$$

因此在图 13-9 中，只要在同一电压下，将 $f_1(i_1)$ 和 $f_2(i_2)$ 曲线上对应的电压值 i_1、i_2 相加，即可得到电压 i。取不同的 u 值，可以逐点求出 u-i 特性 $i = f(u)$，如图 13-9 所示。曲线 $i = f(u)$ 即是图 13-8（b）等效非线性电阻元件的伏安特性。

显而易见，非线性电阻元件的串联或并联，均可按图 13-7 或图 13-9 的做图方法依次求出等效的伏安特性。

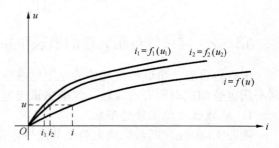

图 13-9　图 13-8 两个非线性电阻元件的伏安关系

13.2　非线性电容元件和电感元件

13.2.1　非线性电容元件

电容元件是一个储能元件，其特性可以用端电压 u 与电荷 q 之间的关系（称为库伏特性）来表示。如果库伏特性是通过 $q\text{-}u$ 平面上坐标原点的直线，称为线性电容元件。否则称为非线性电容元件。非线性电容元件的电路符号如图 13-10 所示。

电压控制型电容元件（简称压控电容）是一个二端元件，电容的电荷 q 可以表示为电压 u 的单值函数，即

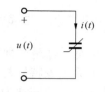

图 13-10　非线性电容元件

$$q = f(u) \tag{13-9}$$

也就是说每给定一个电压值，可以确定唯一的电荷值，但是对于同一电荷值，电压可能是多值的，其 $q\text{-}u$ 特性如图 13-11（a）所示。

电荷控制型电容元件（简称荷控电容）也是一个二端元件，其端电压 u 可以表示为电荷 q 的单值函数，即

$$u = h(q) \tag{13-10}$$

也就是说每给定一个电荷值，可以确定唯一的电压值。但是对于同一电压值，电荷可能是多值的，其 $q\text{-}u$ 特性如图 13-11（b）所示。

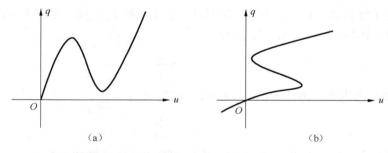

（a）　　　　　　　　　　　　　（b）

图 13-11　非线性电容元件的库伏特性

如果非线性电容元件的电荷可以表示为端电压的单值函数，端电压又可以表示为电荷的单值函数，即

$$q = f(u)，\ u = h(q)$$

同时成立，并且 f 和 h 互为反函数，这样的非线性电容元件既是压控的又是荷控的。

为了计算和分析上的需要，我们引入静态电容 C_s 和动态电容 C_d 的概念。工作点 Q 处静态电容（static capacitance）定义为

$$C_s = \frac{q}{u} \tag{13-11}$$

工作点 Q 处动态电容（dynamic capacitance）定义为

$$C_d = \frac{\mathrm{d}q}{\mathrm{d}u} \tag{13-12}$$

其中工作点不同，C_s 和 C_d 也不同，它们都是电压或电荷的函数。

设非线性电容为压控型的， $q = f(u)$，则非线性电容元件的端电压与端电流的关系为

$$i = \frac{dq}{dt} = \frac{df(u)}{dt} = \frac{df(u)}{du} \frac{du}{dt} = C_d \frac{du}{dt}$$ （13-13）

可见，电流 i 等于动态电容 C_d 与电压对时间的变化率的乘积。

13.2.2 非线性电感元件

电感元件是一种储能元件，其特性用磁链 ψ 与电流 i 之间的关系（称为韦安特性）来表示。如果韦安特性是通过 ψ-i 平面上坐标原点的直线，称为线性电感元件。否则称为非线性电感元件。非线性电感元件的电路符号如图 13-12 所示。

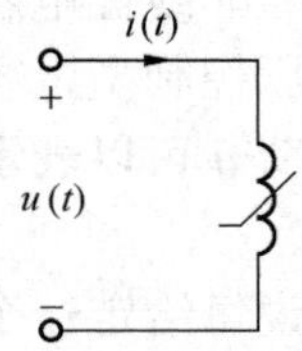

图 13-12 非线性电感元件

电流控制型电感元件（简称流控电感）是一个二端元件，其磁通链 ψ 可以表示为电流 i 的单值函数，即

$$\psi = f(i)$$ （13-14）

磁链控制型电感元件（简称链控电感）也是一个二端元件，其电流 i 可以表示为磁通链 ψ 的单值函数，即

$$i = h(\psi)$$ （13-15）

当然，非线性电感元件也可能有单调型的，这种单调型的电感，既可以是流控型的，也可以是磁控型的。

同样为了计算和分析上的需要，我们引入静态电感 L_s 和动态电感 L_d 的概念。其工作点 Q 处静态电感（static inductance）定义为

$$L_s = \frac{\psi}{i}$$ （13-16）

工作点 Q 处动态电感（dynamic inductance）的定义为

$$L_d = \frac{d\psi}{di}$$ （13-17）

其中工作点不同，L_s 和 L_d 也不同，它们都是电流或磁链的函数。

因为 $u = \frac{d\psi}{dt}$，此公式既适用于线性电感元件，也适用于非线性电感元件。设电感为流控型的， $\psi = f(i)$，则非线性电感元件的端电压与端电流的关系为

$$u = \frac{d\psi}{dt} = \frac{df(i)}{dt} = \frac{df(i)}{di} \frac{di}{dt} = L_d \frac{di}{dt}$$ （13-18）

可见，电流 u 等于动态电感 L_d 与电流对时间的变化率的乘积。

13.3 非线性电阻电路的分析

许多非线性元件的非线性特征是比较强的，如果对它们仍然忽略其非线性，势必会造成计算结果与实际数值有显著的差别而失去意义，甚至会产生质的差异，无法解释电路中所发生的物理现象。这就使得我们有必要对非线性电路加以研究。

13.3.1 非线性电阻电路方程的列写

在线性电路方程中，可以将方程分为两个部分，一部分是与电路结构有关的基尔霍夫定律方程，另一部分是支路特性方程。当电路中含有非线性元件时，该电路被称为非线性电路（nonlinear circuit）。非线性电路方程与线性电路方程的区别是由于元件伏安特性的不同而引起的。对于非线性电阻电路，所列出的方程是一组非线性的函数方程。

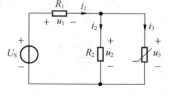

图 13-13　例 13-2 电路图

例 13-2　在图 13-13 所示电路中，非线性电阻元件的伏安关系为 $u_3 = 20i_3^{1/2}$，试列出电路方程。

解　（1）写出各电阻元件的伏安特性方程为

$$\begin{cases} u_1 = R_1 i_1 \\ u_2 = R_2 i_2 \\ u_3 = 20i_3^{1/2} \end{cases} \tag{13-19}$$

（2）根据 KCL 和 KVL，可以列出方程

$$\begin{cases} u_1 + u_2 = U_S \\ i_1 = i_2 + i_3 \\ u_3 = u_2 \end{cases} \tag{13-20}$$

将方程（13-19）代入方程（13-20），整理可得电路方程为

$$\begin{cases} (R_1 + R_2)\ i_1 - R_2 i_3 = U_S \\ R_2 i_1 - R_2 i_3 - 20i_3^{1/2} = 0 \end{cases}$$

由上例可知，所列出的非线性方程组，只有某些简单的形式可以得到解析解。

13.3.2 非线性电阻电路常用的分析方法

非线性电阻电路常用的分析方法主要有图解法、小信号分析法、分段线性处理法等。现分别介绍如下：

1. 图解法

前面所介绍的求串并联等效伏安特性的方法，即是图解法的一个简单应用，本节所介绍的图解法是用做图的方法来求得非线性电阻电路的解，即用图解法来决定电路的工作点，用图解方式进行方程的消元和代入等运算，这是求解非线性方程组的重点。

对于只含一个非线性电阻的电路，根据戴维南定理，将非线性电阻以外的线性有源二端网络，用一个电压源与电阻的串联电路代替，如图 13-14（a）所示，根据 KVL 得

$$u = U_{OC} - iR_o \tag{13-21}$$

此方程在 u-i 平面上是一条如图 13-14（b）中的直线 AB。画法如下：在式（13-21）中令 $u=0$，得到 $i = \dfrac{U_{OC}}{R_o}$；令 $i=0$，得到 $u = U_{OC}$。直线与电流轴的交点 A 的坐标为 $\left(0, \dfrac{U_{OC}}{R_o}\right)$，直线与电压轴的交点 A 的坐标为 $(U_{OC}, 0)$。设非线性电阻的伏安关系曲线可以表示为

$$i = g(u) \tag{13-22}$$

与直线 AB 的交点为 Q。显然 Q 点既满足式（13-21），又满足式（13-22），应为电路的解。所以得 $i = I_Q$，$u = U_Q$，交点 $Q(U_Q, I_Q)$ 称为电路的静态工作点。

若非线性电阻的伏安特性如图 13-14（c）所示，则电路的解答将有 3 个，即交点 Q_1、Q_2、Q_3 所对应的电压和电流值。

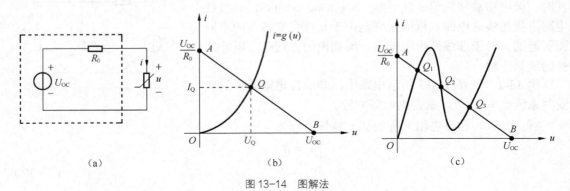

（a） （b） （c）

图 13-14　图解法

2. 小信号分析法

在电子电路分析中，经常会遇到这样的非线性电阻电路，它有两种激励，其中一种是直流激励源，为电路工作提供"偏置"，即静态工作点。另一种是交流激励源，且与直流激励源相比其幅值很小。对于这类非线性电阻电路，小信号分析法（small-signal-analysis method）是一种非常简便实用的分析方法。

在图 13-15（a）所示非线性电阻电路中，R_0 为线性电阻，非线性电阻为电压控制型的，其伏安特性为 $i = g(u)$，有两个电源，分别是直流电压源 U_S 和小信号交流电压源 $u_S(t)$，且 $|u_S(t)| \ll U_S$。根据 KVL，对于图 13-15（a）得

$$U_S + u_S(t) = R_0 i(t) + u(t) \tag{13-23}$$

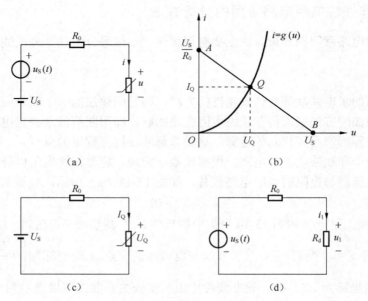

（a） （b）

（c） （d）

图 13-15　小信号分析法

当电路中小信号交流电压源 $u_\text{S}(t)=0$ 时，即只有直流激励源 U_S 单独作用时，根据图解法不难求出静态工作点 $Q(U_Q,\ I_Q)$，如图 13-15（b）所示，等效电路如图 13-15（c）所示。Q 点的坐标就是直流情况的解答，应当满足下列关系：

$$\begin{cases} I_Q = g(U_Q) \\ U_\text{S} = R_0 I_Q + U_Q \end{cases} \tag{13-24}$$

当直流电压源和交流电压源共同作用时，在 $|u_\text{S}(t)| \ll U_\text{S}$ 的条件下，电路的解 $u(t)$、$i(t)$ 必在静态工作点 $Q(U_Q,\ I_Q)$ 附近，所以可以近似地把 $u(t)$、$i(t)$ 描述为

$$\begin{cases} u(t) = U_Q + u_1(t) \\ i(t) = I_Q + i_1(t) \end{cases} \tag{13-25}$$

其中 $u_1(t)$、$i_1(t)$ 是交流电源 $u_s(t)$ 在静态工作点 Q 附近产生的偏差。在任何时刻 t，$u_1(t)$、$i_1(t)$ 相对 U_Q，I_Q 都是很小的量。因为 $i = g(u)$，$u(t) = U_Q + u_1(t)$，所以 $i(t) = I_Q + i_1(t) = g[u(t)] = g[U_Q + u_1(t)]$，由于 $u_1(t)$ 很小，将 $i(t)$ 在静态工作点 Q 附近用泰勒级数展开，取级数的前两项，并忽略一阶以上的高次项，得

$$I_Q + i_1(t) \approx g(U_Q) + \left.\frac{\mathrm{d}g}{\mathrm{d}u}\right|_{U_Q} u_1(t)$$

由此得

$$i_1(t) \approx \left.\frac{\mathrm{d}g}{\mathrm{d}u}\right|_{U_Q} u_1(t) \tag{13-26}$$

其中

$$\left.\frac{\mathrm{d}g}{\mathrm{d}u}\right|_{U_Q} = \left.\frac{\mathrm{d}i}{\mathrm{d}u}\right|_{U_Q} = \frac{1}{\left.\dfrac{\mathrm{d}u}{\mathrm{d}i}\right|_{U_Q}} = \frac{1}{R_\text{d}} = G_\text{d}$$

为非线性电阻在静态工作点 Q 处的动态电阻的倒数，所以

$$\begin{cases} u_1(t) = R_\text{d} i_1(t) \\ i_1(t) = G_\text{d} u_1(t) \end{cases} \tag{13-27}$$

把式（13-25）代入式（13-23），得

$$U_\text{S} + u_\text{S}(t) = R_\text{o}\left[I_Q + i_1(t)\right] + \left[U_Q + u_1(t)\right] \tag{13-28}$$

式（13-28）减去式（13-24），有

$$u_\text{S}(t) = R_\text{o} i_1(t) + u_1(t) \tag{13-29}$$

式（13-27）和式（13-29）的等效电路如图 13-15（d）所示。从等效电路容易得出

$$\begin{cases} u_1(t) = \dfrac{R_\text{d}}{R_\text{o} + R_\text{d}} u_\text{S}(t) \\ i_1(t) = \dfrac{u_\text{S}(t)}{R_\text{o} + R_\text{d}} \end{cases} \tag{13-30}$$

以上所述的小信号分析法实质上是用工作点处的动态电阻来代替工作点附近的非线性特性，也就是把工作点附近的特性曲线线性化了。这种方法在电子电路中应用非常广泛。

例 13-3 在图 13-16（a）所示电路中，已知 $U_\text{s} = 20\text{V}$，$u_\text{s}(t) = \cos t\text{V}$，$R_\text{o} = 1\Omega$，非线性电阻的伏安特性为 $u = i^2$，求电流 i。

解 （1）直流电压源作用时，求静态工作点 $Q(U_Q, I_Q)$，因为非线性电阻的伏安特性非常简单，所以不必采用图解法。

当 $u_s(t)=0$ 时，如图 13-16（b）所示。根据 KVL，有 $U_s = R_0 I_Q + U_Q$，把数据和伏安特性代入，得 $I_Q^2 + I_Q - 20 = 0$，所以 $I_Q = 4\text{A}$，$U_Q = 16\text{V}$（$I_Q = -5\text{A}$ 应舍去）。

（2）交流电压源作用时，如图 13-16（c）所示。工作点 Q 处的动态电阻为

$$R_{\text{d}} = \frac{\mathrm{d}u}{\mathrm{d}i}\bigg|_{i=4\text{A}} = \frac{\mathrm{d}}{\mathrm{d}i}(i^2)\bigg|_{i=4\text{A}} = 2i\big|_{i=4\text{A}} = 8\Omega$$

根据式（13-30），求得 $i_1(t) = \dfrac{u_s(t)}{R_0 + R_{\text{d}}} = \dfrac{\cos t}{1+8} = \dfrac{1}{9}\cos t\,\text{A}$

（3）全解为 $i = I_Q + i_1(t) = \left(4 + \dfrac{1}{9}\cos t\right)\text{A}$

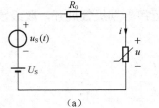 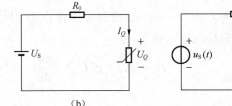

图 13-16 例 13-3 电路图

3. 分段线性处理法

小信号分析法是围绕直流工作点而建立局部线性化的模型，所以只适用于信号变动幅度很小的场合。当输入信号在大范围内变动时，就必须考虑非线性元件的全局特性。这时分段线性处理法（piecewise-linear technique）可以使分析和计算得到简化。分段线性处理法的基础是用若干直线段近似地表示非线性电阻元件的伏安特性。因此，不失一般性，我们假定电路中各非线性元件都已经分段线性化。下面举例说明。

例 13-4 在图 13-17（a）所示电路中，非线性电阻的分段线性化特性曲线如图 13-17（b）所示，试求非线性电阻的电压 U 和电流 I。

解 从图 13-17（b）可以看出，i 轴可分为 3 个区域：
Ⅰ区 $i \leqslant 1\text{A}$，Ⅱ区 $1\text{A} < i \leqslant 2\text{A}$，Ⅲ区 $i > 2\text{A}$。
非线性电阻在各区域的特性方程为
Ⅰ区 $u = 4i$，Ⅱ区 $u = -3i + 7$，Ⅲ区 $u = 2i - 3$。
非线性电阻工作在 3 个区域的等效电路分别如图 13-17（c）、（d）、（e）所示。求解这三个电路分别可得

$$I_{Q1} = 1.2\text{A}, \quad U_{Q1} = 4.8\text{V}$$

$$I_{Q2} = 0.5\text{A}, \quad U_{Q2} = 5.5\text{V}$$

$$I_{Q3} = 3\text{A}, \quad U_{Q3} = 3\text{V}$$

在上述求解的过程中，并没有考虑各区域对非线性电阻的电压和电流取值的限制，因此所得结果并不一定落在相应的区域。这种不落在相应的区域的解，并不是电路的解，我们称之为虚解。

所以必须加以检验。对于本题，$I_{Q1}=1.2\text{A}$，$U_{Q1}=4.8\text{V}$ 不落在 I 区，$I_{Q2}=0.5\text{A}$，$U_{Q2}=5.5\text{V}$ 不落在 II 区，因此它们不是电路的真实解。$I_{Q3}=3\text{A}$，$U_{Q3}=3\text{V}$ 落在非线性电阻的III区，它是电路的真实解。所以该电路只有一个工作点：$U_Q=3\text{V}$，$I_Q=3\text{A}$。

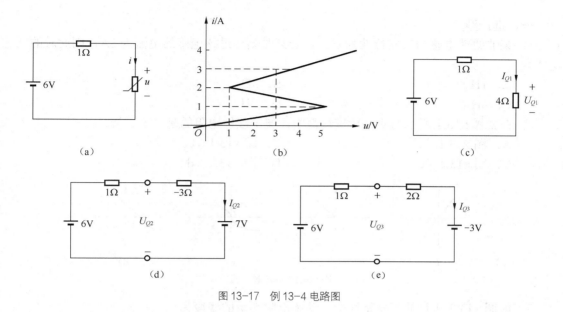

图 13-17 例 13-4 电路图

本 章 小 结

1. 线性元件的参数都是不随其电流、电压而改变的常量。如果元件的参数与电流、电压有关，则称该元件为非线性元件。非线性电阻元件一般可分为流控电阻元件、压控电阻元件和单调型电阻元件 3 类。

2. 电容元件是一个储能元件，如果库伏特性是通过 q-u 平面上坐标原点的直线，称为线性电容元件。否则称为非线性电容元件。

电感元件是一种储能元件，如果韦安特性是通过 Ψ-i 平面上坐标原点的直线，称为线性电感元件，否则称为非线性电感元件。

3. 在线性电路方程中，可以将方程分为两个部分，一部分是与电路结构有关的基尔霍夫定律方程，另一部分是支路特性方程。非线性电阻电路常用的分析方法主要有图解法、小信号分析法、分段线性化法等。

图解法是用作图的方法来求得非线性电阻电路的解，即用图解法来决定电路的工作点，用图解方式进行方程的消元和代入等运算。

小信号分析法实质上是用工作点处的动态电阻来代替工作点附近的非线性特性，也就是把工作点附近的特性曲线线性化了。小信号分析法是围绕直流工作点而建立局部线性化的模型，所以只能使用于信号变动幅度很小的场合。

当输入信号在大范围内变动时，就必须考虑非线性元件的全局特性。这时分段线性处理法可以使分析和计算得到简化。分段线性处理法的基础是用若干直线段近似地表示非线性电阻元件的伏安特性。

习　题

一、选择题

1. 某非线性电感的韦安特性为 $\psi=i^2$，若某时刻通过该电感的电流为 3A，则此时的动态电感为（　　）。

    A. 1H   B. 3H

    C. 6H   D. 9H

2. 在如图 x13.1 所示的 4 种伏安特性中，属于线性电阻的是（　　）。

    A. 图 x13.1（a）   B. 图 x13.1（b）

    C. 图 x13.1（c）   D. 图 x13.1（d）

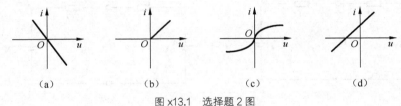

(a)　　　　　　(b)　　　　　　(c)　　　　　　(d)

图 x13.1　选择题 2 图

3. 如图 x13.2 所示的伏安特性中，动态电阻为负的线段为（　　）。

    A. ab 段   B. bc 段

    C. cd 段   D. ocd 段

4. 已知某非线性电阻的伏安特性如图 x13.3 所示，此电阻应属于（　　）。

    A. 流控型，无双向性   B. 压控型，有双向性

    C. 流控型，有双向性   D. 压控型，无双向性

5. 如图 x13.4 所示伏安特性中，用 R 和 R_d 分别表示 P 点的静态电阻和动态电阻，则（　　）。

    A. $R_s>0$，$R_d>0$ B. $R_s<0$，$R_d>0$

    C. $R_s>0$，$R_d<0$ D. $R_s<0$，$R_d<0$

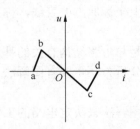
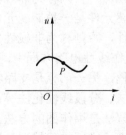

图 x13.2　选择题 3 图　　　　图 x13.3　选择题 4 图　　　　图 x13.4　选择题 5 图

6. 如图 x13.5（a）所示电路中，两个二极管的特性都如图 x13.5（b）所示，则各支路电流应为（　　）。

    A. $i_1=4mA$，$i_2=1mA$ B. $i_1=4mA$，$i_2=0mA$

    C. $i_1=0.5mA$，$i_2=1mA$ D. $i_1=0mA$，$i_2=2mA$

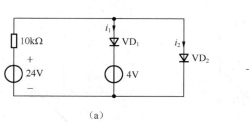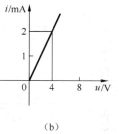

（a）　　　　　　　　　　　　（b）

图 x13.5　选择题 6 图

二、填空题

1. 叠加定理_____用于分析非线性电路，特勒根定理_____用于分析非线性电路。

2. 非线性电路方程要遵循的约束关系为_____定律、_____定律与_____特性。

3. 电流控制型电阻是指电阻上的_____是_____的单值函数。

4. 电压控制型电阻是指电阻上的_____是_____的单值函数。

5. 电流控制型电感是指电感上的_____是_____的单值函数。

6. 如图 x13.6（a）所示电路中非线性电阻的伏安特性如图 x13.6（b）所示，则 u_1=_____V，u_2=_____V，R_1 和 R_2 的功率分别为_____W 和_____W。

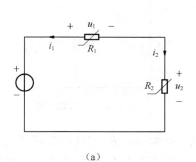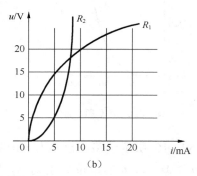

（a）　　　　　　　　　　　　（b）

图 x13.6　填空题 6 图

三、计算题

1. 某非线性电阻的伏安特性为 $u = 2i + 5i^2$，求该电阻在工作点 $I_Q = 0.2\text{A}$ 处的静态电阻和动态电阻。

2. 一个非线性电容元件的库伏关系为 $q = \dfrac{1}{2}u^2$，已知电压 $u = 2\sin t$ V，求电流 i。

3. 已知电感的韦安特性为 $\psi = i + \dfrac{1}{3}i^3$。（1）求 $i = 2\text{A}$ 时的动态电感；（2）求 $i = \sin t$ A 时的电感电压。

4. 求如图 x13.7（a）所示非线性电阻 R_1 和 R_2 串联后的伏安特性。R_1 和 R_2 的伏安特性如图 x13.7（b）、（c）所示。

5. 线性电阻 R_0=400Ω 与非线性电阻 R 串联接到电压 U_S=50V 的电源上，非线性电阻伏安特性曲线如图 x13.8 所示，试求电路的静态工作点及其在工作点处的静态电阻和动态电阻。

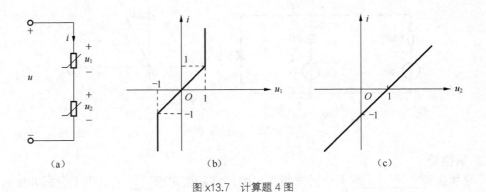

图 x13.7　计算题 4 图

6. 如图 x13.9 所示电路中，$R_1 = R_2 = 2\Omega$，$U_S = 2V$，非线性电阻元件的特性用 $i_3 = 2u_3^2$ 表示，i、u 的单位分别为 A、V。试用图解法求非线性电阻元件的端电压 u_3 和电流 i_3。

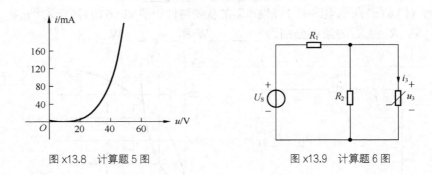

图 x13.8　计算题 5 图　　　　　　图 x13.9　计算题 6 图

7. 如图 x13.10 所示电路，已知 $I_S = 10A$，$i_S = \cos t$ A，$R_1 = 1\Omega$，非线性电阻的伏安特性为 $i = 2u^2 (u \geqslant 0)$，i、u 的单位分别为 A、V。试用小信号分析法求非线性电阻元件的端电压 u。

8. 在图 x13.11 所示电路中，已知 $U_S = 25V$，$u_S(t) = \cos t V$，$R_0 = 2\Omega$，非线性电阻元件的伏安特性为 $u = \frac{1}{5}i^3 - 2i$。试用小信号分析法求电流 i。

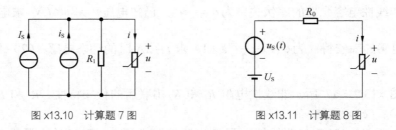

图 x13.10　计算题 7 图　　　　　　图 x13.11　计算题 8 图

9. 在图 x13.12（a）所示电路中，非线性电阻的伏安特性曲线如图 x13.12（b）所示。（1）若 $U_S = 2.5V$，问 R_0 在什么范围内电路具有多个解？（2）若 $R_0 = 0.5\Omega$，问 U_S 在什么范围内电路具有多个解？

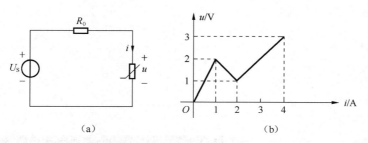

（a）　　　　　　　（b）

图 x13.12　计算题 9 图

10. 如图 x13.13（a）所示电路，已知 $U_S = 9V$，$R_1 = 3\Omega$，$R_2 = 6\Omega$，非线性电阻的分段线性化特性曲线如图 x13.13（b）所示，试求非线性电阻的电压 U 和电流 I。

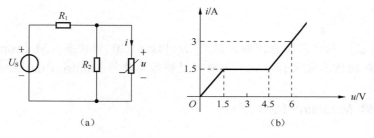

（a）　　　　　　　（b）

图 x13.13　计算题 10 图

第 14 章　仿真软件 Multisim 10.0 在电路分析中的应用

本章主要内容：本章简要介绍仿真软件 Multisim10.0 的特点、Multisim10.0 主窗口、Multisim10.0 软件的仿真方法和步骤，并举例说明仿真软件 Multisim10.0 在电路中的应用。

14.1　仿真软件 Multisim 10.0 简介

14.1.1　仿真软件 Multisim 10.0 的特点

Multisim 10.0 具有以下主要特点：

1. 集成化、一体化的设计环境

Multisim 10.0 将组成电路的元器件数据库、测试电路的虚拟仪器仪表库、仿真分析的各种操作命令以及原理图的创建、电路测试分析结果等全部集成到一个工作窗口，使用者可任意地在系统中集成元件，完成原理图输入、测试和数据波形图显示等。当用户进行仿真时，原理图和波形图同时出现。当改变电路连线或元件参数时，波形即时显示变化。

2. 界面友好、操作简单

单击鼠标，用户可以轻松地选择元件，拖动鼠标，可将元件放入原理图中。调整电路连线、改变元件位置、修改元件属性也非常简单。此外，Multisim 10.0 还有自动排列连线的功能，使原理图更加美观、快捷。

3. 真实的仿真平台

Multisim 10.0 提供了一个庞大的元器件数据库，各种电路元器件达数千种之多，既有无源元件也有有源元件，既有模拟元件也有数字元件，既有分立元件也有集成元件，还可以新建或扩充已有的元器件数据库。此外，Multisim 10.0 还提供了种类齐全的虚拟仪器，用这些元器件和仪器仪表仿真电子电路，就如同在实验室做实验一样，非常真实，而且尽可不必为损坏仪器和元件而烦恼，也不必为仪器过时、测量精度不够而一筹莫展。

4. 分析方法多而强

Multisim 10.0 提供了 18 种分析方法，用户可以通过这些分析方法，可对模拟电路、数字电路和模数混合电路进行分析，从而清楚、准确地了解电路的工作状态。

14.1.2　仿真软件 Multisim 10.0 的操作界面

Multisim 10.0 软件显示操作界面如图 **14-1** 所示。操作界面主要包括：标题栏、菜单栏、工具栏、元器件库、仪器仪表库和电路工作区等。

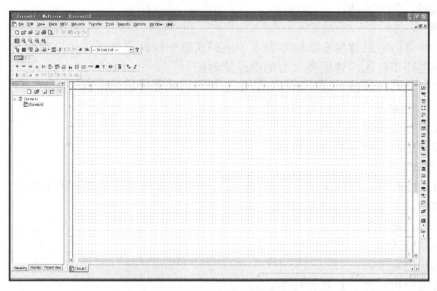

图 14-1　Multisim 10.0 的操作界面

启动 Multisim 10.0 软件后，操作界面上会自动建立一个名为 Circuit1 的空白电路文件，可以在电路工作区画电路原理图。Multisim 10.0 中有两套符号标准可供选择，一套是美国符号标准 ANSI，另一套是欧州符号标准 DIN，打开 Options 菜单下的 Global Preferences 子菜单，在 Symbol standard 选项区中选择元件符号标准，如图 **14-2** 所示。由于我国电气符号标准与欧州符号标准相近，因此选择 DIN 较好。

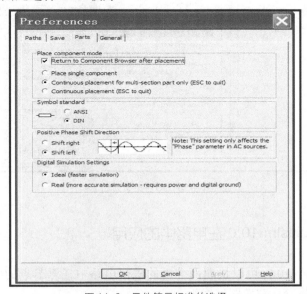

图 14-2　元件符号标准的选择

14.1.3 仿真软件 Multisim 10.0 的仿真方法

用 Multisim 10.0 软件对电子电路进行仿真有两种基本方法。一种方法是使用 Multisim 10.0 元器件库中的仪器仪表直接测量电路，即测量法；另一种是使用 Multisim 10.0 提供的分析方法来分析电路，即分析法。

1. 测量法

用该方法分析电路就像在实验室做电子电路实验一样。测量法具体步骤如下：

（1）在电路工作区构建所要分析的电路原理图。

（2）编辑元器件属性，使元器件的数值和参数与所要分析的电路一致。

（3）在电路输入端加入适当的信号。

（4）放置并连接测试仪器。

（5）接通仿真电源开关进行仿真。

2. 分析法

Multisim 10.0 软件提供了 18 种分析方法，如图 14-3 所示。仿真电子电路的步骤如下：

（1）在电路工作区画电路原理图。

（2）编辑元器件属性。

（3）电路输入端加入适当的信号。

（4）显示电路节点。

（5）选定分析功能、设置分析参数。

（6）单击仿真按钮进行仿真。

（7）在图表显示窗口观察仿真结果。

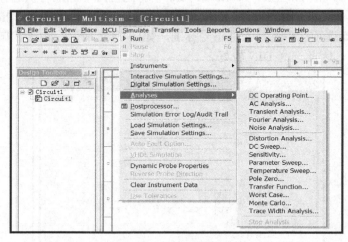

图 14-3　18 种分析方法

14.2　仿真软件 Multisim 10.0 在电路中的应用

仿真软件 Multisim 10.0 可以快速而准确的求得电路中任意节点的电压和电压的变化波形，可以仿真电路参数变化对电路的影响。

例 14-1　电路如图 14-4（a）所示，试用叠加定理求电流 I。

解　（1）用电流表测量电流，当电压源单独作用时，仿真电路如图 14-4（b）所示，测量得 $I' = 1.000\text{A}$。

（2）当电流源单独作用时，仿真电路如图 14-4（c）所示，测量得 $I'' = -0.667\text{A}$。

（3）当电压源和电流源共同作用时，仿真电路如图 14-4（d）所示，测量得 $I = 0.333\text{A}$。

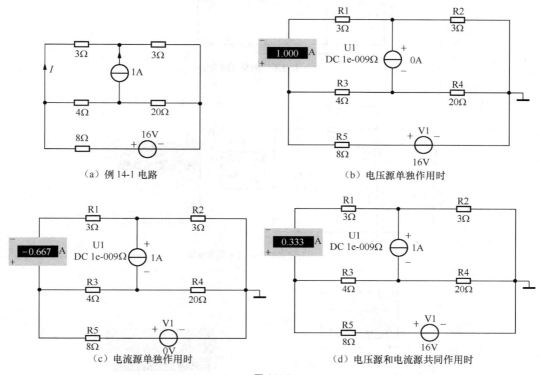

（a）例 14-1 电路　　　　　　　（b）电压源单独作用时

（c）电流源单独作用时　　　　　（d）电压源和电流源共同作用时

图 14-4

例 14-2　电路如图 14-5(a)所示，已知：$u_{S1} = 18\text{V}$，$u_{S2} = 15\text{V}$，$R_1 = 6\Omega$，$R_2 = 3\Omega$，$R_3 = 4\Omega$，$R_4 = 6\Omega$，$R_5 = 5.6\Omega$，$R_6 = 10\Omega$，试用戴维南定理求 R_6 的电流 i 和功率 p。

解　（1）用电压表测量开路电压，仿真电路如图 14-5（b）所示，测量得 $u_{oc} = 8.960\text{V}$。

（2）用数字万用表测量无源二端网络的等效电阻，仿真电路如图 14-5（c）所示，测量得 $R_0 = 2.464\Omega$。

（3）戴维南等效电路如图 14-5（d）所示，测量得 $i = 0.719\text{A}$，$p = 5.168\text{W}$。

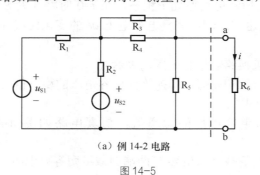

（a）例 14-2 电路

图 14-5

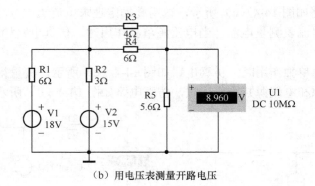

（b）用电压表测量开路电压

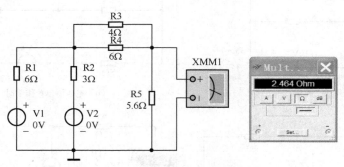

（c）用万用表欧姆挡测量等效电阻

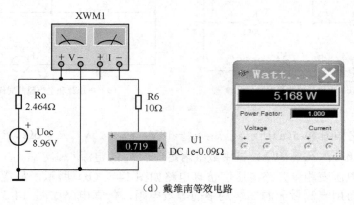

（d）戴维南等效电路

图 14-5（续）

例 14-3 图 14-6（a）所示电路原处于稳态，在 $t=0$ 时将开关 S 闭合，（1）用三要素法求换路后电容电压 u_C 的表达式；（2）测量电容电压 u_C 的变化曲线并求经过一个时间常数后的电容电压值。

解 （1）用三要素法求换路后电容电压的表达式

用电压表测量电容电压的初始值，即换路前电容电压的稳态值，仿真电路如图 14-6（b）所示，测量得 $u_C(0_+) = 11.994\text{V}$ 。

用电压表测量换路后电容电压的稳态值，仿真电路如图 14-6（c）所示，测量得 $u_C(\infty) = 7.997\text{V}$ 。

用数字万用表欧姆挡测量换路后电容 C 两端的戴维南等效电阻，仿真电路如图 14-6（d）

所示，测量得 $R_0 = 4\text{k}\Omega$ ，则时间常数为 $\tau = R_0 C = 4 \times 10^3 \times 5 \times 10^{-6} = 20\text{ms}$ 。

　　由三要素公式可得电容电压的表达式为：$u_C(t) = 8 + 4\text{e}^{-50t}\,\text{V}$

　　（2）用瞬态分析法测量电容电压 u_C 的波形

　　从菜单栏 Options/Sheet Properties/Circuit/Net Names 来显示电路节点，如图 14-6（e）所示，用鼠标左键双击电容，在弹出窗口的 Value 页面中选择 Initial Condition，并设置初始条件为 12V，如图 14-6（f）所示。

　　选择 Simulate/Analyses/Transient Analysis，在瞬态分析参数页面中设置初始条件为 "User-defined"，再设置起始时间和终止时间（终止时间通常取 5τ），如图 14-6（g）所示，接着在图 14-6（h）所示输出变量页面设置 4 节点为要分析的节点，单击 Simulate 按钮可得到电容电压波形如图 14-6（i）所示。点击 按钮可读数，将游标拖至 20ms 处即可得到经过一个时间常数后的电容电压值为 $u_C(\tau) \approx 9.47\text{V}$ 。

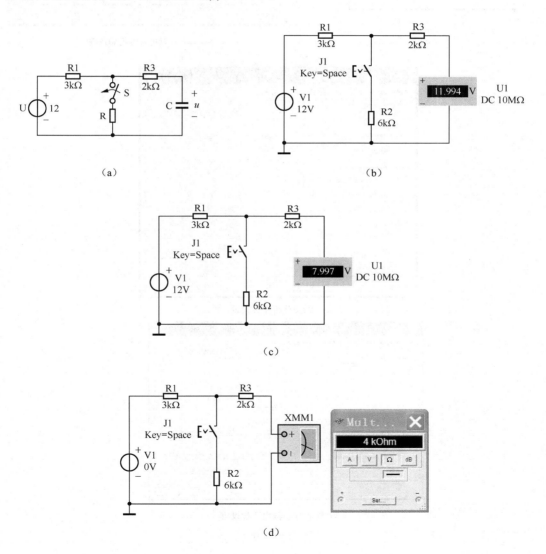

(a)

(b)

(c)

(d)

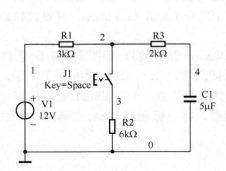

（e）

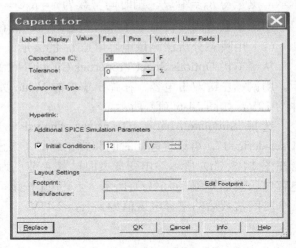

（f）设置电容的初始条件

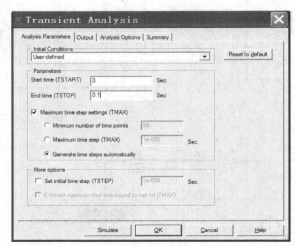

（g）瞬态分析参数设置

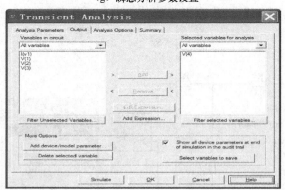

（h）瞬态分析输出变量设置

图 14-6 （续）

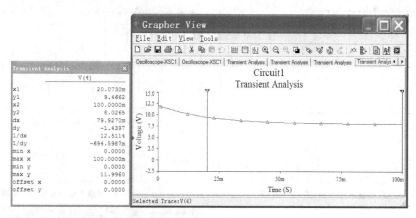

（i）电容电压 u_C 的波形

图 14-6　（续）

例 14-4　电路如图 14-7（a）所示，已知输入电压 u_S 为频率 1kHz 的方波，$C=1\mu F$，若电阻（1）$R=1k\Omega$，（2）$R=100\Omega$，试画出输入电压 u_S 和电阻电压 u_0 的波形。

解　方法 1：采用示波器观察波形

（1）$R=1k\Omega$ 时，在电路工作窗口创建分析的电路，仿真电路如图 14-7（b）所示。用示波器测量输入电压和电阻电压的波形，单击暂停按钮，使示波器显示的波形静止，输入电压和电阻电压的波形如图 14-7（c）所示。

（2）$R=100\Omega$ 时，输入电压和电阻电压的波形如图 14-7（d）所示。

从上面的分析可以看出：电阻阻值越小，输出波形越尖，输出电压越接近于输入电压的微分。

方法 2：采用瞬态分析法分析波形

（1）$R=1k\Omega$ 时，单击 Options/Sheet Properties/Circuit/Net Names 命令显示电路节点，如图 14-7（e）所示。单击 Simulate/Analyses/Transient Analysis 命令，在瞬态分析对话框中设置初始条件为 "Set to Zero"，设置起始时间（0s）和终止时间（0.005s），在输出变量页面设置要分析的节点 1、2，单击 Simulate 按钮即可得到输入电压和电阻电压波形如图 14-7（f）所示。

（2）$R=100\Omega$ 时，输入电压和电阻电压波形如图 14-7（g）所示。

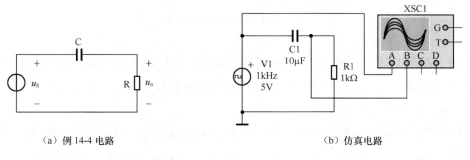

（a）例 14-4 电路　　　　　　　　　　　　（b）仿真电路

图 14-7

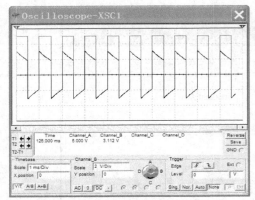
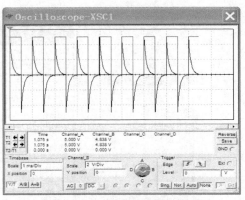

（c）$R=1\text{k}\Omega$ 时输入电压和电阻电压波形　　　　　　（d）$R=100\Omega$ 时输入电压和电阻电压波形

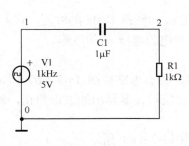

（e）显示节点的电路

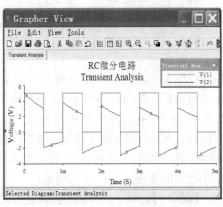

（f）$R=1\text{k}\Omega$ 时输入电压和电阻电压波形

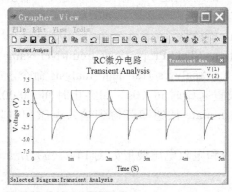

（g）$R=100\Omega$ 时输入电压和电阻电压波形

图 14-7（续）

例 14-5　在图 14-8（a）所示的 RLC 串联电路中，已知输入电压 $u=100\sqrt{2}\sin(5000t)\text{V}$，$R=15\Omega$，$L=12\text{mH}$，$C=5\mu\text{F}$，试求各电压、电流的相量 $\dot{U}_{\text{R}}$、$\dot{U}_{\text{C}}$、$\dot{U}_{\text{L}}$、$\dot{I}$。

解　方法 1：使用仪表测量

（1）在电路工作窗口创建分析的电路，用鼠标双击电压源，对交流电压源进行设置，本题 $f=\dfrac{5000}{2\pi}=796.2\text{Hz}$。用电压表（AC 挡）和电流表（AC 挡）测量各电压和电流的有效值，用波特图仪测量各电压的初相位，仿真电路如图 14-8（b）所示。

（2）依次双击波特图仪，弹出如图 14-8（c）所示的控制面板。选择水平初值 I 为 790Hz，终值 F 为 800Hz，单击 Phase 可得相频特性，调节游标的水平位置为 796.2Hz，纵轴数值分别为电阻电压、电感电压和电容电压的初相位。测量结果为

$$\dot{U}_R = 59.857 \underline{/-53.17^\circ} \text{V} , \quad \dot{U}_L = 239.605 \underline{/36.82^\circ} \text{V} , \quad \dot{U}_C = 159.499 \underline{/-143.17^\circ} \text{V}$$

因为总电流与电阻电压同相，所以 $\dot{I} = 3.990 \underline{/-53.17^\circ} \text{A}$ 。

方法 2：采用交流分析法分析

（1）在工作窗口创建分析的电路，用鼠标双击电压源，对交流电压源进行设置，本题 $f = \dfrac{5000}{2\pi} = 796.2\text{Hz}$ ，显示节点的电路如图 14-8（d）所示。

（2）单击 Simulate/Analyses/ AC Analysis，对 Frequency Parameters 对话框进行设置，如图 14-8（e）所示进行频率范围、扫描形式、纵轴标尺的设置，单击 Output 选择要分析的节点 1。单击 Simulate 按钮，屏幕显示如图 14-8（f）所示的分析结果，即电容电压的频率特性，单击上边的幅频特性曲线再单击 ⊔⊔，即可读出某一频率下电容电压的最大值，同样，单击下边的相频特性曲线再单击 ⊔⊔，即可读出某一频率下电容电压的相位值。将游标拖至 796.2Hz 处，即得电容电压的相量为

$$\dot{U}_C = \frac{225.7}{\sqrt{2}} \underline{/-143.20^\circ} = 159.6 \underline{/-143.20^\circ} \text{V} 。$$

注意：交流分析法只能分析所选节点与参考节点之间电压的频率特性。本题中欲求电感（或电阻）的电压相量，必须先将电感（或电阻）的参考低电位端设为参考节点（接地），再将电感（或电阻）的参考高电位端所标的节点名设为输出变量进行交流分析，测量得

$$\dot{U}_L = \frac{339.0}{\sqrt{2}} \underline{/36.79^\circ} = 239.7 \underline{/36.79^\circ} \text{V}, \quad \dot{U}_R = \frac{84.7}{\sqrt{2}} \underline{/-53.21^\circ} = 59.9 \underline{/-53.21^\circ} \text{V}, \quad \text{因为总电流与}$$

电阻电压同相，所以 $\dot{I} = \dfrac{\dot{U}_R}{R} = \dfrac{59.9 \underline{/-53.21^\circ}}{15} = 3.99 \underline{/-53.21^\circ} \text{A}$ 。

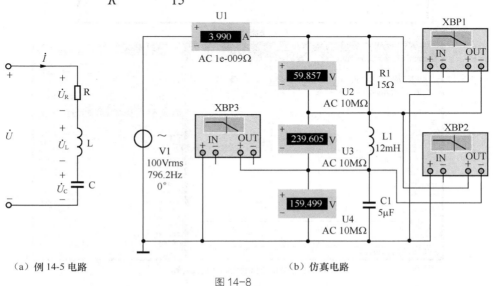

　　　（a）例 14-5 电路　　　　　　　　　　　　　　　　　　　　　（b）仿真电路

图 14-8

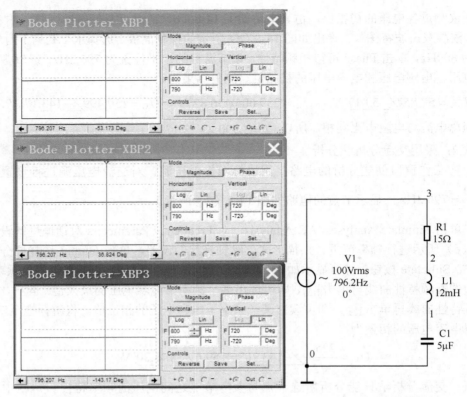

（c）电阻电压、电感电压和电容电压的相频特性　　　　（d）显示节点的电路

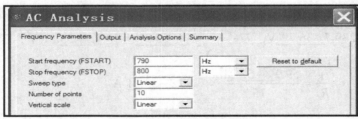

（e）交流分析设置

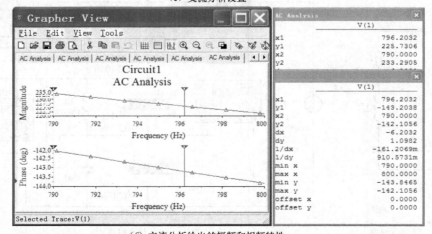

（f）交流分析给出的幅频和相频特性

图14-8（续）

例 14-6 电路如图 14-9（a）所示，已知输入电压 $u_i = \sqrt{2}\sin 100\pi t\text{V}$，试分析带通滤波电路的频率特性。

解 （1）在电路工作窗口创建分析的电路，用鼠标双击电压源，对交流电压源进行设置，显示节点的电路如图 14-9（b）所示。

（2）单击 Simulate/Analyses/AC Analysis 命令，对 Frequency Parameters 对话框进行设置，按图 14-9（c）所示进行频率范围、扫描形式、纵轴标尺的设置，单击 Output 选择要分析的节点 2。单击 Simulate 按钮，屏幕显示图 14-9（d）所示的分析结果。

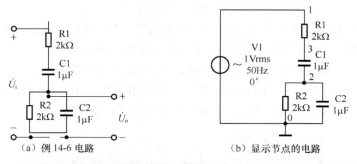

(a) 例 14-6 电路　　　　　　　　(b) 显示节点的电路

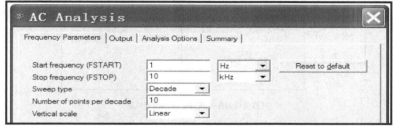

（c）交流分析设置

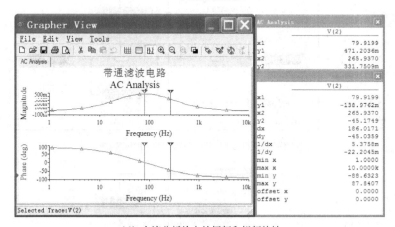

（d）交流分析给出的幅频和相频特性

图 14-9

从图 14-9（d）所示的幅频特性可知：该带通滤波电路的最高输出电压是输入电压幅值的 1/3，其对应频率大约为 79.92Hz，而从相频特性可知：最高输出电压的相位约为 $0°$，即 $\dot{U}_\circ$ 与 $\dot{U}_i$ 同相位，电路发生谐振，其谐振频率 $f_0 \approx 79.92\text{Hz}$。由幅频特性还可得到在最高输出电压的 0.707 倍（约 333.3mV）处所对应的频率分别为：下限截止频率 $f_L \approx 24.02\text{Hz}$，上限截止

频率 $f_H \approx 265.94Hz$。二者之差即为通频带宽度：$\Delta f = f_H - f_L = 242Hz \approx 3f_0$。

例 14-7 已知对称三相电源的相电压 $U_P = 220V$，电源的频率为 50Hz，（1）有中性线且三相负载对称时，$R_1 = R_2 = R_3 = 22\Omega$，求负载的相电流与中线电流；（2）有中性线但三相负载不对称时，$R_1 = 11\Omega$，$R_2 = R_3 = 22\Omega$，求负载的相电流与中线电流；（3）若中性线断开，三相负载不对称时，$R_1 = 11\Omega$，$R_2 = R_3 = 22\Omega$，求负载的相电流与相电压。

解 （1）用电流表（AC 挡）测量各电流有效值，有中性线且三相负载对称时的仿真电路如图 14-10（a）所示，测量得

$$I_1 = I_2 = I_3 \approx 10A, \quad I_N \approx 0A$$

（2）用电压表（AC 挡）测量各电压有效值，用电流表（AC 挡）测量各电流有效值，有中性线且三相负载不对称时的仿真电路如图 14-10（b）所示，测量得

$$I_1 \approx 20A, \quad I_2 = I_3 \approx 10A, \quad I_N \approx 10A, \quad U_1 = U_2 = U_3 \approx 220V$$

（3）当三相负载不对称时且中性线因故断开时，仿真电路如图 14-10（c）所示，测量得

$$I_1 \approx 15A, \quad I_2 = I_3 \approx 11A, \quad U_1 \approx 165V, \quad U_2 = U_3 \approx 252V。$$

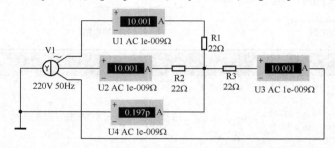

（a）对称负载的相电流与中线的仿真电路

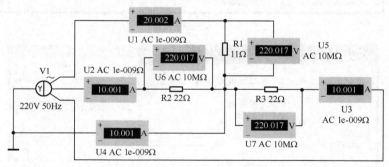

（b）不对称负载的相电流、相电压与中线电流的仿真电路

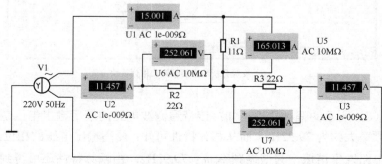

（c）无中线不对称负载的相电流、相电压的仿真电路

图 14-10

一画、二画

一阶电路　first-order circuit

一次谐波　the first harmonic

二端元件　two-terminal element

二端网络　two terminal network

二阶电路　second-order circuit

二端口　two port

三　画

三要素法　three-factor method

三相交流电路　three-phrase alternative circuit

三相功率　three-phase power

三相三线制　three-phase three-wire system

三相四线制　three-phase four-wire system

三角形联接　triangular connection

上截止频率　upper cutoff frequency

下截止频率　lower cutoff frequency

小信号分析法　small-signal-analysis method

四　画

支路　branch

支路电流法　branch current method

支路电压法　branch voltage method

开路　open circuit

开路电压　open-circuit voltage

互电阻　mutual resistance

互电导　mutual conductance

互易定理　reciprocity theorem

方均根值　root-mean-square value

中性点　neutral point

无源滤波器　passive filter

无源双口网络　passive double-port network

无功功率　reactive power

互感　mutual inductance

瓦特　Watt

韦伯　Weber

分贝　decibel(dB)

分段线性处理法　piecewise-linear technique

双口网络　double-port network

开环电压增益　open-loop voltage gain

反串　backward series

火线　fire wire

升压变压器　voltage-rised transformer

欠阻尼　underdamped

五　画

正极　positive pole

正方向　positive direction

正弦量　sinusoid

正弦电流　sinusoidal current

正序　sequence

节点　node

节点电压　node voltage

节点分析法　node analysis method

功率　power

功率因数　power factor

功率三角形　power triangle

功率角　power angle

对偶元素　dualistic element

对偶原理　principle of duality

电能　electric energy

电荷　electric charge
电场　electric field
电场强度　electric field intensity
电位　electric potential
电位差　electric potential difference
电位升　potential rise
电位降　potential drop
电位器　potentiometer
电压　voltage
电压三角形　voltage triangle
电压变换　voltage transformation
电压源　voltage source
电压控制电压源
voltage controlled voltage source
电压控制电流源
voltage controlled current source
电动势　electromotive force(emf)
电源　source
电路　circuit
电路元件　circuit element
电路模型　circuit model
电路参数　circuit parameter
电路分析　circuit analysis
电流　current
电流三角形　current triangle
电流变换　current transformation
电流源　current source
电流控制电压源
current controlled voltage source
电流控制电流源
current controlled current source
电阻　resistance
电阻元件　resistor component
电阻器　resistor
电阻性电路　resistive circuit
电阻率　resistivity
电导　conductance
电导率　conductivity
电容　capacitance
电容器　capacitor

电容性电路　capacitive circuit
电感　inductance
电感器　inductor
电感线圈　inductive coil
电感性电路　inductive circuit
电纳　susceptance
电抗　reactance
电击　electric-impaction
电伤　electric-harm
电磁感应定律　law of induction
平均值　average value
平均功率　average power
对称三相电路
symmetrical three-phase circuit
对称三相负载　three phase symmetry load
主磁通　main flux
外特性　external characteristic
半功率频率　half-power frequency
四端网络　quadripole
四端元件　quadripole element
匝数　turn
匝数比　ratio of turn

六　　画

安培　Ampere
安匝　ampere-turns
伏特　Volt
伏安特性曲线　volt-ampere characteristic
关联参考方向　associated reference directions
网络　network
网孔　mesh
网孔电流　mesh current
有效值　effective value
有功功率　active power
有源二端网络　active two-terminal network
交流　alternating current
交流电路　alternating current circuit(A-C circuit)
自电阻　self-resistance
自电导　self-conductance
自感　self-inductance
自感电动势　self-induced emf

自感电压　self-induction voltage
自感磁通　self-induction flux
负极　negative pole
负载　load
负阻抗变换
negative impedance transform
动态　dynamics
动态元件　dynamic element
动态电阻　dynamic resistance
动态电容　dynamic capacitance
动态电感　dynamic inductance
并联　parallel connection
并串联　parallel-serial connection
并联谐振　parallel resonance
同相　in phase
同名端　copolarity terminal
回路　loop
回路分析法　return circuit analysis method
回转器　recycler
导体　conductor
导纳　admittance
导纳矩阵　admittance array
阶跃电压　step voltage
全电流定律　law of total current
全响应　complete response
全耦合状态　total coupling state
麦克斯韦　Maxwell
有源滤波器　active filter
异名端　anisotropy terminal
传输矩阵　transport array
级联　catenation
压控电阻元件　voltage-controlled resister
齐次定理　homogeneity theorem
过阻尼　overdamped

七　画

库仑　Culomb
亨利　Henry
连通图　connected graph
连支　link branch
角频率　angular frequency

串联　series connection
串联谐振　series resonance
阻抗　impedance
阻抗三角形　impedance triangle
阻带　stop-bands
初相角　initial argument
时间常数　time constant
时域分析　time domain analysis
波特图　bode diagram
折合阻抗　equivalent impedance
驱动点　driven position

八　画

直流　direct current
直流电路　direct current circuit(D-C circuit)
法拉　Farad
图　graph
拓扑图　topology
定向图　directed graph
非倒向输入端　non-inverting input terminal
非正弦量　nonsinusoid
非线性电阻　nonlinear resistance
非线性电路　nonlinear circuit
实部　real part
空载　no-load
空心变压器　hollow transformer
受控电源　controlled source
变压器　transformer
变比　ratio of transformation
线电压　line voltage
线电流　line current
线圈　coil
线性电阻　linear resistance
线性电路　linear circuit
线性无源网络　linear passive network
周期　period
参考方向　reference direction
参考电位　reference potential
参考电压　reference voltage
参数　parameter
视在功率　apparent power

单位阶跃函数　unit step function
单位冲激函数　unit impulse function
单相电路　single-phrase circuit
拉普拉斯变换　laplace transformation
拉普拉斯反变换
inverse laplace transformation
阻抗变换　impedance transformation
阻抗角　impedance angle
阻抗匹配　impedance matching
阻抗矩阵　impedance array
供电系统　power-supply system
转移导纳　transfer admittance
转移阻抗　transfer impedance

九　画

相　phase
相电压　phase voltage
相电流　phase current
相位差　phase difference
相位角　phase angle
相序　phase sequence
相量　phasor
相量图　phasor diagram
响应　response
星形联接　star connection
复数　complex number
复功率　complex power
复频率　complex frequency
阻抗　impedance
欧姆　Ohm
欧姆定律　Ohm's law
等效电路　equivalent circuit
品质因数　quality factor
树　tree
树支　tree branch
差动输入电压　differential input voltage
选频网络　selection frequency network
转移函数　transfer function
转折频率　break frequency
矩形波　rectangle wave
绕组　winding

逆序　reverse sequence
带通　band-pass
带阻　band-stop
顺串　sequential series
降压变压器　voltage-dropped transformer
临界阻尼　critically damped

十　画

容抗　capacitive reactance
容纳　capacitive susceptance
诺顿定理　norton's theorem
诺顿等效电路　norton's equivalent circuit
特勒根定理　Tellegen's theorem
特勒根似功率定理
Tellegen quasi-power theorem
倒向输入端　inverting i nput terminal
高斯　Gauss
高通　high-pass
高次谐波　higher-order harmonic
换路　switching
积分电路　integrating circuit
铁心　core
紧耦合　close-coupled
效率　efficiency
原函数　original function
原边线圈　primary coil
倍频程　octave
流控电阻元件　current-controlled resister

十一　画

理想电压源　ideal voltage source
理想电流源　ideal current source
理想变压器　ideal transformer
基尔霍夫定律　Kirchhoff's　Law
基尔霍夫电流定律　Kirchhoff's current law
基尔霍夫电压定律　Kirchhoff's voltage law
基本回路　basic loop
基本割集　basic cut-set
谐振频率　resonant frequency
带宽　bandwidth
基波　fundamental component
梯形波　ladder-shaped wave

渐近线　asymptotes
副边线圈　secondary coil
混合矩阵　mixed array

十 二 画

集中参数元件　lumped element
集中参数电路　lumped circuit
焦耳　Joule
锯齿波　sawtooth wave
振幅　amplitude
最大值　maximum value
滞后　lag
超前　lead
傅里叶级数　Fourier series
暂态　transient state
暂态响应　transient response
等幅振荡　unattenuated oscillation
象函数　image function
策动点函数　driving point function
短路　short circuit
短路导纳参数
short-circuit admittance parameter
替代定理　substitution theorem

十 三 画

叠加定理　superposition theorem
感抗　inductive reactance
感纳　inductive susceptance
感应电动势　induced emf
频率　frequency
频率响应　frequency response
频域分析　frequency domain analysis
频谱　spectrum
输入　input

输入电阻　input resistance
输入导纳　input admittance
输出　output
输出电阻　output resistance
微分电路　differentiating circuit
零输入响应　zero-input response
零状态响应　zero-state response
滤波器　filter

十 四 画

磁场　magnetic field
磁通　magnetic flux
磁链　flux linkage
磁感应强度　flux density
磁耦合　magnetic coupling
稳态　steady state
稳态响应　steady state response
静态电阻　static resistance
静态电容　static capacitance
静态电感　static inductance

十五画以上

戴维南定理　Thevenin's theorem
戴维南等效电路
Thevenin's equivalent circuit
额定值　rated value
额定电压　rated voltage
额定功率　rated power
瞬时值　instantaneous value
瞬时功率　instantaneous power
激励　excitation
熔断器　fuse
耦合电感　coupled inductance
耦合系数　couple number

参 考 文 献

[1] 李瀚荪主编. 电路分析基础（第三版），北京：高等教育出版社，1993
[2] 李瀚荪主编. 简明电路分析（第五版），北京：高等教育出版社，2002
[3] 邱关源主编. 电路（第四版），北京：高等教育出版社，2002
[4] 上官右黎编. 电路分析基础，北京：北京邮电大学出版社，2003
[5] 张永瑞等编. 电路基础典型题解析及自测试题，西安：西北工业大学出版社，2002
[6] 王树民等编. 电路原理试题选编，北京：清华大学出版社，2001
[7] 陈晓平　殷春芳主编. 电路原理试题库与题解，北京：机械工业出版社，2009
[8] Boylestad，R. L. Introductory Circuit Analysis(9th Edition). Prentice-Hall，Inc.，2002
[9] William H. Hayt，Jr.，Jack E. Kemmerly，Steven M. Durbin，Engineering Circuit Analysis (sixth Edition). Beijing：Publishing House of Electronics industry，2002
[10] 赵录怀等. 电路重点难点及典型题精解，西安：西安交通大学出版社，2000
[11] 江缉光. 电路原理，北京：清华大学出版社，1995
[12] 陆文雄. 电路原理，上海：同济大学出版社，2003
[13] 陈崇源. 高等电路，武汉：武汉大学出版社，2000
[14] 张永瑞等编. 电路分析基础，西安：西安电子科技大学出版，2004
[15] 胡翔骏编. 电路分析，北京：高等教育出版社，2001
[16] 梁贵书编. 电路理论基础，北京：中国电力出版社，2007
[17] 沈元隆、刘陈编. 电路分析，北京：人民邮电出版社，2008
[18] 郭琳、姬罗栓编. 电路分析，北京：人民邮电出版社，2010
[19] 朱伟兴主编. 电路与电子技术，北京：高等教育出版社，2008
[20] 刘晔主编. 电工技术，北京：电子工业出版社，2010
[21] 渠云田主编. 电工电子技术（第一分册），北京：高等教育出版社，2008
[22] 渠云田主编. 电工电子技术（第二分册），北京：高等教育出版社，2008
[23] 路勇主编. 电子电路实验及仿真，北京：清华大学出版社，2004
[24] 朱承高，吴月梅主编. 电工及电子实验，北京：高等教育出版社，2010
[25] 颜湘武主编. 电工测量基础与电路实验教程，北京：中国电力出版社，2011
[26] 王应生编. 电路分析基础，北京：电子工业出版社，2003